大数据技术丛书

BIG DATA
TECHNOLOGY SERIES

数据浪潮
大数据技术演进之路

吴垚◎编著

人民邮电出版社

北 京

图书在版编目（CIP）数据

数据浪潮：大数据技术演进之路 / 吴垚编著. --
北京：人民邮电出版社，2022.9
（大数据技术丛书）
ISBN 978-7-115-57924-9

Ⅰ. ①数… Ⅱ. ①吴… Ⅲ. ①数据处理 Ⅳ.
①TP274

中国版本图书馆CIP数据核字(2021)第234277号

内 容 提 要

近年来，基础软件的发展越来越受到重视，越来越多的计算机从业者对数据管理系统和大数据的知识产生了强烈的需求。

本书既介绍了数据管理系统的技术发展史，又介绍了数据管理系统的关键技术内涵，同时还介绍了一系列主流的商业化产品及其架构，并对前沿技术进行了讨论分析，给出作者自己的见解和洞察。本书内容主要包括数据库与大数据的诞生、发展和商业应用，数据库与大数据之间的关系，国产数据库的国际化，数据管理系统的共同之处，数据管理系统的算法理论、前沿技术等。

本书适合数据管理系统或大数据方向的技术人员和科研人员阅读，也适合互联网科技公司的技术人员及管理人员，以及对特定领域的商业和历史感兴趣的读者阅读。

◆ 编　著　吴　垚
　　责任编辑　胡俊英
　　责任印制　王　郁　焦志炜

◆ 人民邮电出版社出版发行　　北京市丰台区成寿寺路 11 号
　　邮编　100164　　电子邮件　315@ptpress.com.cn
　　网址　https://www.ptpress.com.cn
　　涿州市京南印刷厂印刷

◆ 开本：800×1000　1/16
　　印张：19.75　　　　　　　2022 年 9 月第 1 版
　　字数：482 千字　　　　　2022 年 9 月河北第 1 次印刷

定价：89.80 元

读者服务热线：(010)81055410　印装质量热线：(010)81055316
反盗版热线：(010)81055315
广告经营许可证：京东市监广登字 20170147 号

作者简介

吴垚，毕业于中国人民大学，是中国人民大学和美国加利福尼亚大学尔湾分校（UCI）联合培养的博士，其国内导师陈红是CCF数据库专业委员会常务委员、国家科技进步二等奖获得者，国外导师Michael J. Carey是美国工程院院士、ACM和IEEE Fellow。作者在博士在读期间参与的项目包括：物联网搜索中的隐私保护研究、新一代高时效安全可靠流数据管理系统、"Big Active Data：From Petabyte Data to Million People"等。作者毕业后就职于华为高斯部门，先后在高斯产品部、高斯实验室和多伦多实验室工作，在GaussDB、XY Kernel、HP Kernel等项目中参与AP数据库、AI数据库、TP数据库的研发。

序　言

数据本身是一个很大的话题，也有着非常悠久的历史。近年来，一提到数据，大家几乎就会想到大数据，尤其是在大数据被各行各业不断"吹捧"之后。其实数据是一个非常广泛的概念，本书主要介绍数据管理系统在历史上的重要发展节点和技术变革，同时整理数据管理系统的架构设计和算法技术，最后探讨数据管理系统的前沿进展和发展趋势。本书内容一方面会偏向自然科学史或者技术科学史，介绍数据管理系统的技术历史。另一方面，因为我是做技术出身，所以难免会"克制不住"地去讲技术，但本书并不会像工具书那样深入介绍技术细节。总而言之，这是一本从宏观角度讲述数据管理系统的技术和历史的书，比科普读物分析得更深入，比技术读物更浅显易懂。如果非要类比的话，我觉得本书更像我读博士第一年做出的工作成果，即撰写的自己研究领域的综述文章，因此这是一本"综述书"。但是这本"综述书"不是一个博士一年级、刚接触这个领域的人就能写出来的入门级综述，而是凝结我读完博士、踏出学术界、在工业界摸爬滚打几年后的总结与思考的产物。

写本书的初衷有 3 个。一是写技术科学史的人往往会介绍学科级别的科学，而不会介绍像数据管理系统这样非学科级别的细小门类的科学。但是数据已经深入我们的工作和生活，连小孩子都开始学习编程，而且越来越多的人开始关注并进入大数据管理这个领域。二是做数据管理系统的人往往会写诸如"数据库存储引擎优化原理与实现"的非常专业的书，但即使像我这种做技术出身的人有时也很难有勇气认真读完这样的书。三是我认为数据管理系统是一个越发重要的研究和实践方向，因此我们有必要弄清它的历史，因为只有了解历史才能更好地走向未来，而这却是技术人员容易忽略的一点。本书适合对数据感兴趣、从事大数据或者数据库相关工作，以及从事与数据相关的投资、法律等工作的人阅读，用于让读者系统且稍微深入地了解大数据管理系统。

随着大数据管理系统（如MapReduce和Spark等）逐渐成熟、稳定、走向商业化，国内各大互联网公司（如百度、阿里巴巴、腾讯等）纷纷开始研发自己的数据管理系统，一些创业公司也以分布式数据库（如TiDB等）作为切入点迅猛发展，数据库系统逐渐从"殿堂象牙塔"走向"寻常百姓家"。目前关于大数据或者数据库的书大概可以分为 3 类：一是像《大数据》这样从非常宏观的国家和社会的角度谈大数据的意义的书；二是像《大数据库》这样介绍数据管理系统的工具使用方法和代码示例的书；三是像《PostgreSQL数据库内核分析》这样从非常专业的角度介绍技术细节的书。每当读到这些书时我都受益匪浅，但是总感觉少了点儿什么。

攻读博士学位时，我选择了中国人民大学信息学院的"强势"学科——数据库。毕业后，我进入华为"2012 实验室"旗下的高斯实验室，做分布式数据库相关的工作，但我一直想做一些与学术相关的事，于是萌生了写书的想法。在繁忙的工作之余，我利用平时休息的时间，完成了本书的编写。

　　本书主要从历史的角度介绍数据管理系统（数据库和大数据管理系统）的重要发展节点以及技术变革，既包括重要的历史变革事件介绍，也包括关键技术的介绍以及主流系统的架构介绍，并且以历史的眼光看待这些发展，探讨发展趋势，给出自己的见解和思考。

　　读者在阅读本书的过程中，可能感觉有时像在读小说，有时像在读历史，有时像在读教科书，还有时像在读一本纯粹的技术书。但归根结底，我希望读者能从本书中有所收获。

吴　垚
2022 年 4 月

前　言

近年来，大数据技术逐渐在各行各业广泛应用，不仅在科技领域有所应用，在医疗、保险、教育以及行政等领域也屡见不鲜。大数据这个概念已经家喻户晓，数据管理系统的研发也得到很多互联网公司的重视。新的数据管理系统层出不穷，那么数据管理系统的过去、现在和将来是什么样子的呢？本书通过介绍工业界和学术界的一系列数据管理系统产品，来帮助大家了解这一领域曾走过的路，并介绍数据管理系统的发展现状，进而对其未来进行探讨。

本书是作者在阅读大量参考资料并结合自己的研究和工作经历的基础上，通过与数据管理系统及大数据领域的专家学者或技术从业者进行交流和学习，最后消化、吸收、整合而成的。作者希望本书不仅能帮助系统开发人员和架构师在数据管理系统的研发方面开阔思路，也可以帮助科技公司的产品经理、项目经理、部门主管等了解技术选型和解决方案，同时还可以帮助相关领域的管理者、投资人和企业客户了解数据管理系统的基础概念和发展历史。

读者对象

本书既有丰富的商业系统剖析，又有广泛的学术研究解读，因此既适合对大数据感兴趣的读者阅读，也适合从事大数据或者数据库相关工作的学生、工程师、架构师用于系统且深入地了解数据管理系统，一些从事与数据相关的管理、投资、法律等工作的读者也可以通过本书从宏观角度了解该领域的历史、技术、发展等重要内容。

章节速览

本书分为5篇共18章。前3篇介绍数据管理系统的技术脉络和系统架构，后2篇对数据管理系统的未来发展和技术精髓进行探讨。全书从整体上对数据管理系统进行了全面介绍，同时每一部分的内容又相对独立，读者可以直接选择感兴趣的部分深入阅读。

第 1 篇介绍数据管理系统的"掌上明珠"——关系数据库的技术脉络，旨在让读者对数据管理系统早期的发展历史有清晰的了解。其中第 1 章介绍了数据管理系统历史上的 4 位图灵奖获得者的成长和贡献，第 2 章对早期主流的数据管理系统（如System R、PostgreSQL等）进行了详细的介绍，第 3 章介绍了早期国产数据库的发展和代表产品。

第 2 篇介绍"异军突起"的数据管理系统，旨在帮助读者了解大数据产生的背景及其蓬勃发展的过程。其中第 4 章讲解了几家知名公司研发的数据管理系统（如MapReduce、Cassandra等），第 5 章介绍了后期发展起来的数据管理系统（如Spark、Storm等），第 6 章介绍了不同互联网企业的大数据基础架构，第 7 章介绍了大数据在工业等领域的广泛应用。

第 3 篇介绍数据库与大数据的相互关系和发展促进，旨在让读者对各个数据管理系统的异同有更深入的了解。其中第 8 章介绍了传统数据库与大数据管理系统此起彼伏的发展关系，第 9 章介绍了衍生而来的一些融合的数据管理系统（如AsterixDB、SageDB等），第 10 章进一步介绍了多种新型数据管理系统（如Pulsar、Anna等），第 11 章主要介绍在新的技术发展背景下国产数据库（如TiDB、OceanBase等）的发展。

第 4 篇对数据管理系统进行深入剖析，适合对该领域有深度认识和发展规划的人员阅读。其中第 12 章从计算机体系结构的角度剖析数据管理系统的架构，第 13 章从操作系统的角度分析数据管理系统的设计理念，第 14 章从未来数据管理系统统一架构的角度出发探讨了新的架构设计。

第 5 篇进一步对数据管理系统进行了总结分析，其中第 15～18 章分别从基础算法、前沿研究、异同对比、行业标准 4 个维度展开，为读者提供详细而深入的讲解。

关于资源

读者可到异步社区网站下载与本书配套的彩图，以方便大家提升学习效果。

关于勘误

因作者水平有限，虽然经过多次校订，书中难免有纰漏之处，欢迎并恳请读者给予批评指正，作者邮箱为*ideamaxwu@gmail.com*。

致谢

在繁忙的工作之余，本书能够顺利出版，首先要感谢的就是爱人的支持与鼓励，帮我从生活琐碎之中解脱出来，能够集中精力编写本书。同时十分感谢陈红老师在学术上的指引和李国良老师在工作中的支持。

其次，特别感谢人民邮电出版社优秀的出版团队，其中胡俊英编辑认真负责的工作态度让我感触颇深。

最后感谢为本书提出宝贵意见的所有人员，是你们专业的知识、丰富的经验、深刻的见解，使本书更加完善。

导语——数据之大

大数据这个概念已经家喻户晓，数据管理系统的研发也得到了很多互联网公司的重视。新的数据管理系统层出不穷，那么数据管理系统的过去、现在和将来是什么样子的呢？

大数据技术逐渐被各行各业广泛应用。大数据技术的兴起是在 2000 年左右，Google发表了被誉为"三驾马车"的论文，引起学术界的广泛讨论，大数据技术逐渐在工业界广泛应用，后来从计算机领域逐渐扩展到了其他领域。这有点儿像近年来备受热议的区块链，在中本聪发表比特币"白皮书"之后，区块链也逐渐渗透到各行各业，似乎不懂区块链就是落后的标志，就像那时的大数据。

大数据的兴起貌似抢了数据库的风头，但实际上数据库的历史远比大数据久远。相对来说，数据库是一个学习门槛比较高的技术领域，而大数据却"雅俗共赏"。同样作为数据管理系统，大数据和数据库有什么联系和区别呢？现在看来，大数据与数据库的界限越来越模糊。因此，本书从一个更宏观的角度，即数据管理系统这一概念，来探讨历史和技术的发展。这里的数据管理系统是宏观意义上的概念，不仅包括MapReduce和Spark等主流的数据管理系统，也包括以PostgreSQL为代表的传统数据库系统、以Flink为代表的流数据管理系统、以Spanner为代表的分布式系统和统一编程系统Apache Beam等。这里的宏观指的是与大数据分析、处理和管理等相关的系统，它们均是数据管理系统，都在我们的讨论范围之内。

首先，本书是一本技术历史书，即技术与历史相结合的书。如果只讲某一技术或者某一时间段的技术，往往会使读者不知前因后果，对技术的产生与发展不够了解，因此很难进行创新。而如果只讲技术发展史，又会缺乏深度，显得有些"肤浅"。因此，我将尽量在技术与历史之间找到平衡点。其次，本书讲的是数据管理系统的技术历史，这就确定了本书的主要内容，即数据库和大数据管理系统以及相关的各类数据信息化处理系统的技术分析和历史演进。本书最终的目的是从数据管理系统的技术历史里面，抽象出大数据管理系统的概念并进行总结，阐述我对数据管理系统的认识。我试图将这些技术实践在历史宏观层面串联起来，帮助读者进一步认识数据管理系统的内容。

不管是技术出身的人还是非技术出身的人都可以感觉到，数据管理系统正处于"百花齐放"的阶段，从学术研究到工业以及服务业应用都是如此。因此，现在来深入认识数据管理系统这个技术领域，将帮助我们更清楚地知道未来科技的发展方向。

随着互联网、社交网络、电子商务、物联网、5G技术的快速发展，全球大数据存储量迅猛增长，成为大数据产业发展的基础。国际数据公司（International Data Corporation，IDC）的数据[1]显示，2013—2015 年全球大数据存储量分别为 4.3ZB、6.6ZB和 8.6ZB（1ZB=1024EB，1EB=1024PB，1PB=1024TB），增长率保持在每年 50%以上，2016 年的增长率甚至达到了 87.21%，大数据存储量达到 16.1ZB。2017 年和 2018 年全球大数据存储量分别为 21.6ZB和 33.0ZB。据IDC预计，到 2025

年，世界范围内的大数据存储量将达到 175ZB。

如图 0-1 所示，根据DB-Engines排行榜的统计数据，到 2022 年 8 月，DB-Engines所收录的数据管理系统有 395 个，包括关系数据库、KV数据库、图数据库、时序数据库等。DB-Engines的数据库排名依据的是当前数据库的流行程度，数据来源包括Google以及Bing搜索引擎的关键字搜索数量、Google Trends的搜索数量、Indeed网站中的职位搜索量、LinkedIn中提到关键字的个人资料数、Stack Overflow上的相关问题和关注者数量等。这里的排名并不代表数据库的安装数量或者使用量的多少，但某数据库越来越受欢迎则表示在一定时间范围内其得到了更加广泛的应用。

Rank			DBMS	Database Model	Score		
Aug 2022	Jul 2022	Aug 2021			Aug 2022	Jul 2022	Aug 2021
1.	1.	1.	Oracle ⊞	Relational, Multi-model ⊞	1260.80	-19.50	-8.46
2.	2.	2.	MySQL ⊞	Relational, Multi-model ⊞	1202.85	+7.98	-35.37
3.	3.	3.	Microsoft SQL Server ⊞	Relational, Multi-model ⊞	944.96	+2.83	-28.39
4.	4.	4.	PostgreSQL ⊞	Relational, Multi-model ⊞	618.00	+2.13	+40.95
5.	5.	5.	MongoDB ⊞	Document, Multi-model ⊞	477.66	+4.68	-18.88
6.	6.	6.	Redis ⊞	Key-value, Multi-model ⊞	176.39	+2.77	+6.51
7.	7.	7.	IBM Db2	Relational, Multi-model ⊞	157.23	-3.99	-8.24
8.	8.	8.	Elasticsearch	Search engine, Multi-model ⊞	155.08	+0.75	-2.01
9.	9.	↑10.	Microsoft Access	Relational	146.50	+1.41	+31.66
10.	10.	↓9.	SQLite ⊞	Relational	138.87	+2.20	+9.06

395 systems in ranking, August 2022

图 0-1　2022 年 8 月的DB-Engines排行榜[2]

从工业和信息化部（简称"工信部"）网站获悉，为推动我国大数据产业持续健康发展，实施国家大数据战略，落实国务院印发的《促进大数据发展行动纲要》，工信部编制并印发了《大数据产业发展规划（2016－2020 年）》（以下简称《规划》）[3]。《规划》以强化大数据产业创新发展能力为核心，明确了强化大数据技术产品研发、深化工业大数据创新应用、促进行业大数据应用发展、加快大数据产业主体培育、推进大数据标准体系建设、完善大数据产业支撑体系、提升大数据安全保障能力 7 项任务，提出大数据关键技术及产品研发与产业化工程、大数据服务能力提升工程等 8 项重点工程，研究制定了推进体制机制创新、健全相关政策法规制度、加大政策扶持力度、建设多层次人才队伍、推动国际化发展 5 项保障措施。

如今在学术界、工业界以及大众消费领域，大数据"如日中天"。在数据存储量不断增长和应用驱动创新的推动下，大数据具有广阔的发展空间，大数据产业将不断丰富商业模式，构建出多层多样的市场格局。在本书中，我们将从半个多世纪前即计算机诞生之初开始，来了解数据管理系统走过的路程，并介绍当前数据管理系统的发展现状，进而对数据管理系统的未来进行探讨。

参考资料

[1] IDC于 2017 年 4 月发布的报告 "Data Age 2025: The Evolution of Data to Life-Critical Don't Focus on Big Data; Focus on the Data That's Big"。

[2] DB-Engines官方网站DB-Engines Ranking页面。

[3] 工信部于 2017 年 1 月编制并印发的《大数据产业发展规划（2016—2020 年）》。

资源与支持

本书由异步社区出品，社区（https://www.epubit.com）为您提供相关资源和后续服务。

配套资源

本书提供配套彩图资源，请在异步社区本书页面中单击"配套资源"，跳转到下载页面，按提示进行操作即可。注意：为保证购书读者的权益，该操作会给出相关提示，要求输入提取码进行验证。

提交勘误

作者和编辑尽最大努力来确保书中内容的准确性，但难免会存在疏漏。欢迎您将发现的问题反馈给我们，帮助我们提升图书质量。

当您发现错误时，请登录异步社区，按书名搜索，进入本书页面，单击"提交勘误"，输入错误信息，单击"提交"按钮即可。本书的作者和编辑会对您提交的错误进行审核，确认并接受后，您将获赠异步社区的 100 积分。积分可用于在异步社区兑换优惠券、样书或奖品。

扫码关注本书

扫描下方二维码，您将会在异步社区微信服务号中看到本书信息及相关的服务提示。

与我们联系

我们的联系邮箱是contact@epubit.com.cn。

如果您对本书有任何疑问或建议，请您发邮件给我们，并请在邮件标题中注明本书书名，以便我们更高效地做出反馈。

如果您有兴趣出版图书、录制教学视频，或者参与图书翻译、技术审校等工作，可以发邮件给我们；有意出版图书的作者也可以到异步社区在线提交投稿（直接访问www.epubit.com/contribute即可）。

如果您代表学校、培训机构或企业，想批量购买本书或异步社区出版的其他图书，也可以发邮件给我们。

如果您在网上发现有针对异步社区出品图书的各种形式的盗版行为，包括对图书全部或部分内容的非授权传播，请您将怀疑有侵权行为的链接发邮件给我们。您的这一举动是对作者权益的保护，也是我们持续为您提供有价值的内容的动力之源。

关于异步社区和异步图书

"异步社区"是人民邮电出版社旗下IT专业图书社区，致力于出版精品IT图书和相关学习产品，为作译者提供优质出版服务。异步社区创办于2015年8月，提供大量精品IT图书和电子书，以及高品质技术文章和视频课程。更多详情请访问异步社区官网https://www.epubit.com。

"异步图书"是由异步社区编辑团队策划出版的精品IT专业图书的品牌，依托于人民邮电出版社近40年的计算机图书出版积累和专业编辑团队，相关图书在封面上印有异步图书的LOGO。异步图书的出版领域包括软件开发、大数据、AI、测试、前端、网络技术等。

异步社区

微信服务号

目　录

第3篇 大数据管理系统——谁主沉浮

第4篇 大数据管理系统的架构——路在何方

第5篇 大数据管理系统的精髓——无上心法

第1篇
数据管理系统之数据库——掌上明珠

数据库作为数据管理系统的"掌上明珠",一直占有很重要的地位。数据管理系统不是从数据库开始的,并且一直以来有各种形式的数据管理系统,但数据库或者说关系数据库,始终占有重要地位。在数据管理系统的发展中,无论是学术研究还是工业产品,数据库都是不可忽略的,它既有很高的学术研究价值,又有许多工业实践的成功案例。

第1章

数据库的诞生——
"图灵"奖经典人物

本章从数据管理系统的历史讲起，介绍数据管理系统领域的图灵奖获得者的生平。图灵奖是计算机领域的最高奖项，我们通过图灵奖的获奖情况来看看数据库的诞生和发展。历史上有4位图灵奖获得者的贡献是与数据管理系统相关的，这也见证了数据管理系统发展的辉煌成就。

❑ 查尔斯·巴克曼（Charles W. Bachman），1973年获图灵奖，主持设计并开发了最早的网状数据库管理系统——集成数据存储（Integrated Data Store，IDS），奠定了数据管理系统早期发展的基础，被公认为"网状数据库之父"。

❑ 埃德加·科德（Edgar F. Codd），1981年获图灵奖，提出了关系代数和关系演算，它们成为关系数据库的理论基础，完善和发展了关系数据库理论，为日后成为标准的结构查询语言（Structure Query Language，SQL）奠定了基础。

❑ 詹姆斯·格雷（James N. Gray），1998年获图灵奖，在保障数据的完整性、安全性、并行性以及故障恢复方面发挥了十分关键的作用。他提出并实现了数据库事务处理机制，该机制成为ACID特性的基础。

❑ 迈克尔·斯通布雷克（Michael R. Stonebraker），2014年获图灵奖，深化了数据库系统一系列奠基性的基本概念和实践技术，通过一系列学术原型以及初步的商业化，其在关系数据库方面的研究结果对现今市场上的产品有很深的影响。

从上述图灵奖获得者的情况可以看出，大概平均每10年就会有一位在数据管理系统领域获得图灵奖的人物。因此，可以看出，数据管理系统在计算机领域是"常青藤"，每隔一段时间就会有新的发展。目前这4位图灵奖获得者唯一在世的是Stonebraker，我第一次见到他是在2014年杭州举办的VLDB大会上，后来也因为机缘巧合，与他有各种间接的联系。

1.1 网状数据管理系统

20 世纪 70 年代，Bachman因其对数据库技术的突出贡献获得图灵奖[1]。那时的计算机只有文件系统，并没有数据库这个概念，Bachman在这种背景下设计并开发了网状数据管理系统，即一种数据存储模式，网状数据管理系统的一种特例就是层次数据库。数据管理系统的观念是革命性的，此前计算机存储数据的最小单位是非结构化的文件，而数据库处理数据的最小单位是结构化的记录。结构化与非结构化的数据在增、删、改、查等操作上的性能有着显著的差别。由此可见，图灵奖的含金量不仅代表了扎实的工程实践带来的实际工业价值，更重要的是抽象出来的概念和理论，以及这种科学技术的影响力。

Bachman在谈到自己小时候的梦想时，说："除了想成为一名工程师，我对其他的并不感兴趣。"第二次世界大战后，Bachman拿到了美国密歇根州立大学的学位，入职陶氏化学（Dow Chemical）公司，成了一名工程师，实现了小时候的梦想。1897 年成立于美国的陶氏化学公司是一家以科技为主的跨国性公司，位居世界化学工业界第二名（第一名是美国杜邦公司）。在陶氏化学公司，Bachman担任当时数据处理部门的负责人，然而陶氏化学公司后来因为业务问题，取消了这个部门，Bachman就这样去了通用电气（General Electric）公司。

通用电气公司当时是一家管理完善、技术多元的科技公司，Bachman在这里也做着很多具有实验性质的工作，如实验仿真、预测模型、自动化等。由于通用电气公司业务体系庞大，一些专家提出，需要计算机去处理公司的销售、存货、记账等工作，同时需要一套统一的、实时更新的系统来管理这些数据。20 世纪 50 年代，数百家美国企业争相订购计算机，关于计算机的潜在收益的炒作很多，但是让计算机做事情比预期的要难得多。计算机通常仅被用于自动化文档处理任务，如工资单或账单处理任务。到 20 世纪 60 年代，管理专家意识到，要证明用计算机处理这些工作任务在人员和硬件成本方面会投入巨大，前提是公司使用计算机将各种业务流程（如销售、会计和库存）结合在一起，以便经理可以访问集成的最新信息。

当时，很多企业都希望有这样一套完整的、集成的信息管理系统，但受制于当时的硬件和软件水平，这样一个现在看来很简单的系统在那时却很难实现。由于当时每个业务流程都是单独运行的，其相关的数据文件存储在磁带上，对一个程序进行小的更改可能意味着要重写整个公司的相关程序，但是业务需求不断变化，因此集成系统的方案未能取得大的进展。在通用电气公司，Bachman正在为这样一个系统努力，他首先实现了制造信息与控制系统（Manufacturing Information and Control System，MIACS），使用最早的可用磁盘驱动器，他的团队解决了许多其他系统集成问题。后来这套系统经过进一步完善变成了IDS，Bachman的IDS于 1963 年投入运营，这是一项至关重要的发明。到 20 世纪 60 年代末，这套系统开始被称为数据管理系统。

1973 年，Bachman因IDS获得第八届图灵奖，他是第一位单纯靠工程技术获得图灵奖的人。在此之前，图灵奖都是在学术研究领域确立了完整的理论模型，或者有科学贡献的人才能获得的奖项，而IDS这样一套实用的工程工具，看起来是无法"匹配"图灵奖的。Bachman始终活跃在工业界，他是仅有的几位没有学术背景、没有教职，甚至没有博士学位的图灵奖得主之一。

这也可以看出，数据管理系统研究本身是一个工程性很强的学科，这一特性造成了后来数据管理系统的"挥之不去的阴霾"——是否有一个集成的完整系统可以进行统一的数据管理？后来，Bachman推动了很多数据管理系统领域工作的进展，包括网状数据管理系统、美国国家标准协会（American National Standards Institute，ANSI）和国际标准化组织（International Organization for Standardization，ISO）标准的发展等。他也曾强烈地反对过数学科学家出身的Codd提出的关系模型数据管理系统，后来，这样的场景在"大数据时代"又重复上演。

关于IDS技术原理，可以参考论文 "The Evolution of Storage Structures" [2]。IDS在磁盘上维护一组共享文件，并同时维护用于构建和维护它们的工具。负责特定任务（如记账或库存更新）的程序通过向IDS发送请求来检索和更新这些文件。IDS为应用程序提供了一组功能强大的命令来操纵数据，这是后来被称为数据操纵语言的早期形式。这使程序员的工作效率提高了很多，因为他们不必为"随机访问"磁盘存储设备所带来的巨大复杂性而费解。这也意味着程序员可以在不重写访问文件的所有程序的情况下重组、移动或扩展文件。IDS维护一个单独的数据字典，以跟踪有关系统中各种记录及记录之间关系的信息，例如，客户与他们下的订单之间的关系。这是集成各种数据的关键步骤，而这对于集成业务流程和让计算机成为管理工具至关重要。Bachman大胆的IDS设计，将IDS和MIACS应用程序压缩到相当于占计算机内存 40KB大小的出色效率使这成为可能。这种紧密的联系意味着IDS和问题控制器（由同一团队研发的、面向事务的操作系统）几乎完全替代了通用电气公司早期的基础系统软件。在这段时间内，其他任何程序的功能和灵活性都无法与IDS相提并论。

Bachman对IDS的设计以及网络数据模型基本概念的制定，对后来数据库的发展产生了重要的影响。如果从现代计算机的视角看，网状数据库（见图1-1）是一种"显而易见"的数据存储方式。然而在那个年代，即使是线性结构（树状结构的一种特例）这种泛化的理解也是花了十多年才完成的，因为这不仅涉及软件层面的架构设计，还需要硬件的支持。从树状到网状的泛化不需要新型硬件，似乎只需要一个新型的数据管理系统，然而这个管理系统并不容易实现。在树状结构中，任何节点有且只有一条访问路径，就像在日常操作系统中，不可能建出另外一个根目录，也不可能建出一个同时属于多个目录的子目录。但在网状结构中，这都是可能的，可以有多个节点没有父节点，一个节点也可以有多个父节点。有多个父节点就意味着，要访问一个节点，可能存在多条不同的路径。这样复杂的系统要如何管理？网状数据库还有很多类似的问题等着人们来解决。在这种工业背景下，Bachman抓住历史时机，结合工业界的需求，创造了革命性的产品，也就是我们前面所说的IDS——世界上第一个网状数据管理系统。

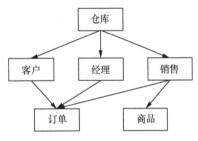

图 1-1 网状数据库原理

1970 年，通用电气公司的计算机业务被霍尼韦尔（Honeywell）公司收购，Bachman来到波士顿，在霍尼韦尔高级研究部从事数据库工作。Bachman在 20 世纪 70 年代帮助组织了两个极具影响力的委员会。1972 年，美国国家标准协会标准规划与需求委员会（SPARC）和ANSI指导成立了数据库系统研究组。1971 年，Bachman的数据库系统研究组提出了数据库任务组（Database Task Group，DBTG）报告，其中确立了包含外部、抽象和内部的三层模式，该模式在数据库领域有着极为深远的影响力。1978—1982 年，作为ISO下属的开放系统互连（Open System Interconnection，OSI）组委员会的主席，Bachman帮助制定了计算机通信的七层模型，为讨论网络协议提供了基本框架。

1983 年，Bachman成立了自己的公司——Bachman信息系统公司。其产品服务于数据建模和软件工程企业。他于 1996 年退休，但仍作为数据库架构设计的顾问。1973 年，美国计算机学会（Association for Computing Machinery，ACM）授予Bachman图灵奖，表彰他在数据库领域尤其是网状数据管理系统方面的杰出贡献。

通过创建IDS，并大力倡导其背后的概念，Bachman在创建数据管理系统方面非常有影响力。在漫长的职业生涯中，他管理着一家化工厂技术部门，创建了成本会计系统，领导了一个早期的数据处理小组，率先将计算机应用到制造控制中，指导了标准化数据库和计算机通信概念的建立与发展，赢得了计算机领域的最高荣誉，并创立了一家上市公司。这种理论与实践结合的完美思路，在数据管理系统领域一直被重复实践着。

1.2　关系数据库模型

在 20 世纪 70 年代之前，数据库或者数据管理系统，对于到底什么样的模型或者架构是合理的，并没有统一的定论。哪种数据结构对于数据管理系统是最好的？是层次的、网状的，还是其他类型的？而且各家公司根据自己的业务诉求，定制了适合不同场景的数据管理模型和算法。在IBM工作的Edgar Codd，在这种情况下开始发力，研究数据库理论。他获得图灵奖是因为他证明了在理论和实践上，关系数据库是可行的[3]。1974 年，Codd和Bachman在ACM的牵头下组织了一场"交锋"，Codd要统一当时关于数据模型的混乱局面，他的目标是为数据库建立一个优雅而灵活的关系模型。这个关系模型有严格的数学基础，抽象级别比较高，而且简单、清晰。但当时也有人认为关系模型仅仅是理想化的数据模型，用来实现数据库管理系统（Database Management System，DBMS）是不现实的，他们尤其担心关系数据库的性能难以令人接受，更有人视其为当时正在进行的网状数据管理系统规范化工作的严重威胁。后来有了这场以Codd和Bachman为首的分别支持和反对关系数据库的两派之间的辩论，这次著名的辩论推动了关系数据库的发展，使其最终成为现代数据库产品的主流模型。从此，有了理论支撑的关系数据库"统治"了数据管理系统领域几十年，因为对科学技术来说，我们更相信基于数学证明的理论，我们认为这样的理论看起来更科学，更有说服力。实际上，关系数据库在实践中，无论是在使用的便捷性还是性能上，确实有它独有的优势。

Codd的父亲是皮革制造商，母亲是学校老师。20 世纪 30 年代，他获得了英国牛津大学埃克塞特学院的全额奖学金，最初学的是化学。1942 年，他自愿参加兵役，成为英国皇家空军沿海司令部的中尉，并且因为学习成绩优秀而获得延期毕业的资格。战争结束后，他回到英国牛津大学完成学业，转而攻读数学并于 1948 年获得学士学位。

作为英国皇家空军服役任务的一部分，Codd被派往美国接受航空培训。这种经历让他对飞行产生热爱，在 1948 年毕业后不久便移居美国。Codd移居美国后，在纽约梅西百货短暂地工作过，担任男子运动服部门的销售员。后来，他又在美国田纳西大学（University of Tennessee）担任数学讲师，在那里任教 6 个月。

Codd的计算机生涯开始于 1949 年，加入IBM公司后，作为编程数学家，Codd参与了IBM公司的第一台电子计算机的编程工作。因为反对麦卡锡（McCarthy）的政策，1953 年，Codd离开美国去了加拿大一家公司进行数据处理的工作，在那里他负责加拿大计算设备有限公司的数据处理部门的工作。一次偶然的机会，他与自己在IBM工作时的领导会面，这也促使他于1957年重新加入IBM并返回美国，继续做STRETCH项目。该项目是一个多编程系统（IBM 7030 的设计），后来被开发成IBM的 7090 大型机技术。

1965 年，Codd在美国密歇根大学拿到硕士和博士学位，他的博士论文是 "Cellular Automata"，是对冯·诺依曼（John von Neumann）工作的简化。拿到学位之后，又继续回到IBM的圣何塞研究实验室工作。那时，已经有一些数据库产品，但是Codd觉得这些产品既难用又没有扎实的理论基础，因此数学专业出身的他想用数学逻辑来做一套数据管理系统，即基于关系模型的数据库。

关系模型被认为是 20 世纪最伟大的技术成果之一。Codd重新定义了数据管理系统这个领域，使其成为受人尊重的学术研究领域。在已有的、复杂的、特殊的、难用的数据库工具的基础上，关系模型解决了很多数据库基本的难题，同时提供了强有力的理论模型，因此关系模型一直影响着现在的数据库的发展。如今，每一次ATM操作、机票预订、信用卡消费等交易的处理，都依赖于Codd发明的关系数据库。

关系模型是一个非常抽象的数据库模型，Codd也曾想在此基础上做一层自然语言应用层（Rendezvous项目）来使其更易用。然而当时在IBM，Codd的这项工作并没有得到认可和重视，但Relational Software公司，即后来的Oracle公司看到了关系数据库的前景并借此机会成为数据库领域的 "霸主"，不过这都是后话。当IBM意识到Codd的这项工作的重要性时，Codd已经打算离开IBM创建自己的公司。在作为独立顾问工作一年多之后，1985 年，Codd和他的两个同事——莎伦·温伯格（Sharon Weinberg，后来成为Codd的妻子）和克里斯·戴特（Chris Date）成立了两家公司The Relational Institute和Codd & Date Consulting Group（简称C&DCG），主要专注于关系数据库的管理、设计和产品评估。后来C&DCG逐渐裂变为多家公司，包括母公司Codd & Date International和一家欧洲公司Codd & Date Limited。关系数据库后来在工业界确实发展得非常快，创造了上百亿美元的市场，但是Codd本身并没有从中获益。Codd还定义了联机分析处理（Online Analytical Processing，OLAP）的概念，提出不仅要支持关系模型的事务处理，也要支持更复杂的分析操作，而这些都已经被证明是正确的方向。

想要了解更多与关系数据库模型有关的知识，可以参考Codd的论文 "A Relational Model of Data for Large Shared Data Banks" [4]。这篇论文提出了数据应该按照关系原理的不同种类来组织，论述了范式理论和衡量关系系统的标准，如定义了某些关系代数运算，研究了数据的函数相关，定义了关系的第三范式，从而开创了数据库的关系方法和数据规范化理论的研究。这篇论文也成了关系数据库的开山之作，成了计算机科学界的经典论文之一。随后，Codd又连续发了几篇论文，为关系数据库奠定了坚实的理论基础，Codd也因此获得了 1981 年的图灵奖。

关系模型将数据组织到具有列和行的一张或多张表（或 "关系"）中，并标识每行的唯一键。行被称为记录或元组，列被称为属性。通常，这一张表代表一个 "实体类型"（如客户或产品）。行表示该类型的实体的实例（如 "Mike" 或 "Car"）以及归属于该实例的值的列（如地址或价格）。表中的每一行都有自己唯一的键，通过为链接行的唯一键添加列（这些列称为外键），可以将表中的行链接到其他表中的行。Codd表明，任意复杂的数据关系都可以用一组简单的概念来表示。关系是不同表之间的逻辑连接，是基于这些表之间的交互而建立的。关于关系模型的理论基础——关系代数，这里不赘述，可参见图 1-2。

运算符	含义	运算符	含义
∪	并	σ	选择
−	差	π	投影
∩	交	⋈	链接
×	笛卡儿积	÷	除

图 1-2　关系代数运算符及含义

　　Codd的人生经历是个传奇，他本是在牛津大学埃克塞特学院学化学的，后来却支援参军加入英国皇家空军；第二次世界大战后他在美国梅西百货做过销售员，在田纳西大学做过数学讲师，在加拿大逃避过美国的政策；年近 40 岁时进入美国密歇根大学进修计算机与通信，40 岁拿下硕士学位，42 岁拿下博士学位；最终因不满IBM对自己工作的不重视而自己创业。ACM SIGMOD数据管理国际会议的奖项SIGMOD Edgar F. Codd Innovations Award就是为了表彰Codd在关系数据库领域做出的杰出贡献而设立的。SIGMOD的前身SICFIDET（Special Interest Committee on File Definition and Translation）其实就是Codd在 1970 年创办的。Codd丰富多彩的人生体验，让他在数据管理系统的历史上留下了光辉的一页。

1.3　数据库并发与事务

　　如果说前两位图灵奖获得者是在数据结构方面做出了杰出贡献，那么后两位图灵奖获得者则是在算法上实现了突破和创新。早期IBM在数据管理系统的地位就像现在的Google，IBM公司出了很多专家和知名的系统。在关系数据库已经站稳脚跟的时候，Gray提出了数据库的ACID属性，即事务的原子性（Atomicity）、一致性（Consistency）、隔离性（Isolation）和持久性（Durability），Gray也因其对数据库和事务处理研究的开创性贡献以及在系统实施中的技术领导力[5]获得图灵奖。至此，关系数据库作为数据管理系统的一个分支，已经有了完整的理论支撑，在实践中也得到证明，似乎其已经走到了尽头。

　　Gray学生生涯的大部分时间都在美国加利福尼亚大学伯克利分校度过。他最初的计划是主修物理，与美国某航空航天公司的合作项目使他对学术有了更多的了解。在本科期间，Gray就学习了研究生课程并开展了研究工作。Gray于 1966 年毕业，获得数学和工程学士学位。毕业后，Gray在位于新泽西州穆雷山（Murray Hill）的贝尔实验室工作了一年，工作期间他还在纽约大学Courant研究所上课。在此之后，他又回到加利福尼亚大学伯克利分校并进入新成立的计算机科学系，从事无语境语法和形式语言理论的研究，并获得博士学位。他在接下来的两年里，在IBM的赞助下，担任博士后研究员。在此期间，圣何塞研究实验室与IBM的通用产品部合并。该部门主要负责设计和制造计算机磁盘驱动器，数据库管理系统是该部门的研究重点。

　　在IBM和其他地方开展了几个项目之后，Gray将接下来的目标定为建立一套基于Codd的关系模型的实用系统。1973 年，IBM管理层研究后决定为了一个位于圣何塞的项目将沃森研究中心（Watson Research Center）和圣何塞研究实验室（San Jose Research Laboratory）的人员合并，Gray很快加入了这个名为System R的项目。该项目持续了 5 年，并与加利福尼亚大学伯克利分校的INGRES项目一起，成为关系数据库行业的基础。Gray在System R中发挥了重要作用，他将自己的经验与系统、理论相结合，为并发控制和崩溃恢复相互关联的问题创建了统一的方法。他把交易（Transaction）定义为一个基本工作单位，即后来事务的概念。例如，将钱从一个银行账户转移到另一个账户，无论交易是否成功，都必须使银行的数据库保持一致的状态。Gray研发的技术允许并发执行许多事务，并允许系统崩溃后重新启动，同时保持数据库的一致性，这项工作是他获得图灵奖的基础。

1980年，Gray改变了职业，转而加入了Tandem Computers公司（简称"Tandem"）。Tandem率先在商业系统中使用容错硬件和软件。Gray的工作范围从在IBM进行的研究转移到了在Tandem负责的生产，而后扩展到涉及Tandem客户以及整个数据处理领域的产品开发活动。他负责的产品开发活动的一个典型代表是NonStop SQL关系数据库管理系统。该系统与Tandem的操作系统和通信软件紧密集成，具有容错能力和高可用性，性能可扩展。Gray从最初的构想就参与其中，并负责很多工作，如获得管理批准、招聘工程师、领导架构设计，以及参与编码和调整等。

Gray认为关系数据库模型和SQL是在线应用程序的良好基础，但他担心客户难以比较各种硬件和软件供应商的产品。Gray对容错的兴趣是促使他与Tandem客户合作研究系统故障的原因。他发表了一篇有关生产容错系统统计数据的论文，证明了最常见的系统故障的来源是系统管理和软件错误。

在Tandem工作了10年之后，Gray于1990年加入了数字设备公司（Digital Equipment Corporation），并在旧金山建立了一个小实验室。在接下来的4年里，他作为顾问给关系数据库管理系统和事务处理监视器的产品组提供咨询服务。此外，他和安德烈亚斯·鲁特（Andreas Reuter）完成了《事务处理：概念与技术》（*Transaction Processing: Concepts and Techniques*）一书。基于他们在设计、教学算法和系统方面的综合经验，他们在书中提出了整体架构的综合视图以及事务处理系统实施者面临的许多细节。本书的完成标志着Gray结束了他对事务处理系统的关注，是他研究的转折点。

1994年，Gray从数字设备分司辞职，并接受了加利福尼亚大学伯克利分校的Mackay奖学金。他参与了Sequoia 2000项目，该项目旨在设计一个地理信息系统以支持全球变化研究。1994—1995年，Gray和戈登·贝尔（Gordon Bell）向Microsoft建议，在旧金山建立一个专门用于服务器的、可伸缩的高级开发实验室。Microsoft同意了，并雇用了一小部分员工。在接下来的12年中，Gray为自己设定了一个目标："将世界上所有的科学数据以及分析数据的工具联机。"他与Microsoft和多所大学的同事合作，构建了一系列系统，这些系统将日趋强大的商品硬件和软件应用于一系列应用程序，从而可以对大规模科学数据进行访问、搜索和计算。Gray从IBM转到Microsoft工作，印证了在那时，科技公司的代表开始从IBM转到Microsoft。

Gray对教授和指导他人有浓厚的兴趣，他在斯坦福大学（Stanford University）教授正式和非正式课程，在世界各地的大学做讲座，并在众多计划委员会、编辑委员会和顾问委员会中任职。总之，他的学术研究、系统构建、指导、写作、教学和演讲对绝大多数在线事务处理领域的商业界或学术界产生了积极的影响。在现代社会，银行、电子商务和许多其他应用程序的在线事务处理系统，都受益于Gray的工作。

2007年1月28日，Gray无法和他的单桅帆船返回费拉隆群岛。海岸警卫队进行了全面搜查，但未发现该船的踪迹。Gray的朋友和同事使用卫星图像和云计算进行了创新搜索，但也没有成功。海岸警卫队对海床进行了为期4个月的搜索，覆盖面积约1000平方千米，采用当时最先进的技术（包括多波束回声测量仪和遥控车辆），同样未成功。在法律规定的等待期结束后，2012年1月28日官方宣布Gray死亡，这样一位杰出的科学家，就悄悄地消失在了大海中。

关于ACID特性的详细说明可以参考Gray的论文 "Granularity of Locks and Degrees of Consistency in a Shared Data Base" [6]。该论文分为两部分：锁的粒度和一致性程度。每个部分都回答了有关数据库中锁的选择如何影响吞吐量和一致性的问题。在锁的粒度部分中，该论文讨论了可锁定单元的选择。可锁定单元表示在事务期间原子锁定的逻辑数据的一部分。锁定较小的单元（如单个记录）可以提高访问少量记录的"简单"事务的并发性。另外，锁定在记录级别可以减少需要访问

```
 _____
|     | NL  | IS  | IX  | S   | SIX | X   |
| NL  | YES | YES | YES | YES | YES | YES |
| IS  | YES | YES | YES | YES | YES | NO  |
| IX  | YES | YES | YES | NO  | NO  | NO  |
| S   | YES | YES | NO  | YES | NO  | NO  |
| SIX | YES | YES | NO  | NO  | NO  | NO  |
| X   | YES | NO  | NO  | NO  | NO  | NO  |
```

图 1-3　不同锁访问模式的兼容性[6]

许多记录的"复杂"事务的吞吐量，获取和释放锁的开销超过了计算的开销。因此，需要同一系统中具有不同尺寸的可锁定单元来处理多个用例。鉴于此要求，该论文提出了一种锁定系统（见图 1-3），为分层数据提供不同级别的锁粒度。在该模型中，数据库被划分为区域，每个区域具有一个或多个文件，并且每个文件具有一个或多个记录。可以在任何一个这样的区域中获得锁，以便为事务操作提供并发访问。在一致性程度部分，Gray将一致性定义为满足数据的所有断言。根据在数据库上执行的操作，它可能会暂时不一致，直到完整的操作序列完成。因此，操作序列被组合成原子事务，数据库负责确保事务边界的一致性。如果事务是串行运行的，那么每个事务将具有一致的数据视图。事务的并发执行提高了读取数据不一致的可能性。论文定义了标记度为0～3的4种不同的锁访问模式。其中将模式 1 称为 "Read Uncommitted"，将模式 2 称为 "Read Committed"，将模式 3 称为 "Repeatable Read"。事务被定义为恢复单元，例如，在提交事务之后，将无法回滚，因为其他事务可能已经读取了已提交的值。

Gray的一生是一个传奇，他有着加利福尼亚人与生俱来的自由与开放的性格。在Stonebraker纪念Gray的文章里提到Gray有 3 个特点：首先，他是一个"智力海绵"，他"贪婪"地阅读计算机科学许多领域的书籍，似乎知道一切的一切；其次，他总是愿意花时间讨论新的想法，并给出他对其他研究人员的想法的看法，因此，他指导和帮助了许多人；最后，他是极其聪明的人。这种知识好奇心、乐于助人和原始智力能力的结合，使Gray成为该领域真正的巨人。

1.4　数据库优化与实践

迈克尔·斯通布雷克（Michael Stonebraker）获得图灵奖是因为其对现代数据库系统的概念和实践的奠基性贡献[7]。在理论已经完善的基础上，能做的只有优化了。Stonebraker在数据库实践中不断优化现有技术，其最早的成就还是对优化器的提出和实现。现在活跃在数据库学术界和工业界的领袖，大多都和Stonebraker有着千丝万缕的联系，他也算是"桃李满天下"。Stonebraker所做的工作大部分是在关系数据库的基础上，不论是列式数据库C-Store还是内存数据库H-Store以及流数据库S-Store，都没有跳出这个范围。这时候似乎需要有一个不同的声音，就像当年的Bachman或者Codd，来提出不同的理论或者技术。

Stonebraker对数据库管理技术的改进和传播的贡献很大，他作为加利福尼亚大学伯克利分校年轻的助理教授开始在这一领域工作。在阅读了Edgar Codd关于关系模型的开创性论文后，Stonebraker开始与同事Eugene Wong合作，开发一种高效、实用的数据管理系统解决方案，即交互

式图形和检索系统（Interactive Graphic and Retrieval System，INGRES），该项目计划创建一个具有图形功能的地理导向系统。这个项目的名字也与一位法国画家的名字Jean-Auguste-Dominique Ingres相呼应。INGRES的原型在 1974 年开始运作，但该项目并未止步于此。在接下来的 10 年中，INGRES以及受其启发的系统构建了一个新的关系数据库系统商业市场。如今，关系数据库管理系统是计算最重要和使用最广泛的技术之一，已成为信息存储和检索的标准方式之一。

INGRES和System R这两个项目的成功，将关系模型系统从实验室原型系统转变为大数据处理应用程序的默认选择。IBM的很多原型系统设计针对的是公司数百万美元的大型机，而INGRES则适用于相对廉价的小型计算机的UNIX应用程序。INGRES被广泛分发给其他使用它的大学，使得更多的人对其进行实验并对其进行广泛的修改。从 20 世纪 70 年代初开始，数据库管理系统被企业广泛用作管理各种应用程序的数据中心枢纽。早期的商业系统在大型机上运行，并遵循Bachman的网络模型或使用IBM偏爱的限制性更高的分层方法。在大型机世界中，这些分层方法在整个 20世纪 80 年代一直占据主导地位。因此，例如，IBM首次将其在该领域的工作进行商业化推广，是作为决策支持分析应用程序的产品，而不是日常的操作系统。

INGRES是大型软件工程的壮举，它优先考虑了性能和可靠性，因此只有在发现了有效实施它的方法后才能添加新功能。到 1976 年，INGRES可以支持以QUEL编写的查询（大致相当于IBM引入的SEQUEL），该语言可以嵌入C程序中或交互使用。在系统内核中，INGRES实现了多种索引和压缩方法，可自动优化查询。此时，该团队已经开始增加对事务的支持，以便相关更新可以一起发生或一起取消，以在不同表的相关记录之间实施完整性约束，并处理来自不同地方的同时由更新引起的潜在问题。崩溃恢复、高效的备份与还原等附加功能使INGRES从研究项目转变为具有行业实力的技术，相对于其他大多数高校的研究项目这需要大量的额外工作。正如Stonebraker回忆时所言："我们构建了一个初始原型，为之投入了创建真实系统所需的前 90%的工作，它或多或少地起了作用。我认为，把INGRES与典型的学术项目区分开来的，同时也是回顾过去我们做过的最聪明的事情之一，就是投入了接下来的 90%努力，使INGRES真正发挥作用。"

1980 年，Stonebraker与他人共同创立了Relational Technology公司，以研发并出售商业版的INGRES。他在公司主要担任顾问，在该公司全职工作了大约 6 个月。在接下来的 10 年中，该商业化的产品是数据库软件市场的重要参与者。Relational Technology于 1988 年进行首次公开募股，然后于 1990 年被收购。此后，Stonebraker沉浸在后续系统的开发和商业化中。

Postgres是INGRES后续的项目，增加了当时关系模型系统所缺少的许多功能，包括支持用于维护表之间一致关系的规则、支持复杂的对象关系数据类型、支持跨服务器的数据复制以及将代码片段嵌入数据管理中的过程语言和发生指定条件时要触发的功能等。此外，Postgres还用于试验数据库研究人员感兴趣的其他功能，Postgres的先驱技术得到了广泛的应用。1992 年，Stonebraker作为创始人之一创立了Illustra信息科技公司，以销售Postgres的商业版本，该公司于 1997 年被Informix收购，后者围绕其内核代码重建了产品线。

Stonebraker于 1994 年从加利福尼亚大学伯克利分校退休，但保留了研究生院教授的职位。1999年，他搬到新罕布什尔州，很快就在麻省理工学院（Massachusetts Institute of Technology，MIT）任兼职教授。在那里，他可以专注于开发和商业化新技术而无须经常上课。从那时起，他每隔几年就与一家公司合作，专注于开发专门用于特定领域的数据管理技术（如数据仓库Vertica）、管理传感器捕获的数据流系统（如StreamBase系统）以及高吞吐量事务处理系统（如VoltDB系统）。他后期的研究项目SciDB，专注于处理大量科学数据，脱离了关系模型以及传统的通用实现技术。

　　作为数据库技术趋势的领头羊和权威者，Stonebraker捍卫了关系模型的持久力量，为反对NoSQL运动而努力，积极宣传"后关系模型"方法的优越性。与此同时，他一直在批评实施关系数据库管理系统时"One Size Fits All"的假设，而主流的通用系统（如Oracle）的确可以满足用户的大部分需求。大数据的发展势不可挡，"后浪注定要把前浪拍在沙滩上"，关于大数据与数据库的竞争与妥协，后文会展开介绍。

　　Stonebraker是唯一连续创业的图灵奖获得者，这使他对学术界有了独特的认识。尽管数学逻辑对现代数据库管理系统有基础贡献，但理论与实践的联系在数据库研究中经常存在争议。Stonebraker一直批评一些研究人员的孤立性，他指出那些对递归查询或面向对象数据库这类问题过度关注的学者，表明他们更关心如何处理可解决的问题，而不是重要的问题。他对这些"理论家"的建议是"在现实世界研究人们想要解决的问题"。他自己曾经总结道，"早知道这么难，我永远都不会开始构建INGRES。"

　　Stonebraker早期的相对具有开创性的工作便是列式数据库，其发表了论文"C-Store: A Column-oriented DBMS"[8]。在此之前，大部分的DBMS都采用面向记录（Record-oriented）的存储方式实现，即把一条记录的所有属性（列）存储在一起。在这种行存储（Row-store）体系里，单次磁盘写操作就能把一条记录的所有列"刷"到磁盘里。这样能优化写操作，我们称这种存储体系为写优化（Write-optimized）系统。与之相反的是，面向随机的（Ad Hoc）大数据量查询的系统应该是读优化（Read-optimized）的。例如，数据仓库常常在短时间内写入大批新数据，然后长时间地进行随机查询操作。在列存储体系里，DBMS只需要读取指定列的数据，避免了把不相干的数据带到内存里。在数据仓库里，查询一般是针对大量数据元素的集合型操作，列存储在这方面有很大的性能优势。

　　C-Store在物理上存储列的集合，每个集合都按照一些属性来排序。按照同一个属性排序的列，

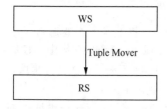

图 1-4　C-Store系统架构设计[8]

组成映射集合。同一个列可能在多个列族里，按照不同的属性进行排序。采用高效的压缩技术，在得到多种排序方式的同时，避免了存储空间的激增。C-Store用一种全新的视角解决了行列存储读写的问题，结合了读优化的列存储系统和写优化的存储系统，并用Tuple Mover来联系它们，如图 1-4 所示。在C-Store系统架构中，有一个小的可写存储（Writeable Store，WS）组件，支持高性能的插入和更新，还有一个大些的读优化存储（Read-optimizaed Store，RS）组件，支持大数据量读取。RS对数据读取进行了优化，只能进行特殊的插入。后来的OLAP系统中采用了C-Store的列存储思想，再后来数据库的架构设计也迎来了新的春天。

　　Stonebraker的工作建立在前面 3 位图灵奖获得者工作成果的基础上，发扬并推进了数据库系统理论和实践的发展。数据库管理技术的学术研究与商业应用，在各行各业的系统中有广泛应用，这些系统包括网站、业务应用程序、科学研究项目、社交媒体系统和大数据项目等。Bachman在20 世纪 60 年代初设计了通常被称为第一个数据库管理系统的产品，并在后来与行业组织CODASYL的合作中帮助定义和普及了数据库管理系统的概念。Codd开发了一种优雅而灵活的方式来存储和检索数据，即关系模型，这种关系模型在 20 世纪 80 年代逐渐取代了网状数据库模型。Gray为IBM的System R项目做出了贡献，后来率先提出了健壮的、高性能的记录锁定和事务处理

方法。Stonebraker将数据库的概念和实践推向了一个新的高潮，尤其是在商业化数据库系统方面，这也催生了后来的很多新型数据管理系统，而Stonebraker自己却"死守"数据库的阵营，等待他的很可能是来自大数据阵营的冲击。

1.5 小结

数据管理系统从"草莽时代"到数据库"一枝独秀"，不仅得益于4位图灵奖得主的学术贡献，工业界的实践真知也起着重要作用。梦想成为工程师的Bachman不靠学术研究获得图灵奖，这表明了数据管理系统是一项注重实践的领域，虽然中间Codd的关系模型研究"统治"数据库领域很久，但不论是Gray还是后来的Stonebraker，都在证明一个事实，数据管理系统总是深受工业界影响。我们总想设计一套统一的系统来实现各种类型的数据管理，但通用的模型在某些场景下往往没有专业定制化的数据管理系统性能优越。正是因为这一悖论，后来Google作为数据库的"搅局者"，把大数据推向了风口浪尖。

1.6 参考资料

[1] 1973 年图灵奖。

[2] Charles W. Bachman于 1972 年发表的论文"The Evolution of Storage Structures"。

[3] 1981 年图灵奖。

[4] Edgar F. Codd于 1970 年发表的论文"A Relational Model of Data for Large Shared Data Banks"。

[5] 1998 年图灵奖。

[6] James N. Gray等人于 1976 年发表的论文"Granularity of Locks and Degrees of Consistency in a Shared Data Base"。

[7] 2014 年图灵奖。

[8] Michael Stonebraker等人于 2015 年发表的论文"C-Store: A Column-oriented DBMS"。

第2章

数据库的工业繁荣——商业机遇

在数据管理系统不断发展的这些年，随着基础理论日益完善，工业界看到了其商业价值，行动早的企业从中取得了巨大收益。数据库是一个学术研究与工业实践结合得非常紧密的领域，学术界驱动了数据库技术的前进，工业界也反哺了学术界的发展。自关系数据库萌芽之后，数据库蓬勃发展了几十年。其中，Oracle是最早采用Codd的关系数据库的厂商之一，而IBM的Db2则是后起之秀。除此之外，早期的远见者们将这些实验室的科学理论应用到工业实践中，创造了很多优秀的产品和服务。

2.1 System R

System R是IBM在数据管理系统的初试，开创了很多新的纪录，如第一个实现SQL，后来成为关系数据库的标准；第一个证明关系模型可以有很好的事务处理性能；第一次在查询优化中采用动态规划，并成为数据库的基础算法。这些在当时并不是主流技术，但后来成为数据库的标准。

20世纪70年代，埃德加·科德（Edgar Codd）提出关系数据库模型，并认为这将成为数据管理系统的发展趋势。然而，当时查尔斯·巴克曼（Charles Bachman）提出的网状数据库模型还占据优势，导致Codd的观点遭到很多人的质疑。1974年，IBM在圣何塞的实验室启动了关系数据库验证项目System R，但没有得到优先的支持，一直到1980年System R才作为一个产品正式推向市场。System R从无到有经过了3个阶段，分别是阶段0——系统原型设计开发，阶段1——全功能多用户的系统，阶段2——面向用户试用的产品。整个过程显示了IBM严谨的科学研究到工业应用的流程，也透露出IBM这个庞大机构的臃肿与低效。

如图2-1所示，System R是一个提供高层次关系数据接口的数据库管理系统，系统通过尽可能地将最终用户与底层存储结构隔离，提供高级别的数据独立性。系统允许对常见基础数据的各种关系视图进行定义，提供数据控制功能，包括授权、完整性断言、触发事务、日志记录和恢复系统，以及在共享更新环境中保持数据一致性。System R当时是IBM数据库体系结构研究的工具，而不是作为产品规划的。但是从目前来看，很难低估System R项目对数据库设计和实现的影响，自System R项目以来，传统的数据库体系结构并没有发生重大变化。System R提供了SQL的第一个实现、第一个性能事务演示，为并发控制和查询优化提供了基础。

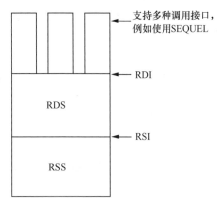

图2-1　System R体系结构[1]

　　System R项目[2]的初衷是证明关系数据库是可行的，它可以为Codd的理论关系数据模型提供足够的性能优化和查询支持。System R的体系结构包括两个主要组件：关系数据管理系统（Relational Data System，RDS）和关系存储系统（Relational Storage System，RSS）。每个组件都有自己的接口：关系数据接口（Relational Data Interface，RDI）和关系存储接口（Relational Storage Interface，RSI）。RDS是系统的外部接口，可以直接由编程语言调用，支持多种调用接口，例如使用我们所知的早期版本的SEQUEL。收到查询请求后，RSS执行任何所需的查询优化，并选择其中数据存储的最优访问路径。RSS支持访问数据库中的关系数据的简单元组，同时支持数据恢复和事务管理。

　　在RSS中，数据存储在被称为段的逻辑地址空间中，这些空间映射到物理地址空间以控制数据的聚类。给定关系的所有元组都存储在同一段中，每个段由几个大小相等的页面组成。当从数据库插入和删除数据时，这些页面将被分配和释放。在查询期间，页面将复制到主内存缓冲区，以帮助进行并发控制和事务管理。要处理段恢复，段和页面之间的映射将关联到两个副本：当前和备份。在事务处理期间对页面所做的任何更新都将对当前副本进行，这些更新将在保存到事务中的所有操作完成后进行备份。System R还维护一组映像（Image）关系，映像是数据的排序视图，允许根据某种排序条件有效地扫描关系。这允许RSS通过键控已排序的字段值来快速获取元组，这些映像是使用B-Tree索引实现的。

　　除了映像之外，System R还实现了链接（Link），提供父关系和子关系之间的双向访问。在数据库中定义新关系时，将添加新链接，以提供等效的主键和外键关系之间的快速访问。事务管理通过维护按时序排列的日志条目列表来处理，该列表记录了有关数据每次更改的信息。System R通过内核模块重放日志条目或撤销日志条目以处理中止或失败的事务。

　　所有功能或它们的变体，在现代数据库（如PostgreSQL和MySQL）中以某种方式复制使用。System R的贡献很多，涉及关系数据管理、SQL支持以及事务管理和恢复等。此后，数据库从业者感受到了System R团队在整个项目中面对各种棘手的问题所做出的选择的意义和影响。由于System R在数据管理系统方面具有开创性意义，因此后继者们从中找出了许多不同的研究方向，目前最值得注意的是Postgres数据库。良好的设计经得起时间的考验，现在很多数据管理系统的设计和实现都源于最初这些研究者和工程师完成的工作。

　　System R的目标是论证一个全功能关系数据库管理系统的可行性，该项目于1979年完成了第一个实现SQL的DBMS，但是IBM直到1980年才将System R作为一个产品正式推向市场。

IBM产品化步伐缓慢主要有 3 个原因：重视信誉和质量，体系庞大，内部已经有层次数据库产品。在IBM犹豫前行的同时，1973 年加利福尼亚大学伯克利分校的Michael Stonebraker和Eugene Wong利用System R已发布的信息开始研发关系数据库系统INGRES。后来，System R和INGRES系统双双获得 1988 年ACM授予的"软件系统奖"。关系数据库系统以关系代数为坚实的理论基础，经过几十年的发展和实际应用，越来越成熟和完善，其代表产品有Oracle、IBM的Db2、Microsoft的SQL Server等。

2.2　PostgreSQL

PostgreSQL可以追溯到 1982 年加利福尼亚大学伯克利分校（University of California Berkeley，UCB）在Michael Stonebraker的指导下开始的研究项目INGRES，后来Stonebraker针对当时数据库的问题，又启动了post-INGRES项目，从此进入"Postgres时代"。谈到INGRES[3-4]，我们简单介绍它的诞生地——UCB。加利福尼亚大学一共有 10 所学校，我们习惯称为某某分校，但是这些学校本身没有主校和分校之说。与斯坦福大学不同，UCB是一所公立学校。UCB对计算机科学的贡献巨大，尤其是在操作系统领域，各种伯克利软件发行版（Berkeley Software Distribution，BSD）系统以及网络协议（如TCP）的实现，在整个计算机科学的发展史上都影响颇深。而INGRES或者说其后继者PostgreSQL正是这些伟大的贡献之一。

INGRES是一个非关系型的数据库，数据关系需要由用户主动去维护。1982 年，Stonebraker离开UCB并商业化了INGRES项目，使其成为Relational Technology公司的一个产品，后来Relational Tecchnology被Computer Associates收购。1985 年，Stonebraker回到UCB开始了一个新的项目，目的是解决INGRES中的主要问题——数据关系维护的问题，这就是Postgres的开端。

Postgres借鉴了很多INGRES的想法，但代码是重新开发的。在Postgres项目中增加了很多新的特性，如支持各种类型的定义、规则重写、代价优化等。从 1986 年开始，Stonebraker发表了一系列论文，探讨了新的数据库的结构设计和扩展设计。其中最重要的是对关系模型数据的支持，如图 2-2 所示。1988 年，Stonebraker有了一个原型设计方案，1989 年 6 月他发布了第一个版本，1990 年 6 月发布了第二个版本，1991 年发布了第三个版本。直到 1994 年，在Stonebraker接连发表了一系列论文介绍其相关工作后，一个完整的Postgres面向社会发布，其遵从MIT的开源协议，以PostQUEL作为编程语言，而Postgres项目却在发布第四个版本后终止了。在这之后，Stonebraker再次创业，成立了Illustra Information Technologies公司，提供Postgres的商业支持，后来该公司于 1997 年被Informix收购，而Stonebraker成了Informix的首席技术官（Chief Technology Officer，CTO），再后来Informix于 2001 年被IBM收购。

Name	OBJ
apple	retrieve(POLYGON.all) where POLYGON.id=10 retriver(CIRCLE.all) where CIRCLE.id=40
orange	retrieve(LINE.all) where LINE.id=17 retriver(POLYGON.all) where POLYGON.id=10

图 2-2　以OBJ为例的
关系模型示例[5]

Postgres最初是一个研究项目，旨在扩展标准数据库体系结构以支持其他几个概念：值的复杂对象、用户定义的数据类型和过程以及警报和触发器。在编写查询脚本时，Postgres提供了数据库对少数数据类型的支持。数据库供应商需要集成其他类型的数据，因此对最终用户而言，系统的扩展不切实际。要解决此问题，需要使数据库体系结构具有以下两个功能：首先，允许存储任意复杂对象；其次，允许用户定义自己的数据类型以及访问这些类型的数据的方式。

现代数据库另一个常见的要求是支持触发器和警报，以进行数据更改。触发器可确保数据更改正确反映在从属表中，而警报则通知应用程序数据更改。总之，数据库体系结构的完善为现代DBMS提供了所需的基础功能。Postgres的贡献除了支持用户定义的类型、警报和触发器以及实时数据变更外，还有多版本并发控制（Multi-Version Concurrency Control，MVCC）、用户自定义对象、表的继承等。

Postgres并没有因为Postgres项目的终止而停止发展，其仍然在各种场合被人们所使用。1994年，两名UCB的研究生在做课题的时候，向Postgres里增加了现代的SQL的支持。这两位研究生是来自中国香港的Andrew Yu和Jolly Chen，他们用Bison和Flex工具把Postgres的PostQEUL替换成了SQL92，然后将Postgres改名为Postgres95。SQL在Edgar Codd的关系模型提出之后，对这个模型的实现有非常多的变种，变种之间并不兼容，如Postgres用的是QUEL/PostQEUL，而SQL自身作为语言，一直到1992年才形成真正的国际标准草案，当时称为SQL2，即我们常说的SQL92。

Andrew Yu和Jolly Chen对于PostgreSQL最大的贡献不是实现了新的SQL引擎，而是在Postgres95之后，将其发布到了互联网上。随后的1996年，加拿大的一名FreeBSD黑客马克·富尼耶（Marc Fournier）提供了开发服务器平台，然后美国的布鲁斯·莫姆吉安（Bruce Momjian）和俄罗斯的瓦季姆·米赫耶夫（Vadim Mikheev）开始修改UCB发布的代码，以提供一个稳定、可靠的版本，并于1996年8月发布了第一个开源版本。随后，这些开发者将这个项目名称修改为PostgreSQL，并把PostgreSQL的版本号重新放到了原先Postgres项目的顺序中（从 6.0 版本开始）。在此之前，Postgres本身更新到4.2版本，Postgres95 可以算作 5.0 版本。自 1996 年 8 月到 2020 年，PostgreSQL项目已经有 24 年的历史，发布了 12 个版本，而Postgres的年龄也已经 30 多岁，进入了中年时期。长江后浪推前浪，那些"后浪们"在孕育新的力量，不断成长。

直至今日，很多企业研发的数据库都基于开源的PostgreSQL，如Greenplum等。后来，其他的开源项目将单机版的PostgreSQL扩展成分布式的，如PGXC和PGXL这两个项目。PostgreSQL作为数据库的一个重要产品，一直被工业界和学术界广泛使用，这不仅是因为其性能优越，还有一个重要的原因就是开源，有良好的生态和社区。

目前，PostgreSQL的稳定版本到了 PostgreSQL 12.0，新版本中各方面功能都得到了加强，包括显著地提升了查询性能，特别是对大数据集的查询；扩展了一些安全方面的功能以强化它本来就很稳定的权限控制；强化了对SQL标准的规范性和兼容性。PostgreSQL是世界上最先进的开源关系数据库之一，它的全球社区由数千名用户、开发人员、公司或其他组织而组成。PostgreSQL诞生于加利福尼亚大学伯克利分校，经历了无数次开发和升级，拥有超过 30 年的活跃开发历史，在可靠性、功能健壮性和其他性能方面有良好的声誉。PostgreSQL不仅包含优秀商业数据库系统的功能特性，在高级数据库功能以及数据库扩展性、安全性和稳定性方面也超过了其他数据库产品。可以预见的是，PostgreSQL还会保持活跃的社区开发和稳定的产品质量。如果有一天PostgreSQL淡出了人们的视野，那将是一个划时代产品的落幕，也是一个新时代的到来，数据管理系统将迎来新的春天。

2.3　Oracle

Oracle是在Edgar Codd的研究还处于非主流时，就预见性地看到了关系数据库的商机，及早入手并取得成功。1977 年，System R还处于研究阶段，Edgar Codd刚刚发表了关系数据库的核心论文，拉里·埃里森（Larry Ellison）、鲍勃·迈纳（Bob Miner）、埃德·奥茨（Ed Oates）就预见了未来，合伙成立软件开发实验室（Software Development Laboratory，SDL）公司，即后来的Oracle公司。Oracle最著名的产品之一就是数据管理系统。此外，Oracle还开发和构建用于数据库和中间层的其他企业软件，如企业资源计划（Enterprise Resource Planning，ERP）软件、人力资本管理（Human Capital Management，HCM）软件、客户关系管理（Customer Relationship Management，CRM）软件以及供应链管理（Supply Chain Management，SCM）软件等。

1994 年，Informix超越了Sybase，成为Oracle最重要的竞争对手。Informix首席执行官菲尔·怀特（Phil White）和Oracle的Larry Ellison之间的激烈竞争成为硅谷 3 年的头版新闻。一本名为*The Real Story of Informix Software and Phil White*的书详细介绍了Oracle与Informix之间的战争，以及Informix的首席执行官Phil White的经历。Informix最终于 1997 年放弃了对Oracle的诉讼，Oracle打败了Informix和Sybase后，它在数据库市场上就享有多年的"统治地位"。直到 20 世纪 90 年代后期，很多公司开始使用Microsoft SQL Server，并且IBM在 2001 年收购了Informix软件以巩固其Db2 数据库的市场地位的时候，才又形成了数据库产品"三足鼎立"的局面。

在企业级软件领域，Oracle与SAP也曾经"争执不下"。Oracle公司与德国SAP公司从 1988 年开始合作，已有很多年的合作历史，这种合作是将SAP的名为R/3 的企业应用程序套件与Oracle的关系数据库产品集成在一起。尽管后来SAP与Microsoft建立了合作关系，并且SAP应用程序与Microsoft产品之间的集成度不断提高，但Oracle和SAP仍继续合作。根据Oracle的说法，大多数SAP客户使用的是Oracle数据库。2004 年，Oracle开始增加对企业应用程序市场的兴趣，启动了一系列收购计划，其中最著名的是对PeopleSoft、Siebel Systems和Hyperion的收购。

SAP意识到Oracle已开始在企业应用程序市场中与自己成为竞争对手，并看到了Oracle通过收购的那些公司来吸引客户。2007 年，Oracle主动对SAP提起诉讼，Oracle声称SAP使用了以前Oracle客户的账户从Oracle网站上系统地下载了补丁和支持文档，并使其适合于SAP的使用。2010 年 11月 23 日，位于加利福尼亚州奥克兰的美国地方法院陪审团裁定，SAP必须向Oracle支付 13 亿美元（约 85 亿元）的版权侵权赔偿金，这可能是有史以来最大的版权侵权赔偿，SAP表示他们对该判决感到失望，并可能提起上诉。2011 年 9 月 1 日，一名联邦法官推翻了该判决，并通过了减少Oracle的赔偿额或选择新的审判，并称对Oracle和SAP最初的裁决过分。Oracle选择了新的审判。2012 年8 月 3 日，SAP和Oracle达成一项赔偿金额为 3.06 亿美元（约 20 亿元）的判决，除了赔偿金外，SAP还需向Oracle支付 1.2 亿美元（约 7.9 亿元）的法律费用。作为反击，后来SAP进军数据库领域，推出HANA内存数据库，在数据库市场也占有一席之地。

如今，Oracle的数据管理产品已经涉及联机事务处理（Online Transaction Processing，OLTP）、

OLAP、云数据库等各个领域，在数据库领域的主要竞争对手仍然以IBM Db2 和Microsoft SQL Server为主，同时在开源数据库方面（如PostgreSQL和MySQL）也有显著的市场份额。当然其他大数据管理系统也开始与Oracle竞争市场，最有代表性的就是Oracle与Amazon的云数据库的角逐。

一般我们所说的Oracle产品指的是Oracle数据库，即Oracle数据管理系统（也称为Oracle Server）。而Oracle Server主要有两大部分：Oracle Server = 实例（Instance）+ 数据库（Database）。实例 = 内存池 + 后台进程，数据库 = 数据文件 + 控制文件 + 日志文件。除了Oracle Server包含的实例和数据库之外，还有产品客户端。

首先，我们从应用入口——客户端开始介绍Oracle的体系结构和关键部件。如果用户想提交SQL语句，那么首先必须要连接到Oracle实例。客户端负责将用户的SQL语句传递给服务进程，对查询进行语法分析、绑定、执行、提取等，并从服务器端拿回查询数据。发起连接的应用程序通常称为用户进程，连接发起后，Oracle服务器就会创建一个进程来接受连接，这个进程称为服务器进程。服务器进程代表用户进程与Oracle实例进行通信，当它们通信时，一个会话就被创建了。

其次，Oracle实例是一个运行时的概念，其提供了一种访问Oracle数据库的方式，始终并且只能打开一个Oracle数据库。如图 2-3 所示，Oracle实例由系统全局共享内存区（System Global Area，SGA）和一些后台服务进程组成。Oracle实例中对性能影响最关键的是SGA。SGA包含3 个核心部分：可避免重复读取常用数据的数据缓冲区（Buffer Cache）、管理数据恢复的日志缓冲区（Redo Log Buffer）和加快编译及执行的共享池（Shared Pool）。5 个非常关键的后台服务进程分别是：数据写入进程DBWR（Database Writer）、日志写入进程LGWR（Log Writer）、检查点进程CKPT（Checkpoint）、系统监控进程SMON（System Monitor）和进程管理监控PMON（Process Monitor）。这些都是数据库基本的功能，这里就不一一赘述。此外，还有Advanced Queuing、RAC、Shared Server、Advanced Replication等可选功能，之所以可选是因为离开它们Oracle实例也能正常运行。

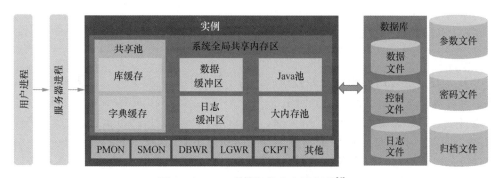

图 2-3　Oracle系统架构和主要部件[6]

最后，Oracle静态数据库从物理角度来看包括三类文件：数据文件、控制文件、重做日志文件。一个数据库的数据文件包含全部数据库数据（逻辑数据库结构的数据以物理形式存储在数据库的数据文件中），每一个Oracle数据库有一个或多个物理的数据文件。日志的主要功能是记录对数据所做出的修改，保护数据库，将对数据库的全部修改记录在日志当中。当数据库出现故障时，如果不能将修改数据永久地写入数据文件，则可利用日志得到该修改记录。当Oracle数据库下一次启动时，将自动应用日志文件中的信息来恢复数据库中的数据文件。日志副本文件主要是为了防止日志文件本身的故障而存在，Oracle数据库支持镜像重做日志（Mirrored Redo Log），可在不同磁盘上维护两个或多个日志副本。控制文件包含维护和验证数据库完整性的必要的信息，它记录了联机重做日志文件、数据文件的位置、更新的归档日志文件的位置。控制文件是以二进制形式存储的，用户无法修改控制文件的内容。控制文件一般占用空间并不大，却起着至关重要的作用。从逻辑角度来看，Oracle数据库主要由表空间、段、区和数据块等概念组成。Oracle数据库至少包含一个表空间，一个表空间至少包含一个段，段由区组成，区由块组成。表空间可以包含若干个数据文件，段可以跨同一个表空间的多个数据文件，区只能在同一个数据文件内。Oracle还设计了其他的关键文件来为整个系统服务，如配置文件、密码文件、归档日志文件等。

　　Oracle是一家诞生在硅谷的公司。1977 年，Larry Ellison、Bob Miner和Ed Oates这 3 位工程师共同创办了SDL公司，并在加利福尼亚州圣克拉拉拥有了第一间只有 84 平方米的办公室。1982 年，公司名称从Relational Software Inc.（前身为SDL）更改为Oracle。1986 年，Oracle成为纳斯达克交易所的上市公司，股票代码为ORCL。1987 年，Oracle在 55 个国家和地区拥有 4500 家最终用户，销售额达 1 亿美元（约 6.5 亿元），成为全球数据库管理"龙头"企业。1995 年，为发挥互联网的作用，Larry Ellison推行通过互联网来交付Oracle软件的产品战略。2005 年，Oracle收购了一家领先的HR和ERP应用公司PeopleSoft，掀起了硅谷高科技收购的潮流。2010 年，Oracle公司收购Sun Microsystems，巩固了软硬件集成设计的战略，成为Java的掌管者。2013 年，Oracle发布了云上数据库 12c，变革性的多租户架构成就了安全、统一的云数据库。2018 年，Oracle公司宣布推出Oracle自治数据库，该数据库堪称革新性的自治修补、自治调优和自治管理的数据库。同年，CERN openlab科研中心使用 10000 个Oracle云内核来执行物理分析，探索宇宙的内部机理。回首过去，40 多年前的SDL抓住了机遇，那么Oracle仍然有无限的可能。

2.4　MySQL

　　MySQL是被广泛使用的小型开源数据库，由于其性能高、成本低、可靠性高，已经成为最流行的开源数据库之一，被广泛地应用于中小型网站。MySQL是LAMP Web应用程序软件堆栈的组件之一。LAMP是Linux、Apache、MySQL、Perl/PHP/Python的首字母缩写。随着MySQL的不断成熟，其被逐渐应用到大规模网站和应用中，如Google、Facebook、Amazon等大型科技公司的基础架构设施中，我国也有不少云数据库厂家提供MySQL版本的云上服务。MySQL是基于GNU开源协议的开源软件，后来归Oracle所有。这样看来，商用数据库基本是Oracle的"天下"。

　　MySQL系统架构和关键组件如图 2-4 所示。MySQL是一个非常主张开源的关系数据库，架构上采用处理与存储分离的设计，结构清晰，灵活性高，已成为互联网应用中常用的关系数据库。从图 2-4 中可以看出，与用户应用打交道的是接入层，即JDBC/Python等接口，然后是关系数据库的核心，即数据库引擎。首先客户端发出一个查询操作，连接层接收后传递给服务层，接着服务层对查询进行优化并把优化结果给存储引擎层以选择当前数据库的引擎，最后存储引擎将最终的数据交给底层存储层，将数据存储在文件系统中。当内核引擎接收一个请求后，经过这四层执行会返回对应的查询结果，具体介绍如下。

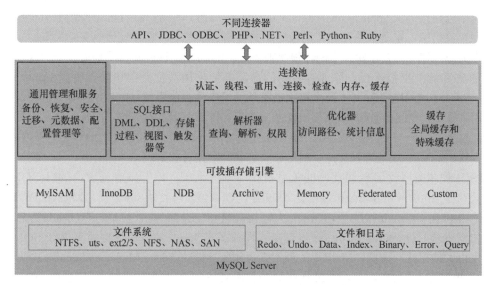

图 2-4　MySQL系统架构和关键组件[7]

　　连接服务层主要负责客户端和连接服务，包含本地Socket通信和大多数基于客户端-服务端工具实现的类似于TCP/IP的通信，主要完成一些类似于连接处理、授权认证及相关的安全认证方案。在该层引入了线程池的概念，为通过认证安全接入的客户端提供线程。同样在该层上可以实现基于安全套接字层（Secure Socket Layer，SSL）的安全链接，服务器也会为安全接入的每个客户端验证它所具有的操作权限。

　　解析优化层主要完成大多数的SQL解析和优化，如SQL接口、SQL解析和SQL优化及部分内置函数的执行和缓存管理。所有跨存储引擎的功能都在这一层实现，如过程、函数等。在该层，服务器会解析查询、创建相应的内部解析树，并对其完成相应的优化，如确定查询表的顺序是否利用索引等，最后生成相应的执行计划。该层还会针对SQL语句类型对数据进行缓存管理。一般来说，针对大量的读写事务，缓存空间越大，越能够很好地提升系统的性能。

　　存储引擎层中的存储引擎主要负责MySQL中数据的存储和提取，服务器通过API与存储引擎进行通信。不同的存储引擎具有的功能不同，这样应用开发人员可以根据自己的实际需要进行选取和定制化研发。

　　数据存储层主要是将数据存储并运行于裸机设备上（如文件系统），并完成与存储引擎的交互。

　　当数据库中有多个操作需要修改同一数据时，不可避免地会产生数据的"脏读"。这时就需要数据库具有良好的并发控制能力，这部分功能在MySQL中是由SQL执行引擎和存储引擎来实现的。大多数事务型的存储引擎都不是简单的行级锁，基于性能的考虑，一般都同时实现了MVCC。MVCC是通过保存数据中某个时间点的快照来实现的，这样就保证了每个事务看到的数据都是一致的。而这种事务的支持也与存储引擎的选取有关，InnoDB是事务型的存储引擎，而MyISAM不是。

MySQL的第一个版本于1995年发布，它最初是使用ISAM技术和mSQL创建的一个供个人使用的系统。但是创建者认为这个系统太慢了，于是创建了一个新的SQL接口，同时保留了与mSQL相同的应用程序接口（Application Program Interface，API）。不过现在InnoDB是MySQL默认选取的事务型存储引擎，也是最重要和使用最广泛的存储引擎之一。它被设计成支持大量的短事务，短事务在大部分情况下是正常提交的，很少被回滚。InnoDB的性能与自动崩溃恢复的特性，使得它在非事务存储中也很流行。除非有特别的原因需要使用其他存储引擎，否则应该优先考虑InnoDB。MyISAM是MySQL 5.1 及之前版本里默认选取的存储引擎，MyISAM有大量特性，包括全文索引、压缩、空间函数GIS等，但MyISAM并不支持事务以及行级锁，而且一个显而易见的缺陷是崩溃后无法安全恢复。除此之外，MySQL还支持Memory、Archive、NDB等其他类型的引擎，因此可以看出，MySQL是可以支持定制化存储引擎的数据管理系统。

MySQL原本是一个开放源代码的关系数据库管理系统，原开发者是瑞典的MySQL AB公司，该公司于2008年被Sun公司收购。2009年，Oracle公司收购Sun公司，MySQL成为Oracle旗下的产品。但被Oracle收购后，Oracle大幅提高MySQL的商业版售价，且Oracle不再支持另一个自由软件项目OpenSolaris，这导致自由软件社区对Oracle是否还会持续支持MySQL的社区版本产生很大的担忧。因此，MySQL的创始人迈克尔·威德纽斯（Michael Widenius）以MySQL为基础，成立了MariaDB项目，这使一些原来使用MySQL的开源软件逐渐转向MariaDB或者其他数据库。

关于MySQL的关键历史节点，罗列如下，供参考。

1990年，TcX公司的客户要求为报表工具Unireg的API提供SQL支持。当时的商用数据库的效率很难令人满意。于是，Michael Widenius决定自己重写一个SQL支持。

1995年，Michael Widenius、David Axmark和Allan Larsson在瑞典创立了MySQL AB公司。

1996年，瑞典MySQL AB公司发布了MySQL 1.0。

2001年，MySQL集成Heikki Tuuri的存储引擎InnoDB，这个存储引擎不仅能支持事务处理，还支持行级锁。

2003年3月，MySQL 4.0发布，支持查询缓存、集合并、全文索引、InnoDB存储引擎。

2005年10月，MySQL 5.0发布，增加了视图、存储过程、游标、触发器、分布式事务。

2008年1月，MySQL AB公司被Sun公司以10亿美元（约65亿元）收购。

2008年11月，MySQL 5.1发布，增加了分区、事件管理，以及基于行的复制和基于磁盘的NDB集群系统，同时修复了大量的bug。

2009年4月，Oracle公司以74亿美元（约484亿元）收购了Sun公司，作为创始人之一的Michael Widenius带走了一批MySQL开发人员，推出了MariaDB。

2010年12月，MySQL 5.5发布，增加了半同步复制、信号异常处理、Unicode字符集，InnoDB成为默认选取的存储引擎。

2011年4月，MySQL 5.6发布，增加了GTID复制，支持延时复制、行级复制。

2013年2月，MySQL 5.7发布，支持原生JSON数据类型。

2016年9月，MySQL 8.0.0发布，速度要比 MySQL 5.7快2倍，增加了SQL窗口函数、公用表达式、成本模型和直方图等功能。

2018年4月，MySQL 8.0.11 GA发布，支持NoSQL文档存储、原子的崩溃安全、数据描述语言（Data Description Language，DDL）语句、扩展JSON语法、新增JSON表函数、改进排序、分区更新等功能。

2019年，MySQL被DB-Engines评为"年度DBMS"。

2.5 IBM Db2

IBM Db2 企业服务器版本是美国IBM公司发展的一套关系数据库管理系统，它的运行环境主要为UNIX、Linux、IBM z/OS，以及Windows。Db2 也提供性能强大的IBM InfoSphere Warehouse版本。虽然IBM拥有Charles Bachman和Edgar Codd这样的图灵奖得主，但是在关系数据库的地位上，却不尽如人意。IBM Db2 的历史其实比较复杂。Db2 这个名字最早被用于数据库管理系统是在 1983 年，当时IBM发布了基于MVS大型机平台的Db2 产品。此前，一个叫作SQL/DS的同类产品被应用于VM大型机，更早期的System/38 系统平台同样包含一个关系数据库管理系统。

Db2 的历史可以追溯至 20 世纪 70 年代初，当时在IBM工作的Edgar Codd博士描述了关系数据库理论并在 1970 年 6 月发表了数据处理模型的论文。但那个时候IBM并不相信Codd想法的潜力，甚至把设计关系数据库语言的Alpha项目的实施交给了一个并不在Codd监管之下的研发小组。而这个小组在项目实施过程中违背了Codd的关系模型中的一些基础理论，这个项目的实施成果就是实现了SEQUEL（Structured English QUEry Language）。当IBM公布其第一个关系数据库产品时，他们希望能有一款具有商业用途的子语言，因此IBM重新开发了SEQUEL并且将其命名为SQL以区别于SEQUEL。

在很多年里，Db2 作为一个全功能的数据库管理系统，被IBM大型机所专用。此后IBM将Db2的运行环境扩展到OS/2、UNIX以及Windows，然后是Linux和PDAs，这一转变主要发生在 20 世纪 90 年代。现在的IBM Db2 是一系列混合数据管理产品，提供完整的人工智能（Artificial Intelligence，AI）支持的能力，旨在帮助用户管理本地、私有云和公有云中的结构化和非结构化数据。Db2 构建于智能、通用的SQL引擎之上，该引擎旨在实现可扩展性和灵活性。IBM于 1983 年发布首个商用关系数据库，今天，Db2 仍然是业界领先的高效混合数据管理平台，仍然在不断地创新。它可以提供高影响力的数据洞察、无缝的业务连续性并推动真正的业务转型。通过与AI数据管理能力整合，Db2 数据管理"革命"续写了新的篇章。它能够提供有关客户行为的、具有预测性和前瞻性的、切实可行的洞察，帮助企业扩大市场份额、降低成本以及成功实施AI计划。如果真要说IBM Db2 的商业趋势是什么，从现有的情况看，是主推AI数据库的能力。

Db2 的架构如图 2-5 所示。在Db2 中，一个数据库只能属于一个实例，一个实例可以对应多个数据库，所以实例和数据库的关系是一对多。每个数据库是由一组对象组成的，如表、视图、索引等。表是二维结构，由行和列组成，表数据存放在表空间里。表空间是数据库的逻辑存储层，每个数据库可以包含多个表空间，每个表空间只能归属于一个数据库，数据库和表空间的关系是一对多。

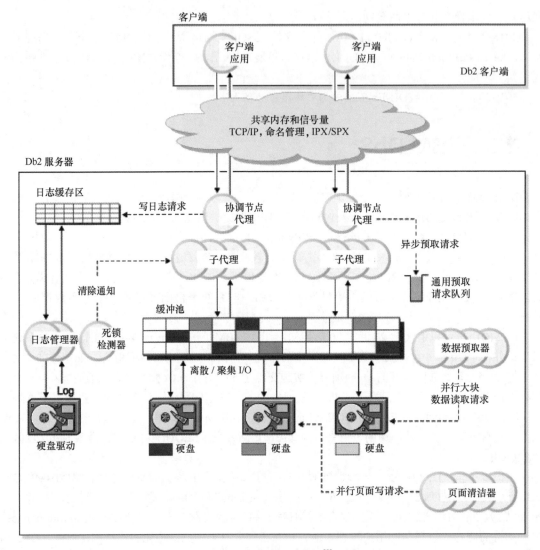

图 2-5 IBM Db2 架构[8]

  Db2 LUW（Linux、UNIX、Windows）的一个较早的代码版本是OS/2 一个扩展版本组件Database Manager的一部分，IBM多次扩展了Database Manager的功能，但最终因代码中存在不可克服的复杂度问题而做出了困难的决定——在多伦多实验室完全重写了这个软件，新版本的Database Manager被称为Db2。Db2 LUW进程模型在Db2 v9.5 之前都是多进程模型，在Db2 v9.5 之后体系结构变更为单进程多线程模型C/S架构，客户端可以通过TCP/IP或进程间通信（Inter-Process Communication，IPC）协议与服务器通信。客户端与服务器建立连接之后，服务器端会产生一个代理线程以处理来自客户端的所有请求。但是当某一时刻并发请求很多或者连接断开时，重复地产生与销毁代理线程会有很大的系统开销，所以Db2 服务器在启动时创建一个常连接池来避免重复地创建或销毁代理线程。但是当某一个处理的请求非常大时，如果由单个线程去处理效率比较低下，为了提高对该请求的处理能力，与客户端通信的代理线程可以从线程池中额外集中几个线程来共同处理某个请求。

按照*Architecture of a Database System*这本书里的介绍，数据库系统中的进程模型（Process Model）设计的概念主要有操作系统进程（Operating System Process）、操作系统线程（Operating System Thread）、轻量数据库线程（A Lightweight Thread Package，又称DBMS Thread）、数据库客户端（DBMS Client）、数据库任务（DBMS Worker）等。从数据库进程或线程模型上来说，其运行时分为单进程单任务（Process Per Worker）、单线程单任务（Thread Per Worker）、进程池（Process Pool）、线程池（Thread Pool）。按照原文内容"A DBMS Worker is the thread execution in the DBMS that does work on behalf of a DBMS Client"，即"DBMS Worker"是"DBMS Client"执行任务的实体，主流数据库模型支持的任务如下。

IBM Db2 支持：单进程单任务、单线程单任务、进程池、线程池；

Oracle支持：单进程单任务、进程池；

MySQL支持：单线程单任务；

MS SQL Server支持：线程池；

PostgreSQL支持：单进程单任务。

由此可见，IBM Db2 的技术栈是非常全面的，虽然没有像Oracle那样垄断市场，也没有像Amazon那样推出云数据库，但数据库市场一直占有重要的位置。

关于IBM Db2 的关键历史节点，罗列如下，供参考。

1968 年，IBM的维恩·沃茨（Vern Watts），在IBM 360 计算机上，开发了信息管理系统（Information Management System，IMS），这是IBM的第一代数据库，所以也称IMS为Db1。IMS是世界上第一个层次数据库管理系统。

1970 年，IBM的研究员Edgar Codd发表了论文"A Relational Model of Data for Large Shared Data Banks"。该论文提出了关系模型，奠定了关系模型的理论基础，Codd也被誉为"关系数据库之父"。

1974 年，IBM的圣何塞研究实验室启动了System R项目，其目标是论证一个全功能关系数据库管理系统的可行性。该项目结束于 1979 年，它第一次实现了SQL，并为IBM的第二代数据库Db2打下了基础。

1974 年，IBM的唐·钱伯林（Don Chamberlin）和蕾·博伊斯（Ray Boyce），通过System R项目的实践，发表了论文"SEQUEL: A Structured English Query Language"，提出了SEQUEL，即SQL的原型。

1975 年，IBM的Don Chamberlin和莫顿·阿斯特拉汉（Morton Astrahan），发表了论文"Implementation of Structured English Query Language"，在 SEQUEL 的基础上，阐述了在System R中的SQL实现，这也是 System R 项目得出的重大成果之一。

1975 年，IBM的Yehhao Chin，发表了论文"Analysis of VSAM's free-space behavior"，比较了IBM的VSAM和ISAM，并提出了ISAM文件系统。该文件系统可以连续地（按照进入的顺序）或者任意地（根据索引）记录任何访问，每个索引定义了一次不同排列的记录。

1976 年，IBM System R项目组发表了论文"A System R: Relational Approach to Database Management"，描述了一个关系数据库的原型。

1976 年，IBM的Gray发表了论文 "Granularity of Locks and Degrees of Consistency in a Shared Database"，正式定义了数据库事务的概念和数据一致性的机制。

1977 年，System R原型在 3 个客户处进行了安装，这 3 个客户分别是波音公司、Pratt & Whitney 公司和Upjohn药业。这标志着System R从技术上来讲已经是一个比较成熟的数据库系统，能够支撑重要的商业应用。

1979 年，IBM的Pat Selinger发表了论文 "Access Path Selection in a Relational Database Management System"，描述了业界第一个关系查询优化器，它是Db2 数据库优化器的雏形。

1980 年，IBM发布了System/38 系统，该系统集成了一个以 System R 为原型的数据库服务器。

1981 年，IBM的研究员Edgar Codd，由于提出了关系数据库模型，获得了ACM颁发的图灵奖。

1982 年，SQL/DS for VSE and VM发布，这是IBM的第一个商用关系数据库产品，是业界第一个以SQL为接口的关系数据库管理系统（Relational Database Management System，RDBMS）。SQL/DS 以System R为原型设计，也是Db2 的前身。

1983 年，Database2 for MVS（简称 "Db2"）发布，这标志着Db2 的诞生。

1986 年，System/38 v7 发布，这是一种大型机，首次配置了查询优化器，能对存取计划进行优化。System/38 v7 是Db2 优化器的雏形，此时的Db2 还只能在大型机上运行。

1987 年，OS/2 v1.0 扩展版发布，这是IBM第一次把关系数据库的处理能力扩展到微机系统。OS/2 v1.0 是Db2 for OS/2, UNIX and Window平台的雏形，从此Db2 开始支持小型机。

1988 年，SQL/400 发布，为集成了RDBMS的AS/400 服务器提供了SQL支持，国际Db2 用户组织（International Db2 Users Group，IDUG）成立。

1989 年，IBM定义了Common SQL和分布式关系数据库架构（Distributed Relational Database Architecture，DRDA），并在 IBM 所有的RDBMS上加以实现。

1992 年，第一届IDUG欧洲大会在瑞士日内瓦召开，这标志着Db2 应用的全球化。

1993 年，Db2 for OS/2 v1（简写为Db2/2）和Db2 for RS/6000 v1（简写为Db2/6000）发布，Db2 开始支持Intel处理器和UNIX系统。

1994 年，Db2 For MVS v4 发布，通过并行Sysplex技术的实现，在主机上引入了分布式计算（数据共享）。

1995 年，Db2 v1 发布，支持Windows、UNIX等多个平台，这是具有标志性意义的一年。

1996 年，Db2 v2.1.2 发布，这是第一个真正支持Java和JDBC的数据库产品。IBM并购 Tivoli，Db2 更名为Db2 UDB（UDB是 "Universal Database" 的缩写，即通用数据库）。

1997 年，Db2 UDB for OS/390 v5 发布，支持Web，也是当时唯一能够支持 64 000 个并发用户和上百TB级别的数据库产品。

1997 年，Db2 UDB for UNIX, Windows and OS/2 发布，支持ROLLUP和CUBE函数，对OLAP具有重要意义。

1998 年，Db2 UDB v5.2 发布，增加了对SQL、Java 存储过程和用户自定义函数的支持。

1999 年，Db2 UDB v6.1 for Linux发布，支持Linux平台。

2000 年，Db2 UDB XML Extender发布，支持内置可扩展标记语言（eXtensible Markup Language，XML）扩展。

2001 年，Db2 UDB v7.1 发布，支持object-SQL。同年，IBM以 10 亿美元（约 65 亿元）收购

了Informix的数据库业务。

2002 年，Db2 UDB v8.1 发布，新增基于自我调节的自我监测、分析和报告技术（Self-Monitoring Analysis and Reporting Technology，S.M.T.A.R）。

2006 年，Db2 UDB v9 发布，这是具有划时代意义的一个版本，是首个混合型数据库（数据库中有传统的关系型数据，也有XML层次型数据）。

2010 年，Db2 UDB v10 for z/OS发布，支持z/OS系统。

2012 年，Db2 UDB v10.1 for Linux, UNIX and Windows发布，支持Linux、UNIX和Windows平台，支持Apache Hadoop发布。

2016 年，Db2 UDB v11.1 GA发布，增强了高可用性、备份、日志记录、弹性和恢复、性能、SQL兼容、安全性、应用程序开发、数据移动等一系列功能和特性。

2017 年，Db2 UDB v11.1.2 发布，增强了BLU性能、允许在列组织表中执行并行插入、增强高可用性灾难恢复（High Availability Disaster Recovery，HADR）功能、改进数据库崩溃恢复和事务回滚性能、支持创建加密样本数据库、增强命令行界面（Command-Line Interface，CLI）。

2019 年，IBM发布了Db2 UDB的特殊免费版本，称为Db2 UDB社区版，Db2 UDB社区版代替了以前免费的Db2 版本——Express-C。

2.6 SQL Server

SQL Server是由Microsoft开发和推广的关系数据库管理系统，它最初是由Microsoft、Sybase和Ashton-Tate这 3 家公司共同开发的，并于 1988 年推出了第一个OS/2 版本。之后，SQL Server版本不断更新，例如：1996 年，Microsoft 推出了SQL Server 6.5；1998 年，SQL Server 7.0 和用户见面；SQL Server 2000 是Microsoft于 2000 年推出的；2019 年，SQL Server 2019 推出。

SQL Server一开始并不是Microsoft自己研发的产品，而是为了和IBM竞争，与Sybase合作研发的，其最早的研发者是Sybase。Microsoft也和Sybase合作过SQL Server 4.2 的研发，并将SQL Server 4.2 移植到Windows NT（当时为 3.1 版本）。与Sybase终止合作关系后，Microsoft独立开发出SQL Server 6.0，往后的SQL Server均由Microsoft自行研发。与Microsoft终止合作关系后，Sybase将原本在Windows NT上的数据库产品Sybase SQL Server改为现在的Sybase Adaptive Server Enterprise。

SQL Server是关系数据库中的杰出代表，是与 Oracle 和IBM Db2 齐名的企业级商用数据库，是"三巨头"之一。长达数十年的发展和磨砺，已使它非常成熟、稳定，同时跟随时代发展不断地融合新技术，又使它非常全面。值得一提的是，SQL Server 2017 在很大程度上将此款数据库带入了广阔的Linux世界，进一步拓展了它的潜在客户群体和使用场景。

如图 2-6 所示，SQL Server大数据集群是由Kubernetes（简称"K8S"）精心策划的Linux容器集群，主要包括以下组件。

控制器为集群提供管理和安全性，它包含控制服务、配置存储和其他集群级别的服务，如Kibana、Grafana和Elastic Search等。

计算池为集群提供计算资源，如在Linux Pod上运行SQL Server的节点，计算池中的Pod用于特定处理任务的SQL计算实例。

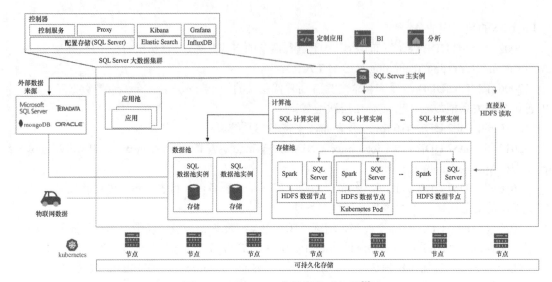

图 2-6　SQL Server大数据集群架构[9]

数据池用于提供数据持久性和缓存。数据池由一个或多个在Linux上运行SQL Server的Pod组成。它用于从SQL查询或从Spark作业中提取数据，SQL Server大数据集群数据集保留在数据池中。

存储池由存储池Pod组成，这些Pod由Linux、Spark和Hadoop分布式文件系统（Hadoop Distributed File System，HDFS）上的SQL Server组成，SQL Server大数据集群中的所有存储节点都是HDFS集群的成员。

SQL Server大数据集群代表了Microsoft数据平台最新的架构思想，从单纯地与外部互联互通，走向了与开源平台技术的全面融合，从技术对接与兼容，走向了互相兼容。这可以说是一个大胆的尝试，也是一个令人拍案叫绝的产品思路。它的优势显而易见：从企业客户角度来说，All-in-One的设计大幅简化了架构，用户可基于此建设自己的一站式大数据平台，开源与商业技术两者兼得；从Microsoft角度而言，确保了开源工作负载在SQL Server集群和体系内顺利运行，类似一个商业Hadoop发行版，有利于其在开源时代获得商业上的成功。

关于SQL Server的关键历史节点，大家可以参考以下信息。

1984 年，Sybase（"System Database"的缩写）公司成立。

1987 年，Sybase推出了本公司首个关系数据库Sybase SQL Server，这是第一个C/S架构的数据库系统。

1988 年，Microsoft、Sybase和Ashton-Tate合作，在Sybase的基础上发布了在OS/2 操作系统上使用的SQL Server 1.0。

1989 年，SQL Server 1.0 取得了较大的成功，但Microsoft和Ashton-Tate分道扬镳。

1992 年，SQL Server 4.2A发布，由Microsoft和Sybase共同开发。

1993 年，SQL Server 4.2B发布，支持 Windows NT 3.1 操作系统。

1994 年，Microsoft和Sybase分道扬镳。

1995 年，SQL Server 6.0 发布，由Microsoft自行研发，随后推出的SQL Server 6.5 取得了巨大的成功。

1998 年，SQL Server 7.0 发布并开始进军企业级数据库市场。

2000 年，SQL Server 2000 发布，新增了日志传送、索引视图。

2005 年 11 月，SQL Server 2005 发布，新增了分区、数据库镜像、联机索引、数据库快照、复制、故障转移集群、全文搜索等。

2008 年 8 月，SQL Server 2008 发布，新增了数据压缩、资源调控器、备份压缩、空间数据类型集、层次数据类型、宽数据表、Merge 语句等。

2010 年 4 月，SQL Server 2008 R2 发布，新增数据中心版，最大支持 256 核，支持 Unicode 压缩。

2012 年 3 月，SQL Server 2012 发布，新增 AlwaysOn、Columnstore 索引、增强审计功能，支持大数据。

2014 年 4 月，SQL Server 2014 发布，新增内存优化表、备份加密、增强 AlwaysOn 功能、延迟持续性、分区切换、索引生成、列存储索引、缓冲池扩展、增量统计信息等。

2016 年 6 月，SQL Server 2016 发布，支持 JSON、多 TempDB 数据库文件、全程加密技术、Query Store、R 语言。

2017 年 10 月，SQL Server 2017 发布，支持 Linux 操作系统，新增可恢复在线索引重建、图数据库功能，支持 R、Python 的机器学习功能。

2019 年，发布了其新一代数据库产品 SQL Server 2019，具有大数据集群、数据虚拟化等重磅特性。

2.7　小结

如图 2-7 所示，数据库的商业发展一直"纠缠不清"。最早是 Edgar Codd 在 IBM 工作时提出了关系数据库，但是没有受到重视，反而让 Oracle 看到了商机，抓住了机会。SQL Server 最早是 Microsoft 和 IBM 在合作开发 OS/2 操作系统时因缺乏数据库管理的工具，Microsoft 和 Sybase 合作，将 Sybase 所研发的数据库产品纳入 Microsoft 所研发的 OS/2 中而创造出来的产品。后来因为项目合作的原因，Microsoft 与 Sybase 也"分分合合"，不过后来 Sybase 将其数据库产品卖给了做企业软件的 SAP，而 SAP 曾经也和 Oracle 有过商业上的竞争。当然 Microsoft 与 IBM 的关系也由合作到竞争。由此看来，40 多年前的 Oracle 可以说是高瞻远瞩，准确判断了数据管理系统的未来，不过作为"蓝色巨人"的 IBM，数据库产品也一直不落他人。Microsoft 与 IBM 争夺的不仅仅是数据库市场，而是从开始的操作系统开始，这场战争就从未停止过。

关系数据库的商业竞争已经如此激烈。后来的大数据作为新的数据管理系统，也对这些所谓的传统关系数据库造成冲击，数据管理系统的格局又将发生翻天覆地的变化。工业界对利益的追逐推动了数据库产业的发展，也带动了学术界的研究。在数据管理系统发展的 50 多年中，关系数据库已经成为最重要的系统之一，这一点离不开学术的研究和工业的推动。从历史角度来看，关系数据库曾经给网状数据库"致命一击"，而大数据时代的到来，也给关系数据库"致命一击"。

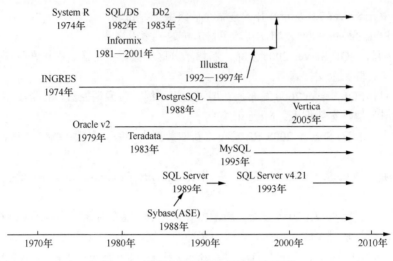

图 2-7 早期主流通用关系数据库家谱

2.8 参考资料

[1] M. M. Astrahan 等人于 1976 年发表的论文 "System R: Relational Approach to Database Management"。

[2] Donald D. Chamberlin 等人于 1981 年发表的论文 "A History and Evaluation of System R"。

[3] M. Stonebraker 等人于 1975 年发表的论文 "INGRES: A Relational Data Base System"。

[4] M. Stonebraker 等人于 1976 年发表的论文 "The Design and Implementation of INGRES"。

[5] M. Stonebraker 等人于 1986 年发表的论文 "The Design of POSTGRES"。

[6] Oracle 官方网站 Documentation 页面。

[7] MySQL 官方网站 Developer Zone 页面。

[8] IBM 官方网站 Db2 architecture and process overview 页面。

[9] Microsoft 官方网站 Introducing SQL Server Big Data Clusters 页面。

第3章
国产数据库的热潮——四大家族

国际化数据库不断发展，中国的研究人员也不甘落后，奋起直追。21世纪初，数据库在我国还主要处于学术研究和实验生产阶段，并没有出现像Oracle那样的国际化数据库厂商。这是因为技术实现需要长期的积累和发展，而且资本市场也没有对此展示出积极的兴趣和活力。令人欣慰的是，国产数据库一直在孕育可商用的工业产品，并在艰苦的环境中苗壮成长。

3.1　人大金仓

北京人大金仓信息技术股份有限公司（简称"人大金仓"）是由中国人民大学的一批最早在国内开展数据库教学、科研、开发的专家于1999年创立的，先后承担了国家"863""核高基"等重大专项，研发出了具有国际先进水平的大型通用数据库产品[1]。2018年，人大金仓申报的"数据库管理系统核心技术的创新与金仓数据库产业化"项目荣获2018年度国家科学技术进步二等奖，产、学、研的融合进一步助力国家信息化建设。

人大金仓是中国电子科技集团公司（China Electronics Technology Group Corporation，CETC）成员企业，是中国自主可控数据库、大数据相关产品及解决方案的提供商。人大金仓自成立以来，始终立足自主可控国产化，专注数据管理领域，发展成为如今的国产数据库领军企业。经过近20年数据库的技术研究与开发经验积累，人大金仓构建了覆盖数据管理全生命周期和全技术栈的产品、服务、解决方案，累计获得专利20多项，软件著作权80多项，产品广泛应用于电子政务、国防军工、电力、金融等超过20个重点行业，装机部署超过50万套，遍布全国近3000个县市。

人大金仓在电子政务、党务、国防军工、金融、智慧城市、企业信息化等方面具有强大的数据产品及解决方案研发能力、资源整合能力和项目实施服务能力。人大金仓在北京、上海、成都设有研发和服务中心，在全国设有分公司、办事处及代理合作机构，能够提供全面的本地化服务，并建有一整套规范的服务体系，能够为客户提供全面的服务和信息安全保障。

大数据时代，人大金仓继续立足自主可控国产化，以人工智能、云计算、大数据、物联网等新兴技术需求为牵引，面向党政军及各级企业级市场，坚持以用户需求为中心，打造自主可控的新型数据管理和分析平台及大数据行业解决方案，让数据创造价值，用技术驱动未来，助力我国信息化建设更快、更好地发展。

3.2　南大通用

天津南大通用数据技术股份有限公司（简称"南大通用"）成立于 2004 年，其推出的数据库是我国自主研发的、基于列式存储的、面向数据分析和数据仓库的数据库系统[2]。南大通用是国产数据库的领军企业，连续两年（2014 年和 2015 年）在赛迪顾问发布的《中国平台软件市场研究年度报告》和 IDC 年度研究报告中被评为"国产数据库第一品牌"。南大通用以"让中国用上世界级国产数据库"为使命，打造了 3 款国内领先、国际同步的自主可控数据库产品，并在金融、电信、政务、国防等领域拥有上万家用户。

GBase 8a 产品是结构化大数据分析领域的产品，与国外同类主流产品保持技术同步，市场同级。其以大规模并行处理、列存储、高压缩和智能索引技术为基础，可以满足各个数据密集型行业日益增大的数据分析、数据挖掘、数据备份和即席查询等需求。GBase 8t 产品是基于 IBM Informix 源代码、编译和测试体系自主研发的交易型数据库产品，通过了中国信息安全认证中心的认证并在高可用、灾备、空间数据、时序数据等方面有很好的表现。GBase 8m 产品是面向高频交易的事务型数据库，采用多核、多进程、大内存、固态盘（Solid Disk，SSD）等最新硬件技术，比同类内存数据库的性能有大幅度的提升。

南大通用推出了多款世界级的国产数据库产品，填补了国内空白，在技术和市场上打破了国外厂商的垄断。例如，其"拳头产品"GBase 8a 是大数据时代成熟的分析型大规模并行处理（Massively Parallel Processing，MPP）数据库，支撑了中国银行的数据仓库，并获得了市场的认可。2014 年，南大通用引进 IBM Informix 源代码并消化吸收后，推出了支撑高端业务的事务型数据库 GBase 8t，可以在银行的核心系统中替代国外数据库。近年来，南大通用专注于数据管理本身的大数据分析、AI-In 数据库、事务型数据管理、数据工程与云服务，且在相关方面已有布局，成立了数据科学团队，进入了以人工智能为代表的深度大数据分析领域。

2018 年 11 月，GBase 南大通用品牌更名为"GBase 通用数据"并发布了新的公司 Logo。从此，南大通用遵循价值共享、互惠共赢的理念，全力与合作伙伴共同打造健康、稳定的国产生态体系，将数据库和大数据平台作为数据驱动经济增长的基础建筑，以开放的心态拥抱全行业，和产业链上下游充分合作。南大通用认识到，只有实现国产生态体系整体的发展和壮大，中国的高新技术产品才有可能走出"国际巨头留下的夹缝市场"，真正站上世界级舞台。

3.3　武汉达梦

武汉达梦数据库有限公司（简称"达梦公司"）成立于 2000 年，为国有控股的基础软件企业，专业从事数据库管理系统的研发、销售并提供相关服务[3]。其前身是华中科技大学数据库与多媒体研究所，是国内最早从事数据库管理系统研发的科研机构之一。以Oracle为参考追赶对象，达梦数据库最初也是一个单机数据库，这个单机数据库是 1988 年冯玉才教授研究出来的我国第一代有自主知识产权的数据库管理系统。

达梦数据库管理系统是达梦公司推出的具有完全自主知识产权的高性能数据库管理系统，简称DM。达梦数据库产品已成功用于我国国防军事、公安、安全、金融、电力、水利、电信、审计、交通、信访、电子政务、税务、国土资源、制造业、消防、电子商务、教育等 20 多个行业及领域，装机量超过 10 万套，打破了国外数据库产品在我国长期占领大部分市场的局面，取得了良好的经济效益和社会效益。

达梦公司先后完成了近 60 个国家级、省部级的科研开发项目，取得了 50 多项研究成果，皆为国际先进、国内领先水平，其中 30 多项研究成果获国家级、省部级科技进步奖，在国内同行中处于领先地位。2005 年，达梦数据库被评为"国家高技术产业化示范工程"，连续多次荣获"中国国际软件博览会金奖"。2010 年，达梦公司被评为 2009—2010 年度中国软件和信息服务业最具潜力企业，并荣获"中国软件明星奖"。达梦数据库管理系统多次被评为中国优秀软件产品。

随着达梦数据库在一些重要行业的广泛应用，为了解决高可用性的需求，达梦公司推出了主备架构。随着国家对信息安全的重视程度进一步提升，国家希望能够推行芯片级的国产化，为了使数据库在芯片级国产化的场景里面真正应用起来，达梦公司推出了读写分离架构。2012 年后大数据蓬勃发展，面对大数据分析的需求，达梦公司推出了大规模并行计算的架构。达梦数据库目前已经推出了 8.0 的版本，简称DM8。在达梦公司的新一代产品DM8 里面，应用了弹性计算架构，此外还提供了参数调优等智能化功能。

多年来，达梦公司始终坚持原始创新、独立研发，目前已掌握数据管理与数据分析领域的核心前沿技术，拥有全部源代码，具有完全自主知识产权。在发展历程中，达梦公司逐渐成长为国内数据库行业的领军企业，多次与国际数据库"巨头"同台竞技并夺标。

3.4　神舟通用

天津神舟通用数据技术有限公司（简称"神舟通用"）隶属于中国航天科技集团（CASC），是国内从事数据库、大数据解决方案、数据挖掘和分析产品研发的专业公司[4]。神舟通用获得了国家"核高基"重大专项重点支持，是"核高基"专项的"牵头"承担单位。自 1993 年在航天科技集团开展数据库研发以来，神通数据库已历经近 30 年的发展。

神舟通用致力于神通国产数据库产业化，是国内最具影响力的基础软件企业之一。神通数据库企业版是神舟通用拥有自主知识产权的企业级、大型通用数据库管理系统。神舟通用提供神通数据库系列产品与服务，产品技术领先，先后获得 30 项数据库技术发明专利，在国产数据库行业处于领先位置。神舟通用拥有北京研发中心、天津研发中心、杭州研发中心 3 家产品研发基地，与浙江大学、北京航空航天大学、北京大学、中国科学院软件研究所等高校和科研院所开展了深度合作，具有一大批有 5 年以上开发经验的数据库核心研发人才。

神舟通用主营业务包括神通关系型通用数据库、神通KStore海量数据管理系统、神通xCluster集群件、神通商业智能套件等系列产品研发和市场销售。基于产品组合可形成支持事务处理、MPP数据库集群、数据分析与处理等的解决方案。神通数据库管理系统能强力支撑高并发、高负载压力、高连续性要求的业务系统。针对用户个性化的需求和不同的应用特点，神通数据库可提供联机事务处理、事务分析、并行查询、双机热备等大型关系数据库具有的通用功能。公司拥有 40 余名实战经验丰富的中高级数据库技术服务人员，可提供数据库系统调优和运维服务。公司客户主要覆盖政府、电信、能源、交通、网安、国防和军工等领域，率先实现了国产数据库在电信行业的大规模商用。

数字经济时代，数据是数字经济基础性的战略资源，数据安全成为重中之重，国产数据库在各领域系统中扮演着越来越重要的角色。数据安全更关乎国家安全，拥有独立、自主的核心技术至关重要。历经多年发展，神通数据库管理系统日趋完善，为党政军机关和企事业单位提供了可靠、稳定、安全的数据存储管理平台，成为保障国家信息安全的中坚力量。

3.5　小结

以国产数据库的"四大家族"为代表的国产数据库公司，其近 40 年的发展分为 3 个阶段。第一个阶段集中在 20 世纪 90 年代，以大学和科研机构为主，其初衷就是开发一款通用的、主要面向OLTP的关系数据库。在那个年代，国外厂商的数据库（如Oracle、Db2、Sybase、Informix等）都算是成本较高的产品。很多人认为，只要做出功能、性能、稳定性合适的国产数据库，就能有一定的市场，至少价格上能够有优势，即便不能成功打开市场，将其用于科研和教学也有一定价值。第二个阶段是 21 世纪初，一些国内的数据库公司意识到数据库软件应该跟随数据管理市场发展，而数据分析OLAP被认为是与OLTP同样具有发展潜力的一个方向。而且，数据仓库类的平台对可靠性、时效性要求比较低，似乎更适合国产软件进行率先突破。然而国产OLAP在发展过程中也不是一帆风顺的，一方面数据仓库领域在大数据概念被"炒作"之前一直饱受争议，另一方面这个领域的市场竞争比较激烈：大规模数据仓库会遇到Teradata的压制，小规模数据仓库则要与Greenplum竞争，如果遇到规模界限模糊的，客户又直接沿用Oracle或Db2 等OLTP数据库。第三个阶段从 2019 年左右开始，国产数据库开始出现井喷式的发展。随着近些年互联网和开源技术的蓬勃发展，互联网企业以高度的热情参与到数据库的建设中来。不管是自主研发，还是借助开源技术研发，互联网为了解决自身应用的问题，走上了数据库的技术探索之路。其中，阿里巴巴的OceanBase和PolarDB，腾讯的TDSQL和TBase，华为的GaussDB和openGauss等，都已成为各自企业内部基础架构的核心系统，支撑着很多关键业务。

除了顶级互联网企业之外，传统高科技企业也参与到了数据库核心技术的攻克中，包括华为、中兴、浪潮等。华为在 2019 年推出了GaussDB，中兴则推出了 GoldenDB，浪潮则推出了K-DB，并且开始独立投资新的数据库业务部门。深谙企业级服务之道的传统高科技企业的介入，让数据库研发和商业市场运作逐渐消除了隔膜，迎来了加速成长的时代。数据库领域的另外一支力量是新兴的独立数据库创新企业，由于这个行业开始受到资本的青睐，技术创业者和商业产业资本的结合，在新时代催生了一系列的新兴数据库企业，包括PingCAP、巨杉、偶数、星环等。正是因为有了近 40 年的厚积薄发，才有了近几年数据库的"朝气蓬勃"和"百花齐放"的景象。

中国数据库软件这个市场，从 20 世纪 70 年代开始，就是伴随改革开放的自由竞争市场，国产产品的研发，不能够简单地模仿国外数据库。而大数据概念兴起之后，国产数据库近几年也呈现出良好的发展态势，如SequoiaDB巨杉数据库，定位为新一代分布式NewSQL数据库；东软集团推出的OpenBASE是我国第一个拥有自主知识产权的商品化数据库管理系统；Kylin是eBay大数据部门一群来自中国的工程师从2014年开始研发的、支持TB到PB级别数据量的分布式OLAP分析引擎。

有的人不解，有开源的数据库可以用，有商业的数据库可以用，为什么要去做国产的数据库呢？目前，实践证明这种观点是站不住脚的。我们的核心技术必须掌握在自己的手上。国产数据库的带头人，在40多年前就已经认识到这个问题了，从那时候我们就开始自主研发自己的数据库。但数据库的国产化一直没有被资本带动，只是学术研究的"自弹自唱"，激起了一点点浪花，直到近两三年来，我们才看到了国产数据库的更多可能性和新的希望。

中国数据库四十周年大会在杭州与中国数据库学术会议（NDBC）一同举办，本人有幸参加。大会上，王珊教授等老一辈学者介绍了中国数据库发展的故事，我也被这些科研人员的家国情怀深深感动。中国数据库最早的发展要追溯到 1977 年，在安徽黄山中国数据库年会的召开（见图 3-1）。那时候只有数据库理论研究，而没有数据库商用产品。中国有个学术组织"中国计算机学会"，学会下面有 34 个专业委员会，其中数据库专业委员会就是我国数据库研究的起源。这里不得不提到两位在学术领域的重要前辈：萨师煊教授和王珊教授，两位为师徒。萨师煊教授率先在中国人民大学开设"数据库系统概论"课程，是我国数据库的"开山祖师"、国产数据库领域奠基人。王珊教授从事数据库领域研究 40 多年，创办了中国数据库学术会议等大型数据库会议交流平台，编著了中国第一部数据库教材《数据库系统概论》。正是这一批又一批的科研人员的热情投入，才使国产数据库最终迎来了新的春天。

图 3-1　1977 年黄山首届中国数据库年会合影

3.6　参考资料

[1] 人大金仓官方网站。
[2] 南大通用官方网站。
[3] 武汉达梦官方网站。
[4] 神舟通用官方网站。

第2篇
数据管理系统之大数据——异军突起

　　互联网公司的快速发展，使数据量越来越大，传统的关系数据库很难处理这么大的数据量，同时高额的数据库使用费也促使互联网公司开始考虑构建自己的数据管理系统。在这方面第一个做出变革的是 Google，作为国际搜索引擎的"巨擘"、硅谷高科技公司的代表，它有需要、也有实力研发自己的数据管理系统，以支撑自己庞大的业务体系和基础软件设施。

第4章

大数据降临——生逢其时

数据库作为数据管理系统的"掌上明珠",有4位图灵奖获得者的理论背书,还有Oracle等"商业霸主"站位,想要撼动数据库在数据管理系统中的地位,需要把从Charles Bachman开始的研发历史再走一遍,这看起来似乎很艰难。事实上,搅局者往往来自其他的阵营,在数据管理系统方面的代表就是Google。就像当年的IBM,引领关系数据库成为主流,而Google回到了起点,让非关系型数据管理系统应运而生。Google作为互联网公司的佼佼者,是有实力来重写数据管理系统的历史的。从2003年开始,Google接连发表了3篇论文(GFS、MapReduce和Bigtable),向业界展示了成熟的、在自己内部已经投入使用的分布式存储系统、分布式计算系统和分布式非关系数据库,展示了自己在互联网行业的数据管理系统方面的前沿实践成果。正是基于这些开创性工作,形成了现在的Hadoop开源生态圈,使大数据成为最火热的技术领域之一。

4.1 Google的"三驾马车"

从2003年开始,Google连续发表了GFS[1](2003年发表)、MapReduce[2](2004年发表)和Bigtable[3](2006年发表)3篇论文,向业界展示了在其内部基础软件架构设施中,它是如何处理大数据的。2000年年初,关系数据库已经不能满足Google内部的大数据处理要求,不仅是因为商业关系型数据产品价格昂贵,还因为其分布式可扩展的能力不足。因此,Google有强大的内在动力做一套自己的数据管理系统,以承载自己的业务需求。

GFS(Google File System)是一个分布式存储系统,可以在廉价的机器上处理海量数据,架构采用Master-Slave主从模式。MapReduce是一个分布式计算系统,将计算抽象为Map和Reduce两个操作。读写性能一直是数据管理系统的关键,GFS更适用于大规模连续读写和小规模随机读写,这与传统关系数据库OLTP的高并发随机读写不同。同时GFS的读写特性也是适合MapReduce这种计算操作的,因此两者关系紧密。Bigtable在此存储和计算模型上进行了优化,借鉴关系数据库的优点,提高了计算的并发性能。

4.1.1 GFS

如图 4-1 所示，从 GFS 的架构上看，主要包括 Master、Chunkserver 和 Client 这 3 个部件。其中数据存储在 Chunkserver 上，Master 和 Client 则负责控制数据的读取操作。GFS 采用了控制流和数据流分离的逻辑设计，这样可以对数据流进行独立的优化，从图 4-1 中可以清楚地看出控制流和数据流的走向。读取数据的基本流程为：Client 向 Master 请求数据，Master 根据记录的命名空间找到对应的数据位置，并将数据位置返回给 Client；Client 根据返回的信息，向 Chunkserver 发送数据读取请求并获得结果；Master 与 Chunkserver 会定期采用心跳的方式进行数据的同步备份、状态更新等操作。

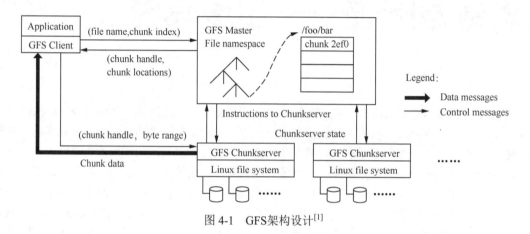

图 4-1　GFS架构设计[1]

在 GFS 中，在数据存储结构上，文件被分成固定大小的 Chunk，每个 Chunk 由一个不变的、全局唯一的 64 位标识符标记。考虑到可靠性，每一个 Chunk 默认以三副本的形式被复制到多个 Chunkserver 上。Chunkserver 上保存着用户以 64MB 为单位划分的 Chunk 数据，以及对应的校验值和版本号。Master 上保存文件的属性信息、文件到 Chunk 的映射关系以及 Chunk 的当前版本号。Client 负责发送数据的读写请求，向 Master 请求元数据，并根据元数据访问对应 Chunkserver 的 Chunk。

GFS 的架构十分简洁，同时为保证数据的安全、可用，采用"一主三备"的模式。GFS 有一个非常简单但是实用的基本出发点，就是假设廉价的机器是不可靠的，组件的失效是常态而不是意外事件，因此有了这种三副本的设计。这种简洁的架构，有利于为 MapReduce 提供易操作的接口。GFS 是一套文件存储系统，相当于关系数据库的存储引擎，但两者的设计初衷和理念完全不同。GFS 适合对廉价的大规模分布式机器上的大文件执行连续读操作，对于小文件或者随机写的操作则不是好的选择，这也是后来许多系统（如 Facebook 的 Haystack）可以优化和改进的地方。Google 自己也研发出提供粗粒度锁服务的文件系统 Chubby[4] 来弥补 GFS 的一些不足。据说，这套系统是 Google 的实习生开发出来的。其实在 Google，确实有一部分产品是实习生研发的，如集群调度系统 Firmament[5] 就是剑桥大学的博士欧内尔·高格（Ionel Gog）实习时开发出来的。另外，Colossus 作为 GFS 的后续工作，在 Spanner 的论文中有提到，这里不详细展开介绍。

4.1.2 MapReduce系统

MapReduce是一种编程模型，通过Map和Reduce两个抽象出来的操作对Key-Value的数据集进行大规模并行处理。对于编程人员来说，不需要考虑这些操作的具体底层实现，如任务调度、容错处理、并行算法等，只要使用抽象好的上层MapReduce接口，系统就可以实现对大数据的分布式计算和并行化处理，并将这些过程自动化。

MapReduce有两个操作，分别是Map和Reduce操作，编程人员只需实现map()和reduce()，即可实现分布式计算。这两个操作可以数学化为Mapper: <key1, value1> → <key2, value2>和Reducer: <key2, value2> → value3。Mapper对Key-Value数据进行处理后，Reducer负责统计和汇总各个Mapper处理的结果，在整个过程中会有Master来负责所有任务的调度和安排，具体的Map或者Reduce的执行者都被称为Worker。

参考图4-2，具体执行流程如下：首先，用户编写程序，由Master负责决定如何进行Map-Reduce的调用依赖以及对应的操作应该在哪台机器上进行；然后，Map Worker负责从GFS中读取数据，并按照<key1, value1>的格式对其进行处理，将处理结果以新的<key2, value2>格式保存；最后，Reduce Worker读取Map Worker处理的中间结果，根据key2对value2进行合并操作，产生新的计算结果value3，并将结果输出。为了解决网络通信带宽和平衡问题，Mapper和Reducer之间有一个非常重要的组件——Combiner。Combiner对Mapper的输出进行合并后转发。而Combiner函数是可选的，一般来说，Combiner函数和Reduce函数差不多。

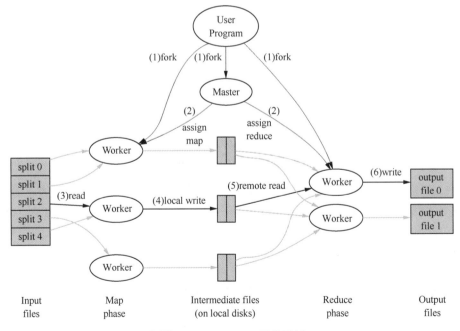

图 4-2　MapReduce操作示例

MapReduce整个计算和处理过程非常简洁，难点在于如何调度Mapper和Reducer，保证相互之间的依赖关系、操作的并行化以及作业的容错机制，以致后来专门研发了YARN[6]（Yet Another Resource Negotiator）来做调度这个工作。从计算模型上看，MapReduce类似关系数据库的Select-GroupBy操作，并无太大新意，但是Google的贡献是把这个简单的计算模型抽象化和并行化，并实现在大规模的、廉价的集群上进行分布式大数据处理。此后不久，Spark就针对MapReduce的两个致命弱点，提出基于内存容错数据结构的有向无环图（Directed Acyclic Graph，DAG）计算模型，将计算模型进一步通用化，这些内容我们将在后面的章节讲述。

4.1.3 Bigtable系统

Bigtable上运行着Google的很多内部应用（如Google Earth等），其可以扩展到PB级数据和上千台服务器。该系统是Google在GFS、MapReduce、Chubby等基础上研发出来的分布式存储系统，主要面向结构化和半结构化数据。Bigtable在设计上更多参考了关系数据库的理论，因此更像一个数据库，然而这个数据库是一个大规模分布式的系统，理解起来也更难一些。

如图4-3所示，Bigtable的数据模型并不是传统关系数据库的表而是Map，用官方原话为"Bigtable is a sparse, distributed, persistent multidimensional sorted map"，即Bigtable中的表是稀疏的、分布式的、持久的、多维有序映射的。映射（Map）即Key-Value形式的数据结构，稀疏（Sparse）即行列之间存在稀疏性，分布式（Distributed）即系统构建在分布式系统GFS上，持久化（Persistent）即数据在访问结束后会被持久化存储，多维（Multidimensional）即行列多维，有序（Sorted）即键值对以字母顺序保存。因此，从上述官方原话就可以看出Bigtable最核心的内容。其数据结构有 3 个维度——行、列、时间戳，即(row:string, column:string, time:int64) → string的结构。由一个特定行键、列键、时间戳指定的部分为一个单元（Cell），多行组合起来形成数据分布的表，多列组合起来形成访问控制和资源分配的列族（Column Families），数据读写的版本控制通过时间戳实现。

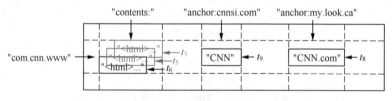

图 4-3 Bigtable的数据模型

Bigtable不是关系数据库，却沿用了很多关系数据库的术语，如表、行、列等。如果将其与关系数据库的概念对应起来，很容易让读者误解。但如果跳出关系数据库的思想，而把Bigtable只想成一个简单的三维表，那么理解起来就方便多了。Bigtable提供了API以实现创建和删除表、列族的函数，也提供了改变集群、表和列族元数据的函数，从而对数据进行读写操作。Bigtable还具有一些其他的特性，利用这些特性，用户可以对数据进行更复杂的处理。例如，Bigtable支持单行上的事务处理，用户可以对存储在行关键字下的数据进行原子性的读写更新操作。因此，对Bigtable的理解是，最基本的首先是从对数据模型的理解，其次是从系统的角度看设计架构。

如图4-4所示，Bigtable集群包括 3 个主要部分：客户端（Client）、主服务器（Master Server）和片服务器（Tablet Server）。片服务器并不真实存储数据，而相当于一个连接Bigtable和GFS的代理，客户端的一些数据操作都通过片服务器代理间接地访问GFS。主服务器负责将片分配给片服

器，监控片服务器的添加和删除，平衡片服
务器的负载，处理表和列族的创建等。客户端
需要读写数据时，直接与片服务器联系。客户
端并不需要从主服务器获取片的位置信息，减
轻了主服务器的负载。

Bigtable的实现依赖于Google其他系统，如
通过基于Paxos的高可用分布式锁服务Chubby
管理元数据，因为多了这个高并发锁的控制，
Bigtable才显得更像数据库。由此可见，Google

图4-4 Bigtable的架构

也意识到，大规模的分布式数据处理系统是绕不开传统数据库的核心理论和技术的。Google的技
术体系也从原来简单的GFS和MapReduce，走向复杂的Bigtable系统，以及后来的全球分布式数据
库Spanner[7]。目前来看，大数据管理系统更看重大规模分布式集群系统以及作业任务的调度，而
数据库更注重读写事务的高并发一致性模型处理。这种不同技术之间的区别与联系，在数据管理
系统领域，也有分久必合、合久必分的趋势。

4.2 Amazon的"云上时代"

2000 年前后，很多企业遇到了传统关系数据库不能承载已有业务的困境，但迟迟没有找到好
的解决方案。Google发表了被誉为"三驾马车"的论文，虽然没有开源其系统的内部实现，但其释
放出来的信号，给很多研究机构或者企业组织以启发。比如后来的Hadoop生态圈就是借鉴这 3 篇论
文的思想实现的，包括类GFS的HDFS、类MapReduce的MapReduce和类Bigtable的HBase。Google打
响了第一枪，开源组织紧跟其后。其他大公司也蠢蠢欲动，包括Amazon旗下基于Dynamo[8]等一系
列系统，迎来了Amazon网络服务（Amazon Web Service，AWS）云计算时代的春天。

Amazon Dynamo是分布式高可用键值存储系统，最初是用来支持作为电商起家的Amazon的购
物车功能的。类似GFS，此时的Dynamo还是一个分布式的存储系统。当时Amazon的业务日益增长，
基于Oracle数据库的系统已经不堪重负，需要设计一套定制的数据库来满足长期发展的商业需求。
Amazon开始大胆质疑数据库引以为傲的强一致性特点，因为其所需要的是同时满足高分区容忍、
高可用和强一致性的数据管理系统，即满足著名的CAP理论的系统。事实是，系统是不能同时满
足强一致性、高可用、高分区容忍 3 个特点的，所以Amazon考虑到自己的业务需求，放弃了强一
致性，站在了高可用和高分区容忍一端。

数据管理系统主要的目标是实现对数据的读写操作，因此在上层抽象层，Dynamo提供了get
和put两个基本操作。其中get(key)操作用来定位数据的存储位置、返回数据以及上下文信息，put(key,
context, object)则将数据对象写到对应的存储位置。那么如何实现这么一套分布式、高可用的存储
系统呢？简单来说，面对这些问题，采用的技术包括实现数据分区的一致性哈希、实现高可用写
操作的向量时钟、解决临时故障的仲裁协议、解决永久故障的Merkle树、进行成员检测的Gossip
协议等。这些技术本身并不是创新的，但是如何使用这些技术实现这样一个满足AP的数据管理系
统，是需要在实践中磨练的，而这个过程是具有挑战性的。

Dynamo综合了以上技术，来实现其业务需求的高分区容忍性和高可用性。通过数据划分和对一致性哈希的复制，以及对象版本提供一致性。更新时，副本之间的一致性是由仲裁类协议技术和去中心化的副本同步协议来维持的。Dynamo采用了基于Gossip的分布式故障检测及成员协议，即节点环上的节点在响应节点采取加入（Join）、离开（Leaving）、移除（Removing）、消亡（Dead）等动作以维持分布式哈希的正确语义。Dynamo是一个只需要很少的人工管理的、可伸缩的、去中心化的系统，存储节点可以自动添加和删除，而不需要任何手动划分或重新分配。Dynamo整体看起来，有点儿像经典技术的"大锅菜"，但是这个"大锅菜"确实合Amazon的业务需求的"胃口"。Dynamo系统所能解决的问题，以及所采用的技术和对应的优势如图 4-5 所示。

问题	技术	优势
数据分区	一致性哈希	增量式可扩展性
写操作高可用	读时协调的向量时钟	版本大小与更新速度解耦
临时故障处理	松散协商和提示转交	部分副本不可用时的持久化保证
永久故障恢复	基于Merkle树的反熵	分裂副本后台同步
成员管理和故障恢复	基于Gossip的检查	保证信息对称同时去中心化

图 4-5　Dynamo系统解决的问题、采用的技术以及技术优势[8]

关于这些技术的细节我们不详细地介绍。可以看出，Dynamo更侧重的是对数据读写操作的分布式、高可用控制，而这种控制包括分布式数据的划分、多版本的数据管理以及故障检测与恢复。这些技术在传统的关系数据库中也经常被研究讨论，但关系数据库侧重一致性和可用性。大数据则不同，大规模分布式是最重要的特点，因此，在保证可用性的情况下，关系数据库选择了一致性，大数据则选择了分区容忍性。

后来，在Dynamo这个分布式存储系统的基础上，Amazon连续推出分布式数据库系统SimpleDB[9]以及DynamoDB[10]，进一步推进了大数据的发展。DynamoDB在数据管理的安全性、高可用性、可管理性等方面进一步优化，提供新一代互联网规模应用的数据管理服务，也被称为云服务。后来，Amazon推出Aurora关系数据库，加速了"云时代"的到来，使其成为云数据库的先驱者。值得一提的是，关于Dynamo的论文在 10 年后（2017 年）的SOSP国际会议上获得名人堂奖（Hall of Fame Award），可见其在数据管理系统领域的地位。

Amazon也在大数据领域占有一席之地。Dynamo系统是其分布式系统自主研发的开始，DynamoDB推进了数据管理系统的发展，Aurora是云数据库最成功的案例之一。此外，Amazon还研发了图数据库Neptune、时序数据库Timestream、分析型数据库Redshift等。Amazon从一家电商公司开始，做到了数据库领域的强者。但总体上看，其所有的工作主要是面向业务的，并不是单纯为了技术而研发产品。同时，云数据库将数据库从一个产品形态变成一种服务，这种商业模式是成功的。

4.3　Facebook的"社交帝国"

作为社交网络领域的"翘楚"，Facebook也研发了自己的大数据管理系统Cassandra[11]，其设计的初衷是优化社交搜索。当时，GFS、Bigtable和Dynamo的论文已经发布，Facebook借鉴了已有的工作，研发了自己的分布式、高可用的去中心化结构数据存储系统Cassandra。与GFS适合连续读不同，Cassandra适合处理高写入，这也是其来自全球各地的社交内容不断发布的需求决定的。

在技术实现上，Cassandra并没有什么明显的突破，基本是在GFS和Dynamo的基础上进行优化和工程开发。在数据模型上，Cassandra里的表每行都有唯一的Key，String类型的数据无长度限制，一般是16～36字节，对某一行的操作无论涉及多少列都是原子的。其中列被设计成列族的形式，很像Bigtable，但是其有Simple和Super两种类型，Super指的是族嵌套族。Cassandra的数据分区使用一致性哈希（见图4-6），但是做了顺序优化以保证性能，以分担流量大的节点的压力。其他如数据复制、成员验证、数据持久化等关键技术，基本也采用了Bigtable和Dynamo的技术，在工程实践上进行合理的优化。可以说Cassandra是Bigtable的数据模型和Dynamo的关键技术的结合。针对自己的业务要求，Cassandra在系统设计上进行了权衡和选择。

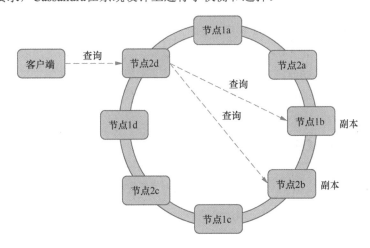

图 4-6　Cassandra中的一致性哈希实现

Cassandra后来引入了虚拟节点（Virtual Node）的概念，为每个真实节点分配多个虚拟节点（默认是 256 个），这样在新增或减少一个节点时，会有很多真实的节点参与数据的迁移，从而实现负载均衡。复制数据时由协调者节点负责一个区域内的Key，Cassandra为客户端提供了多种数据复制的选择，如机架感知（Rack Aware）和数据中心感知（Datacenter Aware）等。Cassandra使用ZooKeeper来为节点选举Leader，Leader通知节点负责的Key的区域，同时这部分数据在节点本地缓存。这部分设计和Dynamo是类似的。成员（Membership）验证使用高效的Anti-entropy Gossip协议，失效探测使用连续的Value来表示对节点存活性的怀疑程度而不是单纯的True或False二元判断。数据持久化采用Local Persistence的方式，依赖本地文件系统进行数据持久化。Cassandra写数据时，首先会将请求写入Commit Log以确保数据不会丢失，然后写入内存中的Memtable，超过内存容量后将内存中的数据刷到磁盘的SSTable，并定期异步对SSTable进行数据合并（Compaction）以减少数据读取时的查询时间。因为写入操作只涉及顺序写入和内存操作，所以有非常高的写入性能。而进行读操作时，Cassandra支持像LevelDB一样的实现机制——数据分层存储，即将热点数据放在Memtable和相对小的SSTable中，所以也能实现相对较高的读性能。为了高效地查找，Cassandra也会为每行Key生成索引，当磁盘中小文件很多时合并进程会在后台启动，将其合并成一个大文件，这点很像Bigtable。查询操作采取的是先查找内存，没命中的话再查找磁盘，从新文件开始查找到旧文件的策略。为了提高查询效率，Cassandra采用了布隆过滤器，对于列也会生成索引，可以直接跳转，避免扫描过多的列。

Cassandra项目是 2007 年Facebook为了解决消息收件箱搜索（Inbox Search）问题而设计的，当时Facebook遇到了传统方法难以解决的超大数据量存储的可扩展性问题。项目团队需要处理大量的消息副本、消息的反向索引等不同形式的数据，需要处理很多随机读和并发随机写操作。2008年，Cassandra作为开源项目发布到Google Code，但是这段时间基本上只有Facebook工程师来更新代码，没有形成社区。所以在 2009 年Cassandra被转移到Apache基金会孵化器项目，并在 2010 年成为一个顶级项目（Top-Level Project，TLP）。从Apache Cassandra的Committers列表中可以看出，很多人自 2010 年以来就一直参与该项目，他们主要来自Twitter、LinkedIn、Apple等公司，其中还包括许多独立开发者。在大数据领域一直有这样的趋势，就是对于一个项目，有开源社区和商业支持两个版本，这也是很多大公司运作开源项目、构建自己的生态环境的方式。

此外，Facebook针对自己的业务特点，还研发了小文件图片存储系统Haystack[12]、内存时序数据库Gorilla[13]等，用于支撑整个"社交帝国"的运转。此时，大数据处理的大规模分布式系统已经在各大公司应用，数据管理系统已经不再局限于关系数据库。后来的公司也越来越大胆地研发针对自己业务特点的大数据管理系统，Facebook就是它们中最好的代表。

4.4　LinkedIn的"职业摇篮"

LinkedIn是一家职业社交平台，在大数据管理系统打造方面也有自己的建树。Espresso是LinkedIn面向文档的分布式数据平台。其面向文档，主要与业务场景相关，毕竟其需要保存大量职业社交信息。与Cassandra类似，Espresso也是在已有的工业和学术产品的经验基础上，研发出的大数据管理平台。其从理论创新上也许并没有太突出的特点，但这也是大数据管理系统最早崛起的原因——面向业务设计并实现系统，大数据管理系统一直遵循"Make It Work And Then Make It Perfect"的设计原则。

Espresso旨在满足LinkedIn对可扩展、性能高、支持容错和事务的需求。它提供了分层文档模型、对相关文档的修改的事务性支持、实时辅助索引、动态架构演进等功能，并提供时间线一致的更改捕获流。LinkedIn工程师在着手构建Espresso时，参考了行业中的最佳应用实践，借鉴了已经出版的学术研究工作，以及具有不同一致性模型的内部研发经验。在此过程中，LinkedIn构建了一个新的通用分布式集群管理框架，实现了分区感知、更改、捕获管道和高性能反向索引。

和其他初创公司一样，LinkedIn早期也是通过单个关系数据库管理系统的几张表来保存用户资料和人际关系的。后来这个数据库扩展出两个额外的数据库系统，其中一个用来支撑用户个人资料的全文搜索，另一个用来实现社交图，这两个数据库通过Databus来取得最新数据。Databus是一个变化捕捉系统，它的主要目标就是捕捉那些来自可信源（如MySQL）的数据集的变化，并且把这些变化更新到附加数据库系统中。但是，没过多久这种架构就很难满足LinkedIn的数据需求。LinkedIn工程师团队实现了时间线一致性（或者近线系统的最终一致性）以及可用性和分区容错性。如果要在不到一秒的时间内处理数百万用户的相关事务，上面的数据架构明显无法支撑。

因此，LinkedIn工程师团队提出了三段式数据架构，该数据架构由在线、离线以及近线数据管理系统组成。其中，Espresso由LinkedIn的分布式数据管理系统团队基于高性能的数据抓取系统

Databus、单机存储系统MySQL、通用的集群管理框架Apache Helix等开源技术开发，用来解决关系数据库（如MySQL、Oracle等）不能满足当前线上并发业务的性能要求的问题以及关系数据库固有的一些局限性，如扩展性差、容错处理能力差、成本高等问题。

如图 4-7 所示，Espresso分布式数据服务平台架构主要包括以下几个核心模块。

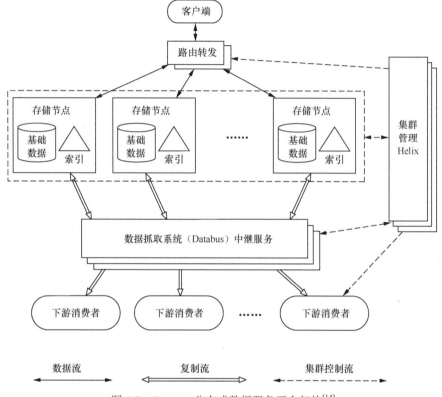

图 4-7　Espresso分布式数据服务平台架构[14]

（1）路由转发

路由转发是一个无状态的超文本传输协议（Hypertext Transfer Protocol，HTTP）代理，它是客户端访问Espresso的入口。路由转发首先检查请求的统一资源定位符（Uniform Resource Locator，URL）以确定需要访问的数据库，根据分区Key以确定请求对应的分区，并将请求转发到对应的存储节点。路由转发还有一个本地的缓存路由表，该路由表映射分区的分布情况。当集群的状态发生变化时，路由表通过分布式应用程序协调服务应用Apache ZooKeeper实现路由器的更新，并以并行的方式实现跨分区的批量请求。

（2）存储节点

存储节点（Storage Node）是集群扩展和数据存储的基本单元，每个存储节点都包括一套分区。路由转发能够将请求转发到存储节点。存储节点的功能包括查询处理、作为存储引擎、实现二级索引、处理节点状态的转换、支持本地事务、提交复制日志、定时备份以及一致性检查和数据验证等。

（3）集群管理

Espresso使用Helix进行集群管理，Espresso的状态模型具有OFFLINE、SLAVE和MASTER这3

种状态。Espresso的状态模型约束包括每个分区必须至少有一个主节点和N个可配置的从节点、分区分布在所有的存储节点上、在同一个节点上不存在同一分区的副本等，同时要求当主节点出现故障时，从节点能够升级成为主节点。

（4）数据抓取系统

Espresso使用Databus实现变化捕获机制，Databus能够处理Espresso事务日志。Databus的重要特征包括来源独立、可扩展、高度可用、低延迟、支持多种订阅机制和无限回溯等。Databus在整个系统中的主要作用是将事件传递给下游消费者（如搜索的索引和缓存等）以及实现Espresso的多数据中心的复制。

（5）数据复制

数据复制（Data Replicator）是一个在跨地域复制的Espresso集群间转发提交请求的服务，该服务由Helix管理的无状态集群实例构成，并具有容错处理能力和线上、线下的Helix状态模型。数据复制服务是Databus的一个消费者，用来处理集群中的数据库分区事件，它还能够在数据中心之间批量处理事件以提升高延迟的链接线路的吞吐量。该服务定期检查ZooKeeper的复制进度以及节点故障、服务重启等，每个节点负责一定数量分区的复制（具体负责哪些分区由Helix指定）。一旦节点发生故障，属于故障节点负责的分区会被重新分配给正常的节点。当一个节点开始处理新指定的分区时，它会从保存在ZooKeeper中的最近检查点重新执行相关处理操作。

（6）快照服务

快照服务（Snapshot Service）能够自动、定期地备份数据中心的所有Espresso节点的数据，且对正在运行的集群影响非常小。快照服务本身也是一个分布式系统，与数据复制服务一样具有线上、线下状态模型。最近备份的元数据信息将写入ZooKeeper，被称为znode的节点用于存储元数据。

Espresso还有其他一些有趣的特性，如集群扩展、定额管理、批量加载HDFS数据、自动实化集群、组提交、冲突解决等。作为LinkedIn的分布式NoSQL数据库，Espresso具有高性能、高扩展性、支持事务、高容错等重要特征。不过就大数据管理系统来说，Espresso更多是很多系统的融合，既不像Google "三驾马车" 那样有新颖的技术，也不像Amazon那样是对经典技术的组合，但对于自己的业务来说，满足需求的高性价比才是关键。

4.5　学术界的徘徊辗转

当学术界还在捍卫数据库的一套完整而实用的理论的时候，工业界已经开始新的革命，创造出新的数据管理系统。同时，一些前沿的研究机构，也在酝酿新的作品，如欧洲慕尼黑工业大学的混合数据内存管理系统HyPer[15]。

HyPer是一种基于主内存的关系DBMS，适用于混合OLTP和OLAP工作负载。它是一种所谓的一体式新SQL数据库系统，引入了许多创新想法，包括以数据为中心的查询处理和多版本并发的机器代码生成，完全背离了传统的、基于磁盘的DBMS体系结构控制，从而获得卓越的性能。HyPer的OLTP吞吐量与专用事务处理系统相当，甚至更高，其OLAP性能与最佳查询处理引擎相匹配。但是，HyPer在同一数据库状态下同时实现OLTP和OLAP性能，类似于现在大家说的混合事务和分析处理（Hybrid Transaction and Analytical Process，HTAP）系统的概念。

该项目的研究重点之一是将HyPer的功能从OLTP和OLAP处理扩展到探索性工作流，这些工作流通过使用HyPer开创性的编译基础结构深入集成到数据库内核。HyPer是新型的HTAP系统，即OLTP与OLAP结合的系统，实现上是基于内存的关系数据库，采用了机器代码生成和多版本控制等关键技术。到现在为止，在数据管理系统方面，"学术界向左、工业界向右"的趋势已经显露出来。

4.6 小结

从Google的"三驾马车"诞生开始，各大互联网企业意识到传统的关系数据库已经不能满足他们日益增长的业务需求，开始定制研发自己的大数据管理系统。这些实践者们已经从新的角度去看待数据管理系统，而学术界似乎仍不愿放弃完美理论支撑的关系数据库，Michael Stonebraker也因此获得了图灵奖。

4.7 参考资料

[1] Sanjay Ghemawat等人于 2003 年发表的论文"The Google File System"。

[2] Jeff Dean等人于 2004 年发表的论文"MapReduce: Simplied Data Processing on Large Clusters"。

[3] Fay Chang等人于 2006 年发表的论文"Bigtable: A Distributed Storage System for Structured Data"。

[4] Mike Burrows于 2006 年发表的论文"The Chubby Lock Service for Loosely Coupled Distributed System"。

[5] Ionel Gog等人于 2016 年发表的论文"Firmament: Fast, Centralized Cluster Scheduling at Scale"。

[6] Vinod Kumar Vavilapalli等人于 2013 年发表的论文"Apache Hadoop YARN: Yet Another Resource Negotiator"。

[7] James C. Corbett等人于 2012 年发表的论文"Spanner: Google's Globally-Distributed Database"。

[8] Giuseppe DeCandia等人于 2007 年发表的论文"Dynamo: Amazon's Highly Available Key-value Store"。

[9] AWS官方网站Amazon SimpleDB页面。

[10] AWS官方网站Amazon DynamoDB页面。

[11] Avinash Lakshman等人于 2010 年发表的论文"Cassandra - A Decentralized Structured Storage System"。

[12] Doug Beaver等人于 2010 年发表的论文"Finding a Needle in Haystack: Facebook's Photo Storage"。

[13] Tuomas Pelkonen等人于 2015 年发表的论文"Gorilla: A Fast, Scalable, In-Memory Time Series Database"。

[14] Lin Qiao等人于 2013 年发表的论文"On Brewing Fresh Espresso: LinkedIn's Distributed Data Serving Platform"。

[15] Hyper-DB官方网站。

第 5 章

大数据分布式系统——高潮迭起

Google的"三驾马车"开启了大数据时代，而接下来的十年才是大数据的黄金时代。一方面大数据的不足显现出来，难以满足日益增长的工业需求，另一方面大家跳出了原有的思维定式，人们已经意识到，不必将关系数据库奉为圭臬。因此各种类型的数据管理系统层出不穷，用来解决实际生产中遇到的问题。

5.1　容错内存迭代式计算

大数据风起云涌，学术界似乎也开始了自己的革命。Spark是UCB AMPLab实验室在迈克尔·富兰克林（Michael Franklin）带领下开展的项目，有趣的是，Franklin的博士导师是迈克尔·凯里（Michael Carey），而Michael Carey是Michael Stonebraker的学生。Spark项目开发的初衷是解决MapReduce存在的问题，作为学数据库出身的Franklin这次似乎站在了大数据阵营，而且要推陈出新。现在Spark的生态圈很大，但是早期Spark的核心很简单，即只有弹性分布式数据集（Resilient Distributed Dataset，RDD）[1]这一关键技术。

RDD是整个Spark生态的核心，其设计的初衷是解决当时Hadoop系统存在的问题，一是写外存的低效，二是计算模型过于简单。因此，RDD是一种基于内存的容错性分布式弹性数据集，从数据结构的角度开启了大数据管理系统的一个新高潮。

RDD是对内存数据的一种抽象，同时具有分布式容错的特点。每个RDD由多个分片组成，每个分片会被一个计算任务处理，并决定并行计算的粒度。RDD之间存在依赖关系，RDD内的数据会进行迭代计算或者产生一个新的RDD，这种依赖关系可以在部分分区丢失时通过Linage技术恢复，从而实现容错机制。RDD可以通过外部数据集创建，如来自HDFS的数据；也可以写入存储系统。基于RDD的操作主要有Tansformation和Action两种，这两种操作又分别由多个不同的算子实现。算子之间形成DAG，从而生成计算模型。

Spark作业计算阶段实例如图 5-1 所示。Spark是基于内存的迭代计算框架，因此适用于需要多次操作特定数据集的应用场景。需要反复操作的次数越多，所需读取的数据量越大，受益越大；对于数据量小但是计算密集度较大的场合，受益就相对较小。由于RDD的特性，Spark不适用于异步细粒度更新，如Web服务的存储或者增量的爬虫和索引，即对于那种增量修改的应用模型不适合。因为Spark采用的是基于内存的数据结构，所以适用于数据量不是特别大，但是对实时统计分析有需求的场合。

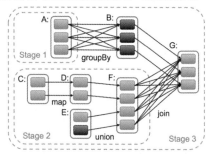

Spark不适用于内存无法完全加载数据的场合。在内存不足的情况下，Spark会将数据刷到磁盘，降低原有的性能。由于RDD设计上的只读特点，因此Spark不适用于待分析数据频繁变动的场合，如数据集需要频繁增删改，而且需要结果具有很强的一致性。Spark不适合处理流线长或文件流量非常大的数据集。当内存不够且集群压力大时，一个任务失败会导致所有的前置任务全部重跑，然后陷入恶性循环导致更多的任务失败，使得整个Spark作业效率变低。

图 5-1 Spark作业计算阶段实例[1]

从上述内容就可以看出，Spark的目标之一是解决MapReduce频繁写磁盘的问题，所以将迭代计算放到内存里处理。同时，Spark本身存在的不足在后续一些其他项目中也得到了改进，如适合计算密度大、异步细粒度更新的Ray，适合实时流计算的Storm和Flink。但这些不足，并不会影响当时Spark在大数据社区的流行和发展。历史是迭代、螺旋前进的，Spark也会渐渐淡出主流，同时保持它在适合的场景领域内的应用价值。

Spark架构采用了分布式计算中的主从（Master-Slave）模型。主节点是集群中的含有主进程的节点，从节点是集群中含有工作进程的节点。主节点作为整个集群的控制器，负责整个集群的正常运行；工作进程相当于计算节点，接收主节点命令并进行状态汇报；执行节点负责任务的执行；客户端节点作为用户的客户端负责提交应用，驱动程序负责控制一个应用的执行。

Spark集群部署后，需要在主节点和从节点分别启动主进程和工作进程，对整个集群进行控制。如图 5-2 所示，在一个Spark应用的执行过程中，驱动程序和工作进程是两个重要角色。驱动程序是应用逻辑执行的起点，负责作业的调度，即任务的分发，而多个工作进程用来管理计算节点和创建执行节点并行处理任务。在执行阶段，驱动程序会将任务和任务所依赖的文件序列化后传递给对应的工作节点，同时执行节点对相应数据分区的任务进行处理。

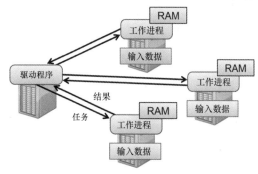

Spark执行任务的整体流程：客户端提交应用，主节点找到一个工作进程启动驱动程序，驱动程序向主节点或者资源管理器申请资源，之后将应用转化为RDD图，再由DAGScheduler将RDD图转化为DAG提交给TaskScheduler，由TaskScheduler提交任务给执行节点执行。在任务执行的过程中，其他组件协同工作，确保整个应用顺利执行。

图 5-2 Spark架构[1]

Spark支持多种运行模式。当其部署在单机上时，既可以用本地模式运行，也可以用伪分布模式运行；当其以分布式集群方式部署时，有众多的运行模式可供选择，这取决于集群的实际情况。

底层的资源调度既可以依赖外部资源调度框架，也可以使用Spark内建的Standalone模式。对于外部资源调度框架的支持，目前的实现包括相对稳定的Mesos模式和Hadoop YARN模式。

Spark提供了一个全面、统一的框架以管理异构数据集和数据源的大数据处理的框架。官方资料介绍Spark可以将Hadoop集群中的应用在内存中的运行速度提升 100 倍，甚至能够将应用在磁盘上的运行速度提升 10 倍。Spark是基于内存计算的大数据并行计算框架，可提高在大数据环境下数据处理的实时性，同时保证高容错性和高可伸缩性，允许用户将Spark部署在大规模的廉价硬件集群之上。

开源社区的Apache Spark是一个快速成长的开源集群计算系统，生态系统中的应用包和框架日益丰富，使得Spark能够进行高级数据分析。Apache Spark的快速成功得益于它强大的功能和易于使用的特性。相比于传统的MapReduce大数据分析，Spark效率更高、运行时速度更快。Apache Spark提供了内存中的分布式计算能力，具有Java、Scala、Python、R这 4 种编程语言的API。

后来我也研究了更多关于Spark的工作，Spark的发展有其技术领先的优势，但同时离不开工业界和学术界积极的推广和运作。

5.2 实时流式大数据计算

流计算与批处理处理数据的方式不同，批处理将数据按窗口划分进行批处理，而流计算对数据进行实时处理。关于流数据管理系统的很多技术细节，可以参考*Streaming Systems*[2]一书中的介绍。很多在线业务需要通过流计算实时处理，如用户的搜索数据、实时个性化推荐、运动轨迹的追踪等。Storm和Flink作为流计算的"绝代双骄"，为迎接物联网时代的实时流计算做好了准备。

5.2.1 Storm系统

Storm是一个免费并开源的分布式实时计算系统，利用Storm可以很容易做到可靠地处理无限的数据流。像Hadoop批量处理大数据一样，Storm可以实时处理数据。Storm采用Clojure开发，支持多种用户开发语言。Storm有很多应用场景，包括实时数据分析、联机学习、持续计算等。大数据分析领域"无可争辩的王者"Hadoop专注于批处理，这种模型适用于许多场景，如为网页建立索引，同时还存在其他一些使用模型，它们需要高度动态的实时信息，而这是Hadoop所不擅长的工作。

要解决这个问题就得借助内森·马尔兹（Nathan Marz）推出的Storm。Storm不处理静态数据，但它处理连续的流数据。Storm是Marz当时在BackType工作时研发出来的，后来BackType被Twitter收购。Storm是一个分布式、可靠、容错的流数据处理系统。如图 5-3 所示，Storm在运行中可分为Spout与Bolt两个操作，其中，数据源从Spout开始，数据以Tuple的方式发送到Bolt，多个Bolt可以串连起来，一个

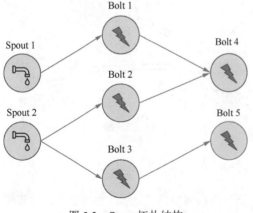

图 5-3　Storm拓扑结构

Bolt也可以接入多个Spout或Bolt。其中涉及的关键概念如下所示。

- ❑ Topology是Storm中运行的一个实时应用程序的名称，是将Spout和Bolt整合起来的拓扑图，定义了Spout和Bolt的结合关系、并发数量、配置等。
- ❑ Spout是用于在Topology中获取源数据流的组件，通常情况下Spout会从外部数据源中读取数据，然后将其转换为Topology内部的源数据。
- ❑ Bolt是接收数据然后执行处理的组件，用户可以在其中执行自己想要的操作。
- ❑ Tuple是一次消息传递的基本单元，可以理解为一组消息就是一个Tuple。
- ❑ Stream是Tuple的集合，表示数据的流向。

如图 5-4 所示，我们将Storm与Hadoop进行了对比。在Storm中，一个实时应用的计算任务被打包为Topology任务发布，这与Hadoop的MapReduce任务相似。但不同的是，在Hadoop中，MapReduce任务最终会在执行完成后结束，而在Storm中Topology任务一旦提交后不会结束，除非显式地去停止任务。计算任务Topology是由不同的Spouts和Bolts通过Stream连接起来的。

结构	Hadoop	Storm
主节点	JobTracker	Nimbus
从节点	TaskTracker	Supervisor
应用程序	Job	Topology
工作进程	Child	Worker
计算模型	Map/Reduce	Spout/Bolt

图 5-4　对比Storm与Hadoop

Storm集群采用经典的主从架构：主节点运行类似Hadoop中的JobTracker的Nimbus后台程序，负责在集群范围内分发代码、为工作节点分配任务和监测故障。工作节点运行Supervisor后台程序，负责监听分配给它的机器的工作，即根据Nimbus分配的任务来决定启动或停止工作进程。一个工作节点上可以同时运行若干个工作进程。Storm将ZooKeeper作为分布式协调组件，负责Nimbus后台程序和多个Supervisor后台程序之间的所有协调工作。借助于ZooKeeper，若Nimbus后台程序或Supervisor后台程序意外终止，重启时也能读取、恢复之前的状态并继续工作，使得Storm工作更加稳定。

Storm作为流计算系统，很多概念其实可以和Hadoop的内容一一对应，它们在系统架构和功能模块设计上几乎如出一辙。Twitter是全球访问量最大的社交网站之一，Twitter收购Storm流计算系统，也是为了应对其不断增长的流数据实时处理需求。随着越来越多的场景（如网站统计、推荐系统、预警系统、金融系统等）对Hadoop的MapReduce的高延迟"无法容忍"，大数据实时流计算系统的应用日趋广泛，逐渐成为分布式技术领域的热点，而Storm更是流计算技术中的"佼佼者"和主流。

5.2.2 Flink系统

Flink诞生于欧洲的一个大数据研究项目StratoSphere，该项目是德国柏林工业大学的一个研究性项目。早期，StratoSphere是用来做批处理的，但是在 2014 年，StratoSphere项目的核心成员孵化出Flink，同年将Flink捐赠给Apache基金会，Flink在后来成为Apache的顶级大数据项目。同时Flink计算的主流方向被定位为Streaming，即用流计算来处理所有大数据的计算。2015 年，关于Flink的论文问世，也就是"Apache Flink: Stream and Batch Processing in a Single Engine"这篇论文[3]。从论文的题目可以看出Flink的定义——一个批流一体的计算引擎，这很契合Google Dataflow的理念，当然Flink的设计也借鉴了很多Google Dataflow模型的思想。

Flink的两个主要优势在于：一是实现了Google Dataflow或Apache Beam的编程模型；二是使用了分布式异步快照算法Chandy-Lamport的变体。而其中的Dataflow或Beam语义模型目前看来Flink应该是支持得最好的。虽然Spark Structured Streaming也开始实现借鉴Dataflow或Beam 语义模型，但是对连续流处理模式的支持还是偏弱。还有比较重要的一点是，Spark的核心还在于Spark SQL和机器学习方面的能力，实时计算发展的优先级要弱不少。其实，Spark在多年前就推出基于微批（Micro-Batch）处理模式的Spark Streaming，基于当时的Spark Engine而研发，尽管并未实现真正的流处理，但是在那个吞吐量更重要的年代，还是尝尽了甜头。Spark系列真正基于连续处理模式实现的系统是后来的Structured Streaming，直到Spark 2.3 才真正推出，而Flink优秀的语义模型使其在实时计算领域站稳了脚跟。

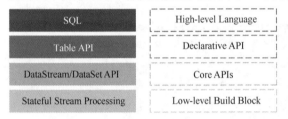

图 5-5　流计算编程模型

在这个Declarative API流行的时代，Flink的编程模型提供了不同抽象程度的API（见图 5-5），这些API按抽象程度划分如下：SQL > Table API > DataStream/DataSet API > Stateful Stream Processing。

其中SQL和Table API都可以称为Declarative API。作为流数据处理系统，有一些非常基础的概念，如流数据处理的消息可靠性保证有 3 种类型，包括至少一次送达、最多一次送达、恰好一次送达，不同的类型通过不同的ACK机制实现，这些细节可从*Streaming Systems*一书中窥见。

阿里巴巴使用基于Flink的系统Blink来为搜索基础架构的关键模块提供支持，最终为用户提供相关和准确的搜索结果。2019 年，阿里巴巴收购了一家德国创业公司Data Artisans，而Data Artisans手里掌握着一项前沿技术——Flink。目前阿里巴巴的很多业务，包括子公司的业务都采用Flink技术运营。在实时计算领域，由Spark的卓越核心SQL Engine助力的Structured Streaming、"风头正劲"的Storm或者Flink，或者其他流处理引擎如Samza，究竟谁将占领"统治地位"，还是值得期待的。

5.3　大规模机器学习系统

Caffe、Theano、Torch等一批机器学习系统开启了大数据机器学习分布式系统的先河，Google的TensorFlow越来越强劲，UCB的分布式AI执行框架Ray[4]是学术研究的代表。这些系统有的用不同的编程语言实现了不同类别的机器学习模型，有的在已有的框架基础上提供统一的编程接口，降低了机器学习的使用成本，极大地推动了机器学习的发展。本节主要介绍不为大家所了解的Ray，一个"根正苗红"的学术研究项目。

Ray是一个大规模分布式AI执行框架，同样是UCB实验室研发的系统。但是与Spark不同，Ray旨在针对AI等深度学习，提出统一的执行框架。目前很多流行分布式系统都不是以构建AI应用为目标设计的,缺乏AI应用的相应支持,而Ray构建在底层API之上,与TensorFlow、PyTorch和MXNet等深度学习框架互相兼容。

为了在支持动态计算图的同时满足严格的性能要求,Ray采取了一种新的、可横向扩展的分布式结构。如图5-6所示,Ray的结构由两部分组成:应用层和系统层。应用层实现API和计算模型,执行分布式计算任务。系统层负责任务调度和数据管理,以满足性能和容错的要求。该系统主要基于两个关键组件:全局控制存储(Global Control Store,GCS)和自底向上的分布式全局调度器(Global Scheduler)。系统所有的控制状态存储在GCS中,这样系统其他组件可以是无状态的,这样可以简化对容错的支持。出现错误时,组件可以从GCS中读取最近状态并重新启动,也使得其他组件可以横向扩展。该组件的复制或分片可以通过GCS状态共享。任务由驱动程序和工作进程自底向上地提交给局部调度器(Local Scheduler),局部调度器可以选择局部调度任务,或将任务传递给全局调度器。Ray通过允许本地决策,降低了任务延迟,并且通过减少全局调度器的负担,增加了系统的吞吐量。

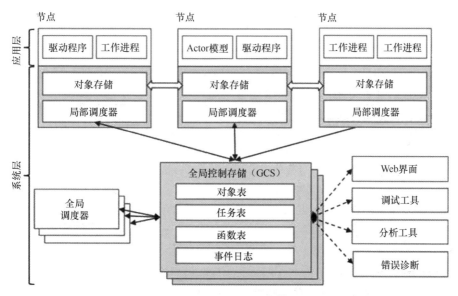

图5-6　Ray系统架构[4]

如果我们从分布式系统的角度去看Ray,更希望能从MapReduce→Spark→Ray的发展历程来深入了解分布式编程的发展历程。分布式编程可以实现开发人员编写一段代码,这段代码可以从单机扩展到多机,而不用做任何调整,也不用关注底层实现。所以这3个递进式的系统,针对不同的问题场景,从应用开发人员的角度考虑,更加方便其实现分布式大数据管理系统的功能。这样,其实也把程序员划分成了基础系统研发程序员和应用开发程序员。

另外,从表面上看,Spark和Ray并不是同一个层级的产品,因为Ray看起来更像一个通用的资源调度框架,只是不同于YARN、K8S等面向应用。Ray是面向业务问题的,Spark则是面向数据处理的。如果抛开表面,看到内核,其实两者有同样的设计理念,Ray的系统层对应的其实就是Spark的RDD。基于Ray系统层或者Spark RDD,我们可以开发应用层的东西,如DataFrame API、SQL执行引擎、流计算引擎、机器学习算法等。同样地,就算没有这些应用层,我们也可以轻而易举地使用系统层或RDD来直接解决一个很简单的问题。所以，很多大数据管理系统还是要看"出身"的，Ray和Spark都来自UCB实验室，虽然一个是RISELab，另一个是AMPLab。但是，这其实是两个具有传承性的、为期5年的实验室工作，研究人员的理念还是保持一致的。系统架构本身是一门学问，也是一种哲学，这种架构的设计理念的一致性，在UCB研发的产品中体现得淋漓尽致。

这样看来，它们的区别其实在于对系统层的抽象不同，这种不同取决于要解决的问题。Ray的系统层是以任务为抽象粒度的，用户可以在代码里任意生成和组合任务，每个任务执行什么逻辑，每个任务需要多少资源，对资源把控力较强，相对自由。RDD则是以数据作为抽象对象的，用户关心的应该是如何处理数据、如何分配资源，而不是如何拆解任务，其中涉及的概念（如Job、Stage、Task等）都是由RDD来决定的。两者一个以行为动作作为抽象，一个以实体对象作为抽象，虽然抽象不一样，但是最终都能以此来构建解决各种问题的应用框架，如RDD也能完成批处理、流数据、机器学习相关的工作，Ray也是如此。所以从这个角度来看，它们其实并没有本质的区别。从交互语言来看，两者目前都支持使用Python、Java等多种编程语言来写任务；从易用性来看，两者差距很小，各有优势。

值得一提的是，Ray解决了一个非常重要的问题，就是进程间数据交换问题。Ray会把数据存储到一个内置的分布式内存里，但是写入和读取就存在一个问题，即有序列化和反序列的开销，这个无论是同一语言还是不同的语言都会遇到。于是开发人员开发了Apache Arrow项目，这个项目很快被Spark引入，使PySpark性能得到了非常大的提升。

所以，从MapReduce到Spark再到Ray，本质上都是让分布式代码更符合单机代码的要求，这也得益于Python、Java等语言对函数序列化的支持。同时，Python已经成为真正的"人机交互标准语言"，因为其受众非常广。经过3代框架的完善，不同语言的交互性能已经得到了极大的提升。我们既可以通过在Python进程内调用其他语言，如通过C++来提升Python的运行速度，也可以通过Arrow来完成进程间的数据交互，提升Python的执行效率。

2015年前后，大量AI计算任务崛起，其中增强学习和自动驾驶等AI训练作为重大的计算需求，一直很难在MapReduce得到很好的表达。MapReduce本质上是一个大规模的、数据聚合的模型，而许多AI任务的核心诉求是在大规模仿真的环境下优化AI的行为，这种诉求和Spark当时的设计初衷完全不同。Ray本质上是UCB为了满足AI时代大量崛起的大规模仿真计算需求而设计的一个方案，其在牺牲了Spark等批处理框架易用性的同时，着眼于AI领域的特定算法，针对AI程序员的核心诉求提供了灵活和高性能的框架支持。Ray作为一个学术研究项目，虽然也成立了相应的公司Anyscale，但是工业应用没有之前的Hadoop和Spark那么广泛。但是其背后涉及的理论原理和技术方法，都是科学研究的突破。

5.4 数据中心的资源管理

随着大数据的发展，大规模的作业调度系统也不断发展，从YARN到Mesos，从Borg到Firmament，从资源管理到精细的作业调度。分布式系统的基本诉求就是实现分布式作业的调度，实现最优的执行效率。本节主要讲大数据管理系统里最早的主流调度系统之一——YARN。

YARN是Hadoop 2.0中的资源管理系统，它的基本设计思想是将MRv1中的JobTracker拆分成两个独立的组件：一个全局的资源管理器（ResourceManager）和每个应用程序特有的应用主节点（ApplicationMaster）。其中，资源管理器负责整个系统的资源管理和分配，而应用主节点负责单个应用程序的管理。

从业界使用分布式系统的变化趋势和Hadoop框架的长远发展来看，MapReduce的JobTracker和TaskTracker机制需要通过大规模的调整来修复它们在可扩展性、内存消耗、线程模型、可靠性和性能上的缺陷。早些年，Hadoop开发团队做了一些bug修复，但是这些修复的成本越来越高，这表明对原框架做出改变的难度越来越大。为从根本上解决MapReduce框架的性能瓶颈，促进Hadoop框架更长远的发展，从 0.23.0 版本开始，Hadoop的MapReduce框架完全重构，发生了根本的变化，新的框架命名为 MapReduce v2 或者YARN（见图 5-7）。

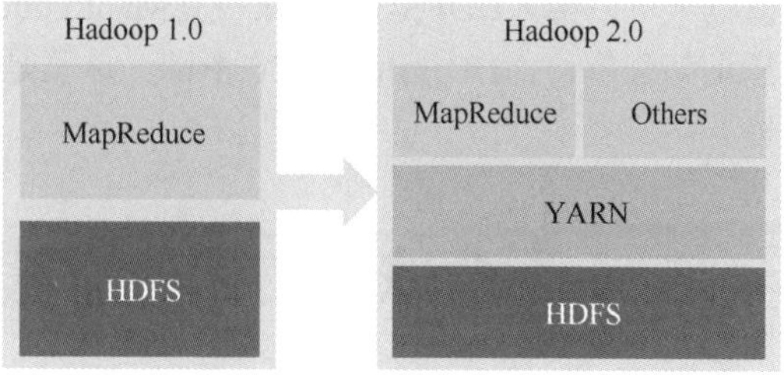

如图 5-8 所示，YARN总体上仍然是主从结构，在整个资源管理框架中，资源管理器为"主"，节点管理器（NodeManager）是"从"。YARN的基本结构由资源管理器、节点管理器、应用主节点和容器（Container）等几个组件构成。

图 5-7　YARN在Hadoop中的位置

- ❑ 资源管理器是主节点上一个独立运行的进程，负责集群统一的资源管理、调度、分配等。
- ❑ 节点管理器是从节点上一个独立运行的进程，负责上报节点的状态。
- ❑ 应用主节点和容器是运行在从节点上的组件，容器是YARN中分配资源的单位，包括分配内存、CPU等资源。YARN以容器为单位分配资源。

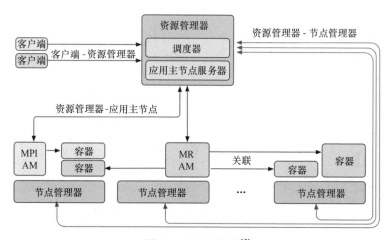

图 5-8　YARN架构[5]

客户端向资源管理器提交的每一个应用程序都必须有一个应用主节点，它经过资源管理器分配资源后，运行于某一个从节点的容器中，具体做事情的Task同样也运行于某一个从节点的容器中。资源管理器、节点管理器、应用主节点乃至通用的容器之间的通信，应用的都是远程过程调用（Remote Procedure Call，RPC）机制。

HDFS可能不是最优秀的大数据存储系统之一，却是应用最广泛的大数据存储系统之一，YARN

在其中扮演了关键角色。从不同的抽象角度可将YARN看作一个操作系统，它负责为应用程序启动应用主节点（相当于主线程），再由应用主节点负责数据切分、任务分配、启动和监控等工作，而由应用主节点启动的各个任务（相当于子线程）仅负责自己的计算任务。当所有任务完成后，应用主节点认为应用程序运行完成，最后退出。

其实Hadoop能够在大数据领域长久不衰，YARN可以说是功不可没。因为有了YARN，更多计算框架可以接入HDFS，而不仅仅是MapReduce。现在我们都知道，MapReduce早已经被Spark等计算框架赶超，而HDFS依然屹立不倒。这正是因为YARN的包容，使得HDFS能专注于计算性能的提升。

5.5　全球分布式数据服务

Microsoft在分布式领域的图灵奖获得者莱斯利·兰波特（Leslie Lamport）的带领下研发了Cosmos DB系统，他和Gray合著的论文"Consensus on Transaction Commit"可以看作分布式事务的"开山鼻祖"。Azure Cosmos DB是Microsoft公司打造的一项全球分布式、横向分区、多模型数据库服务。如图5-9所示，Cosmos DB是当前行业中第一个，也是唯一的全球分布式数据库服务，其可提供全面的服务水平协议（Service Level Agreement，SLA）。

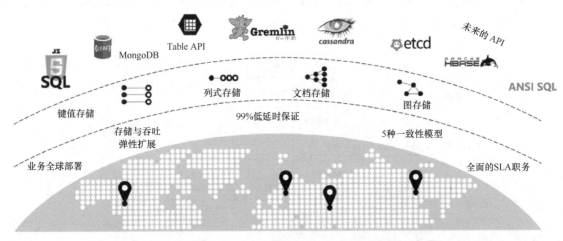

图5-9　全球分布式数据库服务Cosmos DB[6]

Azure Cosmos DB自2010年立项，当时称为"Florence项目"，期间被纳入Azure DocumentDB，最终逐步发展为现在Azure Cosmos DB的形式。其目标在于解决开发者在Windows环境下构建互联网规模应用程序时面临的几大根本性痛点。Leslie Lamport在之前的采访中分享了他对于Azure Cosmos DB基础架构的看法及其在Azure Cosmos DB设计工作当中发挥的巨大作用。

Azure Cosmos DB能够原生支持多种数据模型。Azure Cosmos DB数据库引擎的核心系统基于原子-记录-序列（Atom-Record-Sequence，ARS），其中各原子由一组小型原始数据类型组成，具体包括字符串、布尔类型以及数字等；各记录为结构体，序列则为包含原子、记录或序列的数组。

Azure Cosmos DB的数据库引擎能够高效地将各数据模型翻译并映射至基于ARS的数据模型当中。Azure Cosmos DB的核心数据模型可原生接受来自动态类型编程语言的访问，并可直接表达为JSON或者其他类似的形式。这样的设计亦使其能够原生支持用于数据访问及查询的各类主流数据库API。Azure Cosmos DB的数据库引擎目前支持DocumentDB SQL、MongoDB、Azure Table Storage以及Gremlin图形查询API等。然而，Cosmos DB的多模引擎仅在创建数据库的时候可以选择，数据库创建完成后就只能选择单模引擎。

　　Azure Cosmos DB是以全球分布和横向缩放为核心构建的，通过透明地缩放和复制数据，在任意数量的Azure区域提供全球分布式数据库服务。Azure Cosmos DB可在全球范围内对写入和读取进行弹性缩放，用户仅需为所需功能付费。Azure Cosmos DB提供对NoSQL和OSS API（包括MongoDB、Cassandra、Gremlin和SQL等）的本机支持，还提供多种定义明确的一致性模型，保证在第 99 个百分位的个位数读写延迟达到毫秒级，在世界上任意位置保证多宿主 99.999% 的高可用性，所有功能均有业界领先的综合性SLA提供支持。

5.6　小结

　　大数据从数据管理开始，重新定义了数据管理系统，革新了相关的各种系统。从存储到计算，从单机到分布式，从本地到云端，从工业界到学术界，数据管理系统迎来了一个新时代，关系数据库的统治地位也逐渐受到挑战。现在，我们又要处于一个"百家争鸣"的时代，数据管理系统的发展最终是"一统天下"还是"三足鼎立"，仍需要时间的检验。

5.7　参考资料

[1] Matei Zaharia等人于 2012 年发表的论文 "Resilient Distributed Datasets: A Fault-Tolerant Abstraction for In-Memory Cluster Computing"。

[2] Tyler Akidau于 2018 年出版的图书*Streaming Systems: The What, Where, When, and How of Large-Scale Data Processing*。

[3] Paris Carbone等人于 2015 年发表的论文 "Apache Flink: Stream and Batch Processing in a Single Engine"。

[4] Philipp Moritz等人于 2018 年发表的论文 "Ray: A Distributed Framework for Emerging AI Applications"。

[5] Vinod Kumar Vavilapalli等人于 2013 年发表的论文 "Apache Hadoop YARN: Yet Another Resource Negotiator"。

[6] Microsoft官方网站Welcome to Azure Cosmos DB页面。

第6章

开源整合架构演进——融会贯通

在关系数据库领域，国内学术研究和商用产品从一开始就与国际水平脱轨，经过几十年的研发坚持，我们也有了自己的国产化数据库产品追赶，但也一直没有达到持平的高度。然而"大数据时代"到来了，每个组织和机构都可以平等地享受大数据带来的"红利"，似乎这是一次"弯道超车"的机会。21 世纪以来，国内的互联网企业迅速发展，尤其是近几年，甚至有远超国外、领先国际的趋势。在大数据蓬勃发展的这十几年，国内一批互联网公司也在已有的技术积累上，研发自己的大数据管理系统或者搭建基于开源系统的内部平台。

6.1 链家架构演进

链家虽然成立于 2001 年，但是其技术团队却于 2014 年正式成立。此前技术开发采用的是传统模式，每个业务模块都会单独地重新开发，不仅造成各个模块孤立，并且开发人力成本巨大。鉴于互联网时代企业业务发展迅速，原有的传统模式已经不适用，链家正式建立技术团队，在原有的传统架构的基础上开始了优化工作。团队对已有的业务进行抽象，将各个业务模块中的公共部分综合起来，添加了一层公共的服务层，实现了平台服务化，提升了技术基础能力。此外，链家还重新搭建系统监控并完成日志监控，通过双级监控完善技术运营能力[1]。

6.1.1 大数据平台架构演进

链家大数据平台架构如图 6-1 所示，其演进从未停歇。从技术团队建立到 2016 年的两年时间内，架构的演进大致分为两个阶段，从业务驱动到基础架构服务驱动。

2014—2015 年，在技术上链家关注两件事：一是将链家集团曾交付外包实现的面向经纪人的业务改造为自主研发；二是从零打造面向用户的业务——链家网与掌上链家App，即现在的链家

App，2014 年的技术架构的建设重在业务驱动。

2015—2016 年，业务的逐渐成熟引入了新的挑战。伴随链家新业务的开展，业务方向内的子业务不断细化，此时研发团队迫切希望抽离公共技术部分，避免重复造车的同时也希望由公共服务来支撑好业务线发展，让业务线更好地满足产品迭代。从 2015 年开始，经过一系列公共服务的建设，技术团队建成了整体技术架构上的服务层，也提升了公司基础技术能力，推动并建成了系统级和日志级的监控。

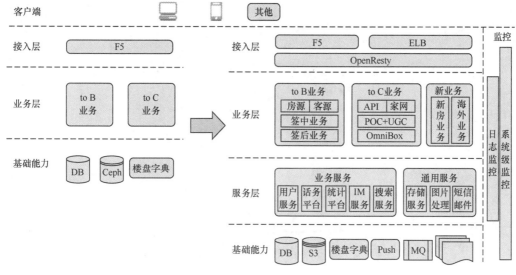

图 6-1　链家大数据平台架构

6.1.2　日志平台设计与技术

日志分析平台，属于图 6-1 所示纵向的监控部分中的日志监控环节，主要解决业务模块、服务模块日志字段的数据收集、展示和监控问题，架构设计引用公开资料中图 6-2 来说明。日志通过Kafka收集，根据日志统计和监控规则通过Apache Storm进行实时分析，并将结果数据保存到数据库。实时分析期间若触发了监控规则阈值，则报警。数据库中的数据可以用来进行实时的数据展示，整套方案可以让研发和测试实时查看日志情况，避免了日常先合并日志文件再进行Shell脚本统计的低效问题，并提供了可以持续使用和优化的平台。日志平台每秒可以处理约 30 万行日志，处理结果的展示与报警延迟在 2 秒以内，并且这套解决方案有计划在后续开源，让业内同行可以以较低的学习成本掌握并将其构建到实际生产环境中。

从技术架构的演进可见链家网成立的两年间，技术架构从无到有、从有到完善，一切都在快速发展着。链家目前的技术架构是充分满足当前的业务发展需求的。如今链家网业务发展迅猛，对技术架构是很大的考验，理想状态是技术架构在支撑业务时时刻游刃有余，但这条路任重而道远。

链家在做线上、线下结合的过程中，最大的挑战有两点：传统业务的梳理与互联网化的改造，线上业务与传统业务的融合。传统业务的梳理与互联网化的改造，链家网从创立之初就在践行，至今仍是重点工作之一，可见难度并非一般。其后续调整与优化的方向还是配合业务一起做好服务化。从业务层面来讲，链家希望将目前打包在一起的功能逐渐服务化，而技术架构上需要提前调整与优化，提供服务维护、服务治理、服务监控、服务通信等一系列围绕产品服务和技术服务的周边技术支持。然而，对于一些未知的方向，开发者还得与业务人员、管理者们常沟通，不断摸索，按需、按计划来开展。

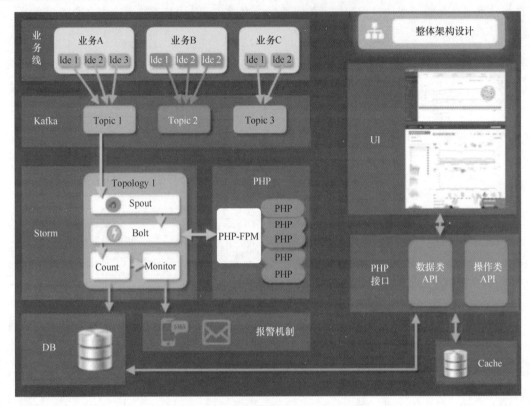

图 6-2　链家大数据管理系统日志监控平台

6.2　美团架构演进

随着电影、外卖、酒店、广告等新的业务建立，以及对金融、汽车服务等业务的尝试，数据平台同时面临业务多样性、场景多样性、数据量增长的持续挑战。O2O是新形式的电商，在其业务产品形式迭代的过程中，会有大量的数据分析需求。

6.2.1　由浅入深架构解析

近些年，美团在O2O领域建平台建生态。接下来我们由浅入深，从美团大数据整体架构入手，到数据开发平台内部展开，最后详细介绍离线计算平台[2]。图 6-3 所示的是美团大数据架构，上面是数据开发业务线，中间是基础数据平台，下面是依赖美团云提供的虚拟机、物理机、机房等基础设施，用于协助美团云进行大数据云服务的产品探索。

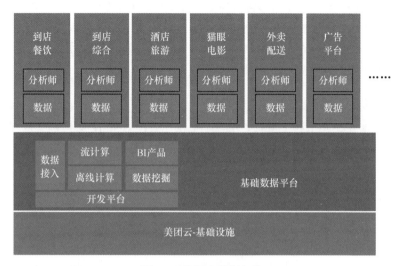

图 6-3 美团大数据架构

关于中间核心的基础数据平台，其首先从最左侧的数据接入到计算平台（包括流计算和离线计算），再将计算结果输出到BI产品和数据挖掘系统。然后由数据开发平台对接底层的基础设施。图 6-4 所示是美团数据开发平台详细架构，最左边是数据接入，上面是流计算，然后是Hadoop离线计算。将图6-4 左上角扩大来看，首先是数据接入与流计算。电商系统产生的数据分两个场景，一个是追加型的日志型数据，另一个是关系型数据的维度数据。对于前一种使用Flume，对于后一种使用阿里巴巴开源的Canal。所有的流数据都是按照Kafka这套流走的。

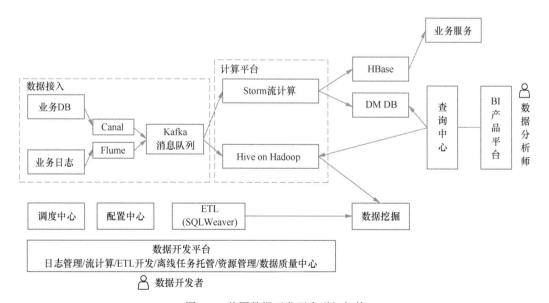

图 6-4 美团数据开发平台详细架构

（1）数据收集平台

对于数据收集平台，日志数据是多接口的，可以输入文件里观察文件，也可以更新数据库表。关系数据库是基于Binlog获取增量的，如果遇到数据仓库有大量的关系数据库，有一些变更没法及时发现等情况，通过Binlog手段可以解决。通过一个Kafka消息队列，采用集中式分发数据到下游，峰值可达到每秒上百万的处理量。

（2）流计算平台

基于Storm构建流计算平台的时候充分考虑了开发的复杂度。该平台有一个在线的开发平台，测试开发过程都在在线平台上进行，相当于提供了一个对Storm应用场景的封装。还有一个拓扑开发框架，因为是流计算，也做了延迟统计和报警，现在支持实时拓扑，秒级实时数据流延迟。

（3）离线计算平台

图 6-5 所示的是美团离线数据平台的架构，最下面是 3 个基础服务，包括HDFS、YARN、Hive Meta，中间是计算引擎层，用于为不同的计算场景提供不同的计算引擎支持。如果是新建的公司，其实这里是有一些架构选型的，Cloud Table是美团自己做的HBase封装封口。美团使用Hive构建数据仓库，用Spark实现数据挖掘和机器学习。Presto支持Ad Hoc查询，也可以写一些复杂的SQL。对应关系：这里Presto没有部署到YARN，其与YARN是同步的，Spark在YARN运行。目前Hive还是依赖MapReduce的，并尝试进行hive on tez的测试和部署上线。最上面是平台应用层，提供不同的应用接口给上层业务。

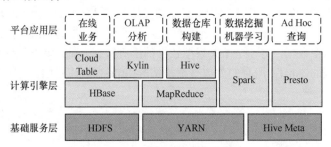

图 6-5　美团离线数据平台的架构

6.2.2　基础系统架构演进

2011 年，美团建立一年左右，数据统计多基于手写的报表，主要面向需求、根据线上数据建立一个报表页面，写一些表格。这里带来的严重的问题，主要是内部信息系统的工作状态并不是一个垂直的、专门的用于数据分析的平台。当时这个系统还是与业务共享的，与业务是强耦合的，每次有数据需求的时候都要一些特殊的开发，并且开发周期非常长。

面对上述问题，美团做了一个目前来看还算比较好的决策，即重度依赖SQL。美团对SQL分装了一些报表工具，即对SQL做了ETL集成工具。这主要是在SQL层面做一些模板化的工具，支持时间等变量。这些变量会有一些外部的参数传递进来，然后嵌入到SQL的执行过程中。自 2011 年开始，美团大数据平台架构的演进如图 6-6 所示。美团在 2011 年下半年引入了数据仓库的概念，梳理了所有数据流，设计了整个数据体系。完成数据仓库整体的构建，美团发现整体的ETL被开发出来了。ETL都是有一定的依赖关系的，但是管理起来成本非常高，所以美团自研了一个调度系统。另外美团发现数据量越来越大，原来基于单机MySQL的数据解析是搞不定的，所以 2012年美团采用了 4 台Hadoop机器，后面扩展到十几台，到后来的几千台服务器，目前可以支撑各个业务负载。

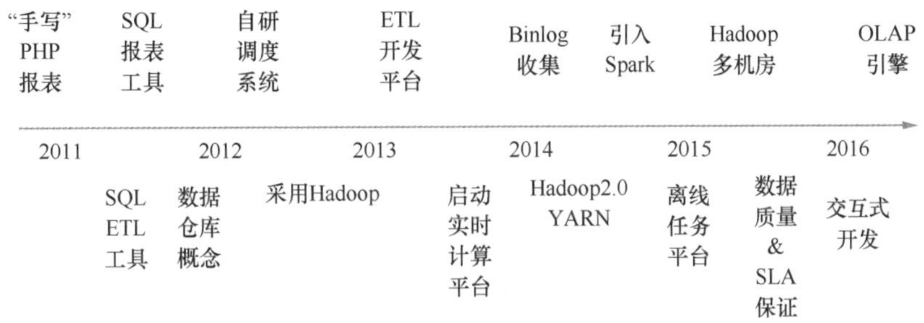

图 6-6　美团大数据平台架构的演进

后来，美团把开发的整个流程平台化，各条业务线可以自建。之后美团遇到的业务场景需求越来越多，特别是实时应用。2014 年美团启动了实时计算平台，把原来的关系型数据表全量同步模式改为Binlog同步模式。美团是比较早应用Hadoop2.0 on YARN的改进版的公司，促进了Spark的发展。2015 年以后，根据业务的发展，美团增加了Hadoop集群跨多机房、多集群部署的支持，还有OLAP引擎、同步开发工具等。

美团大数据管理系统的发展，就如何发展一个好的数据平台给了大家很多启示。首先支持业务是第一位的，没有业务的平台其实是无法持续发展的。然后是与先进业务同行，辅助并沉淀技术。在一个平台化的公司，有多条业务线，甚至在各条业务线已经是独立的情况下，必定有一些业务线是先行者，他们有很强的开发能力、调研能力，技术团队的目标是与这些先行业务线同行。接下来是设立规范，用积累的技术支撑后发业务，即在与业务线一起"前进"的过程中，把一些经验、技术、方案、规范慢慢沉淀下来。对于刚刚新建的业务线，或者发展比较慢的业务线，采取的基本策略是设置一系列的规范，与先行业务线同行并积累技术经验去支撑后续的业务线，保持平台团队对业务的理解。

6.3　Airbnb架构演进

Airbnb公司提倡数据信息化，凡事"以数据说话"。收集指标、通过实验验证假设、构建机器学习模型和挖掘商业机遇使得Airbnb公司高速、灵活地成长。经过多版本迭代之后，其大数据架构基本达到稳定、可靠和可扩展的状态[3]。

6.3.1　大数据平台架构解析

Airbnb数据源主要来自两方面：数据埋点发送事件日志到Kafka和MySQL数据库导出存储在

AWS的RDS。数据通过数据传输组件Sqoop传输到Hive"金"集群，其实就是传输到Hive集群。

图 6-7 所示为Airbnb大数据平台架构，其中Hive集群分为"金"集群和"银"集群，主要是为了对数据存储和计算进行分离，这样可以保证灾难性恢复。在这个架构中，"金"集群运行着更重要的作业和服务，对资源占用和即席查询可以达到无感知，"银"集群只是作为一个产品环境。

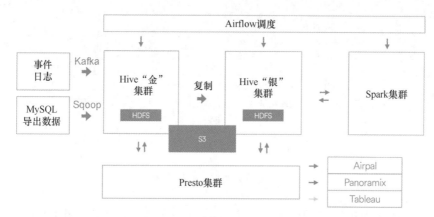

图 6-7　Airbnb大数据平台架构

"金"集群存储的是原始数据，系统会复制"金"集群上的所有数据到"银"集群。但是在"银"集群上生成的数据不会复制到"金"集群。可以认为"银"集群是所有数据的一个超集。由于Airbnb大部分数据分析和报表都出自"银"集群，所以需要保证"银"集群能够无延迟地复制数据。更严格地讲，对"金"集群上已存在的数据进行的更新也需要迅速地同步到"银"集群。对于集群间的数据同步优化在开源社区并没有很好的解决方案，Airbnb自己实现了一个工具，后续会详细地讲解。

Airbnb技术团队在HDFS存储和Hive表的管理方面做了不少优化，数据仓库的质量依赖于数据的不变性（Hive表的分区）。更进一步，Airbnb不提倡建立不同的数据管理系统，也不想单独为数据源和终端用户报表维护单独的架构。据过去的经验，中间数据管理系统会造成数据的不一致性，增加ETL的负担，让回溯数据源到数据指标的演化变得异常艰难。Airbnb采用Presto代替Oracle、Teradata、Vertica、Redshift等来查询Hive表。在未来，希望可以实现直接用Presto连接Tableau。

几个值得注意的事情如下。在图 6-7 中的Airpal是一个基于Presto的Web查询系统，已经开源。Airpal是Airbnb公司用户基于数据仓库的即席SQL查询接口，有超过 1/3 的Airbnb工程师在使用此工具查询。任务调度系统Airflow可以跨平台运行Hive、Presto、Spark、MySQL等作业，并提供调度和监控功能。Spark集群是工程师和数据分析师偏爱的工具，可以提供机器学习和流处理。S3 作为一个独立的存储系统，大数据团队将从HDFS上收回的部分数据存储到S3 上，并更新Hive的表指向S3 文件，这样可以减少存储的成本更容易访问数据和进行元数据管理。

6.3.2　平台发展的经验和教训

Airbnb公司在 2016 年迁移集群到"金"集群和"银"集群。为了后续的扩展，团队将集群从

Amazon EMR迁移到EC2实例上运行HDFS，存储约 300TB数据。当时，Airbnb公司有两个独立的HDFS集群，存储的数据量达 11PB，S3 上也存储了PB级别的数据，下面是遇到的主要问题和解决方案。

1．基于Mesos的跨服务发布

在Hadoop早期，Airbnb工程师发现Mesos计算框架可以跨服务发布。例如，在AWS c3.8xlarge机器上搭建集群，在EBS上存储 3TB的数据；在Mesos上运行所有Hadoop、Hive、Presto、Chronos和Marathon。解决方法就是不自己"造轮子"，直接采用其他大公司的解决方案。

2．远程读数据和写数据

所有的HDFS数据都存储在EBS，查询时都是通过网络访问Amazon EC2。将Hadoop设计在本地节点则读写速度会更快，而现在的部署与这相悖。Hadoop集群数据分成 3 个部分分别存储在AWS一个分区的 3 个节点上，每个节点都在不同的机架上，所以 3 个不同的副本存储在不同的机架上，导致一直在远程地读数据和写入数据。这个问题导致在数据移动或者远程复制的过程出现数据丢失或者系统崩溃的情况。解决方法：使用本地存储的实例，并运行在单个节点上。

3．在同构机器上混合部署任务

纵观所有的任务，发现整体的架构中有两种完全不同的需求配置，如图 6-8 所示。Hive、Hadoop、HDFS是存储密集型，基本不耗内存和CPU，而Presto和Spark耗内存和CPU。在AWS c3.8xlarge机器的EBS里存储 3TB数据是非常昂贵的。解决方法：迁移到Mesos计算框架后，可以选择不同类型的机器运行不同的集群，如选择AWS c3.8xlarge实例运行Spark。AWS后来发布了"D系列"实例，将存储容量为 3TB的AWS c3.8xlarge实例中每节点数据远程迁移到存储容量为 4TB的本地存储AWS d2.8xlarge实例，这让Airbnb公司在 3 年内节约了上亿美元。

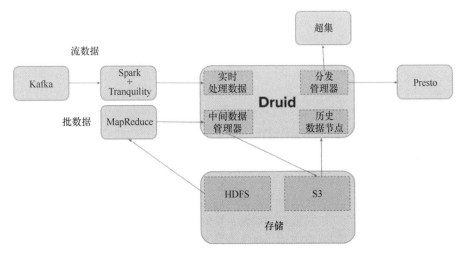

图 6-8　应用Druid实现大数据实时批量分析

4．HDFS联合治理

早期Airbnb公司联合使用Pinky和Brain两个集群，实现数据存储共享，但Mappers和Reducers是在每个集群上逻辑独立的。这导致用户访问数据时需要对Pinky和Brain两个集群都查询一遍，并且集群联合不能被广泛支持，运行也不稳定。解决方法：迁移数据到各HDFS节点，达到机器水平的隔离性，这样更容易容灾。

5. 繁重的系统监控

个性化系统架构的严重问题之一是需要自己开发独立的监控和报警系统。Hadoop、Hive和HDFS都是复杂的系统，经常出现各种问题。试图跟踪所有失败的状态，并设置合适的阈值是一项非常具有挑战性的工作。解决方法：通过和大数据公司Cloudera签订协议，获得专家在架构和运维方面的支持，减少公司维护的负担（Cloudera提供的运维管理工具可减少监控和报警的工作）。

最后分享一些Airbnb公司构建大数据架构的经验。Airbnb架构组负责人James Mayfield说："我们每天使用着开源社区提供的优秀项目，这些项目让大家更好地工作。我们在使用这些项目帮助自己实现业务增长的同时，也将自己的技术经验反馈给社区。"下面基于在Airbnb公司大数据平台架构构建过程的经验，给出一些有效的观点。

- ❑ 多关注开源社区：开源社区有很多大数据架构方面的优秀资源，同样，当自己开发了有用的项目也可以回馈给社区，这样有助于形成良性循环。
- ❑ 多采用标准组件和方法：有时候自己"造轮子"并不如使用已有的更好的资源。当凭直觉去开发与众不同的架构时，需要考虑维护和修复这些程序的隐性成本。
- ❑ 确保大数据平台的可扩展性：当前业务数据已不是随着业务线性增长，而是爆发性增长，需要确保产品能满足这种业务的增长需求。
- ❑ 多倾听同事的反馈来解决问题：倾听公司数据的使用者反馈的意见，是构建架构时非常重要的一步。
- ❑ 预留多余资源：集群资源的超负荷使用培养了工程师探索无限可能的精神。一般来说，架构团队经常沉浸在早期资源充足的兴奋中，但Airbnb大数据团队总是假设未来数据仓库的新业务规模比现有机器资源要大。

Airbnb成立于2008年8月，拥有世界一流的客户服务和日益增长的社区用户。Airbnb的业务日益复杂，其大数据平台数据量也迎来了爆炸式增长。大数据平台的演化为公司降低了大量成本，并且优化了集群的性能。

6.4 58同城架构演进

58同城作为覆盖生活全领域的服务平台，业务覆盖招聘、房产、汽车、金融、二手及本地服务等各个方面。丰富的业务线和庞大的用户数使58同城需要对每天产生的海量用户数据进行实时的计算和分析，业务量的扩大、用户数据的积累、移动互联网与AI的深入应用，都在推动58同城接纳新技术，以提升系统承载能力。58同城的大数据平台定位于为集团海量数据提供高效、稳定、分布式计算和分析的基础服务[4]。

6.4.1 大数据三层平台架构

如图 6-9 所示，58同城大数据平台架构总体来说分为三层，即数据基础平台层、数据应用平台层、数据应用层。

- ❑ 第一层：数据基础平台层分为 4 个子层。
  - ◆ 接入层：包括Canal/Sqoop（主要解决数据库的数据接入问题），还有大量的数据采用Flume解决方案。
  - ◆ 存储层：包括HDFS（用于文件存储）、HBase（用于键值存储）、Kafka（用于消息缓存）。
  - ◆ 调度层：该层采用了YARN的统一调度以及Kubernetes的基于容器的管理和调度技术。
  - ◆ 计算层：包含典型的所有计算模型的计算引擎，如MapReduce、Hive、Storm、Spark、Kylin以及深度学习平台（如Caffe、TensorFlow）等。
- ❑ 第二层：数据应用平台层，主要包括元信息管理、针对所有计算引擎的作业管理、交互分析、多维分析以及数据可视化的功能。
- ❑ 第三层：数据应用层，即支撑 58 集团的数据业务，例如流量统计、用户行为分析、用户画像、搜索、广告等。

此外，该大数据平台还包括针对业务、数据、服务、硬件的完备的监控与报警体系，以及针对流程、权限、配额、升级、版本、机器的全面管理平台。

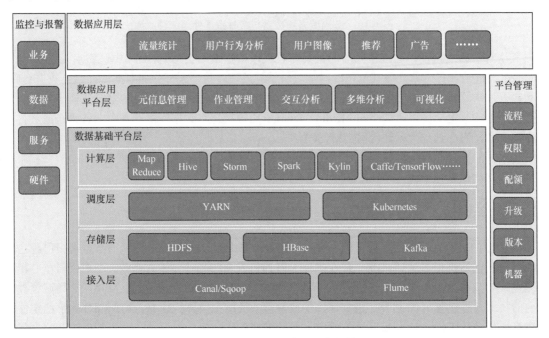

图 6-9　58 同城大数据平台架构

图 6-10 展示的是图 6-9 中所包含的系统数据流动的情况。

首先是实时流，即黄色箭头（可参考本书配套的彩图文件）标识的路径。数据实时采集过来之后首先会缓存到Kafka平台，然后实时计算引擎（如Spark Streaming或Storm）会实时地从Kafka中读取它们想要计算的数据。经过实时的处理之后结果可能会写回Kafka或者是形成最终的数据存到MySQL或HBase，提供给业务系统。

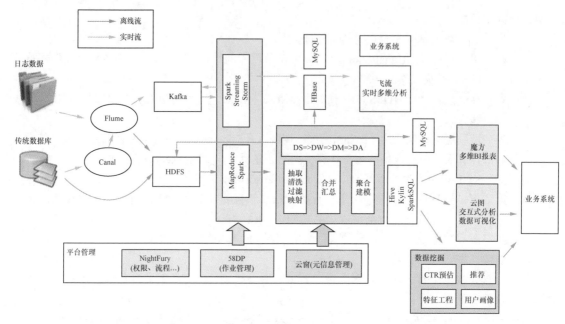

图 6-10 58 同城离线数据与实时数据处理流程

其次对于离线路径，通过接入层的采集和收集，数据最后会落到HDFS中，然后经过Spark、MapReduce批量计算引擎处理甚至是机器学习引擎的处理。其中大部分的数据被存储到数据仓库，在数据仓库中这部分数据要经过数据抽取、清洗、过滤、映射、合并汇总、聚合建模等处理，形成数据仓库的数据。最后通过Hive、Kylin、SparkSQL等接口将数据提供给各个业务系统或者内部的数据产品，有一部分数据还会流向MySQL。

在数据流之外还有一套管理平台，包括元信息管理（云窗）、作业管理平台（58DP）、权限审批和流程自动化管理平台（NightFury）等。

6.4.2 关键技术演进与实现

58 同城的大数据平台的规模可能不算大，但是也有上千台机器。58 同城的数据规模已经达到PB级，每天的数据增量达到TB级。作业规模大概为每天 80 000 个，核心作业（产生公司核心指标的作业）大概有 20 000 个。对于每天 80 000 个作业，要处理的数据量达到 2.5PB。58 同城大数据平台的技术演进包含 4 个部分：稳定性、平台治理、性能以及异构计算。第一部分关于稳定性的改进是最基础的工作，58 同城在这方面做了比较多的工作。第二部分是在平台治理方面的内容。第三部分，58 同城针对性能也做了一些优化。第四部分，58 同城针对异构环境，如机器的异构、作业的异构，在这种环境下如何合理地使用资源进行了优化。

以上主要是 58 同城在 2017 年左右做的一些工作，对于后来的技术规划，关键的就是深度学习在系统中的应用。"深度学习"这个概念已经非常火爆，深度学习在 58 同城这方面的需求也是很强烈的。深度学习的工具很多，如Caffe、Theano、Torch等，团队面对的第一个问题就是如何进行系统整合降低使用成本；第二个问题在于，机器是有限的，高效利用资源，需要把机器分配模式变成资源分配模式；第三个问题是单机的机器学习或者深度学习工具还不够，需要将深度学习训练分布式化。

6.5 滴滴出行架构演进

2012 年成立的滴滴出行公司仅用了 3 年时间就创造了很多奇迹：业务覆盖 300 多个城市，用户数从 2200 万增长到约 1.5 亿，月活跃用户增长 600 多倍，用户打车成功率高于 90% 等。而不为人知的是，为支撑滴滴出行公司业务中庞大用户数量的架构，技术人员曾无数次不眠不休应对挑战。滴滴出行公司作为一家出行领域的互联网公司，其核心业务是实时在线服务，因此具有丰富的实时数据和实时计算场景[5]。

6.5.1 实时计算平台架构演进

随着滴滴出行公司业务的发展，滴滴出行公司的实时计算平台架构也在快速演变，到目前为止大概经历了 3 个阶段，第一阶段是业务方自建小集群；第二阶段是集中式平台化大集群；第三阶段是大数据SQL标准化。图 6-11 标识了 2016—2018 年间重要的里程碑，下面进行详细阐述。

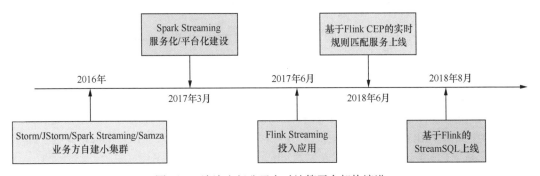

图 6-11　滴滴出行公司实时计算平台架构演进

1. 第一阶段：业务方自建小集群

在 2017 年以前，滴滴出行公司并没有统一的实时计算平台，而是各个业务方自建小集群。其中用到的引擎有Storm、JStorm、Spark Streaming、Samza等。业务方自建小集群模式存在如下弊端：需要预先采购大量机器，由于单个业务独占资源，资源利用率通常比较低；缺乏有效的监控报警体系；维护难度大，需要花费业务方大量精力来保障集群的稳定性；缺乏有效技术支持，且各自沉淀的东西难以共享。

2. 第二阶段：集中式平台化大集群

为了有效解决以上问题，滴滴出行公司从 2017 年年初开始构建统一的实时计算集群及平台。技术选型上，滴滴出行公司基于自身现状选择了内部用以大规模数据清洗的Spark Streaming引擎，同时引入On-YARN模式。利用YARN的多租户体系构建了认证、鉴权、资源隔离、计费等机制。相对于离线计算，实时计算任务对于稳定性有着更高的要求，为此滴滴出行公司构建了两层资源隔离体系：第一层是基于Cgroups实现进程级别的CPU及内存隔离；第二层是物理机器级别的隔离。滴滴出行公司通过改造YARN的FairScheduler使其支持节点级别，普通业务的任务混跑在同一个标签的机器上，而特殊业务的任务跑在专用标签的机器上。

通过集中式大集群和平台化建设，滴滴出行公司基本消除了业务方自建小集群带来的弊端，实时计算平台架构也进入了第二阶段。伴随着业务的发展，滴滴出行公司发现Spark Streaming的微批处理模式在一些低延时的报警业务及在线业务上显得"捉襟见肘"。于是滴滴出行公司引入了基于Native Streaming模式的Flink作为新一代实时计算引擎。Flink不仅可以做到毫秒级延时，而且可以提供基于Process Time和Event Time的、丰富的窗口函数。基于Flink，滴滴出行公司联合业务方构建了滴滴出行公司流量最大的系统之一——业务网关监控系统，并快速支持了诸如乘客位置变化通知、轨迹异常检测等多个线上业务。

3. 第三阶段：大数据SQL标准化

正如离线计算中SQL标准化的Hive之于原始的MapReduce一样，流式计算的SQL标准化也是必然的发展趋势。通过SQL标准化可以大幅度降低业务方开发流计算的难度，业务方不再需要学习Java或Scala，也不需要理解引擎执行细节及各类参数调优。为此，滴滴出行公司在 2018 年启动了StreamSQL项目，滴滴出行公司在社区Flink SQL的基础上拓展了以下能力。

- ❑ 扩展DDL语法：打通滴滴出行公司内部主流的消息队列以及实时存储系统，通过内置常见消息格式（如JSON、Binlog、标准日志）的解析能力，使得用户可以轻松掌握DDL语法，并避免重复写格式解析语句。
- ❑ 拓展UDF：针对滴滴出行公司内部常见的处理逻辑，内置了大量UDF，包括字符串处理、日期处理、Map对象处理、空间位置处理等。
- ❑ 支持分流语法：单个输入源、多个输出流在滴滴出行公司内部非常常见，为此我们改造了Calcite使其支持分流语义。
- ❑ 支持基于TTL的Join语义：传统的Windows Join因为存在Windows边界数据突变情况，不能满足滴滴出行公司内部的需求。为此，滴滴出行公司引入了TTL State，并基于此开发了基于TTL Join的双流Join以及维表Join。
- ❑ StreamSQL IDE：平台化之后滴滴出行公司没有提供客户机，而是通过Web提交和管控任务，因此滴滴出行公司也相应开发了StreamSQL IDE，实现在Web上开发StreamSQL，同时提供了语法检测、debug、诊断等能力。

6.5.2 实时计算平台架构

为了最大限度地方便业务方开发和管理流计算任务，滴滴出行公司构建了图 6-12 所示的实时计算平台。该平台在流计算引擎的基础上提供了StreamSQL IDE、监控报警、诊断体系、"血缘"上报、任务管控等能力，以下分别介绍各自的用途。

- ❑ StreamSQL IDE：是一个Web化的SQL IDE。
- ❑ 监控报警：提供任务级的存活、延时、流量等监控以及基于监控的报警能力。
- ❑ 诊断体系：包括流量曲线、Checkpoint、GC、资源使用等曲线视图，具有实时日志检索能力。

❑ 血缘上报：在流计算引擎中内置了血缘上报功能，进而在平台上呈现流任务与上下游的血缘关系。

❑ 任务管控：实现了多租户体系下的任务提交、启停、资产管理等。通过Web化任务提交消除了传统客户机模式，使平台入口完全可控，内置参数及版本优化得以快速上线。

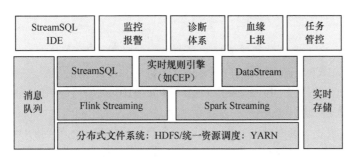

图 6-12　滴滴出行公司构建的实时计算平台

滴滴出行公司内部有大量的实时运营场景，如"某城市乘客冒泡后 10 秒没有下单"。针对这类检测事件之间依赖关系的场景，用Flink的CEP是非常合适的。但是社区版本的CEP不支持描述语言，需要为每个规则开发一个应用，同时其不支持动态更新规则。为了解决这些问题，滴滴出行公司做了大量功能扩展及优化工作。

作为一家出行领域的互联网公司，滴滴出行公司对实时计算有天然的需求。在 2019 年前后，滴滴出行公司从零开始构建了集中式实时计算平台，改变了业务方自建小集群的局面。为满足低延时业务的需求，滴滴出行公司成功落地了Flink Streaming，并基于Flink构建了实时规则引擎（如CEP）以及StreamSQL，使得流计算开发难度大幅度降低。滴滴出行公司未来可能将进一步拓展StreamSQL，并在批流统一、物联网（Internet of Things，IoT）、实时机器学习等领域继续探索和建设。

6.6　小米架构演进

小米业务线众多，从信息流、电商、广告到金融等覆盖了众多领域，小米流式平台为小米集团各业务提供了一体化的流数据解决方案[6]，主要包括数据采集、数据集成和流计算 3 个模块。目前小米每天数据达到约 1.2 万亿条，实时同步任务约 1.5 万个，实时计算的数据约 1 万亿条。伴随着小米业务的发展，其流式平台也经历了 3 次大升级和改造，以满足众多业务的各种需求。小米流式平台最新的一次迭代基于Apache Flink，对流式平台内部的模块进行了彻底的重构，同时小米各业务计算引擎也由Spark Streaming逐步切换到Flink。

6.6.1　流式平台整体架构

小米流式平台的愿景是为小米所有的业务线提供流数据的一体化、平台化的解决方案，具体来讲包括以下 3 个方面。

- ❑ 流数据存储：流数据存储指的是消息队列，小米开发了一套自己的消息队列，其类似于 Apache Kafka，但它有自己的特点，小米流式平台提供消息队列的存储功能。
- ❑ 流数据接入和转储：由消息队列来做流数据的缓存区之后，需要提供流数据接入和转储的功能。
- ❑ 流数据处理：指的是平台基于Flink、Spark Streaming和Storm等计算引擎对流数据进行处理的过程。

图 6-13 展示了小米流式平台的整体架构（参考本书彩图文件）。从左到右第一列橙色部分是数据源，包含两部分，即User（用户）和Database（数据库）。User指的是用户各种各样的埋点数据，如用户App和WebServer的日志。Database指的是MySQL、HBase和其他的RDS数据。中间蓝色部分是流式平台的具体内容，其中Talos是小米实现的消息队列，其上层包含Consumer SDK和Producer SDK。此外小米还实现了一套完整的Talos Source，主要用于收集刚才提到的User和Database的全场景的数据。Talos Sink和Talos Source共同组合成一个数据流服务，主要负责将Talos的数据以极低的延迟转储到其他系统中。Sink是一套标准化的服务，但其不够定制化，后续会基于Flink SQL重构Talos Sink模块。

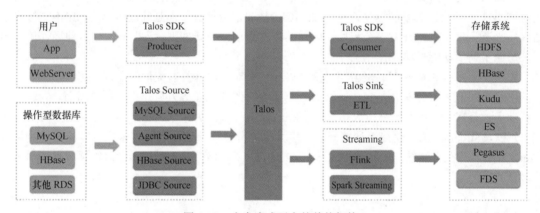

图 6-13　小米流式平台的整体架构

6.6.2　3 个阶段的演进历程

小米流式平台的演进历程分为如下 3 个阶段。Streaming Platform 1.0：构建于 2010 年，其最初使用的是Scribe、Kafka和Storm，其中Scribe是一套解决数据收集和数据转储的服务。Streaming Platform 2.0：由于 1.0 版本存在的种种问题，小米自研了自己的消息队列Talos，还包括Talos Source、Talos Sink，并接入了Spark Streaming。Streaming Platform 3.0：该版本在上一个版本的基础上增加了Schema的支持，还引入了Flink 和Stream SQL。

1. 第一阶段：Streaming Platform 1.0

如图 6-14 所示，Streaming Platform 1.0 整体是一个级联的服务，包括Scribe代理和Scribe服务器的多级级联，主要用于收集数据，以满足离线计算和实时计算场景的需求。离线计算使用的是HDFS和Hive，实时计算使用的是Kafka和Storm。虽然这种离线加实时的方式可以基本满足小米当时的业务需求，但也存在一系列的问题。

图 6-14   小米 Streaming Platform 1.0

首先是 Scribe 代理过多，而配置和包管理机制缺乏，导致维护成本非常高；然后是 Scribe 采用的 Push 架构，在异常情况下无法有效缓存数据，同时 HDFS 和 Kafka 数据相互影响；最后是当数据链级联比较长的时候，整个全链路数据形成黑盒，缺乏监控和数据检验机制。

2．第二阶段：Streaming Platform 2.0

为了解决 Streaming Platform 1.0 的问题，小米推出了 Streaming Platform 2.0。如图 6-15 所示，该版本引入了 Talos，将其作为数据缓存区来进行流数据的存储（图中 Talos 左侧是多种多样的数据源，右侧是多种多样的 Sink），即将原本的级联架构转换成星形架构，优点是方便扩展。

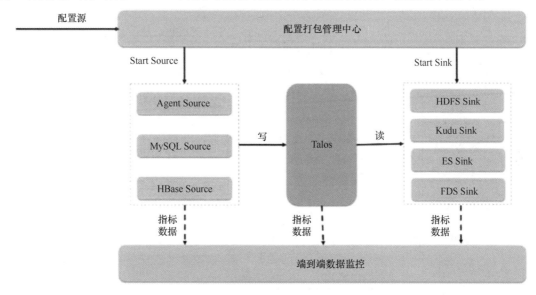

图 6-15   小米 Streaming Platform 2.0

由于代理自身数量及管理的流较多（具体数量均上万），该版本实现了一套配置管理和包管理系统，可以支持代理一次配置之后的自动更新和重启等。此外，小米还实现了去中心化的配置服务，配置文件设定好后可以自动分发到分布式节点。最后，该版本还实现了数据的端到端监控，通过埋点来监控数据在整个链路上的丢失情况和传输延迟情况等。

Streaming Platform 2.0 的优势主要有：引入了 Multi Source 和 Multi Sink，之前在两个系统之间导入或导出数据需要直接连接，现在的架构将系统集成复杂度由原来的 $O(MN)$ 降低为 $O(M+N)$；引入配置管理和包管理机制，彻底解决系统升级、修改和上线等一系列问题，降低运维的压力；引入端到端数据监控机制，实现全链路数据监控，量化全链路数据质量；产品化解决方案，避免重复建设，解决业务运维问题。

Streaming Platform 2.0 的问题主要有 3 个。Talos数据缺乏Schema管理：Talos对于传入的数据是不理解的，在这种情况下无法使用SQL来消费Talos的数据。Talos Sink模块不支持定制化需求，如从Talos将数据传输到Kudu，Talos中有 10 个字段，但Kudu只需要 5 个字段。Spark Streaming自身问题：不支持Event Time、端到端Exactly Once语义等。

3. 第三阶段：Streaming Platform 3.0

为了解决Streaming Platform 2.0 的上述问题，小米进行了大量调研，也和其他实时计算团队做了一系列沟通和交流，最终决定使用Flink来改造平台当前的流程，如图 6-16 所示。下面具体介绍小米流式计算平台基于Flink的实践，以及使用Flink对平台进行改造的设计理念。

- ❑ 全链路Schema支持。这里的全链路不仅包含Talos到Flink的阶段，而且包括从最开始的数据收集阶段一直到后端的计算处理。需要实现数据校验机制，避免数据污染；需要实现字段变更和兼容性检查机制。在大数据场景下，若Schema变更频繁，则兼容性检查很有必要。借鉴Kafka的经验，在Schema引入向前、向后或全兼容检查机制。

- ❑ 借助Flink社区的力量全面推进Flink在小米的"落地"。一方面流实时计算的作业逐渐从Spark、Storm迁移到Flink，以保证原本的低延迟和资源节省效率，目前小米已经运行了超过 200 个Flink作业；另一方面期望用Flink改造Sink的流程，提升运行效率的同时，使平台支持ETL，在此基础上大力推进Streaming SQL。

- ❑ 实现Streaming产品化，引入Streaming Job和Streaming SQL的平台化管理；基于Flink SQL改造Talos Sink，支持业务逻辑定制化。

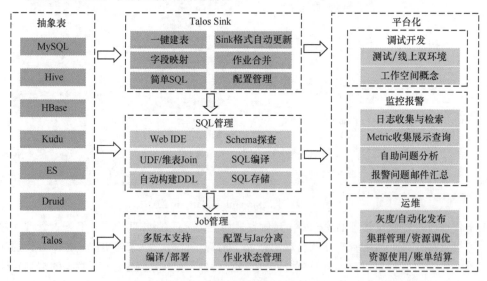

图 6-16　小米Streaming Platform 3.0

Streaming Platform 3.0 的架构设计与 2.0 版本的架构设计类似，只是表达的角度不同。具体包含以下几个模块。

- ❑ 抽象表：该版本中各种存储系统（如MySQL和Hive等）都会抽象成表，为SQL标准化做准备。

- ❑ Job管理：提供流式作业的管理支持，包括多版本支持、配置Jar分离、编译/部署和作业状态管理等常见的功能。

- ❑ SQL管理：SQL最终要转换为一个数据流作业，该部分功能主要包括Web IDE支持、Schema探查、UDF/多维表Join、SQL编译、自动构建DDL和SQL存储等。
- ❑ Talos Sink：该模块基于SQL管理对2.0版本的Sink重构，包含的功能主要有一键建表、Sink格式自动更新、字段映射、作业合并、简单SQL和配置管理等。
- ❑ 平台化：为用户提供一体化、平台化的解决方案，包括调试开发、监控报警和运维等。

从存储层面来说，小米每天大概有1.2万亿条消息，峰值流量可以达到每秒4300万条，仅Talos Sink每天转储的数据量就高达1.6 PB，转储作业目前将近1.5万个。每天的流计算作业超过800个，Flink作业超过200个，Flink每天处理的消息量可以达到7000亿条，数据量在1PB以上。小米流式平台未来的计划主要有以下几点：在Flink落地的时候持续推进Streaming Job和平台化建设；使用Flink SQL统一离线数据仓库和实时数据仓库；在Schema的基础上完成数据血缘分析和展示，包括数据治理方面的内容；持续参与Flink社区的建设等。

6.7　小结

从以上分享的经验来看，国内各大厂商在大数据架构上的演进，基本上都经历了"拿来主义"、自研优化、重新架构的阶段。而各家在技术选型和产品选型上，与自己的业务形态紧密相连，都致力于为自己的业务提供一套完整的、统一的、可管理的、可维护的大数据平台。可以看出，不仅是互联网公司有数据管理的需求，任何拥有海量数据的企业都有数据管理的需求。知乎、民生银行、科大讯飞等一批其他的大数据+AI的架构演进就不一一列举了。

6.8　参考资料

[1] InfoQ于2016年7月对吕毅的专访《专访吕毅：链家网技术架构的演进之路》。

[2] 谢语宸在2016年QCon北京会议上的演讲《美团大数据平台架构实践》。

[3] James Mayfield于2016年发布的《Airbnb的大数据平台架构》。

[4] InfoQ发布的赵健博在2016年ArchSummit上的演讲的文章《兼顾稳定和性能，58大数据平台的技术演进与实践》。

[5] 梁李印于2018年12月在微信公众号"滴滴技术"中发表的文章《滴滴是如何从零构建集中式实时计算平台的？》。

[6] 夏军于2020年1月在阿里云开发者社区中发布的文章《小米流式平台架构演进与实践》。

第 7 章

大数据的魅力——广泛应用

大数据在工业界诞生，也在工业界繁荣，不仅高科技公司在研发和使用各种大数据管理系统，各行各业的基础软件和平台架构也开始向大数据架构转型。此外，大数据已经深入人们的衣食住行，从健康医疗到政府机构，从银行金融到智慧城市，大数据的应用已经"遍地开花"。

7.1 工业应用

工业 4.0（Industry 4.0）这个概念是德国最先提出的，德国对于工业 4.0 的解释是这样的：利用物联信息系统（Cyber-Physical System）将生产中的供应、制造、销售等信息数据化、集成化、智慧化，最后达到快速、有效、个人化的产品供应。将德国对于工业 4.0 的解释中的供应、制造、销售 3 个环节与大数据结合起来就是工业 4.0 中的供应大数据、制造大数据、销售大数据。

随着信息化与工业化的深度融合，信息技术渗透到了工业制造和企业生产的各个环节，条形码、二维码、射频识别（Radio Frequency Identification，RFID）、工业传感器、工业自动控制系统、工业物联网等技术在工业企业中得到了广泛应用。尤其是互联网、移动互联网、物联网等新一代信息技术在工业领域的应用，使工业企业进入了互联网工业的新的发展阶段，其所拥有的数据量也在日益增长。相对来说，工业大数据是一个全新的概念，从字面上理解，工业大数据是指在工业领域信息化应用中所产生的海量数据。工业企业中生产线处于高速运转状态，由各种设备所产生、采集和处理的数据量远大于企业中计算机和人工产生的数据量。从数据类型来看，产生的数据多是非结构化数据，同时生产线的高速运转对数据的实时性要求也更高。因此，工业大数据应用所面临的问题和挑战并不比互联网行业的大数据应用少，在某些情况下甚至更为复杂。

在大数据的推动下，工业企业将迎来创新和变革的新时代。通过互联网、移动物联网等带来的低成本感知、高速移动连接、分布式计算和高级深度分析，信息技术和工业系统正在深入融合，给全球工业带来深刻的变革，推动企业研发、生产、运营、营销和管理方式的创新。这些创新使不同的工业企业具有更快的响应速度、更高的效率和更强的洞察力。工业大数据的典型应用包括产品设计与生产创新、产品故障诊断与预测、工业生产线物联网分析、工业企业供应链优化和产品精准市场营销等。

工业大数据的价值很高，但是要实现这些价值我们还有很多工作要做[1]。一个是树立大数据意识。过去也有这些大数据，但由于没有大数据意识，数据分析手段也不足，很多实时数据被丢弃或束之高阁，大量数据的潜在价值被埋没。另一个是解决数据孤岛问题。很多工业企业的数据分布于企业的各个"孤岛"中，特别是大型跨国企业，要想在整个企业内提取这些数据相当困难。因此，工业大数据应用的一个重要的议题是集成应用，如图 7-1 所示。工业大数据给工业企业带来了新的机遇和希望，也带来了新的挑战和困难。

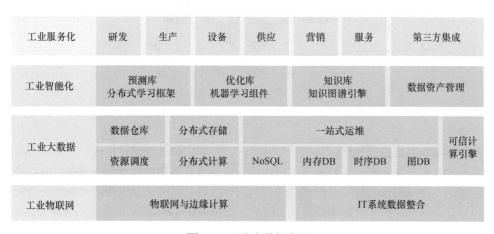

图 7-1　工业大数据全景

7.2　银行金融

金融大数据在银行、保险、量化投资、资产管理、金融监管和国家金融安全等诸多领域也面临着新的机遇与挑战。金融大数据涉及多个维度，如图 7-2 所示。传统金融行业往往采用IOE架构进行数据管理，即IBM的机器、Oracle的数据库和EMC的存储设备。随着大数据的发展，昂贵的设备和服务费用以及不堪重负的系统架构，使得IOE模式逐渐受到冲击。

金融行业是国民经济的命脉，渗入市场的各个环节，与宏观经济政策和微观经济生活都密切相关。同时我国拥有十几亿的庞大人口，社会生活多元化，需求多元化。在这样复杂多变的背景下，金融机构要想实现正确的商业判断，难度很大，但借助金融大数据这个利器，也许可以实现更全面、更精准的决策。例如，在个人信用风险控制方面，金融机构除了可以从中国人民银行征信中心调取数据外，还可以利用网络、电商等不同来源的大数据来解决个人客户信用评价的全面性与客观性不足的问题。

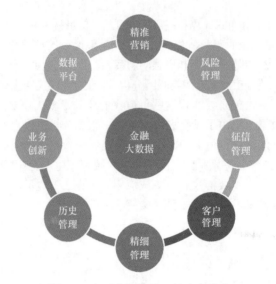

图 7-2 金融大数据涉及的多个维度

从现状来看，金融大数据目前主要应用在帮助金融机构实现精准营销、客户价值管理和风险控制 3 个方面。

首先，快速地实现精准营销。从传统方式来说，营销主要是寻找目标客群、细分目标客群、触达客群个体。但利用大数据和机器学习的分析方法，金融机构可以准确判断用户的习惯、偏好以及短期需求，形成画像描述，从而精准地找到目标客群。在第三方机构的大数据的支持下，金融机构可以在互联网使用者中发掘需求。一般业务数据循环 3～5 次后，营销的效果会达到最优。例如，某银行的现金贷款营销中，经过 5 次大数据优化，客户响应率、响应客户的资质合格率均有大幅度提升。

其次，高效的客户价值管理。目前，尽管大型金融机构沉淀了大量客户及客户信息，但从大数据角度看，由于对客户信息缺乏挖掘、分析，导致对存量客户的了解无法加深，金融机构在提升客户管理效率时会遇到很多困难。以客户激活为例，某银行有 4 亿存量客户，其中 30%以上的客户为净值客户，但在这 1 亿多净值客户中，银行无法得知哪些是高净值客户，哪些客户需要加大力度挽留。如果对所有的净值客户进行激活，则成本会相对较高。但借助大数据进行客户聚类和客户行为分析，可以为金融机构的客户激活、客户管理和产品设计提供依据，帮助金融机构整体提升存量客户的价值，交叉销售更多的产品，精准激活能够带来价值的客户。

最后，深度的风险控制强化。通过客户标签的匹配，对客户进行行为分析和聚类，标示客户的风险级别。这样金融机构在客户贷款时，就能准确进行风险控制，进而降低违约风险，提高金融机构的效益。

不可否认，互联网极大地丰富了人们行为数据的数量与种类，催生了大数据行业。相关文件明确表示，信息技术与经济社会的交汇融合引发了数据迅猛增长，数据已成为国家基础性战略资源，大数据正对全球生产、流通、分配、消费活动以及经济运行机制、社会生活方式和国家治理能力产生重要影响。

7.3 智慧城市

在智慧城市的建设和应用中，将产生越来越多的数据。智慧城市的规划与建设，需要有充分的技术与设备来处理城市运行过程中产生的大数据，如城市交通系统产生的实时交通信息、城市经济系统产生的商业活动信息等。特别是城市管理层对智慧城市进行智慧管理需要建立一整套大数据管理系统，不仅涉及数据的收集、存储、分析方法，还涉及来自不同行业、不同类别的数据整合问题。

如图 7-3 所示，智慧城市就是基于数字城市、物联网和云计算建立的现实世界与数字世界的融合，运用信息和通信技术手段感测、分析、整合城市运行核心系统的各项关键信息，以实现对人和物的感知、控制并提供智能服务，从而对包括民生、环保、公共安全、城市服务、工商业活动在内的各种需求做出智能响应。其实质是利用先进的信息技术，实现城市智慧式管理和运行，进而为城市中的人创造更美好的生活，促进城市的和谐、可持续发展。大数据是信息和通信技术领域的概念，而智慧城市的实现依赖于这些领域，因此，研究它们之间的关系，探讨大数据在智慧城市中的应用，对于更好地从民生、环保、公共安全、城市服务等方面促进城市发展有着至关重要的作用。

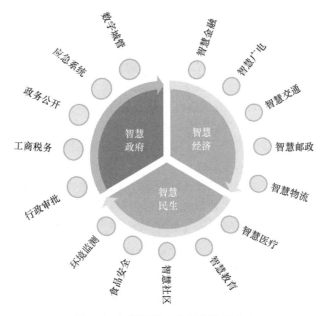

图 7-3 与智慧城市息息相关的内容

大数据是智慧城市各个领域都能够实现智慧化的关键性支撑技术，智慧城市的建设离不开大数据。建设智慧城市，是城市发展的新范式和新战略。大数据将遍布智慧城市的方方面面，从政府决策与服务，到人们衣食住行和生活方式，再到城市的产业布局和规划，以及城市的运营和管理方式，都将在大数据的支撑下走向智慧化，大数据成为智慧城市的智慧引擎。

目前，我国正处于城镇化加速发展的时期，部分地区"城市病"问题日益严峻，资源短缺、环境污染、交通拥堵、安全隐患等问题日益突出。为解决城市发展难题，实现城市可持续发展，建设智慧城市已成为当今世界城市发展不可逆转的历史潮流。智慧城市综合采用了包括射频传感技术、物联网技术、云计算技术、下一代通信技术在内的新一代信息技术，这些技术的应用能够使城市变得更易于被感知，城市资源更易于被充分整合，在此基础上实现对城市的精细化和智能化管理，可以减少资源消耗，降低环境污染，缓解交通拥堵，消除安全隐患，最终实现城市的可持续发展。智慧城市的建设在国内外许多地区已经展开，并取得了一系列成果，国内如智慧上海，国外如新加坡的智慧国计划、韩国的U-City计划等。

埃里克·西格尔（Eric Siegel）在《大数据预测》[2]一书中提到，"作为大数据时代下的核心功能，预测分析已经在商业和社会中得到广泛应用。随着越来越多的数据被记录和整理，未来预测分析必定会成为所有领域的关键技术"。诚如西格尔所言，当大数据与智慧城市完美契合，传统城市模式将被颠覆。过去人们在城市里生活，会思考如何去迎合这个"冰冷的钢铁森林"，而在智慧城市中生活，仿佛一切有了温度，人们在城市的每个角落都能感受到智慧城市的温度，大数据的理念和技术将成为实现智慧城市的关键。

7.4 健康医疗

健康医疗大数据是国家重要的基础性战略资源。健康医疗大数据的应用和发展将使健康医疗模式发生巨大变革，有利于激发深化医药卫生体制改革的动力和活力，提升健康医疗服务效率和质量，扩大资源供给，不断满足人民群众多层次、多样化的健康需求，有利于培育新的业态和经济增长点。

目前来看，国内健康医疗大数据企业大体可以分为 3 个梯队，第一梯队主要以Microsoft、Intel、Dell、IBM等公司为代表，其目标客户是国内大型医院；第二梯队以东软集团、荣科科技、万达信息、易联众、华为等企业为代表，其目标客户是国内大中型医院；第三梯队则是一些小型的医疗IT供应商。行业竞争格局雏形已经初步形成。

如图 7-4 所示，技术的进步进一步丰富了健康医疗大数据的内容，并使健康医疗大数据的存储、分析、应用成为可能。健康医疗大数据分析有可能在降低医疗成本、预测流行病的爆发、避免可预防的疾病、改善整体生活质量等方面有重要意义。

健康医疗 应用服务	基础医疗服务	个人健康管理	老龄社会
	临床决策支持	个体化医疗	肿瘤基因组学
数据处理 分析管理	数据检索	机器学习	影像分析
	医疗记录	基因数据	医疗影像
分布式 大数据平台	存储优化	安全隐私	加速处理

图 7-4　健康医疗大数据应用的技术分类

支撑健康医疗大数据技术进步的三大因素如下。

（1）可穿戴智能设备的普及

可穿戴智能设备的普及可以实现大规模、实时、持续收集患者数据，从而助力医疗大数据的发展。2010年，我国可穿戴智能设备的市场规模仅0.9亿元，到2015年，市场规模迅速增加到了107.9亿元，由此可见，可穿戴智能设备的普及速度极为惊人。这些可穿戴智能设备与智能家居和智能手机结合，将创造出无限可能。运动手表、智能体脂秤、蓝牙耳机等，将健康医疗从医疗机构延伸到人们的日常生活，时时刻刻监测人们的健康状况。

（2）生物检测技术的进步

高通量二代基因测序技术使测序成本降至1000美元（约6500元），且二代测序的通量远高于一代测序的。至此，大范围的基因组测序加速生物组数据的积累，逐步为临床操作和基础研发带来价值。与此同时，第三代和第四代基因测序技术已经处于研发进程。生物检测技术的进步得益于生物传感器的发展，它将生物学或仿生学信号感应部件紧密连接或整合到传感系统内，具有特异、敏感、快速、便携以及操作简便等优点，发展非常迅速，并且被应用到医疗保健、食品工业、畜牧兽医等多个领域。

（3）信息技术的综合进步

数据融合、数据挖掘、图像处理识别、机器学习、自然语言处理、数据可视化、人工智能等技术取得进步。例如，数据融合可对多个医疗子行业的数据进行整合和分析以产生新的更加精确、连续、有价值的信息，有效地降低成本。信息技术的快速发展，在健康医疗领域对海量数据进行结构化、标准化存储，结合应用场景进行筛选、分析以提升数据质量等方面起到了积极的推动作用，为医疗机构提供数据处理服务，进行数据分析及可视化应用奠定了基础。

近年来，随着"云大物移智"（云计算、大数据、物联网、移动互联网、智慧城市）等新兴技术与健康医疗加速融合，以医疗大数据为代表的医疗新业态，不断激发着医药卫生体制改革的动力。国务院办公厅也发文指出，健康医疗大数据要顺应新兴信息技术发展趋势，规范和推动健康医疗大数据融合共享、开放应用，在2020年基本建立健康医疗大数据应用发展模式。

7.5　小结

目前，大数据渗透到各个行业和领域，在生产服务、工作生活和衣食住行等数字化的场景中均能看到大数据的身影，包括金融、汽车、餐饮、电信、能源、体育和娱乐等在内的社会各行各业都融入了大数据的印迹[3]。在汽车行业，利用大数据和物联网技术的无人驾驶汽车，在不久的将来将走入我们的日常生活。在互联网行业，借助大数据技术，可以分析客户行为，有针对性地进行商品推荐和广告投放。在餐饮行业，利用大数据实现餐饮O2O模式，可以极大地改变传统餐饮经营方式。在电信行业，利用大数据技术实现客户离网分析，及时掌握客户离网倾向，出台客户挽留政策。在能源行业，随着智能电网的发展，电力公司可以掌握海量的用户用电信息，利用大数据技术分析用户用电模式，改进电网运行模式，合理设计电力需求响应系统，确保电网运行安全。在物流行业，利用大数据可以优化物流网络，提高物流效率，降低物流成本。在体育和娱乐行业，利用大数据可以帮助我们训练球队，决定影视作品投拍题材，以及预测比赛结果等。在安全领域，政府可以利用大数据技术构建起强大的国家安全保障体系，企业可以利用大数据抵御网络攻击，警察可以借助大数据来预防犯罪等。大数据的价值，远远不止于此，大数据对各个行业和领域的渗透，极大推动了社会的生产和生活，未来必将产生重大而深远的影响。

7.6　参考资料

[1] 国务院于 2015 年 8 月印发的《促进大数据发展行动纲要》。

[2] 埃里克·西格尔于 2014 年出版的图书《大数据预测》。

[3] 维克托·迈尔-舍恩伯格和肯尼思·库克耶于 2013 年出版的《大数据时代》。

第 3 篇

大数据管理系统——谁主沉浮

传统关系数据库自从占领了数据管理系统的"高地",便一直保持着强劲的生命力。不过,大数据的兴起,以"摧枯拉朽"之势,给数据库带来了不小的冲击。作为"相爱相杀的两大阵营",是继续并驾齐驱还是握手言和走向统一,滚滚的历史洪流将给出一切说明。

第8章
数据库与大数据之战——华山论剑

从大数据管理系统出现的那一刻，数据库阵营就将其视为自己的对立面。但是数据库阵营并没有将其扼杀在摇篮里，同时大数据管理系统因其在工业界的广泛应用，反而有燎原之势。那么这两个对立的阵营，是握手言和还是继续并驾齐驱呢？

8.1 ACM双方论战

数据库从业者看不上大数据缺乏强一致性的事务处理的缺点，大数据从业者看不上数据库无法扩展和处理海量数据的短板。虽然大数据和数据库的从业者各自站队，但是已经开始相互渗透。SQL on Hadoop将大数据数据库化，同时数据库开始支持将大数据工具作为底层数据存储，如EnterpriseDB支持PostgreSQL hdfs_fdw等。

在这场论战[1]中，传统数据库的捍卫者Stonebraker等诸多学者站出来指出以MapReduce为代表的Google倡导的大数据管理系统的不足。他们的主要论点在于：MapReduce只是个类似ETL的工具，所涉及的技术 20 多年前在数据库领域就已经研究过了；而且，MapReduce没有实现大部分数据库能实现的功能；此外，数据库可以很容易地包装一层易用的编程语言来实现MapReduce的操作，如Pig[2]、Hive[3]和HadoopDB等。

这篇被激烈讨论的文章[1]对简单的 3 个数据库操作进行了性能测评，以此证明数据库性能的优越性。为了研究并行DBMS和MapReduce系统间的性能差异，文章中采用了一个由 5 个不同类型的任务组成的测试基准，来对 2 个并行DBMS和Hadoop MapReduce框架进行比较。2 个并行DBMS分别为Vertica（一个商业列式关系数据库）和DBMS-X（来自某厂商的基于行的数据库）。对比实验采用的测试基准包括来自Google原始的MapReduce论文中的一个测试，其余的 4 个是一些可以使用两类系统完成的、更复杂的分析任务，实验在一个拥有 100 个节点的无共享集群上进行。Hadoop是当时最流行的MapReduce框架之一（Google的版本可能更新但是对大家来说是不可获得的），同时

DBMS-X和Vertica分别是当时最流行的行式和列式并行数据库系统之一。

原始的MapReduce Grep Task（来自原始MapReduce论文的"Grep Task"）是第一个测试任务，图 8-1 中的执行时间展示了一个令人吃惊的结果：DBMS比Hadoop快大概 2 倍。Web Log Task是一个在Web服务器日志的表上使用了GROUP BY的传统SQL聚合操作。人们可能会觉得Hadoop应该更擅长这种任务，因为该任务只需很直接的计算，但是图 8-1 中的结果表明Hadoop依然被DBMS打败了，而且是以比Grep Task更大的优势。Join Task是文章中讨论的最后一个测试任务，它是一个需要在两张表上进行额外的聚合和过滤操作的、复杂的Join操作。DBMS擅长处理具有复杂Join操作的查询任务。如图 8-1 所示，DBMS分别比Hadoop快了约 36 倍和21 倍。

Benchmark performance on a 100-node cluster.				
	Hadoop	DBMS-X	Vertica	Hadoop/DBMS-X Hadoop/Vertica
Grep	284s	194s	108s	1.5倍 2.6倍
Web Log	1,146s	740s	268s	1.6倍 4.3倍
Join	1,158s	32s	55s	36.3倍 21.0倍

图 8-1 大数据与数据库性能对比[4]

Hadoop和DBMS间的性能差异实际上是由多种因素造成的，文章中指出从数据解析、数据压缩、查询计划、执行调度、事务容错等方面，数据库均优于Hadoop。最后文章"比较客气"地说，希望ETL和复杂的分析任务可以由MapReduce系统来完成，查询敏感的工作负载则交给DBMS。因此，最好的解决方案是将MapReduce框架集成到DBMS，这样MapReduce就可以进行一些复杂的分析任务，以及通过与DBMS的交互进行一些嵌入式查询。MapReduce的支持者们应该参考并行DBMS的技术，尤其是它高效的查询并行执行技术。工程师们应该站在前人的肩膀上，而不是脚趾上。并行DBMS执行器中有很多好的想法值得MapReduce系统开发者们学习。

文章最后总结，绝大多数架构上的不同都是这两类系统侧重点的不同所导致的，并行DBMS更擅长进行大规模数据的查询，MapReduce系统更擅长进行ETL任务和复杂的分析任务的处理。二者都没法同时擅长两个方面，因此这两种技术是一种互补的关系。很多复杂的分析性问题，需要这两种系统共同协作。这种需求也推动着两种系统的结合，使每个系统可以去做它们所擅长的工作，这要比单纯让一个系统完成所有的工作更高效。

同时，戴维·德威特（David DeWitt）还专门在自己的网站上列出关于这篇文章的评论，有兴趣的读者可以读一读。现在看来，MapReduce真正的意义其实在于廉价机器上的大规模扩展能力和容错机制，那些数据库学者应该也能清楚地看到这一点，只不过立场不一样罢了。当然，也有数据库学者在MapReduce之前就看到了即将到来的变革，对数据库的"骄傲自大"感到担忧，如约瑟夫·赫勒斯坦（Joseph Hellerstein）在"We Lose"[5]中就谈了这种担忧。2013 年在UC Irvine召开的数据库著名的学术研讨会上，发表了"The Beckman Report"[6]。可以看到，数据库"大佬"们（例如Stonebraker与David等人）与大数据的先行者（如Jeff Dean）已经走到一起，共同探讨数据库的未来。

8.2　MPP绝对优势

MPP是指多个处理器或独立的计算机并行处理一组计算任务。为了保证各节点的独立计算能力，MPP数据库通常采用无共享架构，较为典型的产品是Teradata，后来出现了Greenplum、Vertica、Netezza等竞争者。如图 8-2 所示，MPP是多机、可水平扩展的架构，符合分布式的基本要求，在前大数据时代得到了广泛的应用，但这个时期的数据总量仍然有限，普遍在TB级别，对应的集群规模也通常在单集群、百节点以下。

在 21 世纪的第一个 10 年，大多数股份制银行和少部分城商银行都建立了数据仓库系统，主要采用了MPP产品。可以说，这 10 年是MPP产品最辉煌的时代。到目前为止，MPP仍然是银行业建设数据仓库和数据集市类系统的主要技术选择。MPP在相当长的一段时期内等同于一体机方案，其价格高到普通企业无

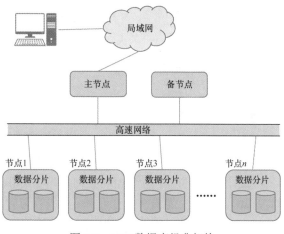

图 8-2　MPP数据库经典架构

法承受。2010 年后，随着大数据时代的开启，Hadoop生态体系以开源优势，获得了蓬勃发展和快速普及。

从首次提出到发展至今，数据仓库的发展大概可以分为 3 个阶段。第一阶段是采用共享架构的传统数据仓库，这类数据仓库主要面向传统的商务智能（Business Intelligence，BI）分析，可扩展性较差，大概可扩展十几个节点。第二阶段是无共享架构的MPP，这类数据仓库主要面向有复杂需求的传统BI分析，典型的代表有Teradata、Vertica、Greenplum等。前两个阶段的数据仓库架构都存在缺乏弹性、不易调整、难以实现秒级扩容等问题，而新一代数据仓库克服了这些困难，实现了弹性伸缩和灵活配置。第三阶段主要是面向大数据和人工智能的数据仓库，支持工业标准的x86 服务器，可扩展到上千个节点。如果进一步细分，新一代数据仓库还可以被分为SQL on Hadoop、SQL on Object Store和Hybrid等，HAWQ可以归类到Hybrid中。下面介绍HAWQ的架构[7]。

图 8-3 给出了典型的HAWQ架构，其中有三类主节点，包括HAWQ主节点、HDFS主节点命名节点、YARN主节点资源管理器。现在HAWQ元数据服务在HAWQ主节点里面，未来会成为单独的服务。其他节点为从节点，每个从节点上部署HDFS数据节点、YARN节点管理器以及HAWQ数据分片。其中YARN是可选组件，如果没有YARN，HAWQ会使用自己内置的资源管理器。HAWQ数据分片在执行查询的时候会启动多个查询执行器（Query Executor，QE）。查询执行器在资源容器中运行。在这个架构下，节点可以动态地加入集群，并且不需要重新分布数据。当一个节点加入集群时，它会向HAWQ主节点发送心跳，然后就可以接收未来查询了。

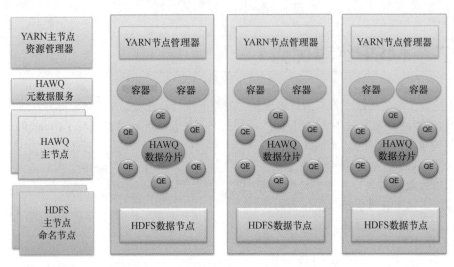

图 8-3　典型的HAWQ架构[7]

从执行流程上看，HAWQ主要包括以下几个关键模块，如图 8-4 所示。

❑ 查询解析器：负责解析查询，并检查语法及语义，最终生成查询树传递给优化器。

❑ 优化器：负责接收查询树，生成查询计划。针对一个查询，可能有数亿个等价的查询计划，但执行性能差别很大，优化器的作用是找出优化的查询计划。

❑ 资源管理器：通过资源代理向全局资源管理器（如YARN）动态申请资源并缓存资源，在不需要的时候返回资源。缓存资源主要是为了降低HAWQ与全局资源管理器的交互代价。HAWQ支持毫秒级查询。如果每一个小的查询都向资源管理器申请资源，那么系统性能会受到影响。资源管理器同时需要保证查询所使用的资源不超过分配的资源，否则查询之间会相互影响，可能导致系统整体不可用。

❑ HDFS元数据缓存：用于确定每个分片扫描表的哪些部分。HAWQ需要把计算派遣到数据所在的地方，所以需要匹配计算和数据的局部性。这些操作需要HDFS块的位置信息（位置信息存储在HDFS命名节点上）。每个查询都访问HDFS命名节点会造成命名节点阻塞，因此可在HAWQ主节点上建立HDFS元数据缓存。

❑ 容错服务：负责检测哪些节点可用，哪些节点不可用，不可用的节点会被丢出资源池。

❑ 查询派遣器：优化器优化完查询以后，查询派遣器派遣计划到各个节点上执行，并协调查询执行的整个过程。查询派遣器是整个并行系统的黏合剂。

❑ 元数据服务：负责存储HAWQ的各种元数据，包括数据库和表信息，以及访问权限信息等。另外，元数据服务也是实现分布式事务的关键。

❑ 高速网络：负责在节点之间传输数据，使用软件实现，基于用户数据报协议（User Datagram Protocol，UDP）。UDP无须建立连接，从而可以避免TCP高并发连接数的限制。

可以看到，在HAWQ主节点内部有如下几个重要组件：查询解析器（Parser和Analyzer）、优化器、资源管理器、资源代理、容错服务、查询派遣器、元数据服务等。从节点上安装了一个物理分片，在执行查询时，针对一个查询，弹性执行引擎会启动多个虚拟分片同时执行，节点间的数据交换通过高速网络进行。如果一个查询启动了1000个虚拟分片，表明这个查询被均匀地分成了1000个任务，这些任务会并行执行。所以说，虚拟分片其实表明了查询的并行度。查询的并行度是由弹性执行引擎根据查询大小以及当前资源的使用情况动态确定的。

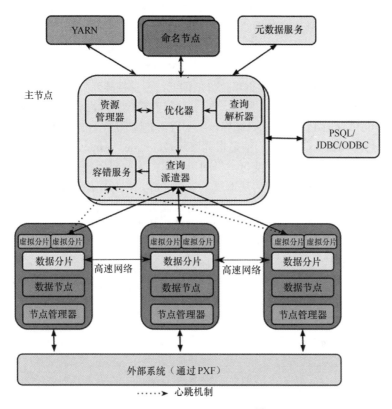

图 8-4 HAWQ关键模块[7]

提到HAWQ不得不提Greenplum，Greenplum是一个分布式MPP关系数据库，同样运行于x86架构之上，查询、加载效率高，支持TB或PB级大数据量的OLAP应用。Greenplum的所有数据都存储于系统本地文件系统，而HAWQ的最大改变之一就是将本地文件系统存储更换为了HDFS，成功地搭上了数据库的班车，是SQL on Hadoop阵营的"一员大将"。后来，由Apache HAWQ创始团队打造的新一代数据仓库Oushu Database，拥有极速执行引擎，并采用了MPP和Hadoop结合的创新MPP++技术架构，可扩展至数千节点，遵循ANSI-SQL标准，提供PB级数据交互查询功能，提供对主要BI工具的描述性分析和AI支持，在金融、电信、制造、医疗和互联网等行业得到了广泛的部署和应用。

8.3 大数据强势发展

互联网的应用推动了大数据的强势发展，而在这之前，从 20 世纪 70 年代关系数据库进入历史舞台，很长一段时间内关系数据库几乎是数据管理系统不二的选择。用户可以用一套数据库系统打通所有业务，甚至不需要一个工程师来维护这套系统。很多业务复杂的场景，理论上需要不同的数据，系统才能达到更好的效果，但实际上用户还是选择关系数据库，因为它简单、可靠、高效、安全。数据库的黄金时代整整持续了 20 多年。20 世纪 90 年代人们开始讨论大数据，讨论硬盘容量和网络带宽，在担心未来数据"爆炸"的阴影下瑟瑟发抖。那个时候，互联网公司是第一批真正尝试解决大数据问题的先行者，有别于传统的运营方式，互联网公司率先面对了大数据时代著名的"4V"问题：容量（Volume）、多样性（Variety）、速度（Velocity）和价值（Value）。

与传统公司不同，互联网公司的数据单位价值偏低，但量极其庞大，而且它们并不一定是结构化的，并非完全能用SQL来处理。简而言之，它们已经超出了当时数据库的能力边界。而当时的互联网公司（如Google和Amazon）纷纷选择抛弃传统手段，重起炉灶，由此拉开了大数据时代的序幕。

我们可以说这是开源社区的威力，但追根究底还是Google、Amazon这些先行者卓有远见的工作为大家铺平了道路。不过，有些"反直觉"的事实是：这些引用数成百上千的论文其实并没有提出"巧夺天工"的设计。相反，它们从本质上告诉业界，把数据库换成设计如此粗糙狂野的架构，仍然可以解决问题。就算用户没钱买超高端的软硬件，只要用户放宽心，告诉自己，无视一致性，忘掉精巧的优化执行器和存储结构，忽略半结构化带来的混乱，去掉SQL，多雇几个程序员，公司仍然可以活下去，而且可以活得不错。

Hadoop是一个能够对大量数据进行分布式处理的软件框架，具有可靠、高效、可伸缩的特点。Hadoop的核心是HDFS和MapReduce，Hadoop 2.0 还包括YARN。如图 8-5 所示，在Hadoop大数据生态系统中主要包括以下关键系统平台。

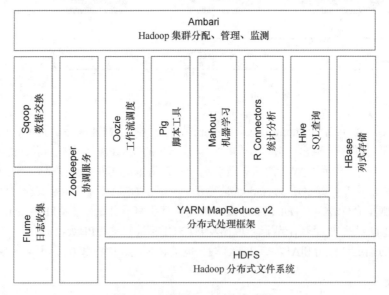

图 8-5　大数据Hadoop生态系统

❑ HDFS（Hadoop分布式文件系统）源自Google的GFS论文（发表于 2003 年 10 月）。HDFS是GFS的克隆版，是Hadoop体系中数据存储管理的基础。它是一个高度容错的系统，能检测和应对硬件故障，用于在低成本的通用硬件上运行。HDFS简化了文件的一致性模型，通过流数据访问，提供高吞吐量应用程序的数据访问功能，适合应用于带有大型数据集的应用程序。

❑ MapReduce（分布式处理框架）源自Google的MapReduce论文（发表于2004年12月）。Hadoop MapReduce是Google MapReduce的克隆版。MapReduce用以进行大数据量的计算。其中Map对数据集上的独立元素进行指定的操作，生成键值对形式的中间结果。Reduce则对中间结果中相同键的所有值进行规约，以得到最终结果。MapReduce这样的功能划分，非常适合在由大量计算机组成的分布式并行环境里进行数据处理。

❑ HBase（分布式列式存储数据库）源自Google的Bigtable论文（发表于2006年11月）。HBase是Google Bigtable的克隆版。HBase是一个针对结构化数据的可伸缩、高可靠、高性能、分布式和面向列的动态列式数据库。和传统关系数据库不同，HBase采用了Bigtable的数据模型，包括增强的稀疏排序映射表，其中键由行关键字、列关键字和时间戳构成。HBase提供了对大规模数据的随机、实时读写访问。同时，HBase中保存的数据可以使用MapReduce来处理，它将数据存储和并行计算完美地结合在一起。

❑ Hive（基于Hadoop的数据仓库）由Facebook开源，最初用于解决海量结构化的日志数据统计问题。Hive定义了一种类似SQL的Hibernate查询语言（Hibernate Query Language，HQL），将SQL转化为MapReduce任务在Hadoop上执行，通常用于离线分析。

❑ R Connectors（基于R语言的连接器）实现不同的计算框架和存储系统的接入，可以进行一些数据的统计分析。R是一个数据科学编程工具，可以对模型进行统计数据分析，在Hadoop上使用R Connectors将提供高度可扩展的数据分析平台，可以根据数据集的大小对其进行扩展。

❑ Mahout（数据挖掘算法库）源于2008年，最初是Apache Lucent的子项目，它在极短的时间内取得了长足的发展，现在是Apache的顶级项目。Mahout的主要目标是创建一些可扩展的、机器学习领域的经典算法，旨在帮助开发人员更加方便、快捷地创建智能应用程序。Mahout现在已经包含聚类、分类、协同过滤和频繁项目挖掘等广泛使用的数据挖掘算法。除了算法，Mahout还支持与其他数据挖掘系统融合（如数据库、MongoDB或Cassandra）集成等。

❑ Pig（基于Hadoop的数据流系统）由Yahoo开源，设计动机是提供一种基于MapReduce的Ad Hoc查询的数据分析工具。Pig定义了一种数据流语言Pig Latin，可将脚本转换为MapReduce任务在Hadoop上执行，通常用于离线分析。

❑ Apache Oozie（调度引擎）是用于Hadoop平台的一种工作流调度引擎。该框架使用Oozie协调器提高相互依赖的重复工作之间的协调性，可以使用预定的时间、数据可用性或者使用Oozie bundle系统提交或维护一组协调应用程序来触发Apache Oozie。

❑ ZooKeeper（分布式协调服务）源自Google的Chubby论文（发表于2006年11月）。ZooKeeper是Chubby克隆版，用于解决分布式环境下的数据管理问题，即统一命名、状态同步、集群管理、配置同步等。

❑ Sqoop（数据交换工具）是SQL-to-Hadoop的缩写，主要用于传统数据库和Hadoop之间传输数据。数据的导入和导出本质上是MapReduce程序，Sqoop充分利用了MapReduce的并行化和容错性。

❑ Flume（日志收集工具）源于Cloudera开源的日志收集系统，具有分布式、高可靠、高容错、易于定制和扩展的特点。它将数据从产生、传输、处理并最终写入目标的过程抽象为数据流。在具体的数据流中，数据源支持在Flume中定制数据发送方，从而支持收集不同协议的数据。同时，Flume数据流提供对日志数据进行简单处理的能力，如过滤、格式转换等。此外，Flume还具有将日志写往各种数据目标（可定制）的能力。总的来说，Flume是一个可扩展、适合复杂环境的海量日志收集系统。

❑ Ambari（部署运维）与Hadoop等开源软件一样，也是Apache软件基金会（Apache Software Foundation）中的一个项目，并且是顶级项目。Ambari用于分配、管理、监测Hadoop的集群，但是这里的Hadoop是广义的，指的是Hadoop整个生态圈（包括Hive、HBase、Sqoop、ZooKeeper等），而并不仅是特指Hadoop。用一句话来说，Ambari就是为了让Hadoop以及相关的大数据软件更容易使用的一个工具。

现今的大数据生态，充满了面对不同场景的不同数据管理系统，纷繁复杂。不管是什么场景，似乎都可以找到一款可以解决问题的工具或系统，但没有统一的标准。毕竟拥有狂野、粗放基因的生物，不管如何演化，都很难优雅起来。对数据湖而言，开放形态加上公共存储格式，能轻易串联多种引擎，但也几乎抹杀了精细整理数据的可能性。而复杂多样的存储体系和不受控的数据入口，也限制了整个体系可以进一步发展的空间。

随着时间的推进，Google这样的"巨人"也忍受不了自己创造的"怪物"，又开始了新的探索。哪怕是Google这样的优秀工程师汇聚的地方，也不想总是需要自己耗时耗力地去处理一致性问题，或者用烦琐的代码实现SQL逻辑。在后来的"NewSQL时代"，仍旧是Google、Amazon这些大数据的先行者站稳了脚跟（分别研发了Spanner全球分布式数据库和Aurora云数据库）。

8.4 数据库自我革命

传统数据库出身的Stonebraker一直坚守数据库的阵营，做出的革新也没有偏离数据库的特性，而是将计算全部转移到内存，提出内存数据库。而作为Stonebraker的徒子徒孙，似乎更加开明一些，已经开始研究脱离传统数据库束缚的系统——基于机器学习的自治数据库。同时，站在对立方的Google也开始考虑，如何将数据库的事务特性应用在现有的大规模分布式数据管理系统（如Omega、K8S等）之上。

H-Store首先反对了"One Size Fits All"的理念，提出了30多年来基于System R架构的数据库管理系统的不足，然后针对OLTP提出基于内存的H-Store系统，后来将其商业化为VoltDB。H-Store的贡献不仅是将磁盘数据库推向内存数据库，更重要的是在内存数据库的基础上实现很多新的功能，如基于分区的线程机制、分布式事务、Anti-Caching等。后来的S-Store[8]正是在此基础上适应流数据的特点，设计实现了一套流数据处理的数据管理系统。

H-Store是由布朗（Brown）大学、MIT和卡内基梅隆大学（Carnegie Mellon University，CMU）联合开发，并在MIT的实验室成功部署实现的。当时Stonebraker离开加利福尼亚州，到了美国东北部的MIT，虽然MIT的系统工程很强，但那时MIT并没有很强的数据库研究。因此，Stonebraker联合了Brown大学和CMU，带动了当地的数据库系统的研究。在关于H-Store的工作中，一篇发表在VLDB2007上名为"The End of an Architectural Era"[9]的论文，分析和总结了面向磁盘数据库管理系统的种种弊端，从架构设计这一角度，提出了DBMS改革的必要性，进而引出了可能的新型内存数据库系统的设计，这一设计成了H-Store的原型。在另一篇论文[10]中，研究者在前一篇论文的基础上，对H-Store的设计做了更清晰的描述，每一部分的功能也更加具体化了，进而使H-Store成为广受学术界欢迎和使用的关系数据库管理系统。

H-Store是一个高度分布式、基于行存储的关系数据库，可在共享的内存执行器节点上的集群上运行。单个H-Store实例定义为两个集群或部署在同一管理域中的多个计算节点的系统。节点是单个物理计算机承载一个或多个站点的系统。站点是系统中的基本操作实体，它是一个单线程守护进程，通过外部OLTP应用程序连接，以便执行事务。假设典型的H-Store节点有多个处理器，并且每个站点都分配在节点上，则仅执行一个处理器内核。每个站点独立于所有其他站点，因此不与其他站点共享任何数据结构或内存空间。

如图 8-6 所示，H-Store的整个框架可以分为部署时和运行时两个部分。部署时部分在运行事务之前就已经执行。H-Store提供了一个带有集群部署框架的管理器，它将存储过程、数据库模式、采样负载和集群中的可靠站点，作为输入、输出来引用运行时程序的调用句柄。数据库中的每个关系都分为一个或多个分区，分区在多个站点上复制和托管站点，形成副本集。OLTP应用程序对H-Store进行调用，重复执行预定义的存储过程。每个存储过程都由唯一名称标识，并由与参数化SQL命令混合的结构化控制代码组成，存储过程中调用的实例OLTP应用程序叫作事务。此处值得注意的是，存储程序是H-Store设计者为了更高效地执行事务而采取的特殊手段。简单理解的话，可以把存储程序当作事务本身。当一个事务来临时，H-Store不是针对事务本身去运行，而是执行事务唤醒的存储程序，从而使执行效率得到提高。

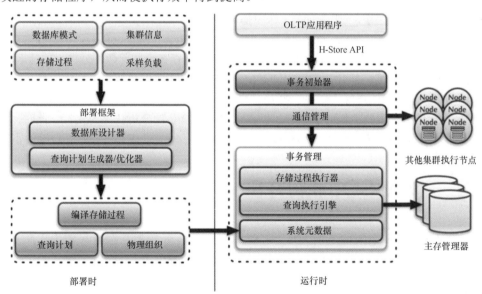

图 8-6　H-Store系统架构[10]

在H-Store、VoltDB、Redis等一系列内存数据库管理系统问世以前，主流的DBMS是基于R系统的，但正如H-Store研究者所言，因其太过"通用和广泛"，在性能上存在极大的瓶颈，尤其是对于TPC-C这一类事务具有高度重复性及时间短测试基准来说，在查询执行过程中，可用组件被多余的组件掣肘，不能发挥全部的功能。研究者认为，只有通过横向扩展系统、分割事务及并行化处理能力，基于多个主机节点的无共享架构（Shared-nothing Architecture），才能有效提高DBMS的性能。另外，面向数据库的DBMS存在着严重的I/O开销，尤其是对于并发控制来说，锁机制会导致在高度倾斜（事务多次重复访问相同部分的数据）的情况下系统性能受阻。因此，H-Store被开发为一个分布式的内存数据库。

现在看来，H-Store是一个比较旧的内存数据库，但是无论在今天还是在今后的研究中，它都对我们具有十分重要的价值。无论是它本身分布式设计的理念、内存数据库分割数据和可靠性保证的方法，还是研究者在后来几年基于它所设计的Anti-Caching系统，都非常具有启发性。同时其将部署和运行两部分剥离，从中似乎也可以看出自组装数据库的影子。

同时在大数据领域，Google从"三驾马车"开始，又研发了Bigtable、MegaStore、Spanner系统，逐渐向数据库的关系模型靠近。Tenzing在MapReduce上添加了一层SQL，更加符合传统数据库的使用方式，毕竟用户的习惯是很难改变的。

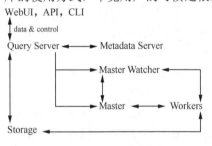

图 8-7　Tenzing架构[11]

如图 8-7 所示，Tenzing是一个建立在MapReduce之上的、用于Google数据的Ad Hoc分析的查询引擎。Tenzing提供了一个具有如下关键特征的完整SQL实现：异构性、高性能、可扩展性、可靠性、低延时、元数据感知、支持列式存储和结构化数据。Tenzing也支持行式存储、列式存储在Bigtable、GFS、文本和Protocol Buffers之上进行高效的数据转化和数据查询。用户也可以通过SQL扩展（如用户自定义函数和对嵌入式关系数据的本地化支持）来访问底层平台。Tenzing利用了索引和其他传统优化技术，同时使用了一些新的技术来发挥可以与商业化并行数据库媲美的性能。

无论是在Google内部（如Sawzall）还是外部（如Pig、Hive、HadoopDB），都已经进行了很多创建基于MapReduce的、更简单的接口的尝试。但这些实现存在一些问题：分钟级的延迟、低效，或者是糟糕的SQL兼容性。低效的部分原因是MapReduce无法使用像数据库那样的优化和执行技术。与此同时，分布式DBMS厂商（包括AsterData、Greenplum、ParAccel和Vertica等）已经将MapReduce执行模型集成到它们的引擎中，以提供对日益复杂的分析任务的支持。此时，大数据管理系统和数据库系统的界线开始变得模糊，双方开始借鉴对方的优势，来弥补自己的不足。

8.5　NewSQL兼容并包

随着时间的推移和系统的不断发展，DBMS和NoSQL开始相互融合，催生出NewSQL，NewSQL既能处理数据库的关系型事务，又有大数据的可扩展和处理海量数据的能力。而这一进步，最初是从NoSQL的"始作俑者"Google开始的。

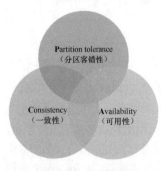

图 8-8　CAP模型

从分布式系统的原理来看，如果用CAP模型（见图 8-8）来划分，那么数据库属于CA系统，大数据属于AP系统。我们并不是说数据库不存在分区容忍性或者大数据不存在一致性，而是相对来说，数据库的可扩展性没有大数据强，大数据的一致性没有数据库严格。所以数据库通过提高单机性能来减少可扩展性能以达到整体的吞吐能力，而大数据依靠更多节点的整体计算能力，来提高综合系统的性能。然而当客户的要求越来越高、数据量越来越大时，就有必要设计并实现一种尽量满足CAP的 3 个特性的系统。

Google的Spanner是一个可扩展的、全球分布式的数据库，实现这种特性的关键技术是TrueTime API。Spanner把数据分片存储在许多Paxos状态机上，这些机器位于遍布全球的数据中心。复制技术可以用来实现全球可用性和地理局部性。客户端会自动在副本之间进行失败恢复。随着数据的变化和服务器的变化，Spanner会自动对数据进行重新分片，从而有效应对负载变化和处理失败。Spanner被设计成可以扩展到几百万个机器节点，跨越成百上千个数据中心，达到几万亿行的规模。应用可以借助Spanner来实现高可用性，通过在一个大洲的内部和不同的大洲复制数据，保证即使面对大范围的自然灾害数据依然可用。

如图 8-9 所示，Spanner被组织成许多个Zone的集合，一个Zone包括一个zonemaster和一百至几千个spanserver。zonemaster把数据分配给spanserver，spanserver把数据提供给客户端。客户端使用每个Zone上的位置代理（location proxy）来定位可以为自己提供数据的spanserver。universemaster和placement driver当前都只有一个。universemaster主要是一个控制台，它显示关于Zone的各种状态信息，可以用于相互之间的调试。placement driver会周期性地与spanserver进行交互，来发现那些需要被转移的数据（为了满足新的副本约束条件，或者为了进行负载均衡）。

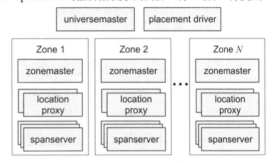

图 8-9　Spanner架构[12]

在Spanner之上，Google又加了SQL引擎处理，即后来的F1。PingCAP的TiKV和TiDB与Spanner和F1 有神似之处。Spanner的设计重点是管理跨数据中心复制的数据、提高重新分片和重新平衡数据的能力以及实现自动跨机器迁移数据。后来F1 的设计重点是系统必须能够通过添加资源进行扩展、无须更改应用程序即可重新分片和重新平衡数据、支持交易的ACID性质中的一致性和全面的SQL索引。

F1 建立在Spanner之上，Spanner支持以下功能：分布式事务的强一致性、基于时间戳的全局排序、同步复制、系统容错、数据自动重新平衡等。F1 在此基础上添加了诸如具有对外部数据执行连接功能的分布式SQL查询、索引的交易一致性、异步架构更改、使用新的对象关系映射（Object Relational Mapping，ORM）库等新的功能支撑。

F1 的架构如图 8-10 所示，用户通过客户端库进行交互，任何服务器都可以接收SQL查询请求。F1 客户端的请求通过负载均衡执行，该负载均衡倾向于保持较低的延迟。因此，除非另有必要，否则它将尝试将请求转发到同一或最近数据中心中的F1服务器（F1服务器一般与Spanner服务器位于同一数据中心），Spanner服务器又从Colossus文件系统（GFS的后继系统——CFS）获取数据。每个Spanner服务器都使用称为Tablet的存储抽象，通常负责 100 ~ 1000 个Tablet实例。Tablet的数据存储在一组B-Tree之类的文件和预写日志（Write Ahead Log，WAL）中，这些文件位于GFS。每个Spanner服务器可在Tablet顶部实现一个Paxos状态机，F1 服务器大多是无状态的，它们不保存任何数据，因此无须移动任何数据即可轻松添加或删除服务器节点。

F1 流程以主从方式组织，客户端将查询请求委派给从服务器，从服务器池成员身份由主服务器维护。可以通过增加主站、从站和跨区服务器的数量来增加系统的吞吐量。数据存储由

Spanner管理，Spanner将数据行划分为一个称为目录（目录是一组共享公共前缀的连续键）的存储桶抽象，模式中的父子关系是使用目录实现的。添加新的跨度服务器将导致跨Spanner Tablet重新分配数据，但不会影响任何F1 服务器。同样，此过程对F1 服务器是透明的。由于数据在跨地理分布广泛的多个数据中心同步复制，因此提交等待时间相对较高（50～150毫秒）。该系统还具有不参与Paxos算法的只读副本，只读副本仅用于快照读取，因此可以隔离OLTP和OLAP工作负载。

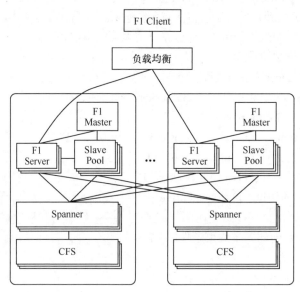

图 8-10   F1 的架构[13]

在逻辑级别上，F1 的数据模型类似于RDBMS。此外，F1 中的表可以组织成一个层次结构，与层次结构中的Root表相对应的行称为根行。F1 中的索引是事务性的，并且完全一致。索引在Spanner中存储为单独的表，由索引键和索引表的主键的串联键输入。我们观察到F1 中的查询处理与SQL-on-Hadoop解决方案（如Cloudera的Impala、Apache Drill和之前的产品）非常相似，并不是并行数据库的方法。

每个查询都有一个查询协调器节点，它是接收SQL查询请求的节点。协调器计划执行查询，从倒数第二个执行节点接收结果，执行任何最终的汇总、排序或过滤，然后将结果流回客户端。考虑到数据是任意划分的，查询计划者将确定并行化的程度，最小化查询的处理时间。根据需要处理的数据和并行性的范围，计划者和优化者甚至可以选择重新划分合格的数据。F1 的主要数据存储区是Spanner，它是一个远程数据源。F1 SQL还可以访问涉及高度可变的网络延迟的其他远程数据源。通过在查询生命周期的各个阶段使用批处理和流水线处理，可以减轻与远程数据访问相关的问题（由于网络延迟而引起的问题）的压力。

自 2012 年年初以来，F1 系统一直在管理生产中的所有AdWords广告活动数据。AdWords是一个广泛而多样的生态系统，包括 100 多个应用程序和 1000 多个用户，它们共享同一个数据库。该数据库容量超过 100 TB，每秒可处理数十万个请求，并运行SQL查询，每天扫描数十万亿条数据行。即使在计划外停机的情况下，可用性也达到了"五个九"（99.999%）。与旧的MySQL相比，F1 的

Web应用程序上可观察到的延迟没有增加。后来团队又将F1扩展为支持OLAP/OLTP/ETL的F1 Query[14]，构建出基于SQL的联邦查询系统。虽然后来不少NewSQL参考F1进行设计，但是作为F1关键技术的"全球原子时钟"是很难模仿的。

8.6　老牌数据库的反击

面对互联网厂商的大数据管理系统的冲击，老牌数据库厂商也受到一定的冲击，当然它们也用了各种各样的"黑科技"，来填补数据管理系统的空白。

Microsoft公司于2014年在NSDI上发布的论文FaRM，介绍了它们在内存数据库与远程直接存储器访问（Remote Direct Memory Access，RDMA）网络领域的研究成果，实现几倍于现有系统的性能。据说这个系统已经在Microsoft内部应用了。2015年它又使用基于RDMA的系统对关系数据库进行了加速，在SIGMOD 2016上发表了一篇新的论文"Accelerating Relational Databases by Leveraging Remote Memory and RDMA"。

目前集群中的内存总量不断增大，足够大部分应用使用，或者至少能够提供足够的内存缓冲，但是要想统一利用集群内存，物理机器之间的网络（TCP/IP网络）就成了瓶颈。传统上，分布式计算平台使用TCP/IP来构建分布式系统，但对于这种构建方式，网络通信是瓶颈。目前随着动态随机存储器（Dynamic Random Access Memory，DRAM）价格的下降，人们可以将所有数据放入内存以便快速访问而无须太多成本，因此人们基于RDMA技术构建了一个新的内存分布式计算平台FaRM。

FaRM将集群中各机器的内存抽象为一个共享的地址空间（见图8-11），并且提供分布式事务机制来简化编程，使得程序员可以不必关心对象在这个地址空间中的具体位置。FaRM的事务使用乐观并发控制和两阶段提交（Two Phase Commit，2PC），可以执行任何逻辑，如读、写、分配、释放对象等。FaRM还提供了无锁读和位置敏感两个机制来优化单机事务。实验表明，FaRM在键值存储上的性能表现，相比于用TCP/IP构建的分布式计算平台，在同一网络硬件上将延迟和吞吐量提高了大约一个数量级。

从原理上讲，使用RDMA进行数据传输，集群的所有机器中的内存组成了统一的地址空间。事务化的实

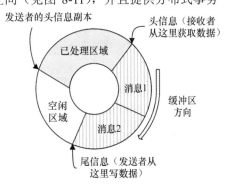

图8-11　RDMA消息的环形结构[15]

现，依赖于使用RDMA实现的两阶段提交协议，虽然RDMA减少了保持锁的时间，但是这个协议的性能依旧很差，所以通过两个手段提高性能，一是提供无锁的读，二是尽量将对象和对应的计算在一个机器中执行，将分布式事务替换为本地的事务。FaRM实现了以下关键技术：一是使用RDMA单边读写提供消息传递原语；二是数据和计算的共存，共享地址空间由多个大小为2GB的内存区域组成，每个内存区域是地址映射、数据恢复、RDMA注册到NIC的基本单元；三是提供可以和事务进行序列化的无锁读操作，在共享的地址空间上实现了一个通用的键值存储接口。

在RDMA的数据库领域，年轻的学者卡斯滕·宾尼希（Carsten Binnig）做了很多工作，Microsoft将这些研究内容应用到工业实践。同时上海交通大学的陈海波老师也在SOSP 2015 针对RDMA的事务处理发表了相关研究成果[16]。

另外一个值得介绍的是HANA。HANA不能说是老牌数据库，但作为企业级软件制造商，其也在数据库领域掀起一些波浪。首先介绍HANA的由来，然后展开叙述它的优劣势。HANA产生的背景有下面几点。一是硬件发展趋势，CPU多核成为发展趋势，并且核越来越多，内存容量越来越大，也越来越便宜。二是行业发展趋势，列式数据库、分布式数据库、数据仓库、数据挖掘等都已经发展得越来越成熟，大数据也正在蓬勃发展。三是SAP的战略发展，对于企业级管理软件，SAP无疑是这个领域的"执牛耳者"，从"R/3 时代"开始SAP所开发的基于C/S结构和关系数据库的企业管理软件获得了极大的成功。即使SAP近些年更多的是在开发基于浏览器的应用，但R/3 时代开始的后端架构并没有发生根本的变化。但这种架构现在显然碰到了不少问题，企业的数据越来越多，企业希望能更及时、更智能地分析数据。

在这些背景下产生的HANA具有不少特色。HANA是采用Share-Nothing架构的分布式数据

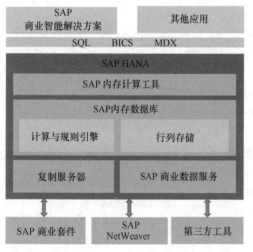

图 8-12　HANA系统架构

库，并且原生支持并行优化，如图 8-12 所示。这样的架构使得HANA能够充分利用多核、分布式集群处理大数据问题。这是HANA与现有主流商业数据库在架构上的不同之处，因为Oracle、Microsoft SQL Server等都未采用这样的架构。长远来讲，这将是HANA击败竞争对手的核心能力之一。大数据是行业发展的必然方向，数据本地化和数据级并行是大数据处理技术上的必然选择，而无共享的分布式架构恰恰就是数据本地化和数据级并行的设计。不过，目前这个阶段，这还不足以成为HANA的"必杀技"，因为Share-everything架构的数据库也可以处理现在企业面临的数据量。

HANA是个内存数据库，HANA的数据基本上都存储在内存里，数据操作不需要访问磁盘。内存的访问速度与磁盘完全不是一个数量级的，这使得HANA可以更快地处理数据。当然HANA也有优化，一些不经常访问的数据会存储到磁盘。HANA在宣传自己的时候，对内存数据库强调得比较多，但这并不是其最大的特色和能力。HANA同时具有行式数据库和列式数据库引擎，列式数据库本身并没有太多新颖之处，在业内也存在多年，但HANA颠覆了列式数据库的用途。因为HANA想用列式数据库来处理OLTP的问题，这就是现阶段HANA最大的"必杀技"之一，也是HANA在很多场合体现出高性能的基础。HANA内置了一些数据建模和数据分析的功能，甚至于把R深度集成了。SAP推荐在HANA上同时处理OLTP和OLAP的问题，并且也这么设计HANA。这一点是颠覆过去几十年企业级管理软件领域的思维的。SAP推荐在HANA上直接处理商业逻辑。这一点是完全反R/3 的架构的，因为R/3 架构里数据库只处理数据。但是，在大数据时代，要想数据处理得快，商业逻辑就得与数据存储绑定在一起，所以这个想法长远来看是对的。

通过以上介绍可以看出，从技术上来讲HANA似乎并没有完全独创的新技术。但HANA的独特之处在于把这些东西整合在一起，并定义一套新的企业级管理软件和数据库的架构模式，这使得HANA目前在行业内是相当独特的。Oracle发布的 12c In-Memory Database多少也有点儿向HANA看齐的意思，但这其实是Oracle的被动选择。

8.7 小结

大数据的兴起，使得Gray的时代变成了Lamport的时代。从单机性能以及事务可靠性来说，工业界更加关注廉价机器的可扩展集群上的数据管理系统，这也是大家常说的大数据与数据库的区别。数据库最大的特点是ACID特性，而大数据更注重可扩展性。因此，MPP用于增强数据库的可扩展性，而NewSQL用于增强大数据管理系统的事务性，两者开始趋向共同的认知：我们需要可扩展的事务性。

从数据库到大数据，再从大数据到云计算，数据管理系统的变革就是在其自身的生产力与其在工业界应用的生产关系之间的矛盾与互促中发展的（见图 8-13）。数据库的兴起源于其对数据管理系统的抽象与统一。数据库大大提高了数据管理的效率，尤其是对银行等事务处理或者数据分析场景尤其适合。但随着互联网的发展，海量数据的产生速度和规模是数据库难以承载的，需要大数据管理系统这样扩展性极强且容错性高的大规模分布式系统来管理互联网产生的大数据。计算机作为对人类科学进行系统化、标准化的有力工具，自然而然地催生了云计算。云计算是将各种计算和存储资源虚拟化，实现对应用透明的一种数据管理的模式，是对数据从产生存储到处理消费的整个流程的一个全链路过程的优化。所以，作为生产工具的数据管理系统，要不断地适应其应用场景的生产关系，才能保持其活力和价值。

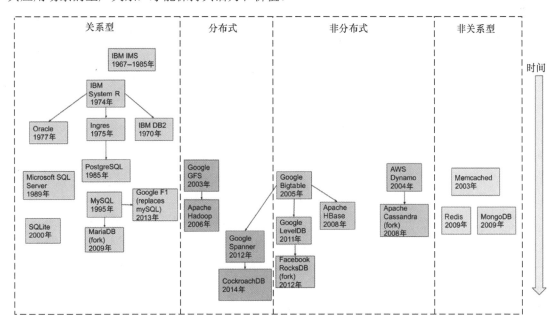

图 8-13　关系数据库与NoSQL系统发展脉络

8.8　参考资料

[1] David Dewitt等人于 2008 年发表的文章 "MapReduce: A Major Step Backwards"。

[2] Christopher Olston等人于 2008 年发表的论文 "Pig Latin: A Not-So-Foreign Language for Data Processing"。

[3] Ashish Thusoo等人于 2010 年发表的论文 "Hive—A Petabyte Scale Data Warehouse Using Hadoop"。

[4] Mike Stonebraker等人于 2010 年发表的论文 "MapReduce and parallel DBMSs: Friends or foes?"。

[5] Joe Hellerstein于 2001 年发表的文档 "We Lose"。

[6] Daniel Abadi等人于 2013 年发表的论文 "The Beckman Report on Database Research"。

[7] Apache_HAWQ官方网站HAWQ Architecture页面。

[8] John Meehan等人于 2015 年发表的论文 "S-Store: Streaming Meets Transaction Processing"。

[9] Mike Stonebraker等人于 2007 年发表的论文 "The End of an Architectural Era: It's Time or a Complete Rewrite"。

[10] Robert Kallman等人于 2008 年发表的论文 "H-Store: A High-Performance, Distributed Main Memory Transaction Processing System"。

[11] Biswapesh Chattopadhyay等人于 2011 年发表的论文 "Tenzing: A SQL Implemention On The MapReduce Framework"。

[12] James C. Corbett等人于 2012 年发表的论文 "Spanner: Google's Globally Distributed Database"。

[13] Jeff Shute等人于 2013 年发表的论文 "F1: A Distributed SQL Database That Scales"。

[14] Bart Samwel等人于 2018 年发表的论文 "F1 Query: Declarative Querying at Scale"。

[15] Aleksandar Dragojevic等人于 2014 年发表的论文 "FaRM: Fast Remote Memory"。

[16] Xinda Wei等人于 2015 年发表的论文 "Fast In-memory Transaction Processing Using RDMA and HTM"。

第9章

大数据管理系统——求同存异

时间到了这个节点，数据库挥之不散的一朵乌云再次飘来：One Size Fits All or Not？[1]即有没有一个统一的数据管理系统，可以解决所有的数据管理问题呢？从工业界到学术界，大家都开始往这个方向发力。

从数据管理系统"诞生"到现在，大家一直在通用数据库或者专用数据库之间摇摆不定。图 9-1 展示了数据库系统的发展脉络。

System R INGRES	OLTP DSS	OLTP Warehouse	OctopusDB BigDAWG	SageDB Peloton
20世纪70年代	1995年	2005年	21世纪10年代	21世纪20年代
20世纪80年代	20世纪90年代	21世纪00年代	21世纪10年代	21世纪20年代
Sybase Oracle Informix	Data Warehouse Business Intelligence	Hadoop Spark	Azure Cosmos DB Oracle Autonomous DB IBM Db2 AI DB Google Spanner	XuanYuan

图 9-1　数据库系统的发展脉络

20 世纪 70 年代，INGRES和System R开启了关系数据库，这类数据库主要面向OLTP，与此同时，商业数据库公司Oracle、Sybase、Infomix也走上发家竞争之路。1995 年，DC French提出OLTP类型的数据库不能满足决策支持系统（Decision Support System，DSS）[2]，现在看来主要是现在的OLAP类型的数据管理系统，而商业界的Teradata、Greenplum等也开始围绕OLAP避开OLTP开拓新的市场。2005 年，Stonebraker发文提出没有一个统一的系统可以满足所有数据管理的要求，当时是为了推广H-Store这个系统。后来大数据管理系统也渐渐崭露头角，开始与传统的关系数据库形成竞争的态势。2010 年左右，学术界开始有了OctopusDB和BigDAWG等尝试统一的数据库系统，大数据领域也从Hadoop走向了Cosmos DB和Spanner这种全球分布式数据库。到了 2020 年前后，学术界开始有了Peloton、SageDB这样采用机器学习和深度学习研究自组装、自调优的数据库系统，而工业界也提出AI数据库、自治数据库，又以AI为契机推广"大一统"的数据管理系统。就像在物理领域，人们一直在追求一个"大一统"的理论，既可以解释牛顿物理体系，又可以兼容量子物理理论。

9.1 Hadoop生态

Google公布了"三驾马车"的论文后，催生了一套开源生态系统Apache Hadoop[3]。Hadoop日益壮大，各家公司也基于这套开源生态系统构建自己的Hadoop平台。目前，官网介绍的Hadoop的主要组件包括存储系统HDFS、计算系统MapReduce和资源调度系统YARN，以及公共组件Hadoop Common和对象存储系统Ozone。

图9-2所示为小米公司CEO雷军发表的论文[4]中关于构建的小米公司的大数据平台。其中包括数据存储平台HDFS，计算引擎包括批处理MapReduce、流处理Storm、结构化存储HBase、SQL处理Hive，集群资源管理采用YARN，部署和监控采用Minos，外部应用服务数据通过Scribe进入数据处理平台。整个平台包括数据存储、计算、控制、输入和输出等主要组件。

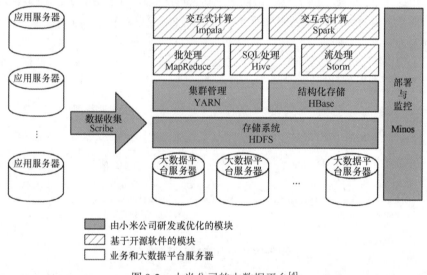

图9-2 小米公司的大数据平台[4]

大规模数据的收集和处理是近年的研究热点，对此，业界已经提出了若干平台级的设计方案——大量使用开源软件作为数据收集和处理组件。然而，要真正满足企业应用中海量数据存储、多样化业务处理、跨业务分析、跨环境部署等复杂需求，需设计具有完整性和通用性、支持整个数据生命周期管理的大数据平台，并且需对开源软件进行大量的功能开发、定制和改进。从行业应用和实践出发，小米公司在深入研究现有平台的基础上，提出了一种新的基于开源生态系统的大数据收集与处理平台，在负载均衡、故障恢复、数据压缩、多维调度等方面进行了大量优化，同时发现并弥补了现有开源软件在数据收集、存储、处理以及软件一致性、可用性和效率等方面的缺陷。该平台已经在小米公司成功部署，为小米公司各个业务线的数据收集和处理提供支撑。

其实很多公司基于Hadoop生态圈构建大数据平台，这种方式既经济、高效，又可降低自己研发新系统的成本，尤其适合互联网公司。

9.2 BDAS平台

围绕Spark，UCB的AMPLab逐渐搭建起自己的大数据分析系统平台BDAS[5]（见图9-3）。这套系统从最开始的RDD模型和基于DAG的计算引擎的Spark Core开始，兼容了HDFS存储，又提供了SparkSQL作为结构化编程语言。后来AMPLab接连研发了内存共享存储系统Alluxio和压缩存储系统Succinct、流处理系统Spark Streaming、图处理系统GraphX和深度学习系统MLlib等，以及资源调度管理系统Mesos和机器学习流程管理系统的ML Pipeline，并在此基础上构建了智能建筑等应用。

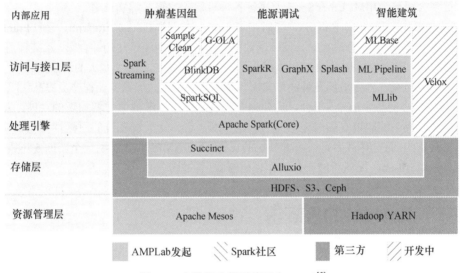

图9-3 大数据分析系统平台BDAS[5]

在整个技术栈中，最下层是资源管理层，采用的是众多大数据技术从业者都了解的两个技术：AMPLab主导开发的Mesos和Hadoop社区的YARN，二者各有其优缺点，这里不赘述。资源管理层的上面是存储层，包括HDFS、S3、Ceph等技术，也都广为人知，BDAS上也都是用这些广为人知的分布式文件系统来解决存储问题的。基于分布式文件系统，AMPLab设计了分布式内存共享存储系统Alluxio（以前叫作Tachyon）。对于Alluxio，国内的大数据技术从业者都已经有了基本的了解，百度公司用Alluxio取得了非常不错的性能的提升，TalkingData公司也在进行测试，其他公司也将其用在自己的技术栈中。Succinct对于很多人可能比较陌生，它是AMPLab对于压缩的数据进行高效检索的一套开源的解决方案，基本的出发点是用压缩的后缀树来存储数据以达到高效的压缩存储和检索效率。

技术栈的处理引擎是Spark Core，对此不用做更多的介绍，国内关于Spark的文章已经数不胜数，关于RDD的技术原理基本上是面试必备的。在Spark技术栈的访问与接口层中，Spark SQL是Spark社区这些年讨论的重点，相关的技术资料也很多，包括DataFrame、DataSet等相关概念逐渐深入人心。Spark Streaming一直受人诟病，在Spark 2.3中，Spark Streaming有了很大的改进，增加了Structured

Streaming支持。BlinkDB的出发点是用采样方式实现大数据的处理，不过似乎并不活跃，一直没有太大的变化。GraphX则是Spark上的图算法包，现在也有越来越多的人在关注图的算法，甚至研发专用的图数据库。Splash是Spark上的一个对随机学习算法进行并行计算的框架，支持随机梯度下降（Stochasic Gradient Descent，SGD）、随机双坐标上升（Stochastic Dual Coordinate Ascent，SDCA）等。

SampleClean是配合AMP CrowdDB进行数据清洗的开源套件。Spark R不用过多介绍，用于支持在Spark上运行R。Velox是AMPLab正在开发的支持实时个性化预测的一套模型系统，Michael Franklin对Velox做了重点的介绍，可见它非常受重视。从源代码的描述看，它支持实时个性化预测，与Spark和KeystoneML做了集成，并且支持离线批处理和在线模型训练。KeystoneML是AMPLab为了简化构造机器学习流水线而开发的一套系统。通过KeystoneML，可以方便地定义机器学习算法的流水线，并且方便地在Spark上进行并行化处理。MLLib不需要赘述，它是Spark上的机器学习算法库，很多公司已经用MLLib在Spark上进行各种机器学习算法的实践。

Spark的主要作者是Matei Zaharia，当时AMPLab的主任是Michael Franklin，现在Franklin已经去了美国密歇根大学。我曾有幸在第八届中国数据库大会上与他闲聊几句并合影，从某种角度上说，他也是我的师兄。李沐曾经在一篇文章中谈过，Spark的迅速走红，除了强大的科研能力，也离不开Franklin的运作和推动（他曾组织各种线下交流和专题研讨，同时雇佣专业程序员提高代码质量）。

以Spark为核心的整个BDAS平台，后期也在研发过程中逐渐抽象并增加新的功能，将这些功能作为独立模块或系统，最终形成完整的大数据管理平台。这一套系统的原创性可以说非常高，毕竟是UCB搭建的，而且其背后有很多大公司的支持。现在AMPLab开启了一个新的5年研究计划，并将其命名为RISELab，很多新的研究工作也值得我们关注。

9.3 AsterixDB系统

追溯历史，我们需要重新审视大数据管理系统应该是什么样子的。2013年，Carey主导的AsterixDB[6]提出大数据管理系统的概念，从理念上开始摒弃数据库和大数据的概念限制，要设计实现一套分布式、可扩展、一致性的数据管理系统，实现"One Size Fits A Bunch"的设计理念。

这个系统有一套完整的理论体系，从基于DAG的分布式Hyracks[7]计算引擎，到基于LSM Tree（Log Structure Merge Tree）的存储引擎，再到通用编译层框架Algebricks[8]，以及基于Data Feed的输入和输出系统BAD[9]。每个功能组件既相互独立，又可以耦合成一套完整的系统，还具有通用性。这个大数据管理系统的特点（One Size Fits A Bunch），恰好与Stonebraker的"One Size Doesn't Fit All"理念相辅相成。

如图9-4所示，AsterixDB是一个DBMS，具有丰富的功能集，使其有别于其他大数据管理系统。

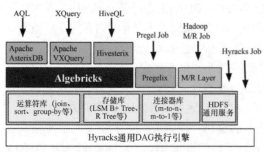

图9-4 AsterixDB架构[10]

其功能集使其非常适合现代需求，如Web数据仓库、社交数据存储和分析。AsterixDB具有以下特性：

- 数据模型：通过扩展具有对象数据库概念的JSON实现的半结构化NoSQL样式的数据模型ADM。
- 查询语言：支持两种表达性和声明性的查询语言SQL++和ArangoDB查询语言（ArangoDB Query Language，AQL），支持对半结构化数据进行广泛的查询和分析。
- 可伸缩性：并行运行时查询执行引擎Apache Hyracks已在1000多个内核和500多个磁盘上进行了规模测试。
- 本机存储：支持基于LSM的分区数据存储和索引，以高效引入和管理半结构化数据。
- 外部存储：支持对外部存储数据（如HDFS中的数据）以及AsterixDB本机存储数据的查询和访问。
- 数据类型：一组丰富的基元数据类型，包括除整数、浮点和文本数据之外的空间和时间数据。
- 索引：包含B+ Tree、R Tree和倒排索引（包括精确和模糊）类型的辅助索引选项。
- 交易：类似于NoSQL存储的基本事务（并发和恢复）功能。

从功能上看，AsterixDB既有数据库的特点又有大数据管理系统的特点，似乎是所有功能的融合，而且本身并没有创新性，在实践中貌似也并不是很有名气。这种感觉也是我当时刚开始和Carey一起做这个项目时很大的疑惑，这个疑惑在后来不断熟悉的过程中以及后来的工作中逐渐解开。首先，即使是设计并实现这样一套看起来没什么创新又没什么名气的系统也是不容易的，没有扎实的数据库专业知识是做不到的。在当时我和Carey每周的例会上，我被Carey的专业知识和架构设计能力深深折服，那时我才意识到他是一位美国工程院院士。其次，按照Carey的设计哲学，这套系统最大的特点之一是One Size Fits A Bunch，他希望通过一套完整的系统，解决一类数据管理问题。即这套系统能够解决从数据输入和输出到存储、计算、分析等所有问题，不需要其他工具支撑，这个设计哲学贯穿整个系统。同时，每个模块的独立性和耦合性的结合又非常的合理，这与Spark的BDAS不同，后者是从实践中逐步抽象从而形成一套完整的平台，而AsterixDB在设计之初就意识到这一点，并一以贯之。再次，这套系统的很多技术理念都是很先进的，只是没有及时在圈内形成影响力。我记得一次斯坦福大学的Hector Garcia-Molina来访，问Carey关于AsterixDB的进展，他们聊了一些相关的历史。AsterixDB最开始做基于DAG的计算引擎是在2012年左右，也就是Franklin在做基于RDD的Spark系统之前，只是后者成长太快，成名太早。此外编译层Algebricks的抽象和输入输出的功能BAD项目，到现在都是比较前沿的技术和理念。最后，从这套系统中，我学到非常多的数据管理系统的设计与实践的知识，在后续的工作中才意识到这些经验和知识的宝贵。

现在看来，AsterixDB的研究意义更多一些，虽然当时和CouchBase有合作，Spark也支持AsterixDB作为持久化存储引擎，但是，其在商业界一直"平平无奇"，没有得到广泛应用。美国的大学其实很注重理论研究与工业实践的结合，但是要实现Spark那样的工业流行度，很多时候还是需要"天时地利人和"。天时：Spark正值Hadoop流行很久，弊端逐渐显现，需要一套系统来满足当时实时分析的要求之际。地利：Spark诞生于UCB，即美国创业公司的摇篮地带。人和：Franklin的学术推广和商业运作确实起到了关键作用。而AsterixDB一开始就要做一个完整的、端到端的大数据管理系统，错过了很多及时推出研究成果的黄金时机。而加利福尼亚大学尔湾分校所在的尔湾是一个距离洛杉矶约一个小时车程的富人区，生活节奏慢，没有很好的商业氛围。最后，Carey本人的学术气质非常强，之所以从工业界转回学术界，可能是因为想踏踏实实做一些学术研究吧。

9.4   Apache Beam框架

Google贡献了Dataflow（已更名为Apache Beam）[11]，旨在统一批处理和流处理不同的处理模型，Dataflow是一种编程语言，也是一套处理流程，还拥有自己的数据模型来统一异构数据。Google似乎想从开发人员入手，通过编程语言来统一数据管理系统，就像后来的TensorFlow，更多的使用对象是应用开发人员。

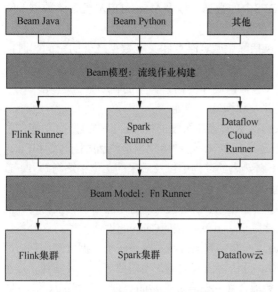

图 9-5   Apache Beam架构[11]

Apache Beam是Google在 2016 年 2 月贡献给Apache基金会的Apache孵化项目，被认为是继MapReduce、GFS和BigQuery等之后，Google在大数据处理领域对开源社区的又一个非常大的贡献。Apache Beam的主要目标是统一批处理和流处理的编程范式，为无限、乱序、互联网规模的数据集处理提供简单、灵活、功能丰富以及表达能力十分强大的SDK。

如图 9-5 所示，Apache Beam旨在规范大数据处理的编程范式，提供简易接口，统一批处理和流处理，本身并不涉及执行引擎的具体实现，而是希望基于Beam模型的数据处理流程可以在任意的分布式计算引擎上执行。Beam处理的是无限乱序的数据流，主要解决用户处理的数据的"What Where When How"问题。Beam

提供的框架中主要包括编程接口SDK、Pipeline模型和Fn Runner模型。用户将编程接口提交的作业通过Pipeline下发给具体的执行引擎，执行引擎通过Fn Runner在具体的计算集群上执行。

新的分布式处理框架可能带来更高的性能、更强大的功能、更低的延迟等，但用户切换到新的分布式处理框架的代价也非常大：需要学习一个新的数据处理框架，并重写所有的业务逻辑。解决这个问题的思路包括两个部分，首先，需要一个编程范式，能够统一并规范分布式数据处理的需求，如统一批处理和流处理的需求；其次，生成的分布式数据处理任务应该能够在各个分布式执行引擎上执行，用户可以自由切换分布式数据处理任务的执行引擎与执行环境。Apache Beam正是为了解决以上问题而被提出的。

Apache Beam的Beam模型对无限、乱序数据流的数据处理进行了非常优雅的抽象，从 4 个维度（What、Where、When、How）对数据处理进行描述，非常清晰与合理。Beam模型在统一了对无限数据流和有限数据集的处理模式的同时，也明确了对无限数据流的数据处理方式的编程范式，扩大了流处理系统可应用的业务范围，例如，Event-Time和Session窗口的支持，乱序数据的处理支持等。Apache Flink、Apache Spark Streaming等项目的API设计均越来越多地借鉴或参考了Apache Beam模型，且作为Beam Runner的实现，与Beam SDK的兼容度也越来越高。

虽然Beam在设计上希望支持所有执行引擎，但是这在实际实现中并不是易事。如基于MapReduce

的Runner很难实现与流处理相关的特性。因此，目前来看，除了Google自家的Dataflow，Beam支持的最完善的开源引擎是Flink和Spark。由此可见，设计一套合理的框架来兼容更多的执行引擎需要更多的思考和实践。

从系统设计理念上，这是一个很好的入口，来统一上层应用并提供给开发人员，但是实际上，Apache Beam并没有像当时宣称的那样完成所有底层的执行引擎的适配。当然，通过开源吸引更多的开发者来一起完成不同的适配是一种很好的方式，但貌似开发者并不买账。可能是这种上层统一、下层松耦合的系统，在实际应用中反而不如针对特定问题的、功能有限的紧耦合系统。或者是当时这个项目没有运作好，不受重视，导致并没有像TensorFlow那样流行。

9.5　SnappyData模型

SnappyData[12]诞生的背景是，当时没有一个可以同时满足OLTP、OLAP和Streaming Processing的统一模型。当时比较流行的处理方式有SQL on Hadoop、SQL on Streaming、HTAP系统、Lambda架构等，但这些方式却存在不同的缺点。SQL on Hadoop主要面向离线的OLAP分析，缺点是不支持实时、不支持事务、不支持高效的点查、不支持高并发等。SQL on Streaming系统无法高效处理复杂的OLAP查询，也无法高效同时处理实时和历史数据。HTAP系统可以同时支持OLTP和OLAP，但是需要依赖外部系统（如Storm、Kafka、Confluent等）进行流处理。Lambda架构虽然可以满足流处理、OLTP查询和OLAP查询这 3 个需求，但是用户需要熟悉多个系统的原理、概念、API、模型，开发成本较高，开发效率较低，且平台维护多个系统的成本高；同时数据需要存储多份，数据同步有延迟，数据流较长，数据格式需要多次转换，多个系统间数据的一致性难以保证。SnappyData旨在统一HTAP，希望这个系统能比现有解决方案有更好的性能、更少的资源和更低的复杂度。

SnappyData是一个基于Spark+GemFire实现的、可以同时满足OLTP + OLAP + 流处理需求的分布式内存数据管理系统，如图 9-6 所示。Spark是一个高效的分布式计算引擎，GemFire是一个低延迟、高可用、支持事务、面向行式存储、分布式的键值内存数据库。Spark的设计目标是高吞吐，GemFire的设计目标是低延迟。要将Spark和GemFire整合来同时满足HTAP的需求，显然会有不少挑战。SnappyData中的OLTP功能是通过GemFire实现的，SnappyData中的OLAP功能是通过Spark和列式存储实现的，SnappyData中的流处理是通过Spark Streaming实现的，并且优化了流处理的OLAP能力。

SnappyData将GemFire整合进Spark，GemFire让SnappyData可以实现低延迟、细粒度、高并发的OLTP操作。因此，项目的维护和瓶颈主要受Spark和GemFire的影响。SnappyData "踩" 在Apache Spark和GemFire两个 "巨人的肩膀" 上，研发周期大幅缩短，快速实现了复杂度极高的HTAP目标。

类似这种思路的还有Procella[13]，其是YouTube内部的一套SQL查询系统，除了最基本的大数据查询能力，还有很多特色功能，如原生支持Lambda架构、对简单统计查询的优化等，在YouTube内部用来统一在线服务和批处理服务。BatchDB[14]是数据库引擎的另一个设计，它能处理混合负载（OLAP和OLTP）并保证性能、数据新鲜度、一致性和弹性。为了使用OLAP和OLTP，BatchDB主要依赖于副本（专用于OLTP负载的主副本和专用于OLAP负载的从副本），这是为了性能隔离而进行的空间上的权衡。这样就能针对不同负载在所对应的副本上进行优化，也做到了针对不同负载在资源上的物理隔离。

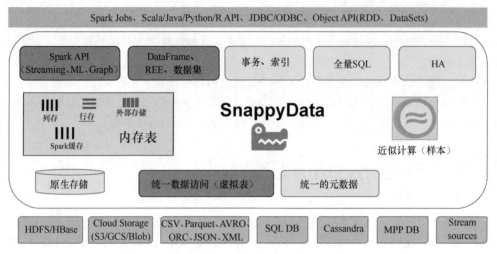

图 9-6　SnappyData的主要组件[12]

像SnappyData这样支持HTAP的系统越来越多。不少厂家都想做一套既支持OLAP又支持OLTP的系统，这样可以占领更多的市场。但这其实是一个伪需求，不如专心做好OLTP或者OLAP系统，用不同的产品来占领不同的市场。

9.6　SageDB愿景

SageDB是MIT的实验室CSAIL的蒂姆·克拉斯卡（Tim Kraska）牵头做的一个项目，旨在通过机器学习的方式生成一套数据管理系统，构建新一代数据库，可以说这与上面介绍的几种数据库的构建方式完全不同。其中，索引和排序算法通过CDF的方式实现，其他如作业调度等，也通过各种不同的机器学习的方式实现。

如图 9-7 所示，SageDB的核心思想是构建一个或多个关于数据和工作负载分布的模型，并基于这些模型自动为数据库系统的所有组件构建最佳数据结构和算法。我们称这种方式为"自适应数据库合成"（Adaptive Database Synthesis），它将使我们能够通过专门配置的数据库组件生成用于特定数据库系统、查询工作负载、执行环境的一套完整系统来实现前所未有的性能。

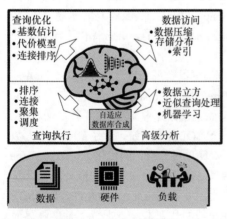

图 9-7　SageDB全景[15]

在缺乏在线学习和自适应的情况下，数据库系统设计出于通用的目的，没有充分利用工作负载和手头数据的特定特征。SageDB则是通过学习数据和工作负载的分布来缩小与专用解决方案之间的差距的。考虑一种极端情况：使用连续整数键来存储和查询固定长度的记录。这种情况下使用传统索引没有任何意义，因为连续整数键本身可以用作偏移量。自己写一个程序将100MB的整数加载到一个数组中，并在一个范围内求和，运行时间约为300毫秒。在Postgres中执行相同的操作大约需要150秒，出于通用目的的设计多花了约 500 倍的时间。论文作者认为，我们可以利用精确数据分布模型优化数据库使用的绝大多数算法或数据结构。这些优化有时甚至可以改变某些数据处理算法的时间复杂度，这样一来，数据分布以（学习的）模型的形式出现。有了这样的模型，论文作者认为我们可以自动形成索引结构，完成排序和连接算法甚至整个查询优化器，并利用数据分布模型来提高性能。

SageDB采用全新的方式，其设计理念是通过机器学习的方式构建一套数据管理系统，这样的设计理念与Tim的研究背景有关。我之前在清华大学听蒂姆·克拉斯卡（Tim Kraska）报告SageDB时，发现他确实是个学术新星，有成为"大牛"的潜质。Tim在UCB跟随Mike Franklin教授做过一段时间的博士后，从事的就是机器学习系统相关的工作，后来就一直将研究方向集中在ML for System和System for ML。SageDB就属于ML for System的工作内容之一，研究如何将机器学习应用在系统构建方面。如图 9-8 所示，SageDB是将传统数据库的每一个模块、算法或者数据结构，通过机器学习的方式生成，最终在此基础上生成一个数据管理系统。在系统中，SageDB的索引、查询执行、负载调度等数据库核心的功能都得到了研究，并取得了不错的成果，但离一个完整的SageDB自合成数据库系统还有一段距离。

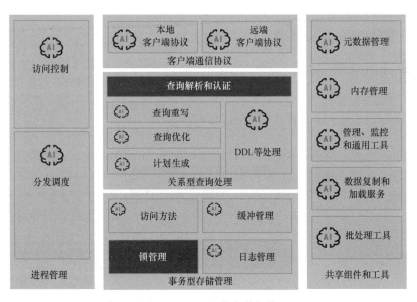

图 9-8　SageDB的完整架构

与此同时，哈佛（Harvard）大学的DASLab的斯特拉托斯·伊德瑞斯（Stratos Idreos）教授与Tim Kraska合作在SIGMOD 2019上做了Tutorial[16]报告，探讨数据库自动生成学习相关的技术。由此看来，通过机器学习的方式来重新定义数据库架构成为新的热点。

9.7   ShardingSphere项目

分布式数据库中间件生态圈ShardingSphere是由分布式数据库中间件解决方案Sharding-JDBC、Sharding-Proxy和Sharding-Sidecar组成的，它们均提供了标准化的数据分片、分布式事务和数据库治理功能，适用于Java同构、异构语言，容器、云原生等各式各样的应用场景。

ShardingSphere的初衷是，充分、合理地在分布式的场景下利用关系数据库的计算能力和存储能力，而非实现一个全新的数据库。ShardingSphere遵循的理念是，通过观察不常发生改变的事务来获取其本质。如今，关系数据库依然占有巨大的市场份额，是各个公司核心业务的基石，未来也难以被撼动。ShardingSphere目前的关注点是在原有基础上扩展功能，而非完全颠覆传统数据库的功能。Sharding-JDBC、Sharding-Proxy和Sharding-Sidecar三大组件介绍如下。

（1）Sharding-JDBC

Sharding-JDBC（见图 9-9）定位为轻量级Java框架，在Java的JDBC层提供额外服务。它使用客户端直连数据库，以Jar包形式提供服务，无须额外部署和依赖，可理解为增强版的JDBC驱动，完全兼容JDBC和各种ORM框架。

（2）Sharding-Proxy

Sharding-Proxy（见图 9-10）定位为透明化的数据库代理端，提供封装了数据库二进制协议的服务端版本，用于完成对异构语言的支持。目前提供MySQL版本，它可以使用任何兼容MySQL协议的客户端（如MySQL客户端和MySQL工作台等）操作数据，对DBA更加友好。

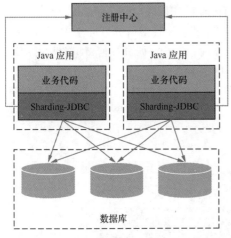

图 9-9   Sharding-JDBC[17]

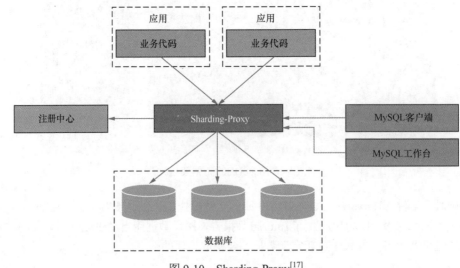

图 9-10   Sharding-Proxy[17]

（3）Sharding-Sidecar

Sharding-Sidecar（见图 9-11）定位为Kubernetes或Mesos的云原生数据库代理，以DaemonSet的形式代理所有对数据库的访问，通过无中心、零侵入的方案提供与数据库交互的啮合层，即数据网格（Database Mesh）。

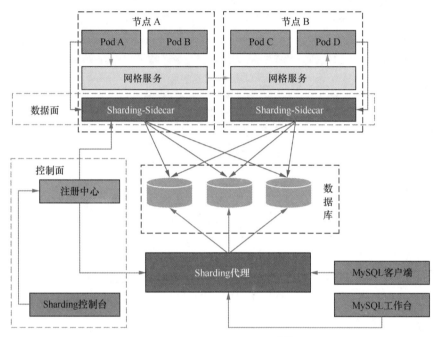

图 9-11 Sharding-Sidecar[17]

此外，Orchestration定位为ShardingSphere平台的分布式治理模块，主要包括如下几个子模块。

- ❑ 配置中心（ConfigCenter）：管理系统需要的配置参数信息。
- ❑ 注册中心（RegistryCenter）：管理系统的服务注册、提供发现和协调能力。
- ❑ 元数据中心（MetadataCenter）：管理各个节点使用的元数据信息。
- ❑ 熔断组件（CircuitBreak）：在sharding-jdbc-orchestration模块，实现某个库实例的禁用或者某个节点访问的熔断功能。
- ❑ 性能监控（APM Integration）：在sharding-opentracing模块，实现与APM集成的功能。
- ❑ 数据脱敏（Data Masking）：在encrypt-core模块，提供敏感数据加密输出的功能。
- ❑ 影子表（Shadow Table）：在shadow-core模块，针对某些指定表，提供影子表的功能。

系统抽象出CenterRepository（见图 9-12）的概念，把需要整合基座的功能适配到此接口，并提供几个关键功能即可：从基座按照Key获取配置数据的功能，如getChildren方法；通过基座持久化数据的关键功能，如persist方法；对应数据变更时的通知功能，如watch方法。这个项目的设计理念：我们不创造新的数据管理系统，我们只做数据管理系统的管理工。

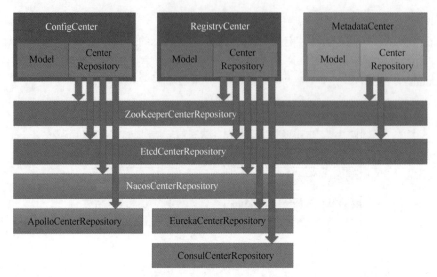

图 9-12   CenterRepository[17]

ShardSphere从不同层面对数据库进行Sharding来实现分布式数据管理系统,如果真要刨根问底,现在的分布式数据库和NewSQL系统相比于Sharding的方式有什么本质区别呢?从应用开发用户层面,使用方式会有不同,但是底层的操作对上层都是透明的,用户是无法感知的。比较有名的CitusDB,不也是一个Sharding类型的数据库吗?这个问题可以从Andy Pavlo的*What's Really New with NewSQL*里找到一些启发。现在看来,主要区别在于:是不同的抽象层面的分布式支撑,是系统内核原生支撑,还是上层或者中间层的分布式化。

9.8   小结

大数据管理系统从开始的偏重某一方面的特性实现相应的执行引擎,到后来逐渐形成各自的、完整的生态系统,大数据管理系统越来越完善,也慢慢走向平台化和统一化。从系统平台的耦合性上看,基于Hadoop搭建的平台、Apache Beam、基于Spark的BDAS和AsterixDB由强到弱;从系统平台的原创和难度上看,基于Hadoop搭建的平台、Apache Beam、AsterixDB和基于Spark的BDAS由易到难。多模型数据库从某种意义上说实现的也是统一的数据管理系统,从实现层次上说针对性各有不同,有的支持多存储引擎,有的支持多计算引擎,赫尔辛基大学的通用数据库管理系统（Universal Database Management System，UDBMS）在这方面有一定的研究基础[18]。工业界似乎更看重系统平台的松耦合,实现上也更加偏向对工程实用;而学术界更重视系统平台的完整性和创造性。不难发现,最合理的方案是找到平衡点,减小从头开发（存储、计算和控制）引擎的代价,避免非人工搭建的松耦合的"胶粘"系统。

这种求同存异的大数据管理系统的未来是什么样子的?是像AsterixDB一样在更加精细化的架构下设计更加通用的模块,还是通过AI组装技术自动生成的SageDB?是"一切皆可上云"的虚拟化数据管理系统,还是像AnyDB一样更加具有弹性、可伸缩的无架构数据管理系统[19]?在后文我们会进一步展开探讨。

9.9 参考资料

[1] Michael Stonebraker等人于 2005 年发表的论文"One Size Fits All: An Idea Whose Time Has Come and Gone"。

[2] Clark D. French于 1995 年发表的论文"One Size Fits All: Database Architectures Do Not Work for DSS"。

[3] Hadoop官方网站。

[4] 雷军等人于 2017 年发表的论文"基于开源生态系统的大数据平台研究,计算机研究与发展"。

[5] Amplab官方网站SOFTWARE页面。

[6] Apache AsterixDB官方网站。

[7] Vinayak Borkar等人于 2011 年发表的论文"Hyracks: A Flexible and Extensible Foundation for Data-Intensive Computing"。

[8] Vinayak Borkar等人于 2015 年发表的论文"Algebricks: A Data Model-Agnostic Compiler Backend for Big Data Languages"。

[9] Steven Jacobs等人于 2017 年发表的论文"A BAD Demonstration: Towards Big Active Data"。

[10] Sattam Alsubaiee等人于 2014 年发表的论文"AsterixDB: A Scalable, Open Source BDMS"。

[11] Apache Beam官方网站。

[12] GitHub网站中的Snappydata仓库。

[13] Biswapesh Chattopadhyay等人于 2019 年发表的论文"Procella: Unifying Serving and Analytical Data at YouTube"。

[14] Darko Makreshanski等人于 2017 年发表的论文"BatchDB: Efficient Isolated Execution of Hybrid OLTP+OLAP Workloads for Interactive Applications"。

[15] Tim Kraska等人于 2019 年发表的论文"SageDB: A Learned Database System"。

[16] Stratos Idreos等人于 2019 年发表的论文"From Auto-tuning One Size Fits All to Self-designed and Learned Data-intensive Systems"。

[17] ShardingSphere官方网站。

[18] Jiaheng Lu等人于 2018 年发表的论文"UDBMS: Road to Unification for Multi-model Data Management"。

[19] Tiemo Bang等人于 2021 年发表的论文"AnyDB: An Architecture-less DBMS for Any Workload"。

第10章

新型数据管理系统——百花齐放

人们似乎又回到了Bachman的时代，各家公司根据自己的需求设计并实现相应的大数据管理系统。数据导入和导出工具Kafka、数据流处理工具Storm、分布式协调框架ZooKeeper、分布式深度学习框架Caffe都已经不再受大数据或者数据库的枷锁限制，各大厂商根据自己的实际业务需求或者内部基础平台的要求，研发各种类型的数据管理系统，从输入和输出到自动化的处理系统。经过大数据的"洗礼"，分布式数据管理系统迎来了"百花齐放"的时代。

10.1　大数据输入和输出

消息系统的发展经历了从Java消息服务（Java Message Service，JMS）以及各种消息队列（Message Queue，MQ）到Kafka的实时管道时代，再到流数据平台。消息系统作为一个基础构建，通常用来连接不同的系统、服务、设备等，实现应用的异步和解耦，如ActiveMQ、RabbitMQ。Kafka是LinkedIn在2010年左右研发的分布式消息系统，当时需要一个集中式的数据管道，通过这个管道打通不同业务生成的实时数据，来解决原有消息系统数据消费不及时被丢弃和可扩展性不足的问题。物联网等的兴起推进了流数据平台化的发展，催生了Storm、Flink等，促进了计算框架的批流一体化。动态数据与静态数据只是数据的不同表征方式。Storm、Flink与其说是实时计算平台，不如说是消息系统。

Apache Pulsar[1]是Yahoo在2012年左右启动的项目，设计之初就考虑了计算与存储分离、层分片、I/O隔离、多租户管理、消息持久化等已有消息系统的不足。计算、存储、管控上的设计，都用于提高数据管理系统的吞吐量。

几十年前，消息队列开始兴起，它用于连接大型机和服务器应用程序，并逐渐在企业的服务总线与事件总线设计模式、应用间的路由和数据迁移中发挥至关重要的作用。自此，应用程序架构和数据角色经历了重大变化，例如，面向服务的架构、流处理、微服务、容器化、云服务和边缘计算，这些只是诸多变化中的冰山一角。这些变化创造了大量的新需求，这些新需求远远超出了原有消息队列的技术能力。

现代应用对消息解决方案的要求不仅有主动连接、移动数据，还要在持续增长的服务和应用中智能处理、分析和传输数据，并且在规模持续扩大的情况下不增加运营负担。为了满足上述要求，新一代的消息传递和数据处理解决方案Apache Pulsar应运而生。Apache Pulsar起初作为消息整合平台在Yahoo内部开发、部署，为Yahoo Finance、Yahoo Mail和Flickr等Yahoo内部关键应用连接数据。2016年，Yahoo把Pulsar开源并捐给Apache软件基金会，2018年9月，Pulsar成为Apache软件基金会的顶级项目，逐渐从单一的消息系统演化成集消息、存储和函数式轻量化计算的流数据平台。

Pulsar的设计是为了方便和现有的Kafka集成，同时方便开发人员将其连接到应用程序。Pulsar最初就是为连接Kafka构建的，Pulsar提供和Kafka兼容的API，无须更改代码，只要使用Pulsar客户端库重新编译，现有应用程序即可连接到Kafka。Pulsar还提供内置的Kafka连接器，可以消费Kafka话题的数据或将数据发布到Kafka话题。

系统架构是软件最底层的设计决策，一旦实施，就很难改变。架构决定了软件的特性。Apache Pulsar在功能上有很多优势，如统一的消费模型、多租户、高可用性等，但最重要的优势还是Apache Pulsar的系统架构。Apache Pulsar的系统架构与其他消息传递解决方案（包括Apache Kafka）的系统架构有着本质区别，Pulsar从设计时就采用了分层分片式的架构，以提供更好的性能、更高的可扩展性和灵活性。

现实生活中的消息系统有很多，Yahoo为什么要研发自己的消息系统呢？因为已有的消息系统无法解决Yahoo遇到的问题，Yahoo需要多租户，能够支撑上百万的话题，同时满足低延迟、持久化和跨地域复制要求。而现有的消息系统存在如下诸多问题：分区模型紧耦合存储和计算，不是云原生（Cloud Native）的设计；存储模型过于简单，对文件系统依赖太强；I/O不隔离，消费者在清除Backlog时会影响其他生产者和消费者；运维复杂，替换机器、服务扩容需重新均衡数据等。于是，Yahoo内部决定开始研发Pulsar来解决消息队列的扩展性问题，而解决扩展性问题的核心思路是数据分片。下面我们从技术角度来详细解析Apache Pulsar的架构。

如图10-1所示，Pulsar集群主要由三部分组成：Broker集群、Bookie集群以及用于协调配置管理的ZooKeeper集群。Broker组件用于接收、保存和传递消息。Bookie是Apache BookKeeper服务器，为Pulsar提供持久性的存储，一直到消息被消费掉。因为Pulsar使用BookKeeper作为流式存储组件，所以它对外提供了一组流式Reader API来读取底层的日志，应用程序可以调用这组API从任意位置开始消费消息。

Pulsar架构中的数据服务和数据存储是单独的两层：数据服务层由无状态的Broker节点组成，而数据存储层由Bookie节点组成。从数据库到消息系统，大多数分布式系统采用了数据服务和数据存储共存于同一节点的方法。这种设计减少了网络上的数据传输，可以提供更简单的基础架构并具有性能上的优势，但其在系统可扩展性和高可用性上会大打折扣。这种存储和计算分离的架构给Pulsar带来了很多优势。首先，在Pulsar这种分层架构中，服务层和存储层都能够独立扩展，可以提供灵活的弹性扩容。特别是在弹性环境（如云和容器）中能够自动扩容或缩容，并动态适应流量的峰值。并且，Pulsar这种分层架构显著降低了集群扩展和升级的复杂性，提高了系统可用性和可管理性。此外，这种设计对容器是非常友好的，这使Pulsar成了流原生平台的理想选择。

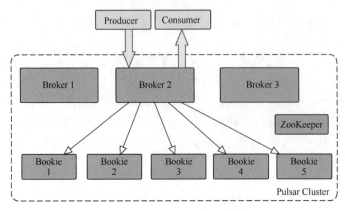

图 10-1　Apache Pulsar架构[1]

　　Pulsar系统架构的优势也包括Pulsar分片存储数据的方式。Pulsar将主题分区按照更小的分片粒度来存储，然后将这些分片均匀打散分布在存储层的Bookie节点上。这种以分片为中心的数据存储方式，将主题分区作为一个逻辑概念，分为多个较小的分片，并均匀分布和存储在存储层中。Pulsar架构中的每层都可以单独设置大小，进行扩展和配置。根据其在不同服务中所起的不同的作用，可灵活配置集群。对于需要长时间保留的用户数据，无须重新配置Broker，只需调整存储层的大小。如果要增加处理资源，不用重新强制配置存储层，只需扩展处理层。此外，可根据每层的需求优化硬件或容器配置选择，即根据存储优化存储节点，根据内存优化服务节点，根据计算资源优化处理节点。

　　批处理对有界的数据进行处理，通常数据以文件的形式存储在HDFS等分布式文件系统中。流处理将数据看作源源不断的流，流处理系统以发布/订阅方式消费流数据。当前的大数据处理框架（如Spark、Flink等）在API层和执行层正在逐步融合批作业和流作业的提交与执行，而Pulsar由于可以存储无限的流数据，是极佳的统一数据存储平台。Pulsar还可以与其他数据处理引擎（如Apache Spark或Apache Flink）进行类似集成，作为批流一体的数据存储平台，这进一步扩展了Pulsar消息系统之外的角色。

　　作为Pulsar的周边生态，Pulsar与Presto的集成就是一个很好的例子。Pulsar有能力存储数据流的完整历史记录，因此用户可以使用各种数据工具对数据进行操作。Pulsar使用Pulsar SQL查询历史消息，使用Presto引擎高效查询BookKeeper中的数据。Presto是用于大数据解决方案的高性能分布式SQL查询引擎，可以在单个查询中查询多个数据源的数据。Pulsar SQL允许Presto SQL引擎直接访问存储层中的数据，从而实现交互式SQL查询数据，不会干扰Pulsar的其他工作负载。

　　Apache Pulsar是云原生的分布式消息流系统，采用了计算和存储分层的架构和以 Segment为中心的分片存储，是一个可以无限扩展的分布式消息队列。Apache Pulsar是一个年轻的开源项目，拥有非常多吸引人的特性。Pulsar社区发展迅猛，在不同的应用场景下不断有新的案例落地。

　　LinkedIn于 2013 年开源的Databus是一个低延迟的、可靠的、支持事务的、保持一致性的数据变更抓取系统。Databus通过挖掘数据库日志的方式，将数据库变更实时、可靠地从数据库拉取出来，业务可以通过定制化Client实时获取变更并实现其他业务逻辑。

　　Apache Confluent则基于Kafka实现了一套完整的数据ETL功能，围绕不同数据源之间的数据交换而生，以方便在整个数据管理系统平台上进行数据交换和流动。Confluent是一家创业公司，由当时编写Kafka的几位程序员从LinkedIn公司离职后创立。Confluent Platform 就是Confluent公司的主要产品，其平台实现主要依赖的就是Kafka。

随着数据量的不断增长，从简单的批处理到实时的流处理，如何将源源不断的数据输入大数据处理系统，同时高效地将输出分发给上层应用，提供可视化的展示，这些都是面临的新挑战。

10.2 大数据调度管控

Hadoop实现了HDFS和MapReduce不久后，就被发现作为大数据处理系统，其应具有一个重要的功能就是资源作业的管控。因此，YARN从MapReduce中解耦出来，作为单独的资源调度框架。同时，另一个非常重要的是数据中心的机器集群的可用性协调问题，对此ZooKeeper分布式协调框架应运而生。而曾经不被理解甚至被拒稿的Leslie Lamport的关于Paxos的论文，直到那时才被发现其真正的价值。不得不感叹图灵奖获得者的远见卓识。

作为大数据管理系统的先行者，Google从来没落后过。在系统调度方面，从初期的Borg到后来优化的Omega分布式调度系统到容器管理系统K8S[2]，再到最近的Firmament，Google一直保持业界领先水平。Borg是Google内部开发出来的第一个统一的调度系统，主要管理长作业和批处理作业，这两个作业原来分别由Babysitter和Global Work Queue管理。Borg在Cgroups出现之前就实现了数据中心的机器资源共享和隔离，提高了集群资源利用率和作业并发能力。Omega作为Borg的延伸，继承了Borg很多成熟的机制和技术，其在Borg的基础上，搭建了一个更加一致和优化的资源负载调度系统。Omega存储了基于Paxos的具有事务特性的集群的状态，能够被集群的控制面板接触到，使用了优化的进程控制来解决偶尔发生的冲突。Kubernetes是Google针对云业务的一套容器系统，提供更高层次的版本控制认证、语义、政策的描述性状态迁移（Representational State Transfer，REST）API来服务更多的用户。Kubernetes主要的设计目标是用更简单的方法去部署和管理复杂的分布式系统，同时通过提升容器的使用效率来受益。Firmament则在已有系统的基础上，采用成熟、优化的算法，增强了作业的调度能力，提升了系统的整体性能。

如图 10-2 所示，Borg的中心控制模块叫BorgMaster，每个节点模块叫Borglet。BorgMaster包含两个进程：主进程负责处理客户端RPC，管理系统中所有对象的状态机，与Borglet进行通信；另外一个进程是一个分离的调度器。BorgMaster在逻辑上是一个进程，但是有 5 个副本，每个副本都维护Cell状态的一个内存副本，Cell状态同时在高可用、分布式、基于Paxos的存储系统中做本地磁盘持久化存储。一个单一的被选举的Master既是Paxos领导者，也是状态管理者。当Cell启动或者被选举Master挂掉时，系统会选举BorgMaster，选举机制按照Paxos算法流程执行。BorgMaster的状态会定时设置Checkpoint，具体形式就是在Paxos Store中存储周期性的镜像快照和增量更改日志，其作用是存储BorgMaster的状态、修复问题、离线模拟等。当作业被提交时，BorgMaster会将其记录到Paxos Store，并将任务增加到等待队列中，调度器通过扫描队列将机器分配给任务。Borglet是运行在每台机器上的代理，负责启动、停止和重启任务，管理本地资源，向BorgMaster和监控模块汇报自己的状态，BorgMaster会周期性地向Borglet拉取其当前的状态。

Borg是一个集群管理器，它负责对几千个应用程序所提交的Job进行接收、调试、启动、停止、重启和监控等操作，这些Job将用于不同的服务，运行在不同数量的集群中，每个集群各自都可包含最多几万台服务器。Borg的目的是让开发者不必操心资源管理的问题，从而专注于自己的工作，并且做到跨多个数据中心的资源利用率最大化。

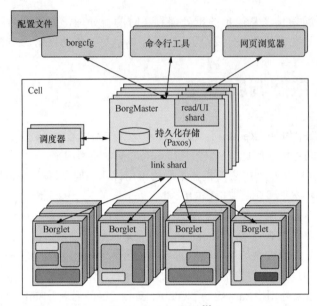

图 10-2　Borg架构[3]

Kubernetes源自Google内部的系统Borg，它是容器应用集群部署和管理的系统。Kubernetes的核心功能是减轻物理机或者虚拟机集群编排、网络以及存储等的管理负担，使开发者只需要关注应用的业务逻辑。通过Kubernetes开发者可以自定义工作流甚至自动化的任务流。Kubernetes拥有全面的集群管理能力，主要包括多级的授权机制、多租户应用、透明的服务注册和发现机制、内置的负载均衡、错误发现和自修复能力、服务升级回滚和自动扩容等。Kubernetes拥有完善的管理工具，主要包括部署、部署测试、集群的运行和资源状态的监控等。

如图 10-3 所示，Kubernetes主要由以下几个核心组件组成。Etcd保存了整个集群的状态；API服务器（API Server）提供了资源操作的唯一入口，并提供认证、授权、访问控制、API注册和发现等机制；控制管理器（Controller Manager）负责维护集群的状态，如故障检测、自动扩展、滚动更新等；调度器（Scheduler）负责资源的调度，即按照预定的调度策略将Pod调度到相应的机器上；云控制管理器（Cloud Controller Manager）负责管理云服务提供商API；Kubelet负责维护容器的生命周期，同时负责容器卷接口（Container Volume Interface，CVI）和容器网络接口（Container Network Interface，CNI）的管理；容器运行时接口（Container Runtime Interface，CRI）负责镜像管理以及Pod和容器的实际运行；Kube-proxy负责为Service提供集群内部的服务发现和负载均衡。

除了核心组件，Kubernetes中还有一些推荐的Add-ons：Kube-dns负责为整个集群提供域名服务（Domain Name Service，DNS），Ingress Controller负责为服务提供外网入口，Heapster负责提供资源监控，Dashboard负责提供图形用户界面（Graphical User Interface，GUI），Federation负责提供跨可用区的集群，Fluentd-elasticsearch负责提供集群日志采集、存储与查询功能。

Kubernetes的设计理念和功能其实就是一个类似Linux的分层架构，如图10-4所示，包括以下几个方面。

- ❑ 核心层：Kubernetes最核心的功能，对外提供API构建高层的应用，对内提供插件式应用执行环境。
- ❑ 应用层：部署（无状态应用、有状态应用、批处理任务、集群应用等）和路由（服务发现、DNS解析等）。
- ❑ 管理层：系统度量（如基础设施、容器和网络的度量）、自动化（如自动扩展、动态Provision等）以及策略管理（RBAC、Quota、PSP、NetworkPolicy等）。
- ❑ 接口层：kubectl命令行工具、客户端SDK以及集群联邦。
- ❑ 生态系统：在接口层之上的庞大容器集群管理调度的生态系统。

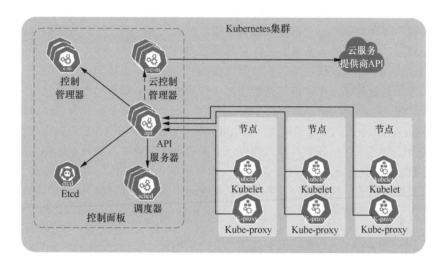

图 10-3　Kubernetes架构[4]

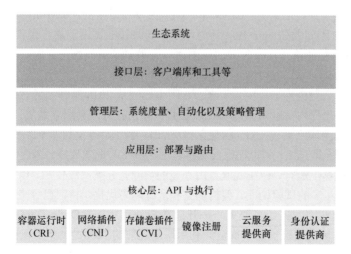

图 10-4　Kubernetes分层架构

Borg、Omega和Kubernetes之间关键的差别在于它们的API构架。Borg是一个单一的组件，它知道每一个API运作的语义。它包含关于作业、任务、机器状态和集群管理的逻辑，是基于Paxos的复制存储系统来记录Master的状态。反观Omega，除了存储系统之外没有集中的部件，存储也只是简单地汇集了被动的状态信息以及加强了对乐观并行进程的控制，所有的逻辑和语义都被推进存储的客户端里，可以直接读写存储的内容。在实践中，每一个Omega的部件为了存储使用同样的客户端库来打包或者解体数据结构、重新尝试或者加强语义的一致性。Kubernetes选择了一个折中的方案，提供了与Omega部件结构相当的弹性和可扩容性，同时能加强系统层面的无变化、政策和数据传输。它通过强制所有存储接触必须通过一个中央的API服务器来隐藏存储的实现细节和给对象验证、版本控制提供服务来做到这些。

资源管理问题是计算机系统中很常见的问题，包括集群的作业调度、云计算中虚拟机的放置、资源管理的多租户隔离问题等。大部分问题都使用启发式的方法解决了。资源管理比较具有挑战性有以下几点原因：一是系统本身很复杂，并且很难去为它准确地建模；二是实际的实例化需要在有噪声输入的情况下做出在线决策，并且需要在不同的条件下运行得很好；三是一些性能指标很难以一定的原则进行优化。在这样的背景下，一些研究开始着眼于思考系统是否可以自己来管理自己的资源。如在HotNets 2016上的工作DeepRM[5]，它是一个简单的集群资源调度器，将深度强化学习的方法应用到系统的资源管理上。DeepRM将多资源维度下的作业打包问题转化为一个学习问题，通过反馈学习来优化各种目标进而保证资源管理的高效性，如最小化作业完成时间等。DeepRM不需要提前了解系统，即它刚开始对手头的任务是一无所知的，直接通过和系统交互产生的经验来进行更好的决策，根据它在任务中的表现得到的奖励来进行学习。研究表明，将深度强化学习技术应用于大规模系统是可行的，对于多资源集群调度问题，DeepRM具有可比性，有时甚至优于启发式方法。

2011 年，Google在其Borg集群管理系统中发布了为期 1 个月的跟踪记录，以使外部研究人员能够探索调度在大型计算集群中的工作方式。数百名研究人员利用这种跟踪数据来研究各种现象。悬而未决的问题是，此类系统的工作负载如何随时间变化，以及集群管理器的变化如何影响调度决策。为了支持对这些问题的研究，2019 年，Google发布了新的Next Borg跟踪数据，包括 2019 年 5 月整月来自 8 个不同的Google Borg计算集群的详细作业调度信息。报告中包含对 2011 年和 2019 年之间的数据进行的第一次长时间的纵向比较，重复了第一篇论文中对 2011 年数据的分析，并添加了一些新的分析。

同样，作为国内云数据库的"巨头"之一，阿里巴巴从 2015 年开始尝试做大规模集群调度系统。在这之前，阿里巴巴内部针对离线和在线场景，分别各有一套调度系统：从 2010 年开始建设的基于进程的离线资源调度系统Fuxi（伏羲）和从 2011 年开始建设的基于Pouch容器的在线资源调度系统Sigma。从 2015 年开始，阿里巴巴尝试将延迟不敏感的批量离线计算任务和延迟敏感的在线服务部署到同一批机器上运行，让在线服务用不完的资源充分被离线使用，以提高机器的整体利用率。这个方案经过 2 年多的试验论证、架构调整和资源隔离优化，目前已经走向大规模生产，并已服务于电商核心应用和大数据计算服务——开放数据处理服务（Open Data Processing Service，ODPS）。混合部署之后在线机器的平均资源利用率从之前的 10%提高到了现在的 40%以上，同时保证了在线服务的服务水平目标（Service Level Objective，SLO）。

数据中心是一项成本很高的投资，可服务于广泛的应用程序，包括搜索引擎、视频处理、机器学习和第三方云应用程序等。现代集群管理系统已经发展到可以有效地管理这些数据中心，一些公司已经发布了其集群管理系统的作业调度跟踪数据分析[6]，以便外部研究人员可以探索如何实现这一目标。Borg/Autopilot[7]（来自Google）、YARN（来自Apache）、Mesos（来自Twitter）、Torca（来自腾讯）、Corona（来自Facebook）被称为资源统一管理系统或者资源统一调度系统，它们是大数据时代的必然产物。

10.3　大数据用户交互

随着大数据越来越大，商业化的产品越来越丰富，为了更好地推销产品，可视化是必不可少的工作。Zeppelin[8]提供支持多处理引擎的大数据可视化处理，是一个基于Web的笔记本，支持交互式数据分析，底层可以接入不同的处理引擎，提供数据可视化功能（见图10-5）。

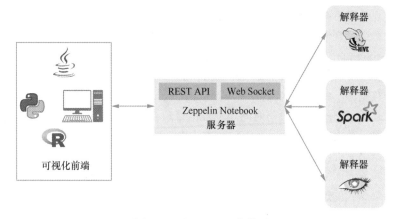

图 10-5　Zeppelin工作模型

从整体架构上看，Zeppelin可以分为可视化前端、Notebook以及解释器3个部分。可视化前端可为用户提供可见的网页、Note编辑以及图表显示功能，并且可与后端的Notebook服务器保持连接。Notebook负责接收并处理前端网页发来的Note执行请求，在后端生成并执行相应的Job，并将Job执行的状态信息广播到所有的前端页面。解释器则负责将提交的作业信息交给底层的执行引擎去执行。

Zeppelin提供了便捷的大数据可视化的功能，同时底层支持自定义的多种执行引擎。Apache Zeppelin如今不仅是一个可以进行大数据可视化分析的交互式开发系统，在Zeppelin中还可以完成机器学习的数据预处理、算法开发和调试、算法作业调度的工作。同时，Zeppelin还提供单机Docker、分布式、K8S、YARN这4种系统运行模式，以适应各类团队的需求。Zeppelin的新版本中增加了对TensorFlow、PyTorch等主流深度学习框架的支持，此外，Zeppelin还会提供算法的模型服务、工作流编排等新功能，使得Zeppelin可以覆盖机器学习的全流程工作。

Zeppelin的整体架构如图10-6所示，底层基础设施支持HDFS、AWS S3、Docker、CPU、GPU等。分布式资源管理支持Kubernetes、YARN和Zeppelin集群等运行模式，分别应对各种场景的不同需求。计算引擎层支持TensorFlow、PyTorch等深度学习框架的开发及Python、R、Scala等语言的开发，可接入大数据的批处理和流计算框架。最上面的交互式部署层支持通过可视化的方式，使用大数据引擎开发各种算法。

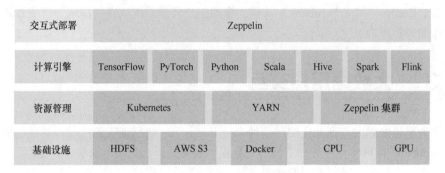

图 10-6　Zeppelin的整体架构

大数据的可视化有不同的实现方式。Grafana是一个跨平台的、开源的度量分析和可视化工具，可以对采集的数据进行查询然后可视化地展示，并及时通知。Grafana是一个开源的度量分析与可视化套件，纯JavaScript开发的前端工具，可以通过访问库（如InfluxDB）展示自定义报表、显示图表等。Grafana的用户接口（User Interface，UI）更加灵活，有丰富的插件，功能强大。Grafana支持许多不同的数据源，每个数据源都有一个特定的查询编辑器，该编辑器定制的特性和功能是公开的特定数据来源。Grafana一般与时间序列数据管理系统（如Graphite、OpenTSDB、InfluxDB等）进行配合来展示数据，提供强大、优雅的方式去创建、共享、浏览数据。

今天，大数据已无处不在，并且正被越来越广泛地应用到科学研究和经济建设等领域，逐渐渗透到我们生活的方方面面，同时大数据的获取也越来越便利。然而，随着大数据时代的来临，信息每天都在以爆炸式的速度增长，其复杂度也越来越高。此外，随着越来越多科学可视化的需求产生，地图、3D物理结构等技术将会被更加广泛地使用。当人类的认知能力越发受到传统可视化形式的限制，隐藏在大数据背后的价值就难以发挥出来，如果因为展示形式的限制导致数据的可读性和及时性降低，从而影响用户的理解和决策的快速实施，那么，数据可视化将失去其价值。然而，所幸的是，技术的快速发展和不断变化的认知框架正在为人类打开新的视野，促使艺术与技术相结合进而产生新型的数据可视化形式。其中面临的一个关键挑战，就是可视化的系统工具如何与现有的大数据处理系统完美结合，从而支持不同的底层处理引擎。

10.4　大数据安全隐私

大数据已经渗透到各行各业，记录着我们的衣食住行。这时，我们不得不开始重新思考，大数据给我们带来了什么，又拿走了什么。因此，隐私安全越来越得到重视。区块链（BlockChain）本身并不是大数据处理系统的一个副产品，但因其火热程度，得到了大数据领域的人的关注，大家都思考着可以通过区块链在大数据上做点什么。

CryptDB是拉卢卡·阿达·波帕（Raluca Ada Popa）在MIT时就做的工作，CryptDB针对SQL数据库的应用程序的攻击提供了一个实用的系统，并证明了该系统的机密性。该系统的工作原理是在执行SQL查询的过程中，使用高效的SQL感知加密方案的集合进行加密数据的查询。CryptDB还可以将加密密钥链接到用户密码上，这样特定的数据项只能通过有权访问该数据的用户进行访问。因此，数据库管理员永远无法访问解密的数据，并且即使所有服务器都遭到破坏，攻击者也无法解密未登录的任何用户的数据。

CryptDB的体系结构由两部分组成：数据库代理和未修改的DBMS。CryptDB使用UDF在DBMS中执行加密操作。图10-7中矩形框和圆角框分别表示进程和数据，深色的框表示由CryptDB添加的组件，纵向的虚线划分出了用户计算机、应用程序服务器、运行CryptDB数据库的服务器之间的分离代理（通常与应用程序服务器相同）和DBMS服务器。CryptDB可处理两种威胁（表示为细虚线）。在威胁1（Threat 1）中，一个好奇的数据库管理员，可以完全访问DBMS服务器窥探私有数据，在这种情况下，CryptDB阻止数据库管理员访问任何私人信息。在威胁2（Threat 2）中，对手可以完全控制应用程序的软件和硬件、代理和DBMS服务器，在这种情况下，CryptDB可确保攻击者无法获取属于未登录的用户的数据。

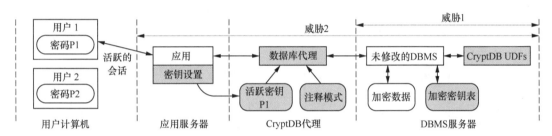

图 10-7　CryptDB工作流程[9]

UCB的RISELab中的S代表的就是安全（Secure），从AMPLab到RISELab，UCB一直保持着每5年更新一套研究项目的传统，从AMPLab出来的Spark已经影响了大数据的"半壁江山"，RISELab也不断推陈出新，其中Arx[10]就是解决大数据安全的一个研究项目，也是Raluca Ada Popa的工作。

如图10-8所示，Arx在应用层部署了一个可信的客户端代理（Client Proxy），同时在数据库端部署了一个不可信的服务器代理（Server Proxy）。客户端代理对查询的敏感信息进行隐私保护处理，进而将处理后的结果提交给服务器代理，最终返回数据库查询结果。Arx是一个实用且功能丰富的数据库系统，仅使用强大的语义安全加密方案对数据进行加密。

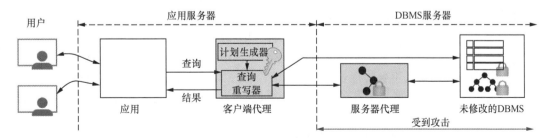

图 10-8　Arx体系结构[11]

Arx支持的查询比CryptDB少，但我们发现它们的功能仍然具有可比性。例如，CryptDB支持

TPC-C基准中的所有查询，而Arx支持 31 个查询中的 30 个。在性能方面，一方面，CryptDB通过PPE方案的顺序查询和等值查询要比Arx快，但CryptDB的安全性也明显降低。另一方面，Arx对于相同安全性的在一个范围内的聚合查询要比CryptDB快一个数量级，因为CryptDB使用Paillier来计算聚合，这需要范围内每个值的同态相乘。对于 10 000 个值，在CryptDB中聚合需要 80 毫秒左右，而在Arx中需要 3 毫秒左右。总体而言，Arx是一个更复杂的解决方案，因为其具有显著的额外安全性，但在对目标应用程序的总体影响方面仍与CryptDB相当，两个系统都花费高达 10%的开销。

　　Raluca Ada Popa是罗马尼亚留学生，她在MIT从本科读到博士，毕业之后从事系统安全方向的研究，是为数不多的数学功底和系统功底都很强的人。其在读博士期间借鉴同态加密（Homomorphic Encryption）设计了数据库系统CryptDB，可以直接在加密的数据上不解密地进行数据分析。在博士阶段完成CryptDB的设计后，她又主导开发了Mylar Web项目，依然致力于服务器端的信息全加密，所有解密在客户端完成。Raluca曾在苏黎世联邦理工学院（Eidgenössische Technische Hochschule Zürich，ETH Zürich）做过一年的博士后，后来到UCB任教，还是一家创业公司PreVeil的首席技术官（Chief Technology Officer，CTO），曾被评为 35 岁以下 35 位创新者之一，是不少人心目中的学术榜样。

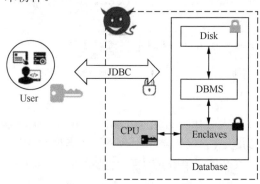

图 10-9　基于Intel SGX的安全架构[12]

SteathDB和EncalveDB都是基于Intel SGX实现的（见图 10-9），分别是滑铁卢大学和Microsoft研究院的工作。Intel的SGX是在第六代CPU之后实现的一组扩展指令集。SGX着眼于为用户应用程序提供可信的执行环境。为了达到这一目标，SGX使得应用程序在一段位于Enclave的地址空间中能够开辟一段受保护的内存空间。这段受保护的内存空间实行严格的访问控制和加密操作来提供对程序数据机密性和代码完整性的保护，使得即使是Hypervisor、BIOS或者操作系统等特权应用都不能随意访问这段地址空间。

　　StealthDB对底层的DBMS进行了极少的更改，大部分组件都增强了未修改的DBMS。StealthDB使用AES-GCM加密数据类型中的数据值，这是一种经过身份验证的加密方案，提供数据值的机密性和完整性。EnclaveDB是一个数据库引擎[13]，可确保数据和查询的机密性、完整性和新鲜度。即使数据库管理员是恶意的、攻击者已危害操作系统或虚拟机管理程序以及数据库在云中的不受信任的主机中运行，主机数据库也能保证这些属性，EnclaveDB通过在受硬件Intel SGX保护的安全区中放置敏感数据来实现此目的。EnclaveDB具有受信任的轻量计算库，其中包括内存中存储和查询引擎、事务管理器和预编译的存储过程。EnclaveDB的一个关键组件是检查数据库日志的完整性和新鲜度的有效协议，该协议支持并发、异步追加和截断，并且线程之间的同步最少。

　　我之前比较关注的一位做数据中心管理系统的专家Malte Schwarzkopf，自从加入UCB后，也在数据安全隐私方面发力。关注安全隐私法律方面的人都知道，近年颁布的一些新的法律，如欧盟通用数据保护条例（General Data Protection Regulation，GDPR），赋予用户对个人数据前所未有的控制能力。合规性可能需要昂贵的人工或现有系统的改装，例如处理数据检索和删除请求。Malte等人主张将这些新要求视为新系统设计的机会[14]，这些设计应使数据所有权成为首要的关注点，并通过构建系统实现隐私立法的合规性。构建具有兼容性的系统可以从个人数据库中构建一个共享数据库，其性能与当前系统类似，通过易于理解的API让用户贡献、审核、检索和删除其个人数据。实现按构造实现的合规性系统需要新的跨领域抽象，使数据依赖项成为显式，并通过所有权信息增强传统的数据处理管道。Malte等人建议的此类抽象的实现，在现有技术下，已经成为可能。他们在建立这种系统方面已经取得进展，在其研究工作中列举了研究人员应对的挑战，以及如何使其成为现实。这种通过系统实现法律政策的方法，也是十分具有挑战的。

无论是通过内置加密算法，还是通过已有的支撑来实现加密数据库，以及本节没有详细展开的数据库与区块链结合的方案，我们可以看出，大数据时代的信息的保密性越来越重要。从个人到企业都越来越看中数据的保密性和安全性，但是有多少工作能从学术研究真正落地到实际产品中，通过技术手段实现数据的保密，让我们拭目以待。

10.5 大数据新型引擎

Anna[15]是UCB RISELab研发的具有高度可扩展性的分布式键值存储系统，其设计理念十分新颖，性能约是Redis和Cassandra的10倍。这个系统基于很多创新的工作，如逻辑单调性的一致性（Consistency As Logical Monotonicity，CALM）理论[16]、Bloom编程语言[17]、Blazes程序验证[18]和HATs事务协议[19]等。如图10-10所示，Anna采用无锁的Actor模型，通过统一的编程范式来实现不同等级的一致性。Anna支持GET、PUT、DELETE操作，采用Actor发送操作请求。

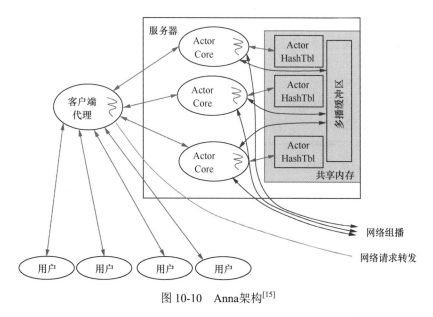

图 10-10 Anna架构[15]

Anna开创性地使用Lattice结构允许用户自定义冲突解决方式，进而可以自定义一致性级别，在特定场景下极大地提升系统性能。Anna使用了Actor模型而非传统的共享内存模型构建系统，使得系统可以以几乎一致的方式处理单机和分布式场景下的通信和协调，并且充分发挥硬件提供的并发能力。相关论文中没有详细叙述实现这两者的具体细节，由于这两者的实现方式都有一定难度，期待接下来的研究能够披露出进一步的细节。Anna与Amazon的Dynamo整体结构基本相同，区别在于Dynamo中的节点是由物理节点构成的，而Anna是由Actor构成的。Anna的Actor绑定在每个节点的可用线程上，以此避免线程切换开销，提供更高性能的服务。Anna的读写处理无须协调者（Coordinator），而Dynamo的Sloppy Quorum需要协调者。Anna根据之前在Bloom语言中获得的经验，使用Lattice这样一种结构让用户自行定义无冲突复制数据类型（Conflict-free Replicated Data Type，CRDT）。在解决冲突时，即可根据用户定义的CRDT提供所需的一致性保证。

Anna是一个无协调者的分布式存储系统，采用了新的分布式解决方案。后来，在Anna的基础上，添加了云服务（见图10-11）。其中，包括两层存储结构，上层应用通过Routing路由到具体的存储层，存储层包括内存和磁盘两层，各自独立扩展。

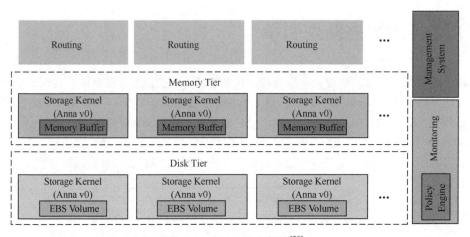

图 10-11　Anna云上架构[20]

随着互联网的发展，数据敏感的应用和服务越来越多，如搜索广告供应商需要实时统计成千上万用户、亿万个广告的点击率等，存储这些状态所需的空间远远超过了内存的空间，这些状态的访问负载具有单点访问、频繁更新，并且存在访问热点的特征。存储这些状态的传统方法是用键值存储系统，现有的键值存储系统（如使用BW-Tree和LSM-Tree的存储系统LevelDB等）往往都只优化了随机读、更新以及范围扫描的操作，并没有对单点操作以及就地更新做优化，因此这些系统并不能达到百万级别的每秒查询率（Query Per Second，QPS）。针对这一问题，研究者提出一个新型的键值存储系统FASTER[21]。

FASTER设计了一个无锁的、缓存友好的哈希索引，将索引和数据分离，保证索引能够保存在索引内，提供快速检索的能力，并且可以适配不同的数据存储形式。FASTER提供了 3 种数据存储形式，分别是In-Memory、Append-only Log和Hybrid Log。索引和数据的分离可以很好地适配不同的存储形式，索引存储只用于存储数据的地址即可。In-Memory的数据存储提供了无锁的访问和就地更新操作。Append-only Log采用的是log-Structure的存储结构，可以存储比内存大得多的数据规模，并且提供无锁的访问。Hybrid Log则是原创的数据存储形式，提供了无锁、就地更新等操作，并且可以高效地存储大于内存的数据规模的数据。FASTER为单点操作、更新频繁的场景提供了一个高性能的键值存储系统，与传统使用YCSB评测的存储系统相比，其性能要优越很多，单点操作可以达到1.6亿次/秒的事务吞吐量。

除了这些数据管理系统的信息引擎，针对不同的数据模型也有新的工作。Pregel图计算系统基于整体同步并行计算（Bulk Synchronous Parallel，BSP）模型，把计算抽象成图，在不同节点分布式执行。基于状态的系统，如Piccolo、DistBelief、Parameter Server等，把机器学习的模型存储参数上升为主要组件，而不是数据本身。所以大数据的新型引擎，不仅是数据的引擎，而且是涉及数据处理的方方面面的引擎。

10.6　大数据通用语言

大数据管理系统底层有不同的执行引擎，上层应用有不同的编程语言，那么如何将不同的编程语言实现对应不同的执行引擎？SQL是大数据领域最流行的编程语言之一，Apache Calcite 是一款开源SQL解析工具，可以将各种SQL语句解析成抽象语法树（Abstract Syntax Tree，AST），之后通过操作AST就可以把SQL中所要表达的算法与关系体现在具体代码之中。Calcite的前身为Optiq（也称作Farrago），采用Java语言编写，通过十多年的发展，在 2013 年成为Apache旗下顶级项目，并在持续发展中。该项目的创始人为朱莉安・海德（Julian Hyde），其拥有多年的SQL引擎开发经验，目前在Hortonworks工作，主要负责Calcite项目的开发与维护。目前，使用Calcite作为SQL解析与处理引擎的有Hive、Drill、Flink、Phoenix和Storm等，可以肯定的是，还会有越来越多的数据处理引擎采用Calcite作为SQL解析工具。

一般来说，Calcite解析SQL有以下阶段，其架构如图 10-12 所示。

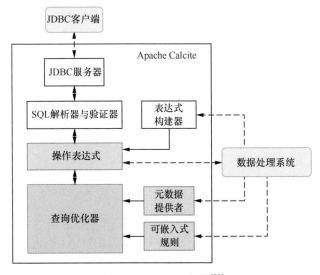

图 10-12　Calcite架构[22]

解析阶段：在这个阶段中Calcite通过Java CC将SQL解析成未经校验的AST。

校验阶段：该阶段主要校验解析的AST是否合法，如验证SQL模式、字段、函数等是否存在、SQL语句是否合法等。此阶段完成之后就生成了RelNode树。

优化阶段：该阶段主要优化RelNode树，并将其转化成物理执行计划，主要涉及SQL规则优化，如基于规则优化（Rule Based Optimization，RBO）及基于代价优化（Cost Based Optimization，CBO）。优化阶段原则上来说是可选的，但现代的SQL解析器基本上都包括这一阶段，目的是优化SQL执行计划。这一阶段得到的结果为物理执行计划。

执行阶段：此阶段主要做的是将物理执行计划转化成可在特定的平台执行的程序。如Hive与Flink都在此阶段将物理执行计划CodeGen生成相应的可执行代码。

Apache Calcite的出现，让用户能够很容易地给系统套上一个SQL的处理层，并且能提供足够高效的查询性能。通常我们可以把一个数据库管理系统分为查询语言、查询优化、查询执行、数据管理、数据存储5个部分。Calcite在设计之初就确定了只关注和实现前面3个部分，而将底层的数据管理和数据存储留给了各个外部存储/计算引擎。通常数据管理和数据存储，尤其是后者是很复杂的，也会由于数据本身的特性导致实现上的多样性。Calcite"抛弃"了这2个部分，而是专注于上层更加通用的模块，使得自己能够"轻装上阵"，系统的复杂性得到控制，开发人员的精力也不至于太分散。

这种通用的编程语言的解析和执行其实在AsterixDB的设计中已经实现，即其中的关键工具Algebricks。在AsterixDB的整个设计和实现中，有很多具有前瞻性的工具，Algebricks就是这样一个通用的编程语言解析和执行的工具。Algebricks是一个与模型无关的SQL生成系统，类似大数据的编译器，该系统实现了HiveQL、AQL和XQuery这3种语言，并且评估了其性能和并行能力。

Julia是Google推广的一门语言。Julia是一个高层次的、高性能的动态编程语言。它提供了一个先进的编译器、分布式并行执行框架、高数值精度计算和广泛的数学函数库。该库主要用Julia语言编写，还集成了成熟的、同类最佳的C和Fortran库、线性代数、随机数生成、FFT运算、字符串处理等。

编程语言一直是比较高深的内容，而编译器是三大基础软件之一。随着大数据管理系统的发展，不同的编程语言暴露给应用开发或者系统使用者，也就催生了大数据管理系统的编译器。一个新的系统是否流行，有时候取决于是否能够给使用者提供更方便的接口和调用，因此，如果能够快速帮助用户上手使用，就能够快速推动一个新的系统的流行，这也是为什么很多系统都逐渐开始支持Python。随着大数据和AI的流行，AI数据库也被推崇。SQLFlow最近也声称自己是连接SQL与AI的桥梁，即编译的桥梁。

10.7 大数据网络赋能

首先，我们从新硬件带来的新网络协议说起，主要涉及RDMA（Remote Direct Memory Access）和DPDK（Data Plane Development Kit）这两大类。RDMA本身只是一种概念，不同厂商有自己的方式来具体实现，目前市场上能见到的RDMA产品可以分为3类，如图10-13所示。

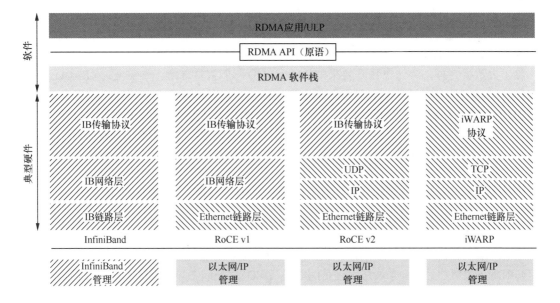

图 10-13 RDMA不同实现之间的对比[23]

第一类是InfiniBand，最早是IBM和HP等公司一群"大佬"在做，现在主要交给以色列的Mellanox（IBM控股），但是InfiniBand从L2到L4都需要自己的专有硬件，所以成本比较高。

第二类是RoCE：RDMA over Converged Ethernet（基于聚合增强以太网的RDMA），实际上是Mellanox鉴于InfiniBand过于昂贵这个事实推出的一种低成本的产品，核心就是把InfiniBand的包架在通用以太网上发出去，因此对于RoCE，实际上它的二层包头是通用以太网的包头。

第三类是iWARP，其直接将RDMA实现在了TCP上，优点是成本较前两者是最低的，只需要采购支持iWARP的网络接口控制器（Network Interface Controller，NIC）即可使用RDMA；缺点是性能不好，因为TCP本身协议栈过于"重量级"，即便是按照一般iWARP厂商的做法将TCP协议栈卸载（Offload）移到硬件上实现，也很难追上InfiniBand和RoCE的性能。目前在做iWARP的主要是Intel和Chelsio两家，根据观察，Chelsio略胜一筹，Intel则有放弃iWARP转投RoCE之势。

需要说明一点，其实不管是iWARP还是RoCE，并不是自己重新发明了RDMA，而是利用了InfiniBand的上层接口修改了下层的实现，所以RoCE这个名字并不是很准确，比较准确的说法应该是InfiniBand over Converged Ethernet。此外，3类产品的实现方式使用的用户态API是一样的，都是Lib Verbs，该API原本也就是给InfiniBand用的，相当于InfiniBand的上层。

关于市场，实际上RDMA的市场一直都不算太小，传统的InfiniBand主要面向的是高性能计算（High Performance Computing，HPC）集群，HP和IBM一直在使用，但是毕竟HPC集群只是企业里面一块很小的业务，也不是所有企业都需要或者用得起HPC集群。现在比较值得注意的一点是，

Intel提出来了一个叫作"新型RDMA应用"的概念，即传统的RDMA应用对延时和带宽都非常敏感，而新型RDMA应用在延时上可以相对宽松，但是其要求在短时间内爆发式地单播或者广播大量的数据包。比较典型的一个应用是大数据，IBM制定了一个叫作Spark over RDMA的方案。该方案修改了Spark的底层网络框架，充分利用了Mellanox 100GB RoCE的可靠广播功能，性能差不多比 100GB TCP提高了 6～7 倍。

除了大数据之外，存储市场是将来RDMA发展的一个主要方向。事实上，RDMA已经成为下一代存储网络的事实标准，多用于网络协议优化。存储网络中选择使用RDMA很大一部分原因是现在SSD和NVMe SSD在企业级存储中的应用。因为硬盘驱动器（Hard Disk Drive，HDD）阵列本身速度较慢，对于SSD，显然TCP性能是不足的，更何况NVMe SSD具有更高的IOPS（Input/Ouput Operations Per Second，每秒读写次数），在"SSD时代"的存储网络中，RDMA几乎是一个必选项。

RDMA网卡负责硬件收发包并进行协议栈封装和解析，然后将数据存放到指定内存地址，而不需要CPU干预，其核心技术是协议栈硬件卸载。优势：协议栈卸载，释放CPU资源；减少中断和内存复制，降低时延；高带宽。劣势：特定网卡才支持，成本相对较高；RDMA提供了完全不同于传统网络编程的API，一般需要对现有App进行改造，会引入额外开发成本。

与RDMA类似，另外一个网络优化是DPDK。DPDK由Intel主导，提供了基于用户态的数据链路层的功能，可以在上面构建出基于用户态的网络栈。实际使用中一个显然的缺点是只有poll功能，没有陷入中断来减少对CPU的消耗。发展出这么多协议和实现，根本原因在于网络硬件发展太快，而占据主导地位的TCP当初是为低速网络环境设计的。

DPDK网络层的设计主要是，当网卡硬件中断时，放弃中断流程，同时用户层通过设备映射取包，进入用户层协议栈，从而到达逻辑层和业务层。核心技术：将协议栈上移到用户态，利用UIO技术直接将设备数据映射复制到用户态；利用大页技术，降低TLB缓存缺失，提高TLB访问命中率；通过CPU亲和性，绑定网卡和线程到固定的内核，减少CPU任务切换；通过无锁队列，减少资源的竞争。优势：减少中断次数；减少内存复制次数；绕过Linux的协议栈，用户获得协议栈的控制权后能够定制化协议栈以降低复杂度。劣势：内核栈转移至用户层增加了开发成本；低负荷服务器不实用，会造成CPU空转。

总结RDMA和DPDK两种网络优化协议的相同点与不同点。相同点：两者均采用内核旁路（Kernel Bypass）技术，可以减少中断次数，消除内核态到用户态的内存复制。不同点：DPDK将协议栈上移到用户态，而RDMA将协议栈下沉到网卡硬件，DPDK仍然会消耗CPU资源；DPDK的并发度取决于CPU核数，而RDMA的收包速率完全取决于网卡的硬件转发能力；DPDK在低负荷场景下会造成CPU的无谓空转，RDMA不存在此问题；DPDK用户可获得协议栈的控制权，可自主定制协议栈，RDMA则无法定制协议栈。

网络层面的优化不仅可以通过网络本身提升性能，还可以利用网络设备打破原来的思路，如NetChain的工作。NetChain用网络中的路由设备取代原来的服务器作为协调者角色，可以提高两个数量级的性能。

协调服务是现代云系统的基本构建基块，提供配置管理和分布式锁定等关键功能。实现协调服务的主要挑战是实现低延迟和高吞吐量，同时提供强大的一致性和容错性。传统的、基于服务器的解决方案需要多个往返时间（Round-Trip Times，RTT）来处理查询。如图 10-14 所示，NetChain是一种在数据中心中提供无规模子RTT协调的新方法。NetChain利用可编程交换机的最新进展，将数据和查询处理完全存储在网络数据平面中。这避免了协调服务器进行查询处理，并将端到端延迟缩短到RTT的一半，客户端仅会经历自己的软件堆栈的处理延迟以及网络延迟，这在数据中心设置中通常仅需要较小的改动。我们基于链复制设计新的协议和算法，以确保强一致性并有效地处理交换机故障。我们实现了一个原型，包括4台赤脚托菲诺（Barefoot Tofino）交换机和4台商品服务器。评估结果显示，与ZooKeeper等传统的基于服务器的解决方案相比，NetChain的原型可提供数量级更高的吞吐量和更低的延迟，并可以优雅地处理故障。

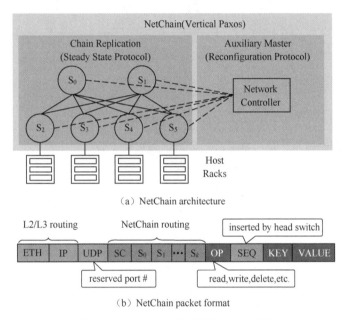

（a）NetChain architecture

（b）NetChain packet format

图 10-14　NetChain架构及其包格式[24]

在网络方面做了很多工作的Carsten Bining提出了NAM-DB[25]——基于RDMA的数据库系统。如果分布式事务可以使用下一代网络重新设计分布式数据库，不再需要开发人员担心共同分区方案来实现优良的性能，那么数据库的架构是什么样的呢？应用程序开发将更容易，因为数据分布将不再确定应用程序的可扩展性。硬件配置将更加简化，因为系统管理员可以通过添加更多计算机来实现扩展性而不是基于某些复杂线性函数。在该论文中，Carsten团队介绍了新颖、可扩展的设计数据库系统NAM-DB（见图10-15），并表明基于非常常见的快照隔离级别，可以保证分布式事务的高度扩展，该系统基于RDMA的下一代网络技术实现，突破了固有的瓶颈。基于TPC-C基准的实验表明，该系统可以线性扩展至56台计算机上，每秒可推行超过650万个新订单（总计1450万事务）的分布式事务。

我有幸和Binnig教授就数据库领域的相关工作进行合作。Carsten Binnig和Tim Kraska都是美国布朗大学的老师，后来又都去了MIT，再后来Binnig又回到了德国，两位的工作内容有交集，各自的工作表现都很出色。

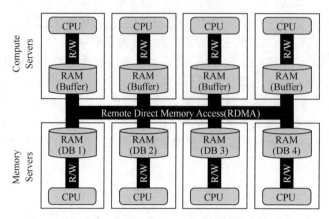

图 10-15 NAM-DB架构[26]

　　Google过去十几年在数据中心的发展上面绝对是走在前列的，在数据中心网络的发展上面绝对也是走在前列的，2015 年，Google把它们之前的数据中心的网络发展历史在SIGCOMM上面公布了，今天可以来看看Google公开的内部数据能给我们什么启发。第一点，基于市场上已有的交换机设备来建立新型网络拓扑是可以支持一个很大的数据中心的网络需求的。第二点，很多传统的、去中心化的、可以兼容各种设置的数据中心内部网络对于Google来说太复杂了，因此Cisco产品的很多功能Google往往用不到。对于Google来说，它的数据中心都是提前计划好的，而且只有一个客户，就是Google自己。在这个前提下，把网络中心简化是有优势的。第三点，Google自己设计的网络硬件和软件让它们可以支撑跨集群和跨地域的网络。

　　随着大数据的发展，数据中心会成为所有大企业的"必争之地"，毕竟如果把大数据比作石油，那么数据中心就是油田。现在国内也开始大力发展新基建，其中就包括数据中心的建设。现在有"南贵北乌"的说法，"贵"是指贵阳，"乌"是指乌兰察布。凭借天然的地理优势和当地政府的支持，越来越多的企业在这两个地方建立数据中心。而作为数据中心关键的一环，网络技术及网络建设尤为关键[27]，因为分布式系统本就是通过网络连接起来的系统。因此，数据中心的大数据网络，就是分布式数据管理系统的"血管"，是十分关键的。

10.8　小结

　　大数据管理系统不仅包括存储系统与计算系统，也包括控制系统（如资源调度），并且同样重要。随着大数据的发展，高吞吐的数据输入和输出逐渐成为性能的瓶颈，同时，随着商业化发展的成熟，可视化也变得越来越重要。近些年，不断有新型系统来满足大数据处理的不同需求，突破原有理念的创新系统也层出不穷，如监控系统Chukwa[28]。在新系统不断涌现的过程中，设计一套"大一统"的数据管理系统，就像当时的关系数据库那样"一统天下"，也是"大数据后时代"很多学术机构和工业强企的追求。

　　数据管理系统近些年发展迅速，主要原因是什么呢？我觉得主要原因是应用场景驱动、软件工程提升、硬件平台革新、人才梯队发展、金融资本推动等。首先，任何商用产品必然有应用场景和使用价值，即使是学术研究，也要有相关的应用背景。在大数据时代，多元化的应用场景是驱动数据管理系统发展的关键。其次，软件工程的提升，是像数据库这样的基础软件能发展的基础，数据管理系统往往需要清晰的架构设计和复杂的工程实践。如果没有软件工程科学的发展，很难支撑这类大型系统的开发。再次，硬件平台的革新，不仅促进了数据管理系统的发展，也推动了其他基础软件（如操作系统和编译器）的进步。毕竟硬件是软件能力的极限，软件是硬件能力的发挥。然后是数据管理系统人才的发展，越来越多的工程师愿意投身于基础软件的研发，而不是投身于由几个人的小团队就可以完成的应用类软件的开发。而且细分各个领域，如架构设计、开发实现、测试工程等，在这些领域都有一定数量的人才。最后，就是金融资本的助力，这是数据管理系统繁荣发展的催化剂。

10.9 参考资料

[1] Apache Pulsar官方网站Concepts and Architecture/Architecture页面。

[2] Brendan Burns等人于 2016 年发表的论文"Borg, Omega, and Kubernetes"。

[3] Abhishek Verma等人于 2015 年发表的论文"Large-scale Cluster Management at Google with Borg"。

[4] Kubernetes官方网站Kubernetes Components页面。

[5] Hongzi Mao等人于 2016 年发表的论文"Resource Management with Deep Reinforcement Learning"。

[6] Kay Ousterhout等人于 2013 年发表的论文"Sparrow: Distributed, Low Latency Scheduling"。

[7] Krzysztof Rzadca等人于 2020 年发表的论文"Autopilot: Workload Autoscaling at Google"。

[8] Zeppelin官方网站。

[9] Raluca Ada Popa等人于 2011 年发表的论文"CryptDB: Protecting Confidentiality with Encrypted Query Processing"。

[10] RISELab at UC Berkeley官方网站Arx页面。

[11] Rishabh Poddar等人于 2019 年发表的论文"Arx: An Encrypted Database Using Semantically Secure Encryption"。

[12] Dhinakaran Vinayagamurthy等人于 2019 年发表的论文"StealthDB: A Scalable Encrypted Database with Full SQL Query Support"。

[13] Christian Priebe等人于 2018 年发表的论文"EnclaveDB: A Secure Database Using SGX"。

[14] Malte Schwarzkopf等人于 2019 年发表的论文"Position: GDPR Compliance by Construction"。

[15] Chenggang Wu等人于 2018 年发表的论文"Anna: A KVS for Any Scale"。

[16] Joseph M. Hellerstein于 2010 年发表的论文"The Declarative Imperative Experiences and Conjectures in Distributed Logic"。

[17] bloom-lang官方网站。

[18] Peter Alvaro等人于 2014 年发表的论文"Blazes: Coordination Analysis for Distributed Programs"。

[19] Peter Bailis等人于 2013 年发表的论文 "Highly Available Transactions: Virtues and Limitations"。

[20] Chenggang Wu等人于 2019 年发表的论文 "Autoscaling Tiered Cloud Storage in Anna"。

[21] Badrish Chandramouli等人于 2018 年发表的论文 "FASTER: A Concurrent Key-Value Store with In-Place Updates"。

[22] Edmon Begoli等人于 2018 年发表的论文 "Apache Calcite: A Foundational Framework for Optimized Query Processing Over Heterogeneous Data Sources"。

[23] John Kim等人于 2016 年发表的论文 "How Ethernet RDMA Protocols iWARP and RoCE Support NVMe over Fabrics"。

[24] Xin Jin等人于 2018 年发表的论文 "NetChain: Scale-Free Sub-RTT Coordination"。

[25] Carsten Binnig等人于 2016 年发表的论文 "The End of Slow Networks: It's Time for a Redesign"。

[26] Erfan Zamanian等人于 2017 年发表的论文 "The End of a Myth: Distributed Transactions can Scale"。

[27] Yu-Wei Eric Sung等人于 2016 年发表的论文 "Robotron: Top-down Network Management at Facebook Scale"。

[28] Jerome Boulon等人于 2008 年发表的论文 "Chukwa: A Large-scale Monitoring System"。

第11章
国产数据库的国际化——齐头并进

数据库往往应用在银行等需要进行高频交易的传统行业，很难做出新的革命。2013年左右，我国工业界也开始蠢蠢欲动，借着大数据的东风和积累已久的数据库技术，感觉我们也可以有所作为。

11.1　TiDB

TiDB是PingCAP基于Spanner设计开发的分布式数据库[1]，其设计目标是覆盖 100%的OLTP场景和 80%的OLAP场景。TiDB对业务没有任何侵入性，能优雅地替换传统的数据库中间件、数据库分库分表等分片方案。同时它也让开发和运维人员不用关注数据库扩展的细节问题，而专注于业务开发和运维，极大地提升研发的生产力。

11.1.1　研发背景

关于TiDB的发展，可以参考其创始人的分享，这里做一些简单的总结。据创始人介绍，他们之前做过一些用MySQL扩展节点的工作，但通过中间件来分库分表极其烦琐，于是他们开始考虑用其他方案来解决。另外，他们也一直在关注学术界关于分布式数据库的最新进展，后来注意到Google在 2013 年发表的Spanner和F1 的论文，认为分布式是个比较合适的解决方案，所以决定重新开始写一个数据库，从根本上解决MySQL的扩展性问题。

然而决定采用分布式之后发现面对的问题非常复杂：选择什么语言，整个架构怎么做，是否需要开源等，都比预想的要困难。做基础软件有一个很重要的点在于，写出来并不难，难的是如何保证这个东西是对的，因为业务正确性是构建在基础软件的正确性上的。对于分布式系统来说，保证系统的正确性是很重要的，关于这些他们想了很久。

11.1.2 早期架构

TiDB刚起步的时候，确定了一个目标：解决MySQL的扩展性、兼容性和工程难度问题。第一点是由于MySQL是单机型数据库，当时没有很好的扩展方案，于是考虑MySQL兼容，首先选择在协议和语法层面的兼容，因为已有的社区里有海量的测试。第二点是考虑用户的迁移成本，要让用户迁移得很顺畅。第三是因为万事开头难，必须得有一个明确的目标。确定目标以后，TiDB的创始团队开始正式做这件事情。

兼容MySQL最简单的方案就是直接用MySQL。为了让系统尽快地运行起来，他们一开始做了一个最简单的版本——复用MySQL前端代码，做一个分布式的存储引擎。图 11-1 是在 2015 年 4 月创始团队用 6 个星期完成的第一个版本的框架，但是后来没有开源出来，主要考虑是性能上完全无法接受。当时深入分析性能不好的原因之后，发现要改动部分的工程量巨大，包括MySQL的SQL优化器、事务模型等，完全没有办法下手。因为在MySQL引擎这一层能做的事情很少，所以就没有办法继续工作。第一个版本到此宣告失败，现在看起来写SQL解析器和优化器等是绕不开的，于是他们决定从头开始写，唯一给他们安慰的是终于可以使用他们喜爱的编程语言——Go语言了。

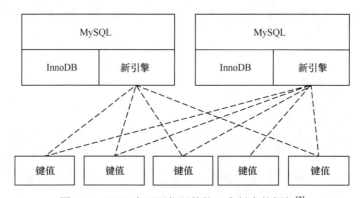

图 11-1　TiDB未开源代码的第一个版本的框架[2]

TiDB创始人与其他做这种软件的工程师的思路相反，选择了从上往下写，先写最顶层的SQL的接口SQL层，要保证接口与MySQL兼容，包括网络协议和语法层两个方面。从TiDB网络协议、SQL的语法解析器，到SQL的优化器、执行器等基本从上到下写了一遍。这个阶段持续了大概 3 个月。从这个阶段开始，团队慢慢摸索出了实践中深有体会的开发哲学。

第一，对所有计算机科学里面的问题，都可以抽象到另外一个层次上去解决。他们完成了架构 0.2，此时TiDB只有一个SQL解析器，完全不能存储数据，因为下面的存储引擎还没有实现。想要保证这个数据库是对的，要先保证SQL层是对的，让它可以完整地运行MySQL的测试。至于底层的存储引擎可以先实现模拟器或者基于内存的存储。其实在写TiDB的SQL Parser的时候团队还做了很多事情，其中之一就是把存储引擎这个概念抽象成几个接口，使得它去接入一个键值引擎。很多数据库采用键值引擎，如LevelDB、RocksDB等，接口的语义都是非常明确的。每一层都非常严格地要求用接口来划分，使得每一个层次上的工作都可以并行，这对于整个项目的推进是非常有利的。几个月过去了,这个团队扩展到了十几个人。后来历史上第一个不能存储数据、没有存储引擎的数据库——TiDB开源了,它在HackerNews非常受欢迎,还被推荐到了首页。

第二,基础软件的测试非常重要,甚至比编写代码重要。做基础软件测试有时是比编写代码更重要的事情。如工程师提交了一个特性代码,Committer是否将代码并入主干分支?不能直接判断,而需要根据测试结果判断。TiDB现在在GitHub上运营,一个新的提交如果让整个项目的代码测试的覆盖率下降了,那么这样的代码是不允许合并到主干分支的。构建一个数据库最难的并不是把它写出来,而是证明它是对的,尤其是分布式系统的测试要比单机系统的测试更加困难。因为在分布式系统里面每一个节点都可能出现故障,每一个网络的延迟可能是飘忽不定的,各种各样的异常情况都可能会发生。团队在做整个数据库的时候,第一步是完成SQL层,第二步是把每个I/O、每个集群的节点交互行为全都抽象为一个接口。一旦发现问题,就把它放到单元测试里面重现。不管是新的开发者或者新的模块,都无法相信"人"的判断,只相信机器,只相信良好的测试才能保证项目在可以控制的范围之内。

11.1.3 架构升级

后来研发团队设计了TiDB 0.5 的架构,因为已经有了SQL层,SQL层与存储层基本上完全分离,所以终于可以像最初的TiDB 0.1 那样接一个分布式引擎,当时采用了HBase。HBase是阶段性的战略选型,因为既然SQL层写得足够稳定,那么先接一个分布式的引擎,但是又不能在架构中引入太多不确定的变量。于是挑选了一个在市面上能找到的、认为最稳定的分布式引擎,先接上去看整个系统是否能运行起来。结果还不错,能够运行起来,但是大家的要求更高,于是之后就把HBase并用了。对接HBase这个事情标志着TiDB上层SQL层接口的抽象已经足够稳定,测试已经足够健壮,能让TiDB往下去做分布式的研发。如图 11-2 所示,架构的上层是MySQL业务层,可以用任意MySQL的客户端去连接它。如果数据量大,不需要再去分库分表,这个用户体验很好。因为TiDB采用无状态的设计,它并不存储数据,所以可以部署无数多个TiDB进行负载均衡。

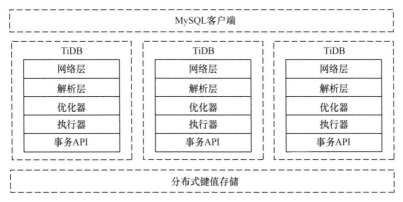

图 11-2　TiDB 0.5 的架构[2]

后来团队又遇到一个问题:在做技术选型的时候,如果有很大的自由度,如何控制研发人员自由发挥的程度?团队的敌人并不是预算,而是复杂度,如何权衡成了关键。如何控制每一层的复杂度是非常重要的，特别是对于一个架构师来说，几乎所有的工作都要规避复杂度，提高开发效率和架构的稳定性。那段时间团队是在纠结中度过的，一是因为要用最新的编程语言Rust，大家之前都没有接触过；二是因为团队想要达到的"弹性扩展、真正的高可用、高性能、强一致"这4点目标，每一个都非常困难。大家能想到的只有去"拥抱"社区，不要自己去做所有的事情，原因一是人数有限，二是复用是个很好的习惯，既然别人都已经做过这些事情，就不要再去做重复性的工作。

要做一个真正高可用的数据库，需要一个高可用的分布式组件。当时业界广泛使用的是Etcd，Etcd背后的算法叫作Raft，这是个一致性算法，等价于Paxos。这个算法目前来说最稳定的实现就是Etcd里的Raft，而且Etcd是真正在生产环境中被大量认证过的Raft的实现。仔细阅读Etcd的源代码，发现其将每个状态的切换都抽象成接口，测试是可以脱离整个网络、脱离整个I/O、脱离整个硬件的环境去构建的。由于质量高、性能好，K8S背后的元信息存储用的也是Etcd。但是Etcd有一个问题，它是基于Go实现的，TiDB研发团队已经决定用Rust开发底层存储的数据库。如果用类似Paxos这种算法，可能只有Google Chubby还有其他公司有能力把它写对。但是Raft不一样，虽然它也很难，但是毕竟它是可以实现的东西，所以为了保证质量，加速开发的进度，团队做了一件比较疯狂的事情，就是把Etcd的Raft状态机的每一行代码翻译成了Rust代码。

TiDB底层的存储引擎一开始是不能存储数据的，那必须选择一个真正的存储引擎，TiDB研发团队觉得这件事情是一个很大的挑战。本地存储引擎让一个小团队去写，基本不现实，于是就选用了RocksDB。RocksDB可以被认为一个单机的键值引擎，其前身其实是LevelDB，是Google在 2011 年左右开源的键值存储引擎。RocksDB背后的数据结构是LSM-Tree，LSM-Tree的写性能非常好，同时在机器内存比较大的时候它的读性能也会非常好。存储引擎还有一个很重要的工作就是，需要根据机器的性能去做针对性的调优。可以看到，对新一代的分布式数据库存储引擎大家都会选择RocksDB，这是大势所趋。

TiDB The MySQL Protocol layer	MySQL Protocol Server
	SQL Layer
TiKV The Key-Value layer	Transaction
	MVCC
	Raft
	Local Key-Value Storage(RocksDB)

图 11-3　TiDB和TiKV架构[2]

从 2015 年的冬天开始，团队又用Rust写了 5 个月的代码，到2016 年 4 月 1 日TiKV终于开源了。从图 11-3 能看到，最底层是RocksDB，上面一层是Raft，这两层虽然是团队成员写的，但是质量是社区的"盟友"帮忙保证的。在Raft之上是MVCC，从这里往上，都是团队自己完成的。因此，TiKV终于是一个可以实现弹性扩展、支持ACID事务、全局一致性、跨数据中心高可用的存储引擎了，而且性能非常棒，这是因为没有在底层接一个像HDFS这样的文件系统。

11.1.4　稳定架构

其实从开源到现在，TiDB一直在做TiKV的性能调优、稳定性提高等工作，但是从架构上来看，这个架构至少在未来的 5 年之内不会再有很大的变化。团队一直在强调的就是：复杂性才是最大的"敌人"，需要"以不变应万变"地去应对未来突变的需求。幸运的是，作为发展了几十年的基础软件，数据库系统的需求变化并没有很多。到目前来看，TiDB集群主要包括 3 个组件，分别是TiDB Server、TiKV Server和PD Server，如图 11-4 所示。

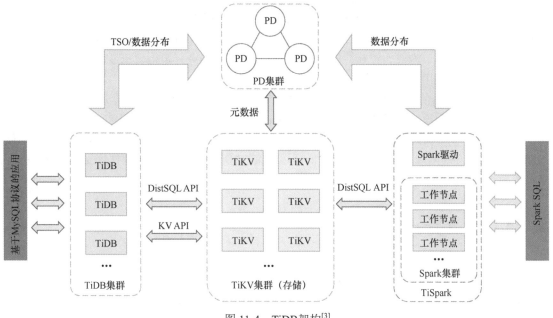

图 11-4　TiDB架构[3]

（1）TiDB Server

TiDB Server负责接收SQL请求，处理SQL相关的逻辑，并通过Placement Driver（简称PD）找到存储计算所需数据的TiKV地址，与TiKV交互获取数据，最终返回结果。TiDB Server是无状态的，其本身并不存储数据，只负责计算，可以无限水平扩展，可以通过负载均衡组件（如LVS、HAProxy或F5 等）对外提供统一的接入地址。

（2）TiKV Server

TiKV Server负责存储数据，从外部看TiKV是一个分布式的、提供事务的键值存储引擎。存储数据的基本单位是Region，每个Region负责存储一个Key Range（从StartKey到EndKey的左闭右开区间）的数据，每个TiKV节点会负责多个Region。TiKV使用Raft协议做复制，可以保持数据的一致性和容灾。副本以Region为单位进行管理，不同节点上的多个Region构成一个Raft Group，多个Region的数据互为副本。数据在多个TiKV之间的负载均衡由PD调度，这里以Region为单位进行调度。

（3）PD Server

PD是整个集群的管理模块，其主要工作有 3 个：一是存储集群的元信息（某个Key存储在哪个TiKV节点上）；二是对TiKV集群进行调度和负载均衡（如数据的迁移、Raft Group Leader的迁移等）；三是分配全局唯一且递增的事务ID。PD是一个集群，需要部署奇数个节点，一般线上推荐至少部署 3 个节点。

TiDB是一款定位于混合事务和分析处理（Hybrid Transactional Analytical Processing，HTAP）的融合型数据库产品，实现了一键水平伸缩、强一致性的多副本数据安全、分布式事务、实时OLAP

等重要特性。同时兼容MySQL协议和生态，迁移便捷，运维成本极低。PingCAP是一家开源的新型分布式数据库公司，秉承开源是基础软件的未来这一理念，PingCAP持续扩大社区影响力，致力于前沿技术领域的创新实现。其研发的分布式关系数据库TiDB项目，具备分布式强一致性事务、在线弹性水平扩展、故障自恢复的高可用、跨数据中心异地多活等核心特性，是大数据时代理想的数据库集群和云数据库解决方案。目前，TiDB已被近 1000 家不同行业的领先企业应用在实际生产环境，涉及互联网、游戏、银行、保险、证券、航空、制造业、电信、新零售等多个行业，包括美国、日本等海外用户。

同样参考Spanner的工作的还有YugaByteDB。YugaByteDB是一个高性能的分布式SQL数据库，用于为全球互联网规模的应用程序提供支持。YugaByteDB使用高性能文档存储，采用数据自动分片，单分片基于分布式共识进行复制和多分片支持ACID事务的独特组合构建实现，提供横向扩展RDBMS能力和互联网规模OLTP工作负载低延迟查询，实现了故障的极端弹性恢复和全球数据分布。作为云原生数据库，它可以轻松地跨公共云和私有云以及Kubernetes环境进行部署。

11.2 OceanBase

OceanBase从最开始的支撑淘宝收藏夹功能，到支撑阿里巴巴的"双十一"，十年来，经历了业务的洗礼，也变得越来越强大。OceanBase是一个支持海量数据的高性能分布式数据库系统，可实现数千亿条记录、数百TB数据上的跨行跨表事务，由淘宝核心系统研发部、运维部、应用研发部等部门共同完成。在设计和实现OceanBase的时候暂时摒弃了不紧急的DBMS的功能，如临时表和视图，研发团队把有限的资源集中到关键点上。当前OceanBase主要解决数据更新一致性、高性能的跨表读事务、范围查询、数据全量及增量导出、批量数据导入等问题。

11.2.1 设计考量

OceanBase支持部署在多个机房，每个机房部署一个包含RootServer、MergeServer、ChunkServer以及UpdateServer的完整OceanBase集群，每个集群由各自的RootServer负责数据划分、负载均衡、集群服务器管理等操作，集群之间的数据同步通过主集群的主UpdateSever往备集群同步增量更新操作日志实现。客户端配置了多个集群的RootServer地址列表，使用者可以设置每个集群的流量分配比例，客户端根据这个比例将读写操作发往不同的集群。通过一系列的架构设计和技术选择，OceanBase实现了强一致、高扩展、高可用和高可靠的分布式数据库。

1. 一致性选择

CAP理论指出，在满足分区容忍性的前提下，一致性和可用性不可兼得。虽然目前大量的互联网项目选择了弱一致性，但OceanBase团队认为这是底层存储系统（如MySQL数据库）在大数据量和高并发需求压力之下的无奈选择。弱一致性给应用带来了很多麻烦，如数据不一致时需要人工订正数据。如果存储系统既能够满足大数据量和高并发的需求，又能够提供强一致性，且硬件成本相差不大，用户将毫不犹豫地选择它。强一致性将大大简化数据库的管理，应用程序也会因此而简化。因此，OceanBase选择支持强一致性和跨行跨表事务。

如图 11-5 所示，OceanBase 要求将操作日志同步到主备的情况下才能够返回客户端写入成功，即使主机出现故障，备机自动切换为主机，也能够保证新的主机拥有以前所有的修改操作，严格保证数据不丢失。另外，为了提高可用性，OceanBase 还增加了一种机制，如果主机往备机同步操作日志失败（如备机故障或者主备之间网络故障），主机可以将备机从同步列表中剔除，本地更新成功后就返回客户端写入成功。主机将备机剔除前需要通知 RootServer，后续如果主机故障，RootServer 能够避免将不同步的备机切换为主机。OceanBase 的高可用机制保证主机、备机以及主备之间的网络三者之中的任何一个出现故障都不会对用户产生影响，然而，如果三者之中的两个同时出现故障，系统可用性将受到影响，但仍然可以保证数据不丢失。如果应用对可用性要求特别高，可以增加备机数量，从而容忍多台机器同时出现故障的情况。

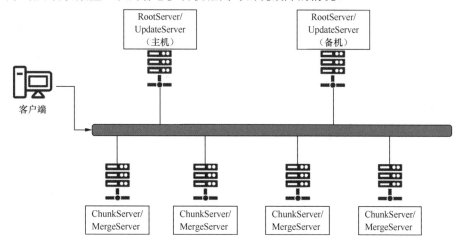

图 11-5　OceanBase 架构[4]

OceanBase 主备同步也允许配置为异步模式，支持最终一致性。这种模式一般用来支持异地容灾。例如，用户请求通过杭州主站的机房提供服务，主站的 UpdateServer 内部有一个同步线程不停地将用户更新操作发送到青岛机房。如果杭州机房整体出现不可恢复的故障（如地震引起的故障），还能够通过青岛机房恢复数据并继续提供服务。另外，OceanBase 所有写事务最终都落到 UpdateServer，而 UpdateServer 逻辑上是一个单点，支持跨行跨表事务，实现上借鉴了传统关系数据库的做法。

2．数据结构

OceanBase 数据分为基线数据和增量数据两个部分，基线数据分布在多台 ChunkServer 上，增量数据全部存放在一台 UpdateServer 上。RootServer 中存储了每个子表所在的 ChunkServer 的位置信息，UpdateServer 中存储了增量数据。不考虑数据复制，基线数据的数据结构如下：每个表格按照主键组成一棵分布式 B+-Tree，主键由若干列组成；每个叶子节点称为一个子表，包含一个或者多个 SSTable；每个 SSTable 内部按主键范围有序划分为多个块并内建块索引；每个块的大小通常在 4KB～64KB 并内建行索引；数据压缩以块为单位，压缩算法由用户指定并可随时变更；所有叶子节点基本均匀、随机地分布在多台 ChunkServer 上；通常情况下每个叶子节点有 2～3 个副本；叶子节点是负载平衡和任务调度的基本单元；支持布隆过滤器的过滤。

增量数据的数据结构如下：增量数据按照时间顺序划分为多个版本；最新版本的数据为一棵内存中的 B+-Tree，称为活跃 MemTable；用户的修改操作写入活跃 MemTable，到达一定大小后，原有的活跃MemTable将被冻结，并开启新的活跃MemTable接受修改操作；冻结的MemTable将以SSTable的形式转储到SSD中持久化；每个SSTable内部按主键范围有序划分为多个块并内建块索引，每个块的大小通常为 4KB～8KB并内建行索引，一般不压缩；UpdateServer支持主备，增量数据通常为 2 个副本，每个副本支持RAID1 存储。

3. 可靠性与可用性

分布式系统需要处理各种故障，例如，软件故障、服务器故障、网络故障、数据中心故障、地震、火灾等。与其他分布式存储系统一样，OceanBase通过冗余的方式保障了高可靠性和高可用性。

OceanBase在ChunkServer中保存了基线数据的多个副本。单集群部署时一般会配置 3 个副本；主备集群部署时一般会在每个集群中配置 2 个副本，总共 4 个副本。ChunkServer的多个副本可以同时提供服务。诸如Bigtable以及HBase的系统服务节点不冗余，如果服务器出现故障，需要等待其他节点恢复成功才能提供服务，而OceanBase多个ChunkServer的子表副本数据完全一致，可以同时提供服务。

OceanBase在UpdateServer中保存增量数据的多个副本。UpdateServer主备模式下主备两台机器中各保存一个副本，另外，每台机器都通过软件的方式实现RAID1，将数据自动复制到多块磁盘，进一步增强可靠性。UpdateServer主备之间为热备，同一时刻只有一台机器为主UpdateServer提供写服务。如果主UpdateServer发生故障，OceanBase能够在几秒之内（一般为 3～5 秒）检测到并将服务切换到备机，备机几乎没有预热时间。

11.2.2　架构演进

架构设计服务于业务，再完美的系统架构都需要有业务进行使用才能体现价值。对于业务来说，当然希望研发的产品能够同时具备高扩展、高可用、强一致、低成本以及零门槛的易用性等，但对于系统架构师和开发者来说，这 5 个特性之间相互矛盾，同时在实现这些特性时会面临巨大的挑战，这要求在做系统设计及实现时需要有所权衡。下面我们来回顾OceanBase创立 10 年来存储架构的演进历程及每一次架构变更背后的权衡与思考，如图 11-6 所示。

图 11-6　OceanBase的演进历程[4]

1. OceanBase 0.1

OceanBase由阳振坤于 2010 年在淘宝创立，当时淘宝大多数业务都已经按照用户维度做了分库分表，一个全新的分布式存储系统似乎很难有用武之地。他因此最终找到了OceanBase的第一个业务：淘宝收藏夹。也就是我们今天打开手机淘宝看到喜欢的商品点收藏时用到的收藏夹，直到今天它仍然在OceanBase上运营。

当时收藏夹面临一个分库分表难以解决的问题，它的核心业务主要包括两张表，一张是用户表，记录用户收藏的商品条目，数量从几条到几千条不等；另一张是商品表，记录一件商品的描述、价格等明细信息。如果一个用户增加或删除收藏，那么应相应地向用户表中插入或删除数据；同样如果一个商家需要修改商品描述，如修改商品价格等信息，那么应相应更新商品表。

当用户打开收藏夹时，通过用户表和商品表的连接查询，就可以展现给用户最新的商品信息。最开始，这两张表在一个数据库里，也一直运行得很好，但随着用户数据量的增长，单个数据库放不下了。常用的做法是将表按照用户维度进行拆分，用户表可以这样拆分，但是商品表中没有用户字段，如果按照商品条目进行拆分，那么用户打开收藏夹时，就需要对多个不同的库进行查询并做连接，当时的数据库中间件并没有这样的能力，即使可以这么做，一次查询也会耗费非常长的时间，会极大地影响用户体验，业务遇到很大的困难。

OceanBase团队接下了用户的这个难题。团队开始分析扩展性、高可用、一致性、低成本和易用性这5个特性中，什么是业务的刚需，什么是业务最可以放弃的。业务的刚需是扩展性，因为传统的单机模式已经走到了尽头；最可以放弃的其实是易用性，因为业务对写入查询的使用非常简单，提供简单的读写接口就可以满足业务需求，甚至不需要在表上构建索引。同时注意到，业务对一致性也有一定的需求，业务可以容忍一定的弱一致度，但不能容忍数据出错。这些特性决定了OceanBase从诞生的第一天起，就是一个支持在线事务处理的分布式的关系数据库。

OceanBase团队注意到收藏夹这个业务的特性是存量数据比较大，但是每天的增量并不大，毕竟每天新增收藏的用户并不是特别多。该业务更关心数据存储的扩展性，而对写入的扩展性要求并不是很高。因此OceanBase团队将数据分为两部分：基线数据和增量数据。基线数据是静态的，分布式地存储在ChunkServer上。增量数据存储在UpdateServer上，通常存储在内存中，通过Redo日志支持在线事务。在每天的业务低峰期，UpdateServer上的数据会与ChunkServer上的数据做合并，这种方法称为"每日合并"。MergeServer是一个无状态的Server，提供数据写入的路由与数据查询的归并；RootServer负责整个集群的调度与负载均衡。这是一个类似于LSM-Tree的存储架构，这也决定了今后OceanBase的存储引擎都是基于LSM-Tree的。

现在回过头来看OceanBase 0.1的架构（见图11-7），它实际上具有很强的一致性，因为是单点写入，读到的数据一定是最新写入的数据，同时成本不高，也具有一定的扩展性，存储空间可以很容易地扩展，很好地满足当时业务的需求。

2. OceanBase 0.2~0.3

很快OceanBase 0.1上线了，并为收藏夹业务提供了读服务，但业务不能把所有流量都切换到OceanBase上来，因为OceanBase 0.1的架构有一个很大的缺陷：

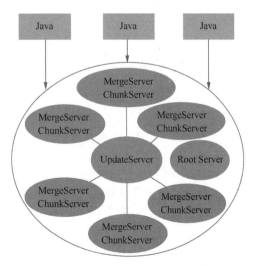

图11-7 OceanBase 0.1的架构[5]

它不是高可用的。任何一台服务器的宕机都会造成数据的不可访问，这对于收藏夹这样的业务是无法接受的。很快OceanBase 0.2上线了，弥补了不是高可用的短板。

OceanBase 0.2中引入主备库模式，这也是当时传统数据库常用的容灾模式，数据通过Redo日志从主库同步到备库，当主库发生问题时，可以把备库切换为主库继续提供服务。Redo日志的同步是异步的，这意味着主备的切换是有损的，可能会丢失若干秒的数据。

如果将OceanBase 0.2和OceanBase 0.1的架构进行对比，会发现OceanBase 0.2终于有了高可用这一重要特性。但高可用的获得不是没有代价的，首先，系统不再是强一致的了，不能保证业务总是能够读到最新的数据，在宕机场景下，数据可能会有部分丢失；其次，主备库的引入极大地增加了成本，使用的机器数量成倍增长。之后的OceanBase 0.3基于OceanBase 0.2做了很多代码上的优化，进一步降低了系统成本，但从架构上来说和OceanBase 0.2并没有显著的差别，如图11-8所示。

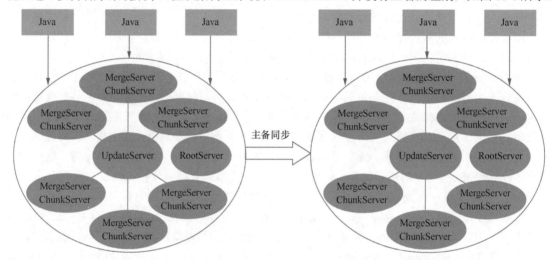

图 11-8   OceanBase 0.2/0.3 的架构[5]

3．OceanBase 0.4

随着收藏夹业务的成功，很快OceanBase团队接到了更多新的业务，淘宝直通车是一个面向商家的业务，也面临着分库分表难以解决的问题。首先淘宝直通车的数据量越来越大，单库难以支撑，同时它是一个OLAP类型的业务，有很多多表间的关联查询，每张表的维度各不相同，无法统一按照用户ID进行拆分。对于OceanBase的扩展性、高可用以及低成本的优点，业务团队都很满意，但是接口使用确实是太痛苦了。那么问题来了，什么是最好的接口语言？对于编程来说，可能不同的语言都有不同的拥护者，但对于数据操作来说，团队认为SQL一定是最好的语言。对于简单的键值查询，用户可能会觉得SQL过于繁重了，但当业务慢慢复杂起来后，SQL一定是使用最简单、轻便的语言之一。

如图11-9所示，OceanBase 0.4对SQL有了初步的支持，用户可以使用标准SQL来访问OceanBase，支持简单的增删改查以及关联查询，但对SQL的支持并不完整。同时OceanBase 0.4也是OceanBase最后一个开源版本。对比OceanBase 0.4和OceanBase 0.2的架构，OceanBase 0.4最终补上了易用性的白板，开始慢慢有了一个标准分布式数据库的样子。

4．OceanBase 0.5

2012年年底的时候，OceanBase团队来到了支付宝。当时支付宝面临着全面去掉IOE的强烈需求，

IOE的成本太高了，但个人计算机（Personal Computer，PC）服务器的稳定性难以和高端存储相比，如果使用MySQL这样的开源数据库代替PC服务器，业务就面临着丢失数据的潜在风险。当时基于MySQL的容灾方案仍然只是主备同步，对于支付宝来说，丢失一笔订单造成的损失难以估量。业务对数据库的强一致性和高可用性提出了更高的要求，也促使团队搭建了OceanBase 0.5的架构（见图 11-10）。

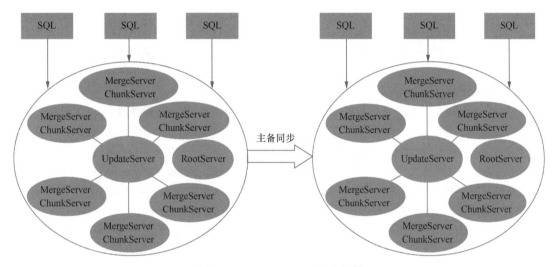

图 11-9　OceanBase 0.4 的架构[5]

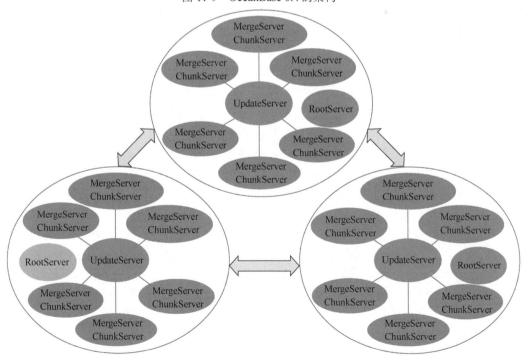

图 11-10　OceanBase 0.5 的架构[5]

OceanBase 0.5 中引入了一致性协议Paxos，通过多数派选举来保障单点故障下的数据一致性。一般情况下，OceanBase 0.5 的部署模式是三副本，当有一个副本出现问题时，另外两个副本会补齐日志并重新选出一个主机提供服务，可以做到在单点故障下不丢失任何数据，同时故障恢复时间小于 30 秒。同时为了更好地支撑业务，OceanBase 0.5 全面兼容了MySQL协议，支持了二级索引并有了基于规则的执行计划，用户可以用MySQL的客户端来无缝连接OceanBase，可以像使用MySQL一样来使用OceanBase。

对比OceanBase 0.4 和OceanBase 0.5 的架构，我们发现OceanBase 0.5 基于Paxos，有了更强的高可用性以及强一致性，基于SQL有了更好的易用性，但代价是从两副本变成三副本，系统成本增加了 50%。

5. OceanBase 1.0

在OceanBase 0.5 的架构下，业务对强一致、高可用以及易用性的需求都得到了很好的满足，痛点慢慢集中在扩展性和成本上。随着用户写入量的不断增长，UpdateServer的单点写入成为瓶颈，同时三副本也带来了过高的成本消耗。OceanBase 1.0 带来了全新的架构，重点解决了扩展性和成本的痛点。

在OceanBase 1.0 中，支持了多点写入，从架构上将UpdateServer、ChunkServer、MergeServer和RootServer都合并为一个OBServer，每一个OBServer都可以承担读写，整体架构更加优雅，运维部署也更加简单。一张表可以被划分为多个分区，不同分区可以散布在不同的OBServer上，用户的读写请求通过一层代理OBProxy路由到具体的OBServer上执行。对于每个分区都仍然通过Paxos协议实现三副本高可用，当有一台OBServer出现故障时，这台OBServer上的分区会自动切到其他包含对应分区的OBServer上提供服务。

在成本方面，我们注意到在Paxos协议中，需要三副本同步的只是日志，日志需要写 3 份，但是数据并不是，和数据相比日志量总是小的。如果将日志和数据分开，我们就可以使用两副本的存储开销实现三副本高可用。在OceanBase 1.0 中，我们将副本分为两种类型：全功能副本和日志副本，其中全功能副本既包含数据也包含日志，提供完整的用户读写；日志副本只包含日志，只进行Paxos投票。

OceanBase 1.0 中还引入了多租户的概念，在同一个OceanBase集群中，可以支持多个不同的租户，这些租户共享整个集群资源，OceanBase会对不同租户的CPU、内存、I/O及磁盘使用进行资源隔离。租户可以根据自己的需要配置不同的资源容量，集群会根据不同OBServer的负载做动态的负载均衡。这使得我们可以把很多个小租户部署到同一个大集群中来，降低整体的系统成本。

和OceanBase 0.5 相比，OceanBase 1.0 的扩展性有了大幅提升，而且由于引入了日志副本和多租户技术，成本有了大幅降低。但扩展性的提升不是没有代价的，多点写入带来了巨大的复杂性。首先用户的数据并不一定会只写入单个分区，而多个分区的写入不可避免地会带来分布式事务，我们使用两阶段提交协议来完成分布式事务。其次，在一个分布式系统中获取一个全局单调递增的时间戳是极其困难的，由于没有全局时钟，我们基于局部时间戳做单分区内的读写并发控制，这使得系统的一致性有了一定的限制。虽然单分区的查询仍然是强一致的，但跨分区的查询无法保证读的强一致，这对于用户而言会是一个不小的限制。同时由于分区的关系，二级索引成为分区内的局部索引，这要求索引键中必须包含分区键，无法支持全局的唯一索引，这对用户使用也造成了一定的不便。

6. OceanBase 2.0

OceanBase 2.0 的外部整体架构（见图 11-11）与OceanBase 1.0 没有太大差别，仍然是一个无共享的三副本架构，但在内部其对扩展性、高可用、一致性、低成本和易用性都实现了极大的提升。

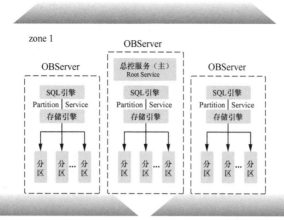

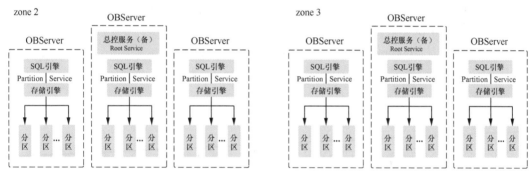

图 11-11　OceanBase 2.0 的架构[5]

在扩展性方面，OceanBase 2.0 实现了分区分裂的功能。建表的时候，用户对合适的分区数可能没有很好地估计，当分区过大时，可以通过分区分裂使得分区数变多。尽管分区分裂是一个比较"重"的DDL操作，但在OceanBase 2.0 中，分区分裂是可以在线进行的，对用户的正常业务读写并不会造成太大影响。

如图 11-12 所示，在高可用方面，OceanBase 2.0 支持主备库功能，对于某些只有双机房的用户，可以在机房内通过三副本实现机房内的无损容灾，通过主备库实现跨机房的有损容灾。在一致性方面，支持全局快照，真正意义上实现了分布式读写下的强一致。基于全局快照，也完成了对全局索引以及外键的支持。在低成本方面，事务层支持了TableGroup，允许把一组相近的表"绑定"在一起，减少分布式事务的开销；存储层引入了数据编码，通过字典、RLE、Const、差值、列间等值、列间前缀等算法进一步压缩存储空间的占用，并且其对于数据的编码是自适应的，可以根据数据特征来自动选择合适的编码算法。在易用性方面，OceanBase 2.0 支持了Oracle租户，允许用户在同一套OBServer集群中同时使用MySQL租户与Oracle租户，并且支持存储过程、窗口函数、层次查询、表达式索引、全文索引、自适应

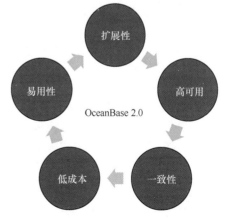

图 11-12　OceanBase 2.0 功能图谱[5]

游标共享（Adaptive Cursor Sharing，ACS）、SQL计划管理（SQL Plan Management，SPM）、回收站等。

尽管今天的OceanBase 2.0在扩展性、高可用、一致性、低成本以及易用性方面做到了更好的平衡，但这样的架构并不是一蹴而就的。从OceanBase 0.1 到OceanBase 2.0 的发展历程来看，OceanBase的架构一直在进化，为了能够更好地服务于业务，很多事务总是面临着许多权衡和取舍，一项特性的提升会以其他特性的降低为代价。架构的优化演进没有终点，未来为了更好地满足业务的需求，OceanBase的架构还会不断进行演进。

11.2.3 厚积薄发

2019 年 10 月，在被誉为"数据库领域世界杯"的TPC-C基准测试中，中国企业自研的分布式关系数据库OceanBase打破Oracle保持了 9 年的世界纪录，性能指标达到Oracle的两倍。中国工程院院士李国杰说："这是我国基础软件取得的重大突破！" 2020 年 5 月，OceanBase又刷新自己的成绩，实现 7.07 亿的tpmC的成绩，2020 年 6 月，蚂蚁集团宣布将自研数据库产品OceanBase独立进行公司化运作，成立由蚂蚁 100%控股的数据库公司即北京奥星贝斯科技。此举标志着蚂蚁旗下这一明星科技产品走上大规模商业化轨道，也推动分布式数据库这一中国顶级自研技术进入全新的发展阶段。

11.3 TDSQL

腾讯云企业级分布式数据库TDSQL品牌升级后，分成几个产品系列，分别为分布式数据库TDSQL、分析型数据库TDSQL-A、云原生数据库TDSQL-C。原TDSQL、TBase、CynosDB产品统一整合成TDSQL；TDSQL MySQL为原TDSQL；TDSQL PostgreSQL为原TBase OLTP及HTAP；TDSQL-A PostgreSQL为原TBase OLAP，并新增ClickHouse；TDSQL-C为原CynosDB。

11.3.1 分布式TDSQL

基于微信支付、红包等复杂业务场景，腾讯一直致力于实现数据库的自主可控，保证数据强一致性、高可用和水平扩展。实际上，腾讯推出的TDSQL[6]金融级分布式数据库，在对内支撑微信红包业务的同时，对外也正在为中国金融行业提供技术自主可控分布式数据库解决方案。

TDSQL由 3 个模块组成：Scheduler、Agent、Gateway。3 个模块的信息交换都是通过ZooKeeper完成的，这极大地简化了各个节点之间的通信机制。Scheduler是集群的管理调度中心；Agent模块负责监控本机MySQL实例的运行情况；Gateway基于MySQL Proxy开发，在网络层、连接管理、SQL解析、路由等方面做了大量优化。TDSQL中Set的逻辑概念：由"一主多从"多个节点构成，每个节点包含一个MySQL实例和一个Agent实例，是承载数据存储和服务的底层物理数据库。一个或多个Set可以通过网关形成一个逻辑数据库。

如图 11-13 所示，从架构来讲，TDSQL是无共享架构的分布式数据库；从部署方式来讲，TDSQL是一款支持多租户的云数据库；从能力来讲，TDSQL比当前流行的HTAP更进一步，它重新定义了一种综合型的数据库解决方案，也可以分配Noshard实例、分布式实例（Shard实例）和分析型实例（TDSpark实例），同时支持JSON、RockDB等方案。当然，TDSQL最主要的特点在于其具备分片能力。

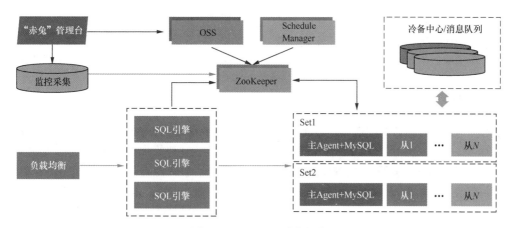

图 11-13 TDSQL系统架构

整体来说，TDSQL是由决策调度集群、全局事务管理器（Global Transaction Manager，GTM）、SQL引擎、数据存储层等核心组件组成的，每个模块都基于分布式架构设计，可以实现快速扩展、无缝切换、实时故障恢复等。通过这一架构，TDSQL的Noshard、Shard、TDSpark实例可以混合部署在同一集群中，并且使用简单的x86 服务器，可以搭建出类似于小型机、共享存储等稳定、可靠的数据库。在架构上，TDSQL的核心思想只有两个：数据的复制和分片，其他都是由它们衍生出来的。

TDSQL除了提供计算下推、分布式事务等特性，也针对OLAP需求演进了TDSpark特性，如图11-14所示。简单来说，其将SQL引擎基于OLAP场景做了修改，保留了原生的MySQL协议接入能力。因此业务可以通过访问MySQL的渠道接入OLAP-SQL引擎，OLAP-SQL引擎在这个时候不是将分布式的查询计划直接下推到各个数据库节点，而是引入一个中间层，目前采用的是SparkSQL，通过SparkSQL强大的计算能力可显著提升复杂SQL的执行性能。另外，为了确保分析操作与在线的OLTP业务隔离，TDSQL的数据层为每份数据增加了一个监测主数据库的数据异步节点，确保分析操作与在线业务操作互相不影响。

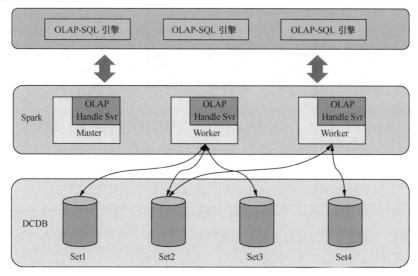

图 11-14 TDSQL融合引擎

为了保证系统的运行尽在掌控之中，TDSQL不仅用完善的管控系统（即"赤兔"系统）来完成系统的自动化管理，还从可用性、安全、效率、成本维度等进行全方位管控。TDSQL在赤兔中引入了"数据库自治运营"的理念，构建了一套能自我学习的智能检测平台（即"扁鹊"系统）。

11.3.2 分析型TBase

作为腾讯的另一款数据库产品，分布式HTAP数据库 TBase（TencentDB for TBase）是腾讯自主研发的分布式数据库系统[7]，集高扩展性、高SQL兼容度、完整的分布式事务支持、多级容灾能力以及多维度资源隔离等于一身。Tbase凭借其强大的安全和容灾能力，已经成功应用在金融、电信、医疗等行业的核心业务系统中。同时，TBase采用无共享的集群架构，为用户提供容灾、备份、恢复、监控、安全、审计等全套解决方案，适用于GB～PB级的海量HTAP场景。

首先介绍TBase的架构（主要由 3 个部分组成），如图 11-15 所示。

Coordinator：协调节点（简称"CN"），对外提供接口，负责查询规划的生成和分发，多个节点位置对等，每个节点都提供相同的数据库视图。在功能上，CN上只存储系统的全局元数据，并不存储实际的业务数据。

Datanode：数据节点（简称"DN"）用于处理和存储与本节点相关的元数据，每个节点还存储业务数据的分片。在功能上，DN负责完成执行CN分发的请求。

Global Transaction Manager：全局事务管理器（简称"GTM"），主要是做分布式事务，负责管理集群事务信息，同时管理集群的全局对象，如序列等，除此之外GTM不提供其他的功能。

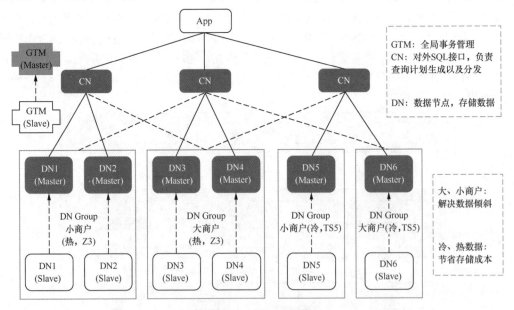

图 11-15　TBase总体架构

TBase提供了一个具有友好接口的数据库集群架构，这个数据库集群架构具有如下优点。写可扩展：可以部署多个CN，并且可以同时向这些节点发出写操作。多主节点：系统的每个CN都可以发起写入操作，并都可以提供统一、完整、一致的数据库视图。数据自动同步：对于业务来说，在一个CN的写入操作会立刻呈现在其他的CN上。数据透明：是指数据虽然存储于不同的DN中，业务通过CN查询数据库时，还是可以像使用普通的数据库一样编写SQL语句，而不必关心数据位于具体的节点，TBase数据库内核可以自动完成SQL的调度执行，并保证事务特性。

TBase是怎么做到全局事务一致性的？需要通过以下两个手段。第一：全局时钟。逻辑时钟从零开始内部单向递增且唯一，由GTM维护，定时和服务器硬件计数器对齐；硬件保证时钟源稳定度。第二：对MVCC做的分布式改造。多个GTM节点构成集群，主节点对外提供服务；主备之间通过日志同步时间戳状态，保证GTM核心服务可靠性，提升GTM最大容量。通过MVCC+GTM，保证事务在提交时无论是什么状态，都能保证最后的读写是一致的。理论上讲，每个事务都要从GTM获取时钟，GTM容易成为系统的瓶颈。实际上在生产系统中很难达到GTM瓶颈，因为TBase GTM的最高吞吐量经测算可以达到1200万，也就是说每秒可以产生1200万个时间戳，这对于绝大部分系统来说足够了。根据TPC-C测试结果来看，TBase在达到300万tpmC之前，吞吐量基本上是随着节点数增加而线性增长的。

很多行业的客户都有数据安全的诉求，特别是银行、保险、证券、政企等。基于客户的需求和业界先进的数据库安全解决方案，TBase建设了一套很有特色的数据安全系统。TBase的数据安全系统称为MLS（Multiple Level Security，多级安全），以"三权分立"为基础，消除了系统的超级用户权限。所谓的"三权分立"，是指把数据库管理员分解为3个相互独立的角色：安全管理员、审计管理员、数据管理员。安全管理员负责制定安全和权限规则，审计管理员负责对数据库的操作动态进行追踪，数据管理员负责对数据库进行运维。这3个角色之间相互制约，消除系统中的最高级权限，从系统角色设计上解决数据安全问题。

11.3.3 云原生CynosDB

CynosDB是腾讯云自研的一款云原生数据库，其主要核心思想来自Amazon的云数据库服务Aurora。这种核心思想就是"基于日志的存储"和"存储计算分离"。同时，CynosDB在架构和工程实现上还有很多和Aurora不一样的地方。CynosDB融合了传统数据库、云计算和新硬件的优势，支持无限量存储、百万级查询和秒级的故障恢复。

如图11-16所示，CynosDB是公有云原生架构的，其核心思想是在资源池化的基础上实现公有云高性价比、高可用性以及弹性扩展等诸多优势。实现资源池化的最大技术挑战是高效、稳定的弹性调度能力，这需要做到两点。一是存储与计算分离，这样计算资源（主要包含CPU和内存）就可以使用现有成熟的容器、虚拟机等技术实现资源池化；

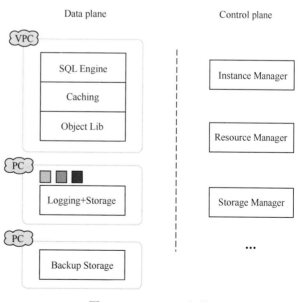

图11-16 CynosDB架构

二是分布式存储，将数据分割成规格化的块，引入分布式调度系统，实现存储容量和 I/O 的弹性调度，从而实现存储资源的池化。

CynosDB 将腾讯云数据库运营平台作为控制面板，由实例管理器（Instance Manager）向资源管理器（Resource Manager）注册申请一个对象池，然后创建和部署 CynosDB 数据库实例，并在该数据库实例的私有网络上安装一个代理进程，负责监视数据库实例的运行情况。其可以根据实例的运行情况进行故障切换或更换实例。

资源管理器根据对象池注册信息初始化一个称为段组（SegmentGroup）的调度单元，根据调度规则选择最佳节点作为该数据库实例的物理存储，调度规则将参考对象池信息，根据装箱算法从可用区开始，依次筛选数据中心、机架、物理节点、磁盘容量以及结合当前整个 CynosDB 的运行情况，选择最佳节点。

存储管理器（Storage Manager）负责管控 CynosDB 的物理存储资源以及备份和恢复数据需要的详细信息。对于长时间运行的操作，如存储节点故障后的数据库恢复或修复（重新复制）等操作，存储管理器使用异步机制实现。存储管理器通过后端作业进行调度，为保持高可用性，指标采集服务持续监控存储操作的所有关键方面，积极、主动、自动化地探测实际存在和潜在的问题，如关键性能或可用性指标异常就会触发警报而引起关注。

存储服务部署在访问管理上，并配置多个存储磁盘，存储节点之间采用 RDMA 技术实现数据的高效传输。存储节点维护本地 SSD 与数据库引擎实例、其他对等存储节点以及备份/恢复服务进行交互。备份/恢复服务把数据库物理日志持续备份到对象存储平台，并定期将增量数据备份到对象存储平台，这样可以按时间点实现数据的快速恢复。

作为云原生数据库，CynosDB 集众多创新技术于一身。其以软件优化与新硬件结合为理念，采用了先进的技术和存储分离架构，同时实现了计算机无节点状态，支持秒级故障切换和恢复，数据备份时间缩短到分钟之内。在接下来的道路中，CynosDB 技术团队将继续深挖云上用户的痛点，构建企业级特性，进一步完善云数据库自治能力，将更多腾讯内部的数据库技术普惠给腾讯云用户。

11.3.4　产品战略统一

我在腾讯云数据库战略升级发布会上了解到，腾讯云数据库的优势不只在于其众多的数据库产品，还在于其清晰的战略定位。腾讯云认为，未来数据库发展方向将从"数据库+云"模式全面转向"云+数据库"模式。未来，腾讯云数据库将聚焦云原生、自治、超融合三大战略方向，以用户为中心，连接未来。会上，腾讯云全面阐释了聚焦三大主航道的原因，同时面向全球用户发布五大战略级新品（数据库智能管家 DBbrain、云数据库 TBase、数据库备份服务 DBS、云数据库 Redis 混合存储版、自研云原生数据库 CynosDB 商业化版本），向"云+数据库"迈进。之后不久，腾讯云发布分布式图数据库产品腾讯云数图 TGDB（Tencent Graph Database），实现了万亿级关联关系数据的实时查询。

目前的企业级分布式数据库 TDSQL 是腾讯云数据库战略升级的产物，由 TDSQL、TBase 和 CynosDB 融合而成，集成了原 TDSQL、TBase 和 CynosDB 的优势，与之前主打金融级高可用的 TDSQL 不一样。因此，将 TDSQL、TBase 和 CynosDB 升级为腾讯云企业级分布式数据库 TDSQL，全新升级后的 TDSQL 将在多元场景下实现多引擎共存，充分发挥各个引擎的特点及优势，实现极致的性能。全新升级后的企业级分布式数据库TDSQL借助能够融合公有云与私有云，连接传统IDC与云数据库的数据库软件即服务（Software as a Service，SaaS）工具DBBridge以及实现软硬一体融合的TDSQL一体机，共同构成了性能与通用性兼得的产品能力族。云数据库TDSQL是腾讯云提供的金融数据库解决方案。目前，TDSQL已经为500多家政企和金融机构提供数据库的公有云及私有云服务，客户覆盖银行、保险、证券、互联网金融、计费、第三方支付、物联网、互联网+、政务等领域。

11.4　GaussDB

华为作为信息与通信基础设施和智能终端提供商，在基础软件领域也深耕多年，其中不乏成熟、商用的数据管理系统产品[8]。这些产品经过不断的迭代和更新，为用户提供了更多的选择。基于华为累积多年的数据库研发、搭建和维护经验，结合数据库云化改造技术，华为大幅优化传统数据库，为用户提供更高可用、更高可靠、更高安全、更高性能、即开即用、便捷运维、弹性伸缩的数据库服务，拥有容灾、备份、恢复、安防、监控、迁移等全面的解决方案[9]。

华为高斯实验室自研的GaussDB，是在开源的PostgreSQL的基础上研发的，包括很多新特性和企业功能，提供高可靠、高可用的分布式数据库服务。华为GaussDB是一个企业级的AI-Native分布式数据库。GaussDB采用MPP架构，支持行存储与列存储，提供PB级数据量的处理能力，可以为超大规模的数据管理提供高性价比的通用计算平台，也可用于支撑各类数据仓库系统、BI系统和决策支持系统，为上层应用的决策分析提供服务。同时，华为GaussDB将AI能力植入数据库内核的架构和算法中，为用户提供更高性能、更高可用、更多算力支持的分布式数据库。

其实，GaussDB并非一个产品，而是系列产品的统称，目前GaussDB至少包含3款产品，有面向OLTP的数据库、面向OLAP的数据仓库，还有面向事务和分析混合处理的HTAP数据库。

11.4.1　OLTP成长史

2007年，因为电信实时计费项目陷入困境，华为开始组织人手研发内存数据库，项目代号GMDB，这是可追溯到的华为最早的数据库研发记录。当时，华为决定研发内存数据库的想法并不"高大上"，反而很单纯，完全不是外界所猜想的搞个数据库去售卖并"干掉谁"，纯粹只是因为在电信计费领域，华为找不到能与其解决方案较契合的数据库。

做数据库内核开发如"在刀尖上跳舞"，压力很大，但凡在内核架构与机制制定上有一丝没有考虑清楚，上线就一定会出问题，这会导致严重后果，因为一旦确定的方向进行不下去，就需要推倒重来。众所周知，电信行业对数据库要求较高，尤其是可用性，定制化需求较多，改动工作量大，而采用国外数据库，让原厂来配合改动，人家未必会配合。因此，华为被迫走上了开发数据库的道路，以此来提升解决方案的竞争力。

不过，2007年的GMDB并没有取得大规模商用，只在小范围内进行试用，但这个版本却锻炼了一大批人。当时，国内对数据库内核开发知之甚少，有经验者寥寥，都是"摸着石头过河"。但"有苗不愁长"，到了2010年，华为数据库研发团队开始对2007年的GMDB进行全面重构，并写下了重构版本的第一行代码："typedef struct st_database{...}database_t;"——数据库对象的定义。

从这个版本开始，华为数据库的定位已经不再局限于内存数据库，而是在向通用关系数据库逐渐转变，重构过程中，GMDB开始融入大量非内存数据库的特性，这就是GaussDB OLTP的前身。重构后的版本，质量上取得了显著提升，2012 年，GMDB开始大规模商用，主要应用于电信计费领域，同时，在华为内部，众多配套的解决方案也开始使用GMDB。对于每一个刚诞生的产品，华为的做法是"降落伞一定要自己先跳"。

GaussDB对外输出之前，华为也是从服务内部客户开始的。但在华为，内部客户的需求远比外部客户的更苛刻、更残酷，往往只要有一点儿不满意，内部客户就会直接一个邮件发到总裁或副总裁那里，连个喘息的机会都没有。在服务内部客户的过程中，GaussDB研发团队总是胆战心惊。为了让GaussDB OLTP数据库的内核变得更稳定，研发团队创造了最"暴力"的测试方法，并立下规矩，谁发现的问题，用例就用谁的名字来命名。正是这样一步步地积累，让GaussDB OLTP数据库的内核变得越来越强壮和稳健。

华为强大的研发平台为GaussDB OLTP数据库的产品质量提供了强有力的保障。在软硬件基础设施方面，华为过去几十年的积累非常深厚，有着整套完整的标准流程和研发支撑体系。高手毕竟是少数，一个产品的开发不能完全依赖编码高手，在团队作战的时候，一个大的研发平台至关重要，这就是华为数据库最大的优势。

2017 年，华为与招商银行开始就GaussDB进行联合创新。2018 年 3 月，GaussDB OLTP数据库在招商银行综合支付交易系统成功上线投产，顺利承接招商银行"手机银行"和"掌上生活"两大App交易流水流量，日均请求量高达 8500 万，峰值TPS（Transactions Per Second，每秒处理事务数）达到 3500。截至目前，系统稳定运行。

如今招商银行的信用卡风险警示系统、零售实时风险警示系统、手机银行收支账单系统、一网通用户日志系统、客户经理平台系统、供应链金融服务平台系统、分布式交易链路追踪系统等多套业务系统已进入对接开发阶段，截至 2019 年年底，招商银行有 17 套系统采用GaussDB并投产上线。

11.4.2　OLAP成长史

华为真正想把数据库作为一个完整的产品来做，其实始于 2011 年年底。当时，华为成立了 2012 实验室，也有了高斯实验室和GaussDB。就在这年，华为同时启动了面向OLAP数据库的研发，并足足用了 3 年的时间来开发代码和验证架构的可行性。研发团队分析了业界数据库的相关理论和技术，在基于传统关系数据库的SQL引擎和事务强一致性等基础上，进行了分布式、并行计算的改造。2014 年，华为孵化出Gauss DB OLAP数据库第一个版本。

2015 年，华为与中国工商银行一起联合创新，GaussDB OLAP数据库也开始在中国工商银行内上线，并逐渐取代某国外品牌数据仓库。从一开始的十几个节点的集群规模到现在的单个集群超过 200 个节点，这大概是目前国内数据仓库中最大的。事实上，GaussDB OLAP数据库的产品交付过程并非一帆风顺，而是经历了诸多磨难，在MPP大规模通信上踩过不少"坑"。

GaussDB OLAP数据库最初采用的是流控制传输协议（Stream Control Transmission Protocol，SCTP），当时，中国工商银行的企业数据仓库已经有上百个节点，再扩容，通信将面临很大的挑战。因为，研发团队在实验室测试发现，随着集群的扩大，SCTP存在风险，首先是稳定性，通信将变得很不稳定，丢包严重；其次是性能，在大压力下，性能将变得非常不稳定，而且存储空间已经达到70%了，照这样下去，再有几个月集群空间肯定就不够用了，业务就会停摆。

经过与客户沟通，中国工商银行要求华为GaussDB OLAP数据库团队必须尽快扩容一倍以上的节点。此时，整个研发团队的压力可想而知，团队内部经过了无数次激烈的讨论后，最终决定采用自研的多流代理通信技术重构解决该问题。而这一重构，前后就花了半年多的时间。最终扩容成功，确保了工商银行业务的稳定运行。

这样的故事，在GaussDB OLAP数据库产品化的过程中不胜枚举。没有以客户为中心的理念，没有像工商银行这样优质客户的积极反馈与配合，就不会有今天成熟、可靠的GaussDB OLAP数据库。而在内核研发过程中，对研发团队而言，最大的痛苦莫过于完全无法预知外部客户会怎样去使用GaussDB，外部客户并不会像内部客户严格按照规范来，因此，当出现问题时，定位问题、复现问题就显得尤为重要。因为，只有定位到问题才能对症下药，如果连故障原因都找不到，解决问题也就无从谈起。

华为在数据库内核的构建中有着非常严格的要求，一旦发现的问题被解决后，一定要复盘，解决问题的方案一定是严格推导出来的，如果问题解决过程含糊不清，或稀里糊涂地把问题解决了，这在华为是绝对不行的。在所有测试中发现的问题，都必须要放入CI（Continuous Integration，集成数据库用例全集）里，这样CI就会被不断补充。CI就像一道门禁，数据库每一个版本的发布，必须通过10年所积累的所有用例，只要有一个没通过，就不能发布。

11.4.3 HTAP成长史

2017年，华为又启动了面向事务和分析混合处理的数据库研发。2018年，GaussDB HATP数据库问世，并成功落地中国民生银行。据悉，中国民生银行采用了GaussDB分布式数据库+ARM服务器的全栈解决方案，从数据库层面解决了可扩展性问题，降低了应用分布式改造的难度，并将其应用于一卡通、贵金属模拟交易等交易类系统，是国产数据库在银行交易类系统的首次商用。

GaussDB有一个特性，叫逻辑集群，可以实现多个业务系统的统一管理，计算弹性共享。这是个对客户非常有价值的特性，也符合客户云化多租户的业务演进趋势。但就是这样一个非常有价值的特性，前期的规划也是一路坎坷。这个特性最初由某个核心工程师提出，起初并不为团队一些成员所认可。

后来，GaussDB产品管理团队经过对大量客户的走访，对客户业务系统的痛点、需求，以及未来发展趋势进行了详细的梳理，发现随着海量数据的爆炸式增长，数据分析的诉求越来越多，客户分析系统也越来越多，面临的运维管理复杂性也越来越高。同时，云化也是一个趋势，很多客户希望能够基于云化模式建设数据分析系统，能够实现资源弹性共享，而逻辑集群的特性恰好可以完美地解决客户的业务诉求。最终，产品管理团队内部达成一致。如今，这个特性已经成为GaussDB的一个非常有竞争力的特性。

11.4.4 AI-Native成长史

做数据库，华为是认真的。不过，华为将GaussDB定位于AI-Native数据库，而非仅仅是Cloud-Native数据库，这种升维源于GaussDB实现的两大革命性突破。

一是AI for DB，首次将AI技术引入了GaussDB全系列产品内核，实现自运维、自管理、自调优、故障自诊断和自愈，调优性能比业界提升 60%以上。

二是DB for AI，使GaussDB适配AI的运行。用户可以通过数据库语言来方便地使用AI，即降低AI使用门槛，实现普惠AI。

同时，GaussDB 通过异构计算创新框架，充分发挥了x86、ARM、GPU、神经网络处理器（Neural-network Processing Unit，NPU）多种算力优势，在权威标准测试集TPC-DS上，性能比业界平均水平提升 50%。华为GaussDB希望通过智能、异构、融合这 3 个方面，重新定义数据处理平台。华为以硬件闻名，因此，很多人会质疑华为的软件研发能力。事实上，在华为 8 万多名研发工程师中，有 70%是软件研发人员（这是汪涛在发布会上，接受媒体采访时给出的数据）。

GaussDB也具有云上的版本。目前华为云已经发布了 13 款数据库服务，其中数据仓库服务就是GaussDB OLAP数据库的云化版本，为行业客户提供云上数据仓库服务。华为还将继续培养基于GaussDB的生态环境，让更多的IT公司可以基于新数据库开发相应的产品，让GaussDB在更大范围内得到应用。

华为在数据库领域已经投入了约1000名研发工程师，这一规模是很多数据库厂商难以达到的。不过，华为做数据库并不是为了替代谁，目前华为内部也在使用其他的数据库，以后也依然会继续用。华为做GaussDB的目的，一方面是对华为AI战略的承接，另一方面是构筑"硬件+软件+生态"的战略布局。

还记得华为GaussDB发布视频中的一行文字：向数学致敬、向科学致敬。GaussDB不仅蕴含着华为对数学和科学的敬畏，也承载着华为对基础软件的坚持和梦想。从GaussDB工程师身上，我们看到了工程师们对技术精益求精的精神。正是这种精神，才让这群工程师们坚持十几年，历经坎坷，最终在被誉为基础软件"皇冠上的明珠"的数据库领域中突出重围，破茧成蝶。

11.5 Bigflow

Bigflow是百度的一套计算框架[10]，它致力于提供一套简单、易用的接口来描述用户的计算任务，并使同一套代码可以运行在不同的执行引擎之上。它的设计中有许多思想借鉴自Google Flume Java以及Google Cloud Dataflow，另有部分接口设计借鉴自Apache Spark。

用户基本可以不去关心Bigflow的计算真正在哪里执行，可以像写一个单机程序一样写出自己的逻辑，Bigflow会将这些计算分发到相应的执行引擎之上执行。Bigflow的目标是：使分布式程序写起来更简单，测试起来更方便，跑起来更高效，维护起来更容易，迁移起来成本更低。目前Bigflow在百度公司内部对接了公司内部的批量计算引擎DCE、迭代引擎Spark以及公司内部的流计算引擎Gemini。

在大数据管理系统发展的早期，Hadoop服务BMR（Baidu MapReduce）和大规模机器学习服务BML（Baidu MachineLearning）服务了百度内部核心业务多年，可以作为百度大数据分析和挖掘平台的代表[11]。系统底层是IDC硬件，上层是Matrix，再上层是Normandy系统，然后是几个主要的计算引擎。底层架构需要对上提供统一的服务，如在硬件、调度、存储等方面的统一。而实际上各个系统对外的实现，都有自己的接口，如果要使用MapReduce，需要编写MapReduce程序直接调用Hadoop原生接口，此外还要配置多个参数。再比如，部分业务还需要流式系统完成日志清洗，经过MapReduce模型批量预处理后，通过ELF完成机器学习模型训练，最后通过MapReduce模型完成模型评估，可见一个业务需要跨越多个模型，需要业务线的开发人员同时熟悉很多模型和平台，而每一个模型又有各自的特点和接口。在这种模式下，需要足够了解模型的细节和接口，才能真正利用好该模型。

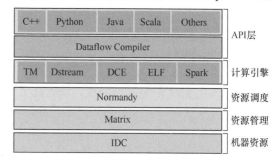

图 11-17　百度Dataflow架构

在此基础上，团队正式立项Bigflow（原项目名为Dataflow，如图 11-17 所示），将模型的细节屏蔽。平台自动决定选择合适的并发度，甚至智能选择应该把对应的业务作业提交到哪个计算引擎模型上。如图 11-18 所示，Bigflow可以支持多个不同的计算引擎（每个引擎在其适合的领域做到极致），充分发挥各引擎的性能和功能。所以用户使用同一套接口，便能对应到不同的任务。由于采用高层抽象，业务开发效率获得大幅提升，代码量大幅减少，其维护成本也大幅降低。Bigflow集成了常见的优化手段，因此可以大幅提升平台有效资源利用率。

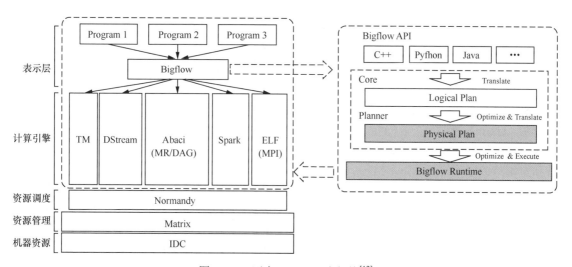

图 11-18　百度Bigflow平台架构[12]

Bigflow具有以下几方面的优点。

（1）高性能

Bigflow的接口设计使得Bigflow可以感知更多用户需求的细节属性，并且Bigflow会根据计算的属性进行作业的优化。其执行层使用C++实现，用户的一些代码逻辑会被翻译为C++代码执行，有较大的性能提升。从公司内部的实际业务测试来看，其性能远高于用户手写的作业。根据一些从现有业务改写过来的作业来看，其性能平均比原用户代码提升了100%。

（2）简单易用

Bigflow的接口表面看起来很像Spark，但实际使用之后会发现Bigflow使用了一些独特的设计使得Bigflow的代码更像是单机程序，例如，屏蔽了分区的概念、支持嵌套的分布式数据集等，使得其接口更加易于理解，并且拥有更强的代码可复用性。特别地，在许多需要优化的场景中，因为Bigflow可以自动优化性能以及内存占用，所以用户可以避免许多因内存或性能不足而必须进行的优化工作，降低用户的使用成本。

（3）Python友好

在这里，系统原生支持的语言是Python。使用PySpark时，有不少用户困扰于PySpark的低效，或困扰于其不支持某些CPython库，或困扰于一些功能仅仅在Scala和Java中可用，在PySpark中暂时处于不可用状态。而在Bigflow中，以上问题都不是问题，其在性能、功能、易用性方面都对Python用户比较友好。

作为一个通用的计算平台优化框架，在百度的数据中心内部，Bigflow每天可以处理约 3TB 的数据。内外部客户也反馈，Bigflow可以大幅提高开发效率和生产效率。目前，Bigflow已经开源了Bigflow on Spark部分，后续更多的工作值得我们期待。

11.6　ByteGraph

图数据库在 20 世纪 90 年代出现，直到最近几年才在数据爆炸的大趋势下快速发展，百花齐放。但目前比较成熟的图数据库大部分都面对传统行业数据集较小的问题。用于较低的访问吞吐场景，如开源的Neo4j是单机架构。因此，在互联网场景下，通常都基于已有的基础设施定制系统，例如，Facebook基于MySQL系统封装了图系统TAO，其几乎承载了Facebook所有数据逻辑，LinkedIn在键值之上构建了图处理服务，微博基于Redis构建了粉丝和关注关系。2019年年初，Gartner数据与分析峰会上将图列为 2019 年十大数据和分析趋势之一，预计全球图分析应用将以每年 100%的速度迅猛增长。因此，字节跳动团队也开启了在离线图计算场景的支持和实践。

面对字节跳动世界级的海量数据和海量并发请求，用万亿级分布式存储、上千万高并发、低延迟、稳定可控这些条件一起去筛选，业界在线上被验证稳定、可信赖的开源图存储系统基本没有可以满足的。另外，对于一个承载公司核心数据的重要基础设施，是值得长期投入并且深度掌控的。因此，2018 年 8 月，字节跳动团队开始踏上图数据库的漫漫征程，从解决一个最核心的抖音社交关系问题入手，逐渐演变为支持有向属性图数据模型、支持写入原子性、支持部分Gremlin图查询语言的通用图数据库系统。该系统在公司所有产品体系落地，称为ByteGraph。

字节跳动的图在线存储场景，其需求也是有自身特点的，可以总结为海量数据存储（百亿点、万亿边的数据规模）；图符合幂律分布，如少量"大V"粉丝人数达到几千万；海量吞吐，最大集群QPS达到数千万；低延迟，访问延迟 99%需要限制在毫秒级；读多写少，读流量是写流量的近百倍；轻量查询多，重量查询少，90%查询是图上二度以内查询。容灾架构演进：要能支持字节跳动城域网、广域网、洲际网络之间主备容灾、异地多活等不同容灾部署方案。下面会从数据模型、系统架构等部分，由浅入深地介绍ByteGraph的工作。

图 11-19 展示了ByteGraph的内部架构，其中Bg是ByteGraph的缩写。就像MySQL通常可以分为SQL层和引擎层两层一样，ByteGraph自上而下可以分为查询层（Bgdb）、事务引擎层（Bgkv）、

磁盘存储层三层，每层都由多个进程实例组成。其中Bgdb层与Bgkv层混合部署，磁盘存储层独立部署。下面详细介绍每一层的关键设计。

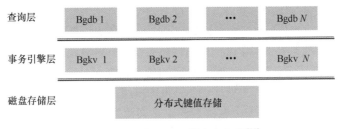

图 11-19 ByteGraph的内部架构[13]

（1）查询层

Bgdb层和MySQL的SQL层一样，主要工作是做读写请求的解析和处理。其中，处理可以分为以下3个步骤：对客户端发来的Gremlin查询语句做语法解析，生成执行计划；并根据一定的路由规则（如一致性哈希）找到目标数据所在的存储节点（Bgkv），将执行计划中的读写请求发送给多个Bgkv；将Bgkv读写结果汇总并进行过滤处理，得到最终结果，将结果返回给客户端。Bgdb层没有状态，可以水平扩容，用Go语言开发。

（2）事务引擎层

Bgkv层是由多个进程实例组成的，每个实例管理整个集群数据的一个子集（分片或分区）。Bgkv层的实现和功能有点儿类似内存数据库，提供高性能的数据读写功能，其特点如下：只提供点和边读写接口；支持算子下推，通过把计算下推到存储Bgkv上，能够有效提升读性能；缓存存储有机结合，其作为键值存储的缓存层，提供缓存管理的功能，支持缓存加载、换出、缓存/磁盘同步异步等复杂功能。从上述描述可以看出，Bgkv的性能和内存使用效率是非常关键的，因此采用C++编写。

（3）磁盘存储层

为了能够提供海量存储空间和较高的可靠性、可用性，数据必须最终落入磁盘，底层存储选择了公司自研的分布式键值存储。

上面介绍了ByteGraph内部三层的关键设计，细心的读者可能已经发现，ByteGraph外部是图接口，底层依赖键值存储，那么问题来了：如何把动辄百万粉丝的图数据存储在一个键值系统上呢？在字节跳动的业务场景中，存在很多访问热度和数据密度极高的场景，如抖音的"大V"、热门的文章等，其粉丝人数或者点赞数会超过千万级别。但作为键值存储，希望业务方的键值对的大小能控制在KB量级，且最好是均匀的。太大的数据会瞬间"打满I/O路径"，无法保证线上的稳定性，特别小的数据会导致存储效率比较低。事实上，数据大小不均匀这个问题困扰了很多业务团队，在线上也会经常因此出故障。

解决这个问题的思路其实很简单，总地来说，就是采用灵活的边聚合方式，使得键值存储中的数据大小是均匀的，具体可以用以下4条来描述：一个点（Vertex）和其所有相连的边组成了一数据组（Group）；不同的起点及其终点属于不同的组，是存储在不同的键值对中的；对于某一个点及其出边，当出度数量比较小，将其所有出度即所有终点序列化为一个键值对，称为一级存储方式;当一个点的出度逐渐增大,如一个普通用户逐渐成长为抖音"大V",则采用分布式B-Tree组织这百万粉丝,称为二级存储。一级存储和二级存储之间可以在线安全地互相切换。

ByteGraph是在人力有限的情况下,优先满足业务需求,在系统能力构建方面还是有些薄弱,有大量问题都需要在未来解决,包括但不限于以下几个方面。

从图存储到图数据库:一个数据库系统是否支持ACID事务,是一个核心问题,目前ByteGraph只解决了原子性和一致性,对于最复杂的隔离性还完全没有触碰,这是一个非常复杂的问题。另外,中国信息通信研究院(简称中国信通院)于2019年发布了《图数据库白皮书》,以此为标准,如果想实现一个功能完备的数据库系统,还面临很多挑战。

标准的图查询语言:目前,关于图数据库的查询语言业界还未形成标准,ByteGraph 选择Apache、AWS、阿里云的Gremlin语言体系,但目前也只是支持了一个子集,更多的语法支持、更深入的查询优化还未开展。

云原生存储架构演进:现在ByteGraph还构建在键值存储之上,独占物理机全部资源。从资源弹性部署、运维托管等角度看,是否有其他架构演进探索的可能性,从查询到事务再到磁盘存储是否有深度垂直整合优化的空间,也是一个没有被回答的问题。

混合业务处理:现在ByteGraph在OLTP场景下承载了大量线上数据,这些数据同时也会应用到推荐、风控等复杂分析和图计算场景,如何把OLTP和轻量OLAP查询融合在一起,具备部分HTAP能力,也是一个空间广阔的"蓝海"领域。

图数据库重点面对OLTP场景,以事务为核心,强调增删查改并重,并且一个查询往往只涉及图中的少量数据。而与之不同,图计算系统是解决大规模图数据处理的方法,面对OLAP场景,是对整个图做分析和计算。图 11-20 引用自VLDB2019 的主题演讲 "Graph Processing: A Panaromic View and Some Open Problems",描述了图计算系统和关系型图数据库的一些领域区分。

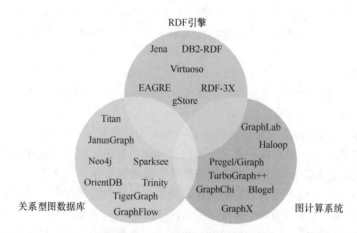

图 11-20　图数据库系统分类[13]

为了满足社交网络的在线增删改查场景,字节跳动自研了分布式图存储系统ByteGraph。针对图状结构数据,ByteGraph支持有向属性图数据模型,支持Gremlin查询语言,支持灵活、丰富的写入和查询接口,读写吞吐可扩展到千万QPS,延迟毫秒级。ByteGraph主要用于在线OLTP场景,而在离线场景下,图数据的分析和计算需求也逐渐显现。目前,ByteGraph支持今日头条、抖音、

TikTok、西瓜视频、火山小视频等几乎字节跳动的全部产品线，遍布全球机房。字节跳动作为近些年成长非常快、技术实力也非常扎实的企业，逐渐开始在数据库领域发力。除了本节提到的ByteGraph，字节跳动内部也在孵化NewSQL类型的数据库。

11.7 小结

随着国力的增强，国内的大企业也开始自己的大数据管理系统的研发，这次是从头部科技公司开始的。百度采用的是Hadoop系统，有一些大数据产品，但不是很有知名度；阿里巴巴数据管理系统比较多，如OceanBase、MaxCompute、AliSQL等；腾讯有基于PG研发的TDSQL；华为有基于PG研发的兼容现有各种数据管理系统的FI。此外，还有京东的Presto等。2019年，OceanBase在TPC-C的测试中，以6088万tmpC的成绩战胜了榜单上的Oracle，后者的成绩是30 249 688 tpmC。这件事情又提高了业界对国产数据库的关注度。而时隔不到一年，OceanBase打破自己的纪录，创造了7.07亿tpmC的纪录。

这几年，国产数据库的进步也是有目共睹的，尤其是随着国内移动互联网的迅猛发展，给很多国产新型数据库的应用创造了独一无二的机会。这在很大程度上推动国产数据库逐渐缩小和以Oracle为代表的传统数据库厂商之间的差距，甚至在某些层面呈现赶超之势。如果深挖这几年国产数据库的发展，研发模式可以分为两条截然不同的路径。

第一条路径以早年的达梦、人大金仓和南大通用等几家公司为主。这些数据库公司的主要特点是由大学教授创办，无论是以Oracle为参照的达梦还是以面向数据分析为主的南大通用，其产品在投资规模上以及开发人员上相对较少，功能与性能和国外竞争对手比起来不够突出。事实上，数据库产品的研发是一个大投入、长周期、对技术要求很高的领域。但是不管怎么说，作为国产数据库的第一批企业，他们对中国数据库整体技术的发展，还是做出了不可磨灭的里程碑式的贡献。

第二条路径是，互联网时代，中国的非数据库企业由于自身业务的需要对外采购以Oracle为代表的数据库产品，而这些产品主要从业务或者成本等方面考虑，因而无法满足自身需要，进一步促使自己的业务发展走向了自研的道路。这里尤其以中国的通信企业和互联网企业为代表。华为公司发布了自研长达9年之久的GaussDB。按照发布会的说法，这是基于PostgreSQL 9.2开发的数据库，有多个不同的型号，可以支持OLTP、OLAP以及HTAP的场景需求，性能、功能以及稳定性都比较好。互联网企业的代表有阿里巴巴和腾讯，电商企业阿里巴巴发布了自研的数据库，主要有基于MySQL的、计算存储分离的云端数据库PolarDB，以及蚂蚁金服集团自研的OceanBase数据库。前者是阿里巴巴集团和阿里云业务的主打，后者是TPC-C测试里打败Oracle的主角，主要应用于蚂蚁金服的相关业务。这在前文也做了详细阐述，这里不再展开。

虽然国产数据库起步较晚，以Oracle、IBM、Microsoft等为代表的老牌厂商凭借先发优势在市场占据了有利位置，但是云技术的发展还是让国产数据库搭上了"快班车"。2018年，以腾讯、阿里巴巴、华为为代表的三大厂商不仅增速位列前列，市场份额也在逐年增加。腾讯云去年市场份额增速达到123%，位列国内所有数据库厂商之首。如果增速体现的是市场大盘的增长，那么在复杂场景下实现自主可控考验的就是真实的技术实力。

与早年的数据库厂商相比，这些从电信行业、互联网行业里面发展起来的数据库，有技术、有场景、有资源投入，并且都经历了对自身业务支撑的考验。而不管是电信行业还是互联网行业，在应对数据的规模、数据库产品的功能和性能的要求，以及业务的复杂性方面，都经过了严苛的实际考验。这些数据库能够支撑起复杂的业务场景，其可用性和可靠性都是非常高的。可以说，经过近 10 年的业务打磨，大的通信厂商和互联网公司设计的数据库产品，和国际同类产品比较起来，已经具备了相当强的竞争能力。十年磨一剑，国产数据库的春天终于到来了。

11.8 参考资料

[1] Dongxu Huang等人于 2020 年发表的论文"TiDB: A Raft-based HTAP Database"。

[2] 黄东旭于 2017 年 2 月发布的知乎文章《TiDB架构的演进和开发哲学》。

[3] PingCAP网站TiDB 简介页面。

[4] 阿里云开发者社区网站 2018 年 8 月发布的文章《浅谈OceanBase系统整体架构》。

[5] OceanBase社区版网站。

[6] 腾讯云社区于 2018 年 11 月发布的文章《腾讯分布式数据库TDSQL金融级能力的架构原理解读》。

[7] 许中清于 2019 年 5 月在腾讯云社区上的发布的文章《腾讯云国产分布式数据库TBase技术分享》。

[8] Le Cai等人于 2018 年发表的论文"FusionInsight LibrA: Huawei's Enterprise Cloud Data Analytics Platform"。

[9] 华为云官方网站。

[10] Yun-Cong Zhang等人于 2019 年发表的论文"Bigflow: A General Optimization Layer for Distributed Computing Frameworks"。

[11] 百度高级技术经理朱冠胤于 2015 年 10 月在QCon上的演讲"百度开放云大数据分析BMR和BML架构演进之'不平凡之路'"。

[12] Bigflow Python 1.0.0 文档。

[13] M. Tamer Özsu于 2019 年发布的报告"Graph Processing: A Panaromic View and Some Open Problems"。

第4篇
大数据管理系统的架构——路在何方

数据管理系统像一座活火山，定期"喷发"一次，带来新的技术革命和商业产品。大数据管理系统的下一次"喷发"是什么时候呢？"知历史，明兴亡"，数据管理系统的发展历史仅仅六七十年，那我们从技术发展的角度分析，能有什么收获呢？

第 12 章

高速电子计算机与大数据
管理系统——万法归宗

高速电子计算机简称"计算机"，即我们常见的台式计算机或者笔记本计算机。如果说计算机是以CPU为主要部件的、以计算为中心的工具，那么大数据管理系统则是以机器节点为单位部件的、以存储为中心的数据服务。

12.1　以计算为中心的计算机

计算机系统是计算机体系结构的智慧结晶，计算机体系结构用于实现计算的自动化，要实现计算的自动化就需要解决存储数据、对存储的数据进行计算、控制计算的并发，解决这 3 个核心问题后，还要考虑被计算的数据的来源和去向。

计算机和信息技术是最近几十年人类科技发展最快的领域之一，无可争议地改变了每个人的生活：从生活方式到生产方式，从工作学习方式到国家治理方式，都因计算机和信息技术发生了巨大改变。

如果追溯计算机历史，最早的计算设备是算盘。1613 年，"Computer"第一次出现在Richard Braithwait的书中，最初用于指代"计算工作者"。1642 年，布莱斯·帕斯卡（Blaise Pascal）发明了帕斯卡计算器，这是第一台机械计算器，只能进行加减运算。1694 年，戈特弗里德·威廉·莱布尼茨（Gottfried Wilhelm Leibniz）发明了步进计算器，这是第一台能进行加减乘除运算的机器，原理是连续加减。1805 年，法国机械师约瑟夫·马里·杰卡德（Joseph Marie Jacquard）真正完成了自动提花编织机的制作，首次将上述机器可编程。同时代，计算弹道主要靠计算表，但每次改设计就需要一张新表。于是，1823 年，查尔斯·巴贝奇（Charles Babbage）提出了差分机，能计算多项式。构造差分机期间，他还提出了分析机，分析机算是早期的通用计算机。

Charles Babbage是英国数学家、发明家兼机械工程师，由于提出了差分机与分析机的设计概念（并实现了部分机器），被视为计算机先驱。Charles Babbage从小就养成对任何事情都要寻根究底的习惯，拿到玩具也会拆开来看看里面的构造。后来，他接受了良好的数学和其他科学的训练并考察了许多工厂。他于 1823 年设计出的世界上第一台小型差数机，虽然没有制成，但其基本原理于很多年后被应用于各类以自动化计算为目标的系统中。他还利用计数机来计算工人的工作数量、原材料的利用程度等。他把这称为"管理的机械原则"。他制定了一种"观察制造业的方法"，这种方法同后来别人提出的"作业研究的、科学的、系统的方法"非常相似。观察者用这种方法进行观察时需利用一张印好的标准提问表，表中包括的项目有生产所用的材料、正常的耗费、费用、工具、价格、最终市场、工人、工资、需要的技术、工作周期的长度等。他进一步发展了亚当·斯密关于劳动分工的利益的思想，分析了分工能提高劳动生产率的原因。现今出版的许多计算机书籍扉页里，都有这位先生的照片：宽阔的额，狭长的嘴，锐利的目光，显得有些愤世嫉俗，坚定但绝非缺乏幽默的外貌，给人一种极富深邃思想的学者形象，有人或许知道他的大名——Charles Babbage。

在此之后，1842 年，计算机程序创始人埃达·洛夫莱斯（Ada Lovelace），著名英国诗人拜伦（Byron）之女，给分析机写了假想程序，因此成了第一位程序员，而且是女程序员。1880 年，美国人口调查局职员赫尔曼·霍利里思（Herman Hollerith）发明了用于人口普查数据的穿孔卡片及机器，并用于 1890 年美国的人口普查，仅 6 周就完成了统计。1896 年，Herman Hollerith成立了制表机公司，专门生产用于计算的打孔卡和打孔机。1911 年，在金融家查尔斯·弗林特（Charles Flint）的投资并购的推动下，制表机公司、列表机公司，以及拥有存储技术的国际时代唱片公司三家合并，成为现在的IBM公司。

另外一位众所周知的计算机先驱就是冯·诺依曼，1903 年出生于匈牙利布达佩斯，1957 年卒于美国，终年 53 岁。在他短暂的一生中，他取得了巨大的成就，远不止于世人熟知的冯·诺依曼架构。冯·诺依曼由于在曼哈顿工程中需要大量的运算，从而使用了当时最先进的两台计算机Mark Ⅰ和ENIAC，在使用Mark Ⅰ和ENIAC的过程中，他意识到了存储程序的重要性，从而提出了存储程序逻辑架构。冯·诺依曼架构定义如下：

- ❑ 以运算单元为中心；
- ❑ 采用存储程序原理；
- ❑ 存储器是按地址访问、线性编址的空间；
- ❑ 控制流由指令流产生；
- ❑ 指令由操作码和地址码组成；
- ❑ 数据以二进制编码。

冯·诺依曼架构第一次将存储器和运算器分开，指令和数据均放置于存储器，为计算机的通用性奠定了基础。虽然在规范中计算单元依然是核心，但冯·诺依曼架构促使了以存储器为核心的现代计算机的诞生。该架构的另一项重要贡献是用二进制取代十进制，大幅降低了运算电路的复杂度。这为晶体管时代超大规模集成电路的诞生提供了很重要的基础，让我们实现了今天手腕上的手表的运算性能远超早期大型计算机的壮举，这也是摩尔定律得以实现的基础。冯·诺依曼架构为计算机大提速铺平了道路，却也埋下了一个隐患：在内存容量指数级提升以后，CPU和内存之间的数据传输带宽成了瓶颈。CPU硬件为了提高性能，逐步发展出了指令流水线（分支预测）和多核CPU。冯·诺依曼架构中，指令和数据均存储在内存中，彻底打开了计算机通用的大门。

　　计算机技术发展日益迅猛，分布式计算是这些年的热门话题，各种大数据框架层出不穷，容器技术也奋起直追，各类数据管理系统（如Redis、Elasticsearch、MongoDB）也大搞分布式，可以说是好不热闹。分布式计算源于人们日益增长的性能需求与落后的x86基础架构之间的矛盾。分布式系统的性能问题，表现为多个方面，但是归根到底，只是一个非常单纯的矛盾：人们日益增长的性能需求和数据一致性之间的矛盾。一旦需要强数据一致性，就必然存在一个限制性能的瓶颈，这个瓶颈就是信息传递的速度。信息传递的瓶颈最表层是人类的硬件制造水平决定的，再深入一层是冯·诺依曼架构决定的，再深入一层是图灵机的逻辑模型决定的，可是图灵机是计算机可行的理论基础。

　　那么，计算机的理论基础可以被打破吗？惠普的一个非常宏大的项目THE Machine，计划通过新一代技术打造一个全新的计算机。与传统计算机相比，THE Machine（见图12-1）有3点优势。

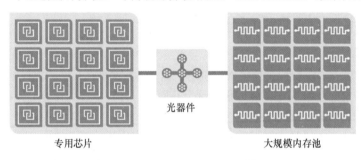

专用芯片　　　　　　　　光器件　　　　　　　　大规模内存池

图 12-1　　THE Machine结构[1]

　　一是采用经过能效和算法优化的系统级芯片（System on a Chip，SoC），这种SoC针对特定用途进行了优化，可在实现性能提升的同时降低能耗。

　　二是统一存储，把原来由内存和硬盘承担的存储任务（内存负责临时存储，硬盘负责长期存储）全部交给所谓的忆阻器。目前计算机对内存的使用基本上仍沿用 20 世纪 40 年代的方案，需要在两种存储（内存与硬盘）之间来回交换数据，既影响性能又增加能耗。而忆阻器的存取速度可与内存匹敌，且存储密度有望比硬盘还高，在掉电后还能像硬盘一样保留数据，而不是像内存一样丢失数据。这样一来，数据的保存和处理都可以在忆阻器上进行，不用像原来那样需要在内存与硬盘之间来回交换，可显著提升效能，同时降低能耗。

　　三是内部全采用光通信，从数据中心的网络设备到机架内设备的互连乃至芯片封装内部的通信电路，全部都采用光通信，从而使得通信效率大为提升。

　　根据惠普的仿真测试，按照这种方案设计出来的THE Machine，其能力是常规计算机的 6 倍，能耗却只有后者的 1.25%，体积则只有 10%左右。THE Machine的首席架构师科克·布莱斯尼克（Kirk Bresniker）当时说，THE Machine原型机将在 2016 年面世。这种机器的目标首先是取代现有的服务器，不过Bresniker说这种设计有朝一日也可以部署到更小的设备上。

　　尽管这种新机器的指标非常吸引人，但是从目前来看其仍存在几个问题：首先是需要调整软件开发思路。这种激进的设计思路与传统计算机体系有很大的区别，且软件设计思路也要进行调整。因此Bresniker希望研究人员和程序员事先能熟悉这种机器的工作机制，同时从开发者针对新操作系统的软件开发实验中找出哪种类型的软件会从中受益最大。他的团队打算在 2015 年 6 月完成专门针对THE Machine的操作系统，这个操作系统叫作Linux++。仿真THE Machine硬件设计的各种软件工具也会陆续发布，以便程序员可以针对该操作系统测试自己的代码。

其次是惠普能否按期实现产品的市场化仍存疑，如与Hynix合作生产的这种忆阻器内存的上市时间的滞后。原来惠普的计划是 2013 年，但后来惠普表示最快也要到 2016 年年初才能向合作伙伴提供部件。最后，THE Machine还面临着其他竞争方案的威胁。Google、Facebook等也在探索服务器设计的新思路，内存和硬盘本身也朝着容量更高、速度更快的目标演进，这些办法相对而言没那么激进，但是更容易取得实效。

然而时至今日，我们也没有等来THE Machine的广泛应用。站在现在的时间角度看THE Machine的工作，不禁令人唏嘘感慨，也令人扼腕叹息。计算机的体系结构近百年来似乎从未有过较大的变化，这既验证了已有架构的成功，也说明了技术的变革远没有我们想象得那么快。

12.2　以存储为中心的数据机

类似计算机体系结构，我们类比了数据机这个概念，数据机体系结构实现的是数据的自动化，即从大数据中获取有用信息的自动化过程，这个获取的过程可以称为计算。同样，数据信息化的计算过程需要控制，此外还要考虑数据的输入和输出。

目前，许多用于并行处理大数据的系统在实际生产中广泛使用，然而，很少有用户能通过直觉来判断哪个系统或系统组合对于给定的工作流是最佳的。在系统之间移植工作流非常烦琐，因此，尽管系统更快或更高效，但用户只能被锁定使用特性的前端（如Hive、SparkSQL、Lindi、GraphLINQ等）和运行它们的后端执行引擎（如MapReduce、Spark、PowerGraph、Naiad等），这种系统的紧密耦合带来很多不便。剑桥的一批研究者认为，工作流的定义方式应该与执行工作流的方式分离。为了探索这个想法，他们构建了Musketeer（见图 12-2），相当于一个工作流管理器，它可以动态地将前端工作流描述映射到各种后端执行引擎，这个系统的主要功能如下。

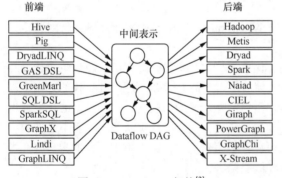

图 12-2　Musketeer架构[2]

❑ 多种前端语言：复杂的工作流可以通过多种声明性方式（类似SQL的查询，以顶点为中心的内核等）来表示。

❑ 自动转换器：工作流可以自动转换为许多后端数据处理系统（如Hadoop、Spark、Naiad、PowerGraph、GraphChi和Metis等）。

❑ 性能：优化工作流程，无须手动优化即可显著缩短运行时间。

❑ 降低成本：工作流还可以映射到更高效的系统，提高资源利用率。

❑ 一触式便携性：轻触一键，Musketeer无须手动移植即可为不同系统生成作业。

❑ 智能计划程序：在运行时自动决定用于给定工作流的数据处理系统。

Musketeer为用户提供了跨数据处理系统的数据处理工作流的可移植性。它甚至可以分析用户的工作流程，并推荐运行它的最佳系统，以及组合工作流不同部分的系统。这一点很重要，没有任何一个系统在所有工作负载大小和类别上都是普遍最好的。如图12-3所示，它的工作原理是引入基于DAG的中间表示形式（Intermediate Representation，IR）层，并将现有工作流规范转换到此IR中。然后对IR进行分析和优化，并为目标后端系统生成高效的代码以构建一个完整的系统。

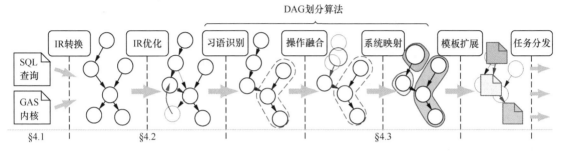

图 12-3　Musketeer运行流程[2]

在Musketeer中，研究团队已经对各部分的组件进行抽象化，然后自动将其链接起来。Ionel Gog和Malte Schwarzkopf这两位师兄弟在将大数据管理系统操作系统化上做了很多努力，后来和Matei的合作更是推进了这一趋势[3]。这与在机器学习领域的AutoML与OpML类似，将系统级的功能抽象化和自动化，并做到极致。

来自斯坦福大学的InfoLab和MIT的实验室CSAIL的Weld项目（见图12-4），也在考虑如何构建统一的数据管理系统模型。现在用户做数据分析的时候，都会结合很多不同的函数，甚至不同的框架，通过复杂的组合构建用户自己的目标服务，如一个典型的数据分析流程：在Spark上做数据库查询，用TensorFlow实现机器学习算法，用NumPy做线性代数计算，用pandas分析数据。

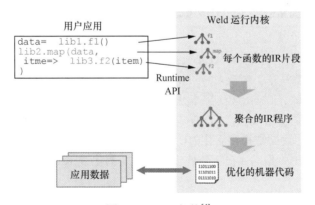

图 12-4　Weld架构[4]

同时，实际上，大部分的数据分析算法都是数据密集型，单位字节上的计算不多，由于每个处理单元都是隔离优化的，每个函数本身都是高效的，在实际执行中，处理单元之间的数据的移动操作占据了大部分的执行时间。举个例子，尽管TensorFlow使用BLAS计算核来执行单个操作，但是手动编码的程序依然要比采用多个操作单元（Operator）的算法快10~30倍，同样在Spark中也有这样的现象。

这项工作为数据分析的库构建了一个统一的运行时，在库之间进行优化。当然，完全考虑所有的工作负载是不可能的，所以这项工作的思想是找到一个简单的抽象来抽取这些工作负载的结构，从而构建高效的库之间的优化。首先要在多个库之间进行优化，这项工作要求工作负载通过一种类似编译原理里面的中间表示（IR）来保证能够后续执行库之间的优化，如循环合并、向量化、循环分块和数据布局的改变。然后这项工作提供了一个基于惰性赋值（Lazy Evaluation）的运行时 API 使得应用可以通过调用不同的库来构建。

Weld 是一个用于数据计算的引擎，它的上层通常是一些计算框架，如 SparkSQL、NumPy 等。用户用这些计算框架编写程序，这些框架将用户需要的计算翻译成 Weld IR，然后 Weld 对其进行一系列的优化，最后生成代码并编译运行。这就像低级虚拟机（Low Level Virtual Machine，LLVM）的工作方式一样：各种语言的编译前端将高级语言翻译成 LLVM IR，LLVM 再对 IR 做一系列的优化，最后编译成二进制语言。虽然都是 IR，但实际上 Weld IR 和 LLVM IR 有很大不同：Weld IR 是声明式的，只表达计算流程，不包含具体的实现。如该项目中涉及的 Builder，上层不需要指定构建数组或是哈希表等数据结构的具体方式，这些是由 Weld 优化器决定的。同时 Weld IR 是惰性赋值的，只有当需要输出结果时，相应的 DAG 计算才会真正开始运行。

总体上看，Musketeer 和 Weld 的最大贡献是抽象出了一个通用的执行器内核。这个抽象的层级要比代码生成中的 LLVM IR 的抽象层级高不少，但又比关系代数或是线性代数的低，从而实现了更好的通用性。这项工作中的很多优化规则都源于编译器或关系数据库，包括管道聚合的思想在编译器中其实也有体现，编译器会尽可能连续利用寄存器，避免不断地存储和加载。但是作为统一多个数据引擎的工作，它们独特的抽象层级令它能做层级更高的优化，达到和数据管理系统的管道一样的效果。

12.3 大数据管理的系统模型

有了上面的认知，我们再回头看从 Charles Bachman 的网状数据管理系统到 EF Codd 的关系数据库，再到 Google 的"三驾马车"和后来的 NewSQL[5]，以及现在层出不穷的大数据管理系统，我们会发现，我们一直在计算、存储、控制、输入和输出上盘旋式前进。

IDS 和 RDB 探讨的是数据模型，ACID 讨论的是计算的控制，MapReduce 实现的是新的计算模型，Spark 采用 RDD 的数据结构和泛化的 DAG 计算模型，NewSQL 争论的是数据的信息化过程要怎么控制，在 CAP 中怎么取舍（在一致性模型上不断弱化），Kafka 和 Zeppelin 则着眼于输入和输出。

存储的核心问题在于数据模型（RDB 的关系模型和 NoSQL 的非结构化模型）、读写性能（HDFS的连续读和 LSM 的批量写）、内外存（MapReduce 写外存和 Spark 内存迭代）等。计算的核心问题在于算子抽象（RDB 各种算子、MapReduce 算子、DAG 算子）、计算依赖（DAG 和 Lattice）、计算模型（数据驱动和计算驱动）等。控制的核心问题在于容错（多副本）、共识（ZooKeeper）、事务（NewSQL）、调度（YARN）、可扩展性（DHT）、消息通信（RPC 和 MPI）等。输入和输出的核心问题在于吞吐量（Apache Pulsar）等。

在通用的大数据处理系统层面，Hadoop形成了自己的生态圈，BDAS也自成大数据计算的一个体系，AsterixDB试图解决一类问题，Apache Beam则试图统一流计算模型，SnappyData则决意统一HTASP系统（见图12-5）。此外，在深度学习领域，Microsoft和Facebook联合推出的ONNX意在统一不同的计算框架。这些工作的目标，实际上是实现大数据管理系统的操作系统化，区别在于采用了不同的设计理念和实现方式。那么，一个抽象出来的，不受限于具体计算、存储、控制系统的操作系统是什么样子的呢？这正是本书所要讨论的终极问题。

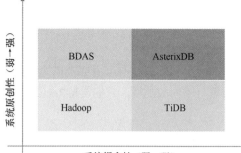

图 12-5　数据管理系统不同维度对比

其实大数据管理系统从不同角度出发，都在向"大一统"的方向发展。Spark从内存数据模型RDD扩展到整个BDAS技术栈，Apache Beam通过统一用户编程语言来实现"大一统"的数据管理系统，即使是可视化工具Zeppelin也通过不断支持各种引擎的可插拔化来向全面的大数据管理系统发展，作为输入和输出的Kafka也通过增加可持久化能力来实现基于Log的数据管理系统。这样的例子不胜枚举，细心的读者会发现，科学技术的发展趋势总是螺旋上升的。

同样在数据库领域，"One Size Fits All"的研究从来没有停止过[6-8]。从"A New Approach to Modular Database System"[9]到"GENESIS: Extensible Database Management System"[10]以及Michael Carey与David Dewitt合作的"Extensible Database Systems"[11]，再到Lambda架构、Polystore和多模数据库，学术界和工业界都在尝试如何构建一个统一的数据管理系统。在GENESIS工作中，研究人员介绍了采用模块化数据库管理系统的方法，该系统的组件可以在运行时进行调整，并首次在面向记录的接口下显示DBMS的模块化。该工作中提出了一种新颖而简单的技术，使定制的数据库管理系统能够快速开发。GENESIS中的DBMS软件组件可在几个月内编写。当存在目标DBMS的所有组件时，编写DBMS的体系结构规范并重新配置GENESIS需要几个小时，并且可以以忽略不计的成本完成。从头开始构建相同的DBMS可能需要许多年，并花费数十万美元。研究者认为，他们提出的可扩展软件技术体现了在专业应用定制数据库管理系统方面的重要进展。这项工作在 1988 年就提出，可以看出，这个方向的研究其实很早就有了。

多模架构也是一种数据管理系统集成化的方式，赫尔辛基大学的陆嘉恒团队提出了UDBMS。系统的主要组件包括两层，核心层接收来自客户端的查询并返回统一的结果，存储层使用不同的模型加载数据并将其存储在统一的存储平台中，核心功能包括 4 个部分，如图 12-6 所示。

❑ 与模型无关的查询处理负责验证和编译传入的统一查询，以及查询计划的生成和优化，并与灵活的架构管理器合作支持验证和编译。此外，团队还开发了多种类型的索引，以有效地支持随机查询。

❑ 灵活的架构管理器是处理多模型数据的不同架构的关键。关系数据库根据写入时的架构原则进行工作，该原则在将数据写入系统之前预先定义了架构。NoSQL通常采取读取时架构，即仅在从系统读取数据时才需要架构。为了获得高水平的架构灵活性，研究者继续使用读取时架构原则，采用架构管理器跟踪数据访问（包括读取和写入），在必要时自动生成架构并对其进行优化。

- 与模型无关的数据存储是向数据访问提供多模型数据类型的模型以及与模型无关的抽象方法。物理数据可以以不同的格式存储，并分散在分布式平台上，如Hadoop和Spark。
- 一致性控制器使用多模型数据锁控制单个查询的数据一致性级别。锁针对不同粒度的数据有不同的类型，它们支持Record粒度、Document粒度、节点和边级别的粒度等。

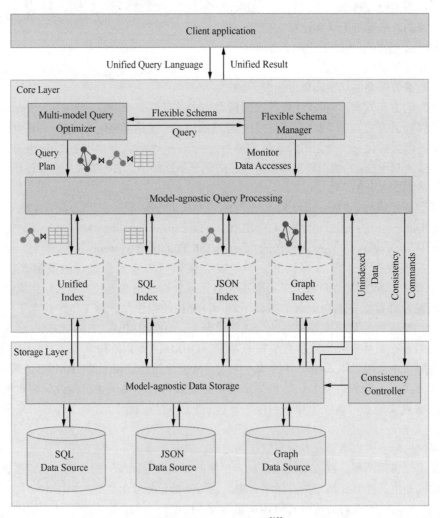

图 12-6　UDBMS架构[12]

经典的Lambda架构是由Storm的作者Nathan Marz提出的一个实时大数据处理框架。Marz在Twitter工作期间开发了著名的实时大数据处理框架Storm，Lambda架构是其根据多年分布式大数据管理系统的开发经验总结和提炼而成的。Lambda架构的目标是设计一个能满足实时大数据管理系统关键特性的架构，包括高容错、低延时和可扩展等。Lambda架构整合离线计算和实时计算，融合不可变性（Immunability）、读写分离和复杂性隔离等一系列架构原则，可集成Hadoop、Kafka、Storm、Spark、HBase等各类大数据组件，如图12-7所示。

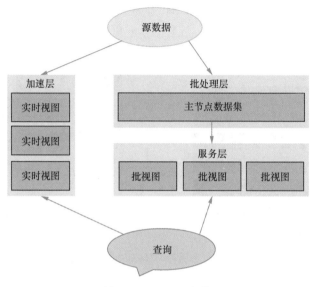

图 12-7　Lambda架构

为了设计出能满足前述的大数据关键特性的系统，我们需要对数据管理系统有本质性的理解。我们可将数据管理系统简化为"数据管理系统 = 数据 + 计算"，从而从数据和计算两方面来认识大数据管理系统的本质，这里的计算我们可以理解为数据的查询。有了上面对数据管理系统本质的探讨，下面我们来讨论大数据管理系统的关键问题：如何实时地对任意大数据集进行查询？大数据再加上实时计算，问题的难度比较大。最简单的方法是，根据查询等式Query = Function(All Data)，在全体数据集上在线运行查询函数得到结果。但如果数据量比较大，该方法的计算代价太大了，不现实。Lambda架构通过分解的三层架构来解决该问题：批处理层（Batch Layer）、加速层（Speed Layer）和服务层（Serving Layer）。

OLAP和OLTP经常被拿到一起来讨论，网上分析和对比这两种系统的讨论很多都是长篇累牍的，其实从系统角度来看，OLAP和OLTP的最大区别无非是下面几点。OLTP对应常见的关系数据库，如MySQL等。OLAP又分实时OLAP和离线OLAP。大数据的一些架构，如常见的Hive + Hadoop、SparkSQL + HDFS、Kylin等属于离线OLAP，而一些监控告警系统这种对实时性要求比较高的系统属于实时OLAP。现在，大家经常提到的HTAP，就是OLTP和OLAP的融合。

大数据出现之后，大家就开始讨论大数据之后是什么？从系统结构上看，主要是借鉴数据库和分布式系统的经验，来构建未来的大数据管理系统应该是什么样子。Michael Carey一直在这方面探索，在一项工作中，Carey对大数据与数据库进行了对比，如图12-8所示。Carey将并行数据库系统比作洋葱（Onions），这类系统内部是有层次结构的，但是用户只能从外面的SQL层与其交换，但是一旦深入系统内部，就会让人有剥开洋葱般的苦恼，因为涉及的技术和架构非常深入。而开源的大数据管理系统像是怪兽（Ogre），这类系统也有层次且有很强的处理能力，但是常常被人诟病比较丑陋，丑陋指的是架构设计且组织上并没有那么优化，往往是简单、粗暴的技术的糅合。因此，Carey说数据库领域的人应该做类似芭菲甜点（Parfaits）的系统，因为做数据库的人有丰富的系统经验，能够做出漂亮的系统，而且系统能够很好地扩展，他鼓励大家应该利用已有的数据库经验和积累做出更好的大数据处理系统，AsterixDB由此诞生。

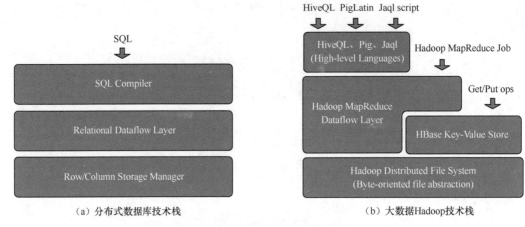

图 12-8 分布式数据库与Hadoop生态架构对比[13]

当然，对于大数据管理系统应该是什么样子，仁者见仁，智者见智[14-17]。数据库领域、分布式系统领域、大数据领域，甚至操作系统领域的人从各自的领域出发，提出不同的系统设计理念，并付诸实践。然而相同的是，大家都采用了抽象化、模块化和层次化的思路来构建统一的系统，到底哪家能"笑到最后"，还得经过时间的考验。

12.4 数据管理系统的总结抽象

只有升级我们的思维，才能降维"打击"我们的问题。计算机科学的发展就是抽象化与自动化。单机数据管理系统就像单核CPU操作系统，只需要管理本机的资源，而分布式数据管理系统就像多核CPU操作系统，每个服务器都是一个CPU + 存储器，同时网络就是总线。这样看来，数据管理系统的操作系统只不过是从多核CPU的操作系统到多服务器的集群操作系统，抽象层次不一样，但是抽象的方法和解决的问题是一样的。

芯片"巨头"Intel为了统一不同架构的底层芯片提出OneAPI。OneAPI旨在提供一个适用于各类计算架构的统一编程模型和API。也就是说，应用程序的开发者只需要开发一次代码，就可以让代码在跨平台的异构系统上执行，底层的硬件架构可以是CPU、GPU、现场可编程门阵列（Field Programmable Gate Array，FPGA）、神经网络处理器，或者其他针对不同应用的硬件加速器等，如图 12-9 所示。

对于大多数应用程序的开发者来说，使用高级语言编程已经成为再平常不过的事情。当开发人员使用C++或Python编写程序时，需要知道特定处理器指令的操作码是什么。事实上，现有的高级语言编译器已经很好地将程序开发与底层的计算机体系结构分离开来。这使得应用程序开发者可以专注于算法和应用的开发，而无须关心底层CPU的实现。这也是编译器和编程语言在基础软件领域越来越重要的原因，向上可以承接不同的开发接口供用户使用，向下可以抽象封装不同的底层系统和硬件。

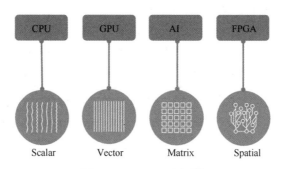

图 12-9　OneAPI功能[18]

然而，随着应用的复杂性不断增加，对算力的要求也逐渐提高。此时，单纯依靠堆积CPU内核已经无法满足应用程序对于性能、实时性、功耗、成本等的要求。人们开始使用越来越多的非CPU计算单元，如GPU、FPGA，以及各种针对不同应用而开发的专用芯片等。这些硬件加速器与CPU一起组成了复杂的异构平台。为了发挥这个异构平台的最大性能，开发者需要深入了解底层硬件的体系结构，以及一系列的特定开发手段和技巧，以便针对性地利用各个异构单元的优势。

拿FPGA来说，如果按开发软件的思路去开发FPGA硬件，如使用各种循环嵌套、多层条件分支等，甚至很难得到一个在时序上收敛的FPGA设计。同样地，如果想用GPU做一些加速运算，那么需要开发人员对CUDA或OpenCL等有丰富的经验，否则就有可能白白消耗了GPU的高功耗而收效甚微。这里只有一个问题：对于普通的软件工程师或算法工程师而言，了解和掌握这些硬件相关的开发知识是很难的。

而这正是OneAPI希望解决的痛点：OneAPI提供一个通用、开放的编程体验，让开发者可以自由选择架构，无须在性能上做出妥协，也大大降低了使用不同的代码库、编程语言、编程工具和工作流程所带来的复杂性。

OneAPI将芯片架构分成了SVMS这 4 类，即标量（Scalar）CPU芯片、矢量（Vector）GPU芯片、矩阵（Matrix）AI芯片和空间（Spatial）FPGA芯片。这 4 类芯片分别有各自的优势和适用范围，同时也有各自的编程模型和方法。以FPGA为例，FPGA的硬件可编程性一直是它最主要的特点，也是有别于其他硬件加速器的重要特性。然而，对FPGA进行编程远远没有听起来那么简单，其中最大的难点之一就是要使用硬件描述语言（Hardware Description Language，HDL）对电路行为进行建模，而且这种建模往往有着比较低的抽象程度。也就是说，FPGA开发者需要对待实现的算法进行分解、并行化并设计流水线，使其成为一个个数据通路或控制电路，同时要设计数据的存储和读取方式、各种时钟域的同步、时序收敛等，以符合系统对功耗、吞吐量、精度、面积等需求。这还不包括电路仿真、调试，以及在软件层面需要做的一系列工作。这样，为了做出一个真正优化过的FPGA设计，往往需要一个有着丰富设计经验的团队协同合作。

为了应对FPGA的设计复杂度过大的问题，业界通常有两种方法：第一，尽量将优化过的硬件封装成IP，让使用者直接调用；第二，使用诸如高层次综合（High Level Synthesis，HLS）的方法，直接将高层语言描述的模型转化为FPGA硬件。HLS的主要问题是，它设计的初衷是为硬件工程师服务，而非软件和算法开发者。因此，起码到目前为止，在业界取得成功的HLS工具都需要使用者有着丰富的硬件知识。在数字电路工程师手中，HLS工具已经被证明可以极大地缩短设计周期，有时甚至可以得到近似或优于人工优化过的RTL代码。

OneAPI在很大程度上可以看作对HLS的扩展，但它的主要目标受众则是软件和算法工程师，这也将成为OneAPI与其他HLS工具的最主要区别。OneAPI提供了一个统一的软件编程接口，使得开发者可以随意在底层硬件之间切换和优化，而无须关心具体的电路结构和细节，如图 12-10 所示。

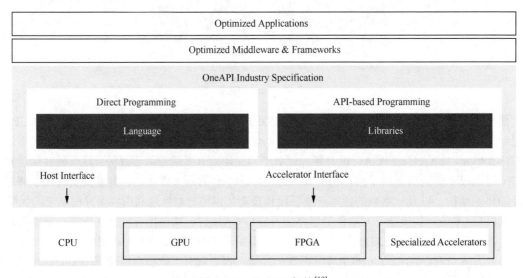

图 12-10　OneAPI架构[18]

除了编程接口外，OneAPI还会包含完整的开发环境、软件库、驱动程序、调试工具等要素，并且这些加速器都已经针对底层硬件进行了优化设计。这种基于优化过的加速器的设计和赛灵思（Xilinx Inc）的Vitis系统有着异曲同工之妙，而这也恰恰代表了业界发展的方向。现如今，技术生态越来越重要，为了维护生态和开发者，OneAPI就必须尽可能多地提供各类开发库和IP，以便开发者专注于应用开发，而无须重复"造轮子"。

兵法有云，"兵马未动，粮草先行"。在技术日新月异的时代，各类AI芯片、硬件加速器不断涌现，异构计算已经成为整个行业最重要的趋势之一。针对这些层出不穷的新硬件，则更应该"架构未动，软件先行"。作为芯片厂商，单纯提供芯片产品已经无法满足市场和使用者的需要，只有同时提供硬件和软件生态，才能在激烈的竞争中突出重围。OneAPI从硬件到软件层做了统一的管理和使用，那么，大数据管理系统的统一化应该如何实现呢？

12.5　小结

以史为鉴，可知兴替。从系统架构看，计算机领域主要有 3 个大的趋势，即抽象化（Abstraction）、模块化（Modularity）、分层化（Layering）。不管是计算机的设计、操作系统的设计，还是Intel芯片的架构，都是从不同层面的角度做这3个工作。因此，大数据管理系统也可借鉴历史经验，从操作系统的角度来实现一个统一的大数据管理系统，这让我想起*Operating System: Three Easy Pieces*这本书，那么大数据管理系统也应该有它的Three Easy Pieces。

12.6　参考资料

[1] Kimberly Keeton于 2015 年发布的报告"The Machine: An Architecture for Memory-centric Computing"。

[2] Ionel Gog等人于 2015 年发表的论文"Musketeer: All for One, One for All in Data Processing Systems"。

[3] Matei Zaharia等人于 2011 年发表的论文"The Datacenter Needs an Operating System"。

[4] Shoumik Palkar等人于 2017 年发表的论文"Weld: A Common Runtime for High Performance Data Analytics"。

[5] Andrew Pavlo等人于 2016 年发表的论文"What's Really New with NewSQL?"。

[6] Mike Stonebraker等人于 2005 年发表的论文"What Goes Around Comes Around"。

[7] Rachael Harding等人于 2017 年发表的论文"An Evaluation of Distributed Concurrency Control"。

[8] Jens Dittrich等人于 2011 年发表的论文"Towards a One Size Fits All Database Architecture"。

[9] Florian Irmert等人于 2008 年发表的论文"A New Approach to Modular Database Systems"。

[10] D.S. Batoory等人于 1988 年发表的论文"GENESIS: An Extensible Database Management System"。

[11] Michael Carey等人于 1985 年发表的论文"Extensible Database Systems"。

[12] UDBMS Group官方网站。

[13] Vinayak Borkar等人于 2012 年发表的论文"Inside Big Data Management: Ogres, Onions, or Parfaits?"。

[14] Luiz André Barroso等人于 2013 年发表的论文"The Datacenter as A Computer"。

[15] Vinayak R. Borkar等人于 2012 年发表的论文"Big Data Platforms: What's Next?"。

[16] Michael Isard于 2007 年发表的论文"Autopilot: Automatic Data Center Management"。

[17] Fangjin Yang等人于 2014 年发表的论文"A Real-time Analytical Data Store"。

[18] oneAPI官方网站。

第13章

无处不在的操作系统——归纳演绎

归纳演绎的本质在于抽象，生产效率的提高在于自动化，这两点结合起来在计算机领域就是操作系统。操作系统就像国家的政府部门，负责资源管理、应用管理、异常处理等各种基础功能。

13.1 计算机的操作系统

关于计算机的操作系统有一本非常有名的书*Operating Systems: Three Easy Pieces*[1]，其作者是Remzi H. Arpaci-Dusseau和Andrea C. Arpaci-Dusseau，细心的读者会发现，两位作者的姓氏一样，其实这是一对"学术夫妻"。夫妻二人都从加利福尼亚大学伯克利分校（UC Berkeley）毕业，毕业后又都去了美国威斯康星大学麦迪逊分校（University of Wisconsin-Madison）做教授，在各自的领域都非常出色，这种人生经历真是让人羡慕不已。

书名中的"Three Easy Piece"是为了致敬费曼的关于物理学的书*Six Easy Pieces: Essentials Of Physics Explained By Its Most Brilliant Teacher*。用作者的话说，操作系统的难度只有物理学的一半，那就叫"Three Easy Pieces"好了。这本书将操作系统相关的内容分成了3个部分，分别为虚拟化（Virtualization）、并发（Concurrency）、持久化（Persistence）。其中虚拟化包括虚拟内存和CPU虚拟化，让进程以类似独占内存和CPU的方式运行（见图13-1）；并发主要讨论了并发编程，以及锁（Lock）、条件变量（Condition Variable）、信号量（Semaphores）；持久化只讨论了文件系统，包括不同的存储介质（如HDD、RAID、SSD）和不同文件系统（如VFS、FFS、LFS、NFS、AFS）的实现。

虚拟化是对物理资源进行逻辑的抽象，进程是一种抽象，是对运行的程序的抽象；地址空间是一种抽象，是对内存的抽象。并发是对抽象资源争抢使用时的解决方案，有不同层面的并发。持久化是对状态的持久化，是对易失性内存的持久化保存，主要针对文件系统。因此，操作系统是管理计算机硬件和软件资源并为计算机程序提供公共服务的系统软件。操作系统主要解决3个问题：抽象化、自动化和极致化。虚拟化对应的就是抽象化，对硬件和软件资源的抽象化；自动化对应的就是并发控制，解决的是如何自动化处理这些抽象资源的管理和使用；极致化对应的是持久化，因为资源的状态和使用情况都需要持久化才能保证持续可用。

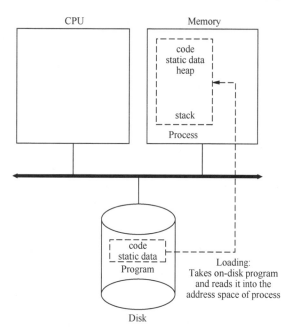

图 13-1　程序加载到进程的过程[1]

　　计算机操作系统的本身就是一段充满传奇故事的历史，既是技术的历史，又是商业的角逐，下面我们来了解一下这段历史，如图 13-2 所示。

　　1980 年下半年，在西雅图的一个阴云密布的上午，一家名为Microsoft的小公司的年轻董事长比尔·盖茨（Bill Gates）与"蓝色巨人"IBM进行了一场会面，这场会面将决定未来几十年计算机行业的命运。Gates走进一个房间，里面坐满了IBM的律师们，他们都穿着剪裁完美的西装。而Gates的西装皱巴巴的，很不合身。但没关系，他来这里不是为了赢一场时装比赛。在这一日，他们签署了一份合同，IBM将一次性以约 8 万美元（约 52 万元）的价格为即将生产的PC购买Microsoft MS-DOS操作系统的永久使用权。

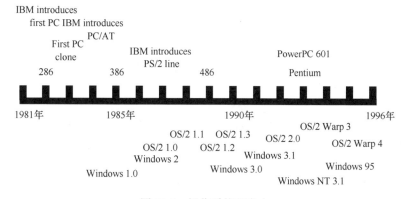

图 13-2　操作系统兴衰史

　　同时IBM还有权使用Microsoft的BASIC编程语言、所有其他编程语言以及开发的一些新的应用程序。对Gates来说，精明的做法应该是坚持要一份提成，这样他的公司就可以从IBM销售的每台PC获得利润。但Gates的做法何止精明，他太聪明了。作为对其放弃MS-DOS（现在应该称为IBM PC-DOS）永久使用权的交换，Gates坚持保留将MS-DOS出售给其他公司的权利。律师们互相看了看，笑了。其他公司？他们会是谁呢？IBM是唯一一家生产PC的公司，而且当时的PC要么带有自己的内置操作系统，要么使用数字研究公司（Digital Research）授权的CP/M操作系统，后者已经成为当时确立的标配。

　　不过，Gates那时没有想得那么远。1996 年，在公共广播服务（Public Broadcasting Service，PBS）

纪录片《书呆子的胜利》的采访中，Gates解释说："计算机工业在大型机上得到的教训是，随着时间的推移，人们制造出了兼容的机器"。作为大型计算机的领先制造商，IBM经历了这一过程，但是该公司始终能够保持领先地位，通过发布新的机器，并依靠其营销队伍的力量，将那些复制者变成竞争的失败者。然而，PC市场的运作方式却有点儿不同。与大型计算机竞争对手相比，PC的复制者是一些规模更小、速度更快、更渴望成功的公司。

而IBM在OS/2和普通PC上都直接认输了。为了在新的移动领域重新夺回霸主地位，Microsoft愿意花费数十亿美元。Microsoft也许仍然不会成功，但至少现在，它还在继续努力。OS/2得到的教训是，"不要与竞争对手的操作系统太过兼容"。这是今天的手机和平板电脑制造商应该认真吸取的一个教训。黑莓（BlackBerry）公司曾吹嘘说，你可以在其BB10操作系统上轻松运行安卓应用程序，但这最终对公司毫无帮助。非传统手机操作系统供应商在构建安卓应用程序的兼容性之前，应该仔细考虑，以免遭遇与OS/2相同的命运。

在当今快节奏的计算环境中，这似乎并没有特别的参考价值。但它仍然是一个好故事，一个巨大的全球型公司如何试图与一个年轻而活跃的新公司较量，最终以失败告终的故事。这样的故事非常罕见，正因为如此，它们才如此珍贵。重要的是要记住，在这场战斗前，IBM处在绝对优势的地位。它拥有可以碾压比它小得多的Microsoft的资源、技术和人才，唯独没有的是失败者的遗嘱。

另外一个可以了解的关于操作系统的历史就是Linux操作系统的历史，有兴趣的读者可以阅读Linus Torvalds的自传*Just for Fun: The Story of an Accidental Revolutionary*。当然这些都是历史的事情，现在回头看，一个计算机系统的流行，除了商业基础外，大众的认知是另一个非常关键的因素。

如果单纯地从操作系统的角度看，现代主流的操作系统是否能满足异构的底层硬件和纷繁复杂的上层应用呢？学术领域很早就探讨过这个问题，20多年前，Dawson R. Engler等学者针对这个问题进行了讨论[2]。他们支持系统架构的抽象化方法，但是对于操作系统来说，可能有点儿过犹不及。他们认为操作系统应该更轻量化，以提供给上层应用基本的操作，而不是为上层应用做各层级的抽象，导致性能下降。简单来说，操作系统是复杂、脆弱、不灵活和缓慢的，因为它们涉足提供通用虚拟机的实现。操作系统基本上是构建在硬件上的最基础的软件，它不能更改，所有应用程序都必须使用它，并且它隐藏的信息无法恢复。操作系统设计人员应该了解硬件设计人员多年前在从复杂指令集计算机（Complex-Instruction-Set Computer，CISC）到精简指令集计算机（Reduced-Instruction-Set Computer，RISC）的过渡过程中学到了什么：硬件应该提供基元，而不是高级抽象。

因此他们推出了Exokernel操作系统，能够给上层应用提供直接的硬件资源访问管理操作，如图 13-3 所示。在硬件上层，他们做了一层非常轻量的Exokernel，以提供给上层应用最基本的硬件功能。如果说传统的操作系统是虚拟机，那么Exokernel就是Docker，轻量、高效。研究人员称这种操作系统为库操作系统（Library Operating System），通过提供低级的Exokernel结构调用，实现高级的上层抽象，能够根据不同的上层应用做各种有针对性的优化。Exokernel面临的挑战是使库操作系统在管理物理资源时获得最大的自由，同时避免它们因其相互保护而带来的冲突问题。一个库操作系统中的编程错误不应影响另一个库操作系统，为了实现这一目标，Exokernel通过低级互通将保护与管理分开。

现在看来，库操作系统也不是什么新鲜事，Microsoft的研究人员在 2011 年就对库操作系统工作进行了总结和分析。他们基于现有的操作系统，提出Drawbridge架构（见图 13-4），并进行了性能和功能评估，在主机操作系统上又做了一层库操作系统，似乎离现在的Docker又近了一步。引用论文中的一句话：

"There is nothing new under the sun, but there are a lot of old things we don't know."

——Ambrose Bierce, The Devil's Dictionary

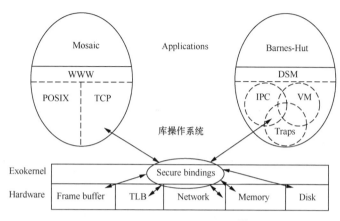

图 13-3　Exokernel系统架构[3]

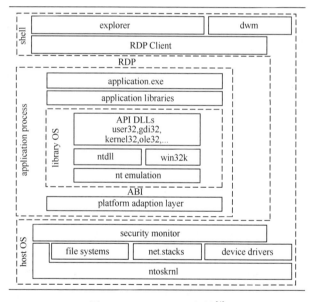

图 13-4　Drawbridge架构[4]

　　减少操作系统流程抽象的开销一直是系统设计的一个长期目标。这个问题在现代C/S计算中尤为突出。高速以太网和低延迟持久存储器的结合大大提高了I/O密集型软件的效率标准。许多服务器花费大量时间执行操作系统代码，以提供中断、消除多用和复制网络数据包，以及维护文件系统元数据。服务器应用程序通常执行非常简单的功能，如键值表查找和存储，但每个客户端请求多次遍历操作系统内核。作为一种折中方案，Arrakis利用现在的大数据处理系统I/O很高的特性，既提供给上层应用直接访问硬件I/O的能力，又保留传统操作系统的网络等基本能力。之所以做这种优化，是因为对Redis这种NoSQL数据库在操作系统层面的各种开销做了详细的分析，如图 13-5 所示。

	Read hit				Durable write			
	Linux		Arrakis/P		Linux		Arrakis/P	
epoll	2.42	(27.91%)	1.12	(27.52%)	2.64	(1.62%)	1.49	(4.73%)
recv	0.98	(11.30%)	0.29	(7.13%)	1.55	(0.95%)	0.66	(2.09%)
Parse input	0.85	(9.80%)	0.66	(16.22%)	2.34	(1.43%)	1.19	(3.78%)
Lookup/set key	0.10	(1.15%)	0.10	(2.46%)	1.03	(0.63%)	0.43	(1.36%)
Log marshaling	-		-		3.64	(2.23%)	2.43	(7.71%)
write	-		-		6.33	(3.88%)	0.10	(0.32%)
fsync	-		-		137.84	(84.49%)	24.26	(76.99%)
Prepare response	0.60	(6.92%)	0.64	(15.72%)	0.59	(0.36%)	0.10	(0.32%)
send	3.17	(36.56%)	0.71	(17.44%)	5.06	(3.10%)	0.33	(1.05%)
Other	0.55	(6.34%)	0.46	(11.30%)	2.12	(1.30%)	0.52	(1.65%)
Total	8.67	($\sigma=2.55$)	4.07	($\sigma=0.44$)	163.14	($\sigma=13.68$)	31.51	($\sigma=1.91$)
99th percentile	15.21		4.25		188.67		35.76	

图 13-5　Redis内存读和持久化写开销统计[5]

　　Arrakis是一种新的操作系统，旨在在不破坏进程隔离的情况下从I/O数据路径中删除内核。与传统的操作系统不同，它协调所有I/O操作以强制实施进程隔离和资源限制。Arrakis 使用设备硬件将I/O直接传递到自定义的用户级库。Arrakis 内核在控制平面中运行，配置硬件以限制应用程序不当行为，这有点儿像我们做数据库系统时采用RDMA技术进行网络的内核旁路（Kernel Bypass）操作，但Arrakis是从操作系统层面进行I/O的内核旁路操作。

　　随着数据中心的发展，操作系统也迎来了新的变革。操作系统不再是我们理解的、常见的Linux、Windows操作系统，操作系统将无处不在。操作系统很好地给出了系统的设计理念（模块化、抽象化、层级化），这些将影响数据中心操作系统的设计和实现。从更宏观的角度看，数据中心需要操作系统，从更微观的角度看，物联网也需要操作系统，操作系统无处不在。

13.2　数据管理系统的操作系统

　　数据管理系统作为三大基础软件之一，很多基础操作的实现都依赖操作系统，操作系统为数据管理系统提供的不仅是对简单的应用程序的支持，还有很多针对性的优化工作。我们还期望操作系统服务支持数据库管理功能[6]。

　　如图 13-6 所示，数据库管理系统提供比传统操作系统更高级别的用户支持。DBMS 设计人员必须在他所面临的操作系统的上下文中工作，不同的操作系统专为不同的用途而设计。在这项研究中，Michael Stonebraker等人研究了几种流行的操作系统服务，并指明它们是否支持数据库管理功能。经研究发现，通常大家会看到这些操作系统提供了错误的服务或存在严重的性能问题。在可能的情况下，研究人员通过论文提供了有关改进的一些建议。在该论文中，介绍了缓冲池管理、文件系统、计划流程管理和流程间沟通以及一致性控制等服务。最后，论文讨论了将所有文件包括在分页虚拟内存中的优点，这些都是数据库与操作系统相关的内容。

　　在 20 多年前，哈佛大学的两位学者就注意到Michael Stonebraker提出的操作系统对数据库的影响，因此对如何将操作系统和数据库结合起来，更好地发挥数据库系统性能做了研究，开展了VINO[7]这项工作。VINO是一种新的内核体系结构，它围绕操作系统和应用程序之间可渗透屏障的概念而设计。VINO有 3 个目标：允许应用程序指定管理资源的内核策略，使内核基元在用户级别访问，并提供围绕获取硬件和软件资源设计的通用系统接口。将这些目标相结合，提供DBMS所需的对可扩展性的支持。

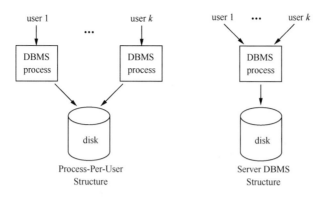

图 13-6 两种多用户数据库系统架构对比[8]

30 多年前，Michael Stonebraker就注意到操作系统对数据库的影响。针对操作系统的特点，对数据库进行优化是必不可少的。尤其是现在，各种硬件层出不穷，计算机体系结构也发展得很快。我的一位同事Puya Memarzia做过一些在NUMA架构下的数据库优化的工作[9]。NUMA体系结构的一个关键缺点是，许多现有软件解决方案不知道底层 NUMA 拓扑，因此没有充分利用硬件。现代操作系统旨在为NUMA系统提供基本支持。但是，对于大型数据分析应用程序，默认系统配置通常不够理想。此外，通过从零开始重写应用程序来实现NUMA并不总是可行的。Puya团队评估了各种策略，希望可以加速NUMA系统上内存密集型的数据分析的工作负载情况，并分析了不同内存分配器、内存放置策略、线程放置以及内核级负载平衡和内存管理机制的影响。通过广泛的实验评估，根据不同的策略设置，NUMA系统可以在 3 个不同的硬件体系结构上，在 4 个常见的内存数据分析工作负载中获得显著的加速。以上工作显示这些针对不同的操作系统层面的优化，可以加快运行TPC-H工作负载的两个流行的数据库系统。

这里涉及一个非常关键的问题，数据库针对操作系统的特性进行优化，那么操作系统如何针对数据库或者大数据管理系统的应用层面的软件做出更好的优化呢？操作系统和数据库社区分别处理了资源可原谅、不参与和不规范处理的问题，需要一个简单的常规体系结构模型来支持资源密集型应用程序。在分析硬件设计时，存在阻抗不匹配的问题。我们在软件中也有同样的问题：操作系统接口不适合DBMS，并且不适合任何其他并非最不常见的大多数系统。因此，VINO架构是朝着这一方向迈出的良好一步，是进一步研究DBMS和操作系统结构的正确架构。

在 2020 年VLDB的会议上，Stonebraker等人提出，要把操作系统建立在数据库上[10]，还给出了文件系统（File System）、进程通信（IPC）、任务管理（Task Management）等问题的解决方案。虽然看似有些荒诞，但研究人员却实实在在地做出了研究成果。所以说，操作系统与数据库不分家，到底谁为谁服务，一言难尽。

13.3 数据中心的操作系统

数据中心需要操作系统，这一趋势随着数据中心规模的不断扩大变得更加明显。随着计算不断进入云中，用户使用的计算平台不再是盒子大小的机器，而是一个装满计算机的仓库。这些新的大型数据中心与早期的传统托管设施有很大不同，不能简单地视为同一位置服务器的集合。这些设施中的大量硬件和软件资源必须协同工作，以有效地提供良好的Internet服务性能水平，而这只能通过整体设计和部署来实现。换句话说，我们必须将数据中心本身视为一台大型仓库级计算机（Warehouse Scale Computer，WSC）。在该工作中，研究者们介绍了WSC的体系结构（见图 13-7）；影响其设计、运行和成本结构的主要因素，以及其软件的基础特点，希望对当今WSC的架构师和程序员以及未来多核平台的架构师和程序员有用。这些平台可能有一天可以在单板上实现与当今WSC相当的计算能力。

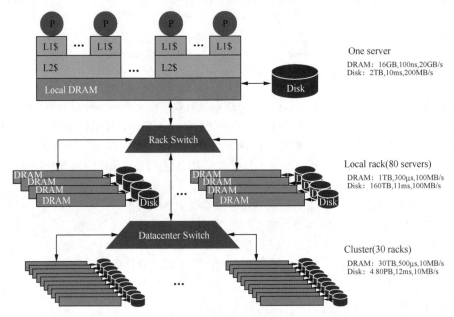

图 13-7   WSC的体系结构[11]

宽带互联网接入水平的不断提高，使得越来越多的应用程序有可能从桌面迁移到Web服务交付模式。在云计算模型中，具有大量连接良好的处理和存储资源的数据中心可以在大量用户群和多个无处不在的工作负载中高效地摊销。这些数据中心与早期传统的主机托管或托管设施有很大不同，构成了一类新的大型计算机。这些计算机中的软件由几个单独的程序构建，这些程序可通过交互实现复杂的Internet服务，并且可能由不同的工程师团队设计和维护，甚至可能跨越组织和公司边界。此类计算机操作的数据量范围为几十TB到数百TB，对高可用性、高吞吐量和低延迟的服务级别要求很高。此规模的应用程序不会在单个服务器或服务器机架上运行。它们需要数百或数千台单独的服务器集群，以及相应的存储和网络子系统、配电和调理设备以及冷却基础设施。WSC的核心点很简单：这个计算平台不能简单地视为同地机器的杂项集合。这些数据中心的大部分硬件和软件资源必须协同工作，才能提供良好的Internet服务性能水平，这只能通过整体设计和部署方法来实现，换句话说，必须将数据中心本身视为一台大型计算机。因此，研究者们命名了这一新兴机器仓库级计算机WSC。WSC由相对均匀的组件（如服务器、存储和网络等）集合构建，并使用跨所有计算节点的通用软件管理和调度基础结构来协调多个工作负载之间的资源使用情况。

拥有超大集群的Google是最有实力搭建数据中心操作系统的公司之一。如今，Kubernetes已经成为分布式集群管理系统和公有云/私有云的事实标准。实际上，Kubernetes是一个分布式操作系统，它是Google在分布式操作系统领域 10 多年工程经验和智慧的结晶。作为分布式操作系统，Kubernetes（包括其前代产品Google Borg）的出现远远晚于UNIX、Linux、Windows等单机操作系统，Kubernetes架构设计自然地继承了很多单机操作系统的重要特性，微内核架构就是这些重要特性中的一个。

　　单机的操作系统，如果从*Operating System: Three Easy Pieces*这本书的角度看，主要用于解决虚拟化、高并发和可持久化 3 个问题，其中最核心的应该是虚拟化——对硬件资源的虚拟化。数据中心的操作系统，主要用于解决资源管理、作业负载调度和容错高可靠性，目前数据中心的操作系统最开始是从关注数据中心的调度策略演进而来的。说到数据中心操作系统这一话题，不得不提到Malte Schwarzkopf和Ionel Gog师兄弟二人。Malte和Ionel在论文"Data Centers are Microkernels Done Accidentally"中指出[12]数据中心也需要操作系统，并进行了对比。师兄弟二人都是从剑桥大学毕业的，师兄毕业后去MIT做了一段时间的博士后，后来去布朗大学任教，师弟现在在UCB RISELab做博士后。他们前期做了很多工作，如CIEL[13]、Omega、DIOS、Musketeer、Firmament等，都是关于分布式系统的管理调度工作，工作扎实而且具有创新性。他们的博士论文值得一读，附在参考资料里[14-15]。

　　集群调度系统是现在基础设施中非常关键的资产，而且在不断演化。在架构上已经从单一架构转向更加灵活的分布式架构，Malte在自己的博客中总结了Amazon、Google、Facebook、Microsoft和Yahoo等大型公司的集群调度系统的现状，并给出了分析和讨论（见图 13-8）。系统调度是一个重要的主题，因为它直接影响集群的运行成本，调度算法差会导致利用率低、成本高，因为昂贵的机器处于闲置状态。但是，只有高利用率是不够的，敌对工作负载会干扰其他工作负载，除非谨慎做出决策。在博士论文中，Malte给出了 5 种当前的结构设计，并分析了优劣势，列举了实际应用的系统。

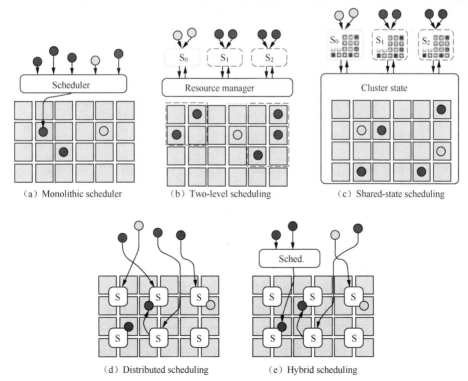

（a）Monolithic scheduler　　（b）Two-level scheduling　　（c）Shared-state scheduling

（d）Distributed scheduling　　（e）Hybrid scheduling

图 13-8　集群调度系统架构对比[16]

集群调度只是数据中心的一部分基础功能，那么数据中心需要什么样的操作系统呢？Barrelfish 是一个新的研究操作系统，由瑞士ETH公司从零开始构建，最初与Microsoft公司合作发布，现在也有来自惠普、华为、Cisco、Oracle和VMware等公司的资助。该项目正在探讨如何为未来的多核和多核系统构建操作系统[17]，研究动力来自硬件设计中两个密切相关的趋势：首先，内核数量迅速增加，需要应对面临的可扩展性挑战；其次，计算机硬件日益多样化，需要操作系统管理和开发异构硬件资源。

计算机硬件比系统软件更快地变化和发展，越来越多样化。核心、缓存、互连链路、I/O设备和加速器的多样化组合，加上内核数量不断增加，使操作系统设计人员面临巨大的可扩展性和系统正确性挑战。Barrelfish这个操作系统是个很具有前瞻性的研究项目，主要面对多核计算机，使用分布式操作系统的概念来设计，采用了多内核架构（见图13-9），每个CPU运行一个单独的内核，不同的内核间用消息队列来通信，可以避免共享资源的冲突。一个应用程序可以由多个内核进行调度。

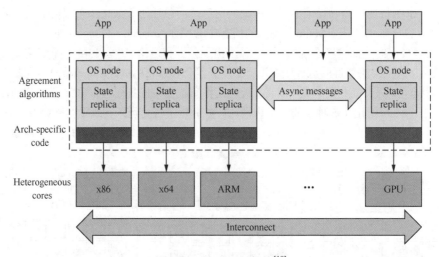

图 13-9　Barrelfish架构[18]

如果将这种分布式操作系统应用到数据中心，那就是Akaros做的工作[19]。数据中心可以从更关注每个节点的效率、性能和可预测性中获益。而到目前为止，对大量节点的可扩展性的关注更为普遍。提高每个节点的效率可降低成本，因为完成相同的工作量所需的节点更少[20]。因此，使用复杂的通用操作系统是造成效率低的一个关键因素。

传统的操作系统抽象不适合高性能和并行应用程序，尤其是在大规模对称多处理机（Symmetric Multiprocessor，SMP）和多核体系结构中。Akaros提出了4个关键想法，以帮助克服这些限制。这些想法建立在将尽可能多的信息公开给应用程序并为他们提供这些信息以更高效地运行所需工具的理念之上。简而言之，高性能应用程序需要能够通过软件堆栈中的虚拟化层来对等通信，以优化其行为。基于这些想法探索抽象，UCB的AMPLab的一批学者构建了新操作系统——Akaros。

操作系统完成多个任务，两个关键任务是向程序提供抽象和管理系统的资源，应重新访问数据中心了解操作系统完成这些任务的方式。抽象对于编程和构建系统很有用，但它们会对性能产生负面影响。一个典型的例子是操作系统和数据库之间的冲突，其中文件缓存干扰缓冲区管理器。

同样，数据中心也受这种抽象的影响，如Amazon的EBS，做了很好的块存储的访问，但是却屏蔽了对性能的影响。Akaros是一个开源的、有通用公共许可证（General Public License，GPL）的操作系统，适用于许多核心架构。其目标是为数据中心中的并行和高性能应用程序提供更好的支持。与传统操作系统（限制对内核等资源）的访问不同，Akaros为应用程序导向的资源管理提供本机支持，并且与系统上运行的其他作业 100%隔离。

让我们再次回到Malte的工作，他提出了DIOS项目[21]（见图 13-10），这是一个数据中心的操作系统，可通过用户态、内核态和系统调用的数据中心的操作系统。更多关于这方面的工作可以参考Malte在剑桥大学官网的Reading List，其中涵盖了该操作系统的方方面面。从现在成熟的应用产品看，Mesos（Mesosphers－Building the Datacenter Operating System）是面向大数据管理系统端到端的操作系统，K8S是应用层面的操作系统，OpenStack则是基础设施即服务（Infrastructure as a Service，IaaS）层面的数据中心的操作系统。Facebook也联合其他厂商，成立了Open Computing Project，推动数据中心的管理与运营基础设施的建设。

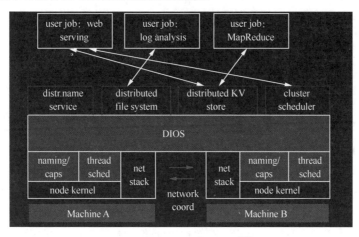

图 13-10　DIOS系统架构[22]

13.4　资源抽象与应用接口

操作系统是管理计算机硬件和软件资源并为计算机程序提供公共服务的系统软件。操作系统主要解决 3 个问题：抽象化、自动化和极致化。从计算机硬件到ISA的抽象，从ISA到操作系统的抽象，从操作系统到不同的应用程序，抽象化一直是计算机科学与技术的一个关键手段。然而抽象化是人类思维实现的，自动化是机器实现的，人类的抽象化与机器的自动化不断优化与结合，达到极致，就是一个完美的模型构建与实践的过程。

操作系统是管理和控制计算机硬件与软件资源的计算机程序，是直接运行在"裸机"上的最基本的系统软件，任何其他软件都必须在操作系统的支持下才能运行。操作系统是用户和计算机的接口，也是计算机硬件和其他软件的接口。操作系统的功能包括管理计算机系统的硬件、软件及数据资源，控制程序运行，改善人机界面，为其他应用软件提供支持，让计算机系统所有资源最大限度地发挥作用，提供各种形式的用户界面，使用户有一个好的工作环境，为其他软件的开发提供必要的服务和相应的接口等。实际上，用户是不用接触操作系统的，操作系统管理着计算机硬件资源，同时按照应用程序的资源请求分配资源，如划分CPU时间、开辟内存空间、调用打印机等。

操作系统的类型非常多样，不同机器安装的操作系统可从简单到复杂，可从移动电话的嵌入式系统到超级计算机的大型操作系统。许多操作系统制造者对它涵盖范畴的定义也不尽一致，例如有些操作系统集成了图形用户界面，有些仅使用命令行界面，而将图形用户界面视为一种非必要的应用程序。

分布式操作系统LegoOS，相关论文获得了 2018 年OSDI的最佳论文奖（Best Paper Award）。LegoOS用于解决数据中心的资源利用率、弹性、能耗、容错等问题。随着硬件的多样化（GPGPU、TPU、DPU、FPGA、NVM等），网络传输速率和内存总线带宽的差距已经拉到一个数量级以内。该论文提出了操作系统架构Splitkernel（见图 13-11）。对用户暴露的接口为多个vNode Server。用户可以认为vNode Server是独立的一台机器，程序可在其上正常运行。

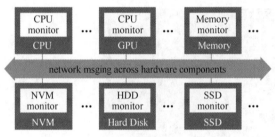

图 13-11　Splitkernel架构[23]

全局资源管理对应分为 3 个部分：GPM、GMM、GSM。它们主要做粗粒度的资源分配和负载均衡，例如，启动一个新线程会在pComponent内部完成，而启动一个新进程会访问GPM来决定哪个pComponent来执行。内存也一样，GMM只会在分配Region级别大小的内存时才会访问到。

获得 2014 年VLDB最佳论文奖的LegoBase相关论文采用了同样的思想[24]。该工作其实是Scala-LMS（Lightweight Modular Staging）的后续工作之一，LMS这个项目第一次亮相是在 2010 年，后来作者又在PLDI、CACM等会议期刊发表了一系列论文。LMS是什么呢？其实是在Scala上运行的一个library，可以通过代入已知条件实现Code Gen。

构建数据管理系统到底有没有范式呢？像构建计算机体系结构、构建操作系统、构建关系数据库一样，Sinfonia提出一种构建分布式系统的范式（见图 13-12），淘宝在构建TFS、OceanBase和Tair等系统时都充分参考了这篇论文。

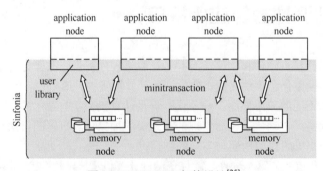

图 13-12　Sinfonia架构设计[25]

这篇论文提出了一种实现分布式共享内存（Distributed Shared Memory）的方法，进而指出基于这种方法设计分布式系统比传统的需要仔细设计一个分布式通信协议更容易，即其所谓的新范式。这种实现分布式共享内存的方法放弃了地址空间和节点映射关系对客户端的透明性，并使用minitransaction为核心构建其基础操作。放弃地址空间和节点映射对客户端的透明性是因为考虑到以下两个因素：Node Locality，写本地节点以减少延时；Data Striping，写多个节点以提高吞吐。其中minitransaction由 3 种基本操作构成：cmp、read、write。执行时如果能得到本地锁并满足cmp条件，则认为可以提交并执行read和write操作，否则视为不可提交，不执行操作。

minitransaction的实现类似于 2PC 的变种。需要注意，minitransaction的实现代价是相当大的。除Undo和Redo日志外，还有一些用于节点恢复的信息也要记录到参与者的binlog中。同时考虑到参与者是分布式共享内存节点，而内存节点是需要副本来增加系统可用性的，因此这些binlog也需要进行备份。当然，binlog的压缩和整体状态的快照也必不可少。除此之外，还需要考虑上面提到的minitransaction的恢复机制，需要额外扫描和恢复两套节点。

端云数据库也是一个目前非常火热的领域，如Google的FireBase。Irene Zhang是华盛顿大学（University of Washington）的博士，在操作系统领域提出了端云操作系统，对这种模式进行抽象。整个系统的核心是Mobile-Cloud操作系统，包括运行时内核、内存管理和存储管理 3 个部分，如图 13-13 所示。每一个部分都对操作系统的抽象和机制提出了新的设计，用来适应端云操作系统应用的开发，以帮助工程师更快、更好地构建复杂的端云系统应用。

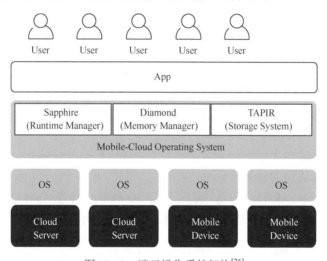

图 13-13　端云操作系统架构[26]

FaunaDB是一个自称像操作系统一样的数据库。FaunaDB指出数据库是有史以来最复杂的系统之一，一个完整的数据库（无论是否为分布式）与操作系统类似，FaunaDB也不例外。FaunaDB主要包括递归、复制、日记和可回放存储引擎；优先级感知流程调度程序，可有效实现所有机器资源的合作多线程；查询语言（包括保存的查询——等效于可执行格式）；身份验证、身份管理和数据访问控制；用于备份和完整性检查的遥测、日志记录和工具。由于它是分布式的，FaunaDB还实现了全局请求路由器、一致的集群管理引擎和符合ACID的事务解析引擎。

操作系统向下不断延伸就是给各种嵌入式设备提供操作系统，即IoT操作系统，目前比较流行的有Fuchsia OS、RIOT、TinyOS等。操作系统是一种万能的方法，可以总结为操作系统三大原则：模块化、抽象化、层次化，而操作系统掌管的正是物理机器、数据中心、数据管理系统和物联网。

从数据管理系统来看，在数据库的操作系统方面已经有一些研究成果和工业实践，这些是否给我们带来什么启示呢？

13.5　小结

操作系统无处不在。操作系统的价值不仅是应用在计算机的体系结构上，更重要的是提供了一种架构设计和指导。无论什么样的系统，是否都可以采用操作系统这种最高级的软件架构，进行设计和实现呢？

13.6　参考资料

[1] Remzi H. Arpaci-Dusseau和Andrea C. Arpaci-Dusseau于 2012 年出版的图书*Operating System: Three Easy Pieces*。

[2] Dawson R Engler等人于 1995 年发表的论文 "Exterminate All Operating System Abstractions"。

[3] Dawson R. Engler等人于 1995 年发表的论文 "Exokernel: An Operating System Architecture for Application-Level Resource Management"。

[4] Donald E. Porter等人于 2011 年发表的论文 "Rethinking the Library OS from the Top Down"。

[5] Simon Peter等人于 2014 年发表的论文 "Arrakis: The Operating System is the Control Plane"。

[6] James Horey等人于 2012 年发表的论文 "Big Data Platforms as a Service: Challenges and Approach"。

[7] Christopher Small等人于 1994 年发表的论文 "VINO: An Integrated Platform for Operating System and Database Research"。

[8] Mike Stonebraker于 1981 年发表的论文 "Operating System Support for Databases"。

[9] Puya Memarzia等人于 2019 年发表的论文 "Toward Efficient In-memory Data Analytics on NUMA Systems"。

[10] Michael Cafarella等人于 2020 年发表的论文 "DBOS: A Proposal for a Data-Centric Operating System"。

[11] Luiz André Barroso等人于 2013 年发表的论文 "Data Center as A Computer: An Introduction to the Design of Warehouse-Scale Machines"。

[12] Malte Schwarzkopf等人于 2013 年发表的论文 "Data Centers are Microkernels Done Accidentally: Lessons for Building A Million-core Distributed OS"。

[13] Derek G. Murray等人于 2011 年发表的论文 "CIEL: A Universal Execution Engine for Distributed Data-flow Computing"。

[14] Malte Schwarzkopf于 2015 年发表的博士学位论文 "Operating System Support for Warehouse-scale Computing"。

[15] Ionel Gog于 2017 年发表的博士学位论文 "Flexible and Efficient Computation in Large Data

Centers"。

[16] Malte Schwarzkopf于 2016 年发表的文章"The Evolution of Cluster Scheduler Architecture"。

[17] Andrew Baumann等人于 2009 年发表的论文"The Multikernel: A New OS Architecture for Scalable Multicore Systems"。

[18] The Barrelfish Operating System官方网站。

[19] Barret Rhoden等人于 2011 年发表的论文"Improving Per-Node Efficiency in the Datacenter with New OS Abstractions"。

[20] David A. Holland等人于 2011 年发表的论文"Multicore OSes: Looking Forward from 1991, er, 2011"。

[21] Malte Schwarzkopf等人于 2014 年发表的论文"DIOS a distributed Operating System for your Data Centre"。

[22] Malte Schwarzkopf等人于 2013 年发表的论文"DIOS: New Wine in Old Skins: The Case for Distributed Operating Systems in The Data Center"。

[23] Yizhou Shan等人于 2018 年发表的论文"LegoOS: A Disseminated, Distributed OS for Hardware Resource Disaggregation"。

[24] Yannis Klonatos等人于 2014 年发表的论文"Building Efficient Query Engines in a High-Level Language"。

[25] Marcos K. Aguilera等人于 2007 年发表的论文"Sinfonia: A New Paradigm for Building Scalable Distributed Systems"。

[26] Irene Zhang于 2017 年发表的博士学位论文"Towards a Flexible, High-Performance Operating System for Mobile/Cloud Applications"。

第14章

大数据管理系统的未来架构——沙漠绿洲

新的百花齐放的时代需要新的统一者。当初Stonebraker说"One Size Doesn't Fit All",后来Carey说"One Size Fits A Bunch",就像当时Codd的关系模型一样,是否有一种理论模型可以统一现在的大数据管理系统呢?Apache Beam算是一种尝试,这本是Google的Dataflow的开源,意在提供统一的流计算框架。在不同的科技公司,有各种耦合现有大数据管理系统的内部使用框架。我们需要再往回看,来汲取灵感,大数据管理系统的操作系统Oasis,即我们提出的统一框架模型。

20 世纪 70 年代末,"Data Machine"的概念出现了,它描述了一类专门用于存储和分析数据的技术。面对数据量的不断增加,在 20 世纪 80 年代,无共享数据仓库架构应运而生,它解决了单一计算机的能力逐渐跟不上产业需求的难题。无共享指的是不同的节点分别在它们各自的磁盘和分区上执行它们自己的工作,不共享任何东西,它具有很好的扩展性。20 世纪末 21 世纪初,数据库行业开始广泛认可这种并行数据库的优势。

紧接着,为应对大数据的发展趋势,Google在 2003—2006 年做出了杰出贡献:面对数据量的不断增长,它连续发表了 3 篇很有影响力的论文,专注于发展大数据技术,分别是 2003 年开发出的一套存储系统"The Google File System"(GFS),2004 年提出的Google MapReduce(GMR)模型,和 2006 年开发的Bigtable。Google开发这 3 项技术去应对这种规模的大数据,当时它们也被视为Google技术的 3 个典型代表。现在大数据行业运用最广泛的Hadoop实际上就是Google这 3 种技术的开源实现,其核心思想MapReduce源于GMR;Hadoop文件系统HDFS源于GFS;HBase则对应于Google的Bigtable。2007 年 1 月,数据库软件的先驱Gray把这种向大数据的转型称作"The Fourth

Paradigm"，即"Data-Intensive Scientific Discovery"。他同时认为，面对这个转型的有效方法是开发一套全新的工具去管理、分析和可视化大量数据。

在这个大数据正在快速发展的时代，大数据的概念已经渗透了几乎各行各业。"大数据"这3个字可以被理解为使用传统的数据处理工具无法处理的大量复杂数据的集合。当下大数据所面临的挑战包括数据分析、数据处理、数据查询、数据存储、数据可视化、数据隐私等。面对这些挑战，目前市面上也存在许多工具或系统，它们从不同的侧重点切入，去解决这些问题。在该工作中，我们构建了一个名为"Datar"的架构，它是从系统架构的角度出发，类比计算机结构而形成的一个大数据管理系统的统一架构。接下来，我们总结大数据管理系统的发展历史和目前的发展状态，同时分别阐述Datar的5个关键组成部分：数据输入、数据存储、数据计算、数据控制、数据输出。最后，我们用代码实现Datar模型的一个实例，将其命名为biggy，作为HelPal应用的数据管理系统，并通过示例详细描述它的操作细节。该模型展现了一个构建大数据管理系统的统一途径，它从独特的角度看待大数据管理系统的结构，并构建大数据管理系统。

14.1 大数据操作系统

众所周知，阿兰·图灵（Alan Turing）对计算机的人工智能进行了突破性的探索，发表了论文"Can Machines Think?"，并设计了著名的"图灵测验"。其实早在1945年，在图灵的标志性探索之前，冯·诺依曼就对计算机进行了工程性的研究，并基于当时存储程序的概念，提出了计算机的一种逻辑设计，也就是著名的"冯·诺依曼体系结构"。而更早之前，英国著名数学家和机械工程师Charles Babbage就曾提出差分机与分析机的设计概念。这些先驱者的目标都是要设计一个可以媲美人脑的计算机器，以节约人工成本。

在过去的几十年里，数据管理中的一些概念，如逻辑独立性、物理独立性和基于代价的优化已经开始主导一些研究方向，并给一些产业带来了繁荣的前景。这些技术上的进步同时也促进了第一批商业智能应用的产生。面对如今大数据相关的、全新的挑战和机会，我们有必要重新思考大数据管理平台的方方面面，并将之前的概念与如今的发展相结合。数据管理系统奠基者Charles Bachman和关系数据库之父E. F. Codd，分别在理论和实践上为数据库的发展打下了坚实的基础，许多前辈也为数据管理做出了很多贡献，设计并实现了包括INGRES、Postgres、C-Store和VoltDB等一系列数据管理系统。

随着时代的进步，机器的计算能力逐渐变强，我们也逐渐发现了通过大数据获取更多信息的研究重心逐渐从计算转向管理。同之前一样，从计算机到大数据管理系统，我们的目标始终都是将人类从复杂的工作中解放出来，以节约人工成本。正因如此，大数据管理系统（Big Data Management System，BDMS）应运而生。笼统来看，大数据管理系统可以看作一系列复杂功能的集合体，包括数据收集、数据存储、数据处理和数据可视化等。对比之前传统的数据库系统，面对当下庞大的数据量和普遍的数据管理需求，我们有必要提出一个统一的架构去指导大数据管理系统的设计与开发。这个统一的架构应当是更加灵活且开源的，能够针对不同的需求提供不同的功能侧重点。在本书中，我将提出一个统一的架构——Datar。

我们都知道，典型的计算机结构可以被分为5个部分：输入、存储、计算、控制和输出，其中计算是中心。如果我们仔细观察图 14-1 所示的BDMS架构，可以发现BDMS的架构和计算机有着相通之处：BDMS的数据输入对应计算机的输入；BDMS的数据存储对应计算机的存储；BDMS的查询和分析对应计算机的计算；BDMS的事务系统对应计算机的控制机制；BDMS的数据输出对应计算机的输出。BDMS的 5 个部分中，数据存储是中心，即"Data"是中心，这也是它名字的由来。图 14-1 可以帮助人们更好地理解计算机和BDMS在架构上的相同与不同之处。在图 14-1（a）中，计算机的 5 个核心部分分别由 5 个矩形表示，在图 14-1（b）中，5 个矩形分别代表BDMS的 5 个部分。通过图 14-1 可以很直观地感受到计算机和BDMS的 5 个部分的对应关系以及它们不同的侧重点。

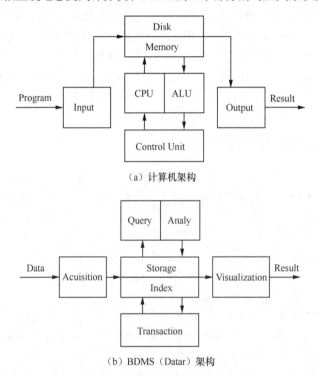

（a）计算机架构

（b）BDMS（Datar）架构

图 14-1　计算机与BDMS（Datar）架构对比[1]

　　Datar是一系列具有特定功能的相关软件的集合体，它可以从持久数据中自动挖掘有价值的信息，其中特定功能指的是大数据的输入、存储、计算、控制和输出。简而言之，Datar就是一个功能齐全的BDMS的统称，它由 5 部分组成：数据输入、数据存储、数据计算、数据控制和数据输出。与以计算为中心的计算机相比，Datar以数据为中心。下面以AsterixDB为例讲解，因为它也是一个功能齐全的BDMS。数据输入指的是数据如何进入系统，如在AsterixDB中，数据输入由Data Feed（数据传送）来实现，Data Feed是它的一个内置机制，它可以不断地将数据从数据源传送到一个或多个数据集当中，逐渐填充各个数据集及补充相关索引。数据存储是指数据如何存储在系统中，以及它们的索引如何建立，如在AsterixDB中，数据和索引的存储都基于LSM结构。数据计算是指如何从存储的数据中提取有价值的信息，目前有许多流行的方法可以被应用于此，如Spark，AsterixDB中的Hyracks层便提供了这样的功能。数据控制指的是在处理数据的时候如何控制事务执行、如何保证数据的相关特性等，如AsterixDB基于两阶段锁（Two-phase Locking，2PL）去实现事务的并发控制。数据输出或者数据可视化，也十分重要，如Cloudberry是一个以AsterixDB为基础的，用于支持大量时空数据交互式分析和可视化的研究模型。

　　存储、计算、控制、输入、输出等引擎百花齐放，那么，如何实现一个操作系统，来屏蔽各个引擎之间的差异，使得各个引擎无缝连接，实现大数据信息化的自动化呢？

　　操作系统通过管理底层硬件和软件资源，对上层应用和用户提供统一的服务。因此，从数据中心的角度看，大数据管理系统就是管理数据中心各种机器的硬件和软件资源，为上层用户和作业提供统一的大数据管理功能。那么，BDMS的操作系统应该是什么样子呢？可以参考操作系统的服务对象——计算机，从而抽象出大数据操作系统的整体结构。不同之处在于，计算机以计算为中心，而BDMS以数据为中心。相同之处在于，数据中心的操作系统同样需要管理好计算、存储、控制、输入和输出5个关键部分。从数据库到大数据的发展历史来看，BDMS正是在解决这5个关键部分的核心问题。

　　图14-2展示了Datar的统一架构，主要包括3个部分：客户端、统一框架和底层引擎。客户端为用户提供交互式的方式访问数据管理系统，统一框架是Datar的核心，是使得底层引擎可插拔、数据流控制自动化和系统管理智能化的核心。底层引擎接入统一框架，不同的Wrapper需要开发者来实现以适应不同的底层引擎。在统一模型层，Inception负责解析从客户端发来的请求，BusKeeper负责运行过程之上下文信息的收集，为智能化管理提供决策信息。

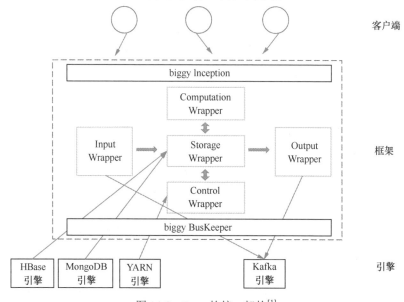

图 14-2　Datar的统一架构[1]

14.1.1　数据输入

　　数据输入指的是对数据源的数据进行一定的格式转换，并传输给目标处理端或存储端的过程。数据可以在产生之后被直接输入存储系统，也可以经过其他应用或服务的处理之后被插入存储系统。

1．数据生成

数据的生成有很多种途径，大致归类如下。

① 网络数据：是一种来自网络的非结构化的数据，它包括社交网络数据、基于位置的服务数据和链接网址等。

② 企业数据：主要由线上交易数据和线上分析数据组成，是大数据的主要来源之一。与网络数据相比，它们一般情况下都是历史静态数据，具有特定的结构。

③ 政府数据：从政府机构收集而来的数据。随着数据库模式、文档、邮件、网页内容和XML的泛滥，政府机构面临着巨大的一致性问题的挑战。

④ 其他数据：除以上 3 类途经之外的其他途径生成的数据。

另外，自然、商业和社会环境的普遍活动和计算正在产生前所未有的、高度复杂的异构数据。这些数据集无论在规模上，还是在时间维度或者数据类别上，都有它们独特的特性。

2．数据传送

数据传送也叫作数据采集，是从联机数据源生成并流向目标文档或应用程序的一个或多个数据流。ETL系统的工作原理也是如此。对于BDMS而言，将数据连续输入BDMS的一个简单的方法是通过一个简单的程序去抓取数据，这个程序可以不断地从外部抓取数据、解析数据，然后针对每条记录或者每一批次记录发出一条插入语句。如果只是简单地拼凑使用各种不同的工具完成这样的过程，会很难兼顾到数据的一致性、可扩展性，以及容错性。因此，一个完整的BDMS应当能够支持数据采集的管理功能。

数据采集的一个例子是Flume，它是一个分布式的、可靠的服务，用于高效采集、聚集数据，并且能够移动大量的日志数据，定制各类数据的发送方。和其他数据采集工具的架构类似，它也有Source和Sink，除此之外，它的Agent还有Channel部分。其中Source代表生产者，是数据录入源；Channel是中间的数据传输通道；Sink是消费者，是数据接收端。一种常见的、在大数据分析环境下搭建的数据采集架构是Hadoop＋HBase＋Flume＋Kafka。其中Kafka是一个用来构建实时数据管道和流数据处理应用的系统，它将数据以不同的Topic分类存储，将数据从生产者移动到消费者。在这套数据分析环境架构中，Kafka扮演中间者的角色，它将Flume从各种来源采集来的多种形式的数据统一分发给HBase集群，但由于Flume和Kafka在兼容性上还存在很多问题，这并不是一个易于使用的架构。

AsterixDB中集成了一个Data Feed的功能，它能够将外部来源的数据连续地注入一个或多个数据集，增量地填充数据集和相关的索引。AsterixDB之所以提供这样一个功能，是因为大数据时代带来了快速流动的数据，如果没有AsterixDB提供的这样一个集成的功能去加载流动的数据和索引，我们就需要像Flume＋Kafka一样去结合其他不同的工具，这个过程烦琐、复杂，并且由于这些工具往往不是针对某一另外的工具而产生的，它们用不同的接口支持不同的外部工具，就会经常出现之前提到的兼容性问题。所以，就像数据库管理系统的出现是为了给以数据为中心的应用提供一套统一的功能集，BDMS也需要为应用提供这样的数据传送功能，也要负责其数据管道的管理并提供容错性。BAD系统扩展了AsterixDB的Data Feed功能，构建了一个具有容错性的数据传送机制，通过使用高级语言构建分区进行扩展。这种通用的模型有助于Datar去适配各种数据源和应用。

14.1.2　数据存储

当下大数据应用的迭代更新加速了数据存储技术的变革，直接推动了数据存储技术的发展。在本节中，数据存储的重心主要放在原始数据存储和索引存储。除此之外，数据存储还包括模式存储、配置文件存储和视图存储，但这些都暂时不在本书的讨论范围之内。

1. 原始数据存储

对大数据而言，目前已经存在各种各样能够满足大数据存储的不同需求的存储系统，其中本节主要关注NoSQL数据库技术。如今的企业，不管是哪个行业，都需要数据的存储，而面对当下数据量的增长，数据存储的技术也趋于更加灵活、更加兼容的方向发展，这也是NoSQL技术产生并替代之前的关系数据库技术的一个原因。NoSQL数据库提供了现代应用所需要的高效性、可扩展性和灵活性，这点也可以说是不同NoSQL系统类别之间的唯一共同点。具体来说，NoSQL数据库可以分为如下 4 个类别。

① 键值数据库（Key-Value DB）：这是最简单的数据存储类型之一。它使用的是比较基础的关联数组，数据根据它们的键值存储，每一个Key都是唯一的，并且每一个Key都有且仅有一组Value对应。这样的存储关系也被叫作键值对。与之前传统的关系数据库相比，键值数据库具有高可扩展性和更短的查询反馈时间。键值数据库的典例包括Amazon的Dynamo、LinkedIn的Voldmort，以及Redis、Memcache DB、Scalaris、Riak和Tokyo Tyrant等。

② 列式数据库（Column-oriented DB）：根据列而不是行来存储和处理数据，即在磁盘或内存上，表中的每一列都会存储在连续的分区中。为了实现高可扩展性，列导向数据库和行导向数据库都采用节点的结构。对于在少量列上执行聚合操作的分析查询，以这种格式检索数据的速度非常快。主流的列导向数据库包括Google的Bigtable、Facebook的Cassandra、根据Bigtable研发出的HBases和HyperTable等。

③ 文档数据库（Document-oriented DB）：能够解析文档，将它们存储为一种能够用来搜索的、有组织的形式。与键值存储相比，面向文档的存储能够支持更加复杂的数据形式。由于文档没有严格的结构模型，在面向文档的数据库中没必要执行模式迁移，如开源的MongoDB、Amazon的SimpleDB和Apache的CouchDB等。

④ 图数据库（Graph-oriented DB）：是节点和边的集合，它的每一个节点都由唯一的标识、一组向外连的边或一组向内连的边，以及键值对组成的集合构成。每一条边都由唯一的标识、一个起始节点和一个终端节点，以及一组特征构成。Apache 的Giraph、Neo4j、和OrientDB等都是为图形存储而研发的数据库。

除了以上提到的数据库之外，其他公司和研发机构也有它们各自研发的数据库模型，如Voldemort提供的、可插拔的存储引擎，以及支持外部数据库的链接的TiDB。另外，NewSQL也是当下流行的一类关系数据库管理系统，它追求高可扩展性，支持在线事务处理的同时保留传统数据库的CID，在这种情形下，数据库的存储就像磁盘一样可以被添加、取代或者移除。综上所述，图 14-3 展示了不同种类的数据管理系统的规模和复杂程度的比较。

2. 索引存储

无论是在传统的关系数据库中管理结构化数据，还是在其他技术中管理半结构和非结构化数据，索引向来是减小磁盘读写开销和提高插入、删除、修改、查询语句速度的有效方式。然而索引的缺点也很突出：它需要额外的开销去存储索引文件，这个文件还需要随着数据的更新同步地动态变化。

传统的索引结构包括哈希表、树形索引、多维索引和位图索引等。大数据的索引在这些结构的基础上又添加了额外的需求，如并行化和为并行处理而适配的分区性。针对大数据的索引发展了人工智能索引技术。它之所以有"人工智能"这个名字是因为它能够检测大数据中的未知行为、发觉潜在的模式，将对象根据不同的特性分类，在数据之间建立联系。潜在语义索引和隐式马尔可夫模型是当下比较流行的两个人工智能索引方式。反观非人工智能的索引方式，索引的形成不依赖于数据或对象的语义，也不依赖于文本之间的联系，而依赖于某一特定数据集中的最多查询次数等特性。

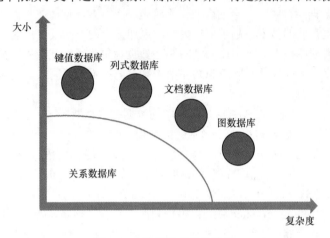

图 14-3　数据管理系统比较

14.1.3　数据计算

数据计算的范畴包括简单的SQL式查询到复杂的机器学习技术。目前它们之间没有合适且明确的分界线，以下简单按照两个类型来介绍，分别是数据查询和数据分析。

1．数据查询

数据查询是通过结构性的查询语句在数据中查找答案，结构性的查询语句即SQL。流行的模型有MapReduce、Dryad、All-Pairs、Pregel和Spark等，并且许多内存数据库是专门用于加速查询和计算的。

在这些模型中，MapReduce是Apache Hadoop软件架构的核心组件，它的主要功能可以用两个词来形容，即"Mapper"和"Reducer"，前者指它能够将工作过滤并分组到集群中的各个节点，后者指它能够将来自每个节点的结果合并归纳为对查询的统一答案。Google的Pregel是一个大规模、分布式图计算平台，它的特点主要体现在两方面，一方面是它易于编程，它鼓励开发者用节点和边等术语去思考解决问题，而不是从数据流的角度或者在图的某些部分使用转换操作；另一方面是它在解决图表相关的问题上尤其高效。这个框架设计的初衷是比MapReduce更有效地支持迭代计算，因为它将数据集保存在内存中，而不是在每次迭代后将其写入磁盘。这个做法用处很大，因为许多图算法也都是迭代执行的。

2．数据分析

数据分析包括简单的统计分析和复杂的深度学习挖掘技术，例如基于Java的MLlib、SciPy、Theano，基于Python的Caffe，基于C++的TensorFlow、Torch等。在这些例子中，MLlib是Spark的机器学习库，它开发的动机是让机器学习具有可扩展性和易用性。它包含具有各种机器学习算法的机器学习库，一些较低级别的机器学习原语也包括其中。Caffe是由加利福尼亚大学伯克利分校AI Research（BAIR）和社区贡献者开发的深度学习框架，主要用于图像和视频的处理。TensorFlow

是一个用于执行复杂数据计算以从头开始构建机器学习模型的库，它自2005年11月起由Google Brain团队开源。TensorFlow使用Directed Graph作为其计算模型，这点类似于Spark。一些其他的高级库，如Keras，是使用TensorFlow作为其后端的。一个更加出名的应用TensorFlow的例子是AlphaGo，众所周知，它击败了世界职业选手。

14.1.4　数据控制

大数据管理系统不可能实现传统数据库所要求的ACID性质（原子性、一致性、隔离性、持久性），同时满足CAP理论。为了应对这个问题，BASE模型应运而生。BASE模型不同于ACID模型的地方在于，它牺牲了高一致性来获得高可用性和高可靠性。BASE模型思想的应用很广泛，如Google应用引擎使用的Bigtable和运行在Hadoop之上的HBase声称在数据中心内具有高度一致性，并且是高度可用的，这意味着数据中心之间最终保持一致，更新以异步方式传播到所有副本。Amazon的Dynamo、Cassandra和Riak则是牺牲了一致性去支持更好的可用性和分区容忍性。它们都实现了一种较弱的一致性，叫作最终一致性，这种一致性不保证副本的更新顺序和更新时间。前文提到的NoSQL拓展了BASE思想。下面从数据事务、数据恢复和资源管理的角度简单解释数据控制。

1. 数据事务

在分区数据库中，牺牲一致性以获得高可用性的做法同时能极大提升可扩展性，但我们很难权衡NoSQL的速度和规模与传统关系型数据管理系统的事务处理的强度和一致性。在现如今的数据库领域，NewSQL是新一代SQL数据库产品类别之一，可解决针对OLTP的传统关系数据库管理系统带来的性能问题和可扩展性问题。这样的系统旨在实现NoSQL系统的可扩展性，同时保留传统关系型数据库系统所确保的ACID特性。NewSQL数据库主要为需要高性能和可扩展性的用户处理数据，但它也需要确保提供的一致性比NoSQL数据库的更高。尽管各种NewSQL数据库在其内部体系结构上有所不同，但它们都利用了关系数据模型，并且基于SQL运行。

NewSQL有很多典型的实例，其中一个是Google Spanner，它是在Google Cloud上运行的分布式关系数据库服务，旨在支持全球OLTP部署、SQL语义、高可用的横向扩展性以及事务一致性。用户对Google Spanner的关注点集中在云数据库能同时提供的可用性和一致性能力上，这些特征通常被认为是彼此不能兼容的，开发者通常会进行权衡以强调其中的可用性或者一致性。前面提到的CAP理论描述的也是这个道理，该理论是NewSQL向NoSQL数据库普遍迁移的基础，这样的迁移有利于实现云系统的可用性和可扩展性。

除此之外，其他各种各样的NewSQL数据库都有它们各自的特点，如NuoDB是面向SQL的数据库管理系统，专为在云端进行分布式部署而设计，它可以归类为一种保留传统SQL数据库特性的NewSQL数据库，同时支持云计算环境中的扩展处理功能。但是，NuoDB框架的建立和关系型框架是截然不同的，它由3层架构组成，分别是管理层、事务层和存储层。这种分层的构架方法意味着NuoDB可以在没有将应用程序及其数据紧密耦合到磁盘驱动的情况下工作，这在一些云应用程序中被证明是一种负担。ClustrixDB是一个分布式的横向扩展数据库，适用于高价值、高事务性、大规模和快速增长的OLTP应用。当基于MySQL建立的应用阻碍了业务和应用程序的扩展时，ClustrixDB是一个很好的选择。当业务的扩展需要开发者考虑用数据复制还是数据分片去扩展读取和写入时，基于MySQL构建的服务，无论是复制还是分片，都需要重新开发应用程序并重新设计数据架构，这样做成本非常高、耗时，并且有可能成为一个永无止境的过程。ClustrixDB通过嵌入式MySQL兼容性和线性水平可扩展性解决了这个问题，同时它声称比任何替代方案的总拥有成本（Total Cost of Ownership，TCO）都要低。VoltDB是一个拥有极快读写速度的内存数据库，它所实现的可扩展性级别在主流的关系数据库中实现起来可能十分困难或代价大。VoltDB旨在避免可能在关系数据库中造成处理开销的大部分日志记录和锁操作。尽管NewSQL数据库各种实例的内部结构不尽相同，但它们都有两个显著的共同特点：它们都支持关系数据模型，并且具有高可扩展性。

2. 数据恢复

大数据应用程序和运行系统都需要强大且快速的恢复过程支持。随着数据库结构为了应对日新月异的应用要求而做出基础性的改变，数据保护的过程也需要重新定义和构造。目前常见的一些备份恢复机制如下。

① 创建多个数据副本，并分布到多个服务器上，这种方法不需要另外的备份和恢复工具。

② 从原始数据快速、轻松地重建丢失的数据。

③ 周期性地备份PB级的大数据，但这种方法不够经济、实用。

④ 为大数据编写备份恢复脚本，在数据量小并且只有一个大数据平台的情况下，脚本的编写和维护十分简单。

⑤ 有时快照也是大数据的有效备份机制，但它只在数据变化不快时有效。

大数据时代的到来深刻影响了数据库领域，引入了一类新的"扩展"技术。正确的备份和恢复需要投资，但鉴于大数据在提升商业价值方面发挥的作用，这样的投资是值得的。

3. 资源管理

大数据计算总是运行在数千台机器上，这就需要集群的资源管理。Mesos是一个开源的集群管理器，它通过动态资源共享和隔离来处理分布式环境中的工作。它将集群中机器或节点的现有资源汇集到一个池中，之后各种工作负载都可以从这个池中获取资源。这种做法也被称为"Node Abstraction"，它避免了为不同工作负载分配特定机器。Mesos位于操作系统层和应用程序层之间，基本上可以充当数据中心内核。Mesos会隔离集群中运行的进程，如内存、CPU、文件系统和I/O，以防止它们相互干扰，这种隔离使得Mesos能够为工作负载创建单一的大型资源池。Twitter、Airbnb和Xogito等公司都在使用Apache Mesos。Hadoop YARN是开源Hadoop分布式处理框架中的资源管理和作业调度技术，负责将系统资源分配给在Hadoop集群中运行的各种应用程序，并调度在不同集群节点上执行的任务。在集群体系结构中，Apache Hadoop YARN位于HDFS和用于运行应用程序的处理引擎之间。它将中央资源管理器与容器、应用程序协调器和节点级代理结合起来，以监视单个集群节点中的处理操作。与MapReduce的更多静态分配方法相比，YARN可以根据需要动态地为应用程序分配资源，这是一种可以提高资源利用率和应用程序性能的功能。Apache ZooKeeper则相当于一个具有最终一致性的复制同步服务器，它具有很好的健壮性，因为持久数据是分布在多个节点上的，并且客户端可以连接到它们中的任何一个，如果一个节点失败了则进行迁移。具体来说，主节点是通过集合中的节点一致性动态选择出来的。

14.1.5　数据输出

展示大数据管理结果的最好方法就是数据可视化。另外在本节，也会提到数据分享。

1．数据可视化

大数据分析在缩小大数据应用程序中的数据规模和降低复杂性方面起着关键性的作用，可视化是帮助大数据分析获得更完整的数据视图和发现数据价值的重要途径。可视化提供了一种交互式和图形式的方法来帮助我们更深入地理解大数据。目前常见的工具有Tableau、Plotly、Visual.ly等。另外，Zeppelin也是一款基于网络的笔记本，它为用户提供了一种简单、直接的方法来在网络笔记本中执行任意代码，用户可以执行Scala、SQL的代码，我们甚至可以安排一个作业去定期运行。交互式的可视化能够更直观地展现数据，它可以通过很多方法实现，如缩放等，可扩展性和动态性是视觉分析中的两个主要挑战。

2．数据分享

通过共享数据能够为科学发现提供更好的机会，从而让更多人体验到积极参与社会活动的潜在益处，Brakewood和Poldrack认为研究人员有义务去分享他们的数据。在研究领域，许多机构都通过分享他们的数据来促进研究的进展。各国政府也开始向公众分享数据以共同获得利益。但是，由于隐私和机密，个人数据和企业内部数据等数据无法实现共享。因此，我们应该制定一些指导方针，引导我们正确地共享数据，而不是对所有数据一视同仁。

14.2　自动化可插拔引擎

用户可以基于biggy这个统一框架，通过ConfChain构建自己的大数据管理系统。ConfChain主要由5种类型的底层引擎组成，用户可以通过编辑配置文件来选择不同的底层引擎，然后统一框架，根据用户的配置生成特定的大数据管理系统。在生产的系统上，用户可以执行特定类型的作业。

ConfChain的5种功能分别是存储、计算、控制、输入、输出。在现有的很多数据管理系统中，很多都具有其中的一个或者多个核心功能。在biggy的基础上，可以根据自己的需求，定制对应的数据管理系统模块。

14.3　分布式弹性数据模型

为了管理biggy的数据类型，我们实现了一个新的数据结构——BigData，这是一个适合分布式计算的基于血缘关系的容错式数据结构，其工作模式类似RDD。BigData可以与HDFS、普通文件数据、HBase等相互转换数据类型，这种转换需要用户实现对应的hdfsBD、fileBD、hbaseBD等数据类型。BigData主要支持两种类型的操作——Action和Transformation。Action类型操作用于创建一个新的BigData数据。Transformation类型操作用于对BigData类型进行转换，类型的转换通过血亲机制实现。

在BigData数据模型的设计上，我们参考了如下多种数据模型[2]。第一个是Capacitor，它可以看作Google内部版的Parquet，主要用于扫描（Scan）操作，几乎没有对查询（Lookup）操作的支持。第二个是Artus，它是一个为Procella特别设计的文件格式，同时支持扫描和高效的查询。第三个是Avro，它是Apache的Hadoop项目族的一个新成员，定义了一种用于支持大数据应用的数据格式，并为这种格式提供了在不同编程语言环境下的支持。

14.4 易用抽象作业执行框架

用户提交的作业通过Pipeline形式以BigData类型执行。在实现上，我们有 5 种类型的Pipe，即InputPipe、StoragePipe、ControlPipe、ComputationPipe和OutputPipe。一个作业可以包括一个或者多个Pipe，Pipe之间通过Pipeline形式连接。每个Pipe包括一组任务，如StoragePipe可以包括写HBase操作WriteToHBaseTask或者写文件操作WriteToFileTask。任务是作业流水线执行的实际单元。

14.5 深度智能系统管理内核

通过BusKeeper记录大数据管理系统的所有状态信息，通过JetBrain的深度学习模型来对这个系统从生成、运行、维护到防护整个生命周期进行管理，实现深度智能的大数据操作系统（简称深度智能系统）。

深度智能系统从深度智能算法和系统应用两个角度进行设计和实现，深度智能算法包括深度网络模型算法、常见机器学习算法和经典人工智能算法 3 类，系统应用围绕数据管理系统内核、数据管理系统运维管理和数据管理系统应用 3 个层面。如在数据管理系统内核层支持基于AI的智能调度，在数据管理系统运维管理层支持基于深度学习的配置自调优，在数据管理系统应用层支持基于机器学习算法的SQL查询。

14.6 大数据管理系统biggy原型

为了实现Datar模型，开发人员实现了biggy系统[1]。biggy主要基于AsterixDB和其他工具来实现数据输入、数据存储、数据计算、数据控制和数据输出功能。目前，biggy主要依赖于AsterixDB、Spark-MLlib和D3。AsterixDB是数据输入、数据存储、数据控制和数据查询的核心组件，Spark-MLlib用于数据分析，D3用于数据输出。

就数据输入而言，AsterixDB 本身提供了一个Data Feed功能，Feed适配器可以与数据源建立连接并且接收、解析数据，将数据转换成能够在AsterixDB中存储的对象。一个Feed适配器相当于一个接口的实现，其详细信息由特定数据源决定。用户可以选择给适配器提供参数来配置其运行时的某些行为。根据数据源提供的数据传输协议API，Feed适配器可以按照Push的模式运行，也可以按照Pull的模式运行。Push模式只包含Feed适配器向数据源发起的一个初始请求，这个请求用于设置连接。一旦连接被授权，数据源将"推送"数据到Feed适配器，而不需要适配器的任何后续请求。相反，当以Pull的模式运行时，Feed适配器每次都会发出一个单独的请求来接收数据。AsterixDB目前为几种常用的数据源提供了内置适配器，如Twitter和RSS源。AsterixDB还提供了一个通用的、基于Socket的适配器，可用于处理特定的Socket数据，Socket适配器也是biggy所采用的数据输入输出适配器。

关于数据存储，需要先了解AsterixDB中最顶层的概念，即dataverse，它是"data universe"的缩写，是创建和管理数据类型、数据集、各种功能和其他应用工作的地方。当用户第一次开始使用AsterixDB实例，它从"空"开始，不包含AsterixDB系统目录以外的其他内容。要将数据存储在AsterixDB中，用户首先需要创建一个dataverse，然后将它作为管理数据类型和数据集的地方。

关于数据控制，它的目的是使所有数据管理操作都能无冲突地成功执行。在AsterixDB中，它是一个内置的模块，不可以更改。AsterixDB采用的查询语言是AQL。AQL主要基于XQuery，该语言是由W3C于2000年年初至年中开发和标准化的，用于查询以XML格式存储的半结构化数据。AQL不是SQL，换句话说，AsterixDB完全是"NoSQL兼容"的。

Spark的MLbase致力于简化可扩展的机器学习管道的开发和部署流程，MLlib是其中核心的机器学习库。它最早由MLbase团队在AMPLab开发完成，所用语言是Scala和Java，后来又加入Python。作为Spark的一部分，它给完整的数据分析工作流带来了便利，同时有很好的性能。

D3是由迈克·博斯托克（Mike Bostock）开发的一个开源JavaScript数据库，专注于数据和构建数据可视化项目，用于在Web浏览器中使用超级视频图形阵列（Super Video Graphic Array，SVGA）、超文本标记语言（HyperText Markup Language，HTML）和串联样式表（Cascading Style Sheets，CSS）创建自定义、交互式的数据可视化项目。随着如今大量数据的产生，传递这些信息也变得越来越困难。数据的可视化表示是传达有意义信息的最有效的手段之一，D3为创建这些数据可视化提供了极大的方便性和灵活性。它是动态的、直观的，并且是易于实现的。

图14-4展示了biggy的框架。AsterixDB提供了基于LSM的数据存储，具有B+-Tree和R-Tree的索引结构、2PL并发控制和WAL恢复策略。对于数据计算，AsterixDB使用AQL进行数据查询，使用Spark-MLlib进行数据分析。数据输入基于AsterixDB的Feed机制。数据输出基于D3的JSlib。如果能够实现智能化，该系统的理想状态是能够支持更多的流行系统（如TensorFlow）作为其插件。

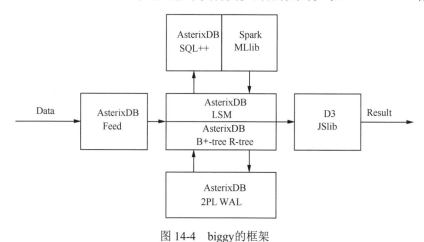

图 14-4　biggy的框架

14.7　小结

与主流大数据解决方案对比，Datar的思想与Apache Beam的相似，目的也是开发一套封装的接口，用来统一管理各部分插件，简化大数据平台的开发流程。但它与Apache Beam的不同之处主要在于，Datar的思想来自计算机的结构，由明确区分的 5 个部分组成（输入、存储、计算、控制、输出），而Apache Beam的核心在中间层Runner，仅仅是一系列主流框架的适配器。设计Datar的初衷是在 5 个部分分别实现灵活、可扩展的管理，因此与Apache Beam相比，Datar还有更大的发展空间。Datar的主要精力并不是集中在新引擎的开发，而是集中在框架结构的设计思想。

　　将Datar设计为 5 个部分独立的架构，尤其是将计算、存储、控制分离，符合未来BDMS的发展趋势。随着科技的发展，宽带的速度获得了极大的提升，这种硬件上的改变推动了软件架构的迭代更新。另外，计算资源的变化速度总快于存储资源，两者之间产生的木桶效应往往会造成集群资源的浪费，实现存储与计算的分离，会为大数据方案的开发提供极大的便利。正因如此，存储与计算的分离在近几年已初见成效，如阿里云开发的E-MapReduce，采用对象存储服务（Object Storage Service，OSS）作为云存储，Hadoop、Spark可以作为计算引擎直接分析OSS中存储的数据，节约成本的同时提升了扩展性，具有很好的发展前景。之前提到的TiDB也实现了计算和存储的分离，然而其对于控制的分离，还不是十分彻底。

　　从更宏观的角度看数据中心的操作系统，从数据库到大数据，从单机数据存取到大规模数据分析，随着集群规模的扩大和数据容量的增加，我们需要一个高层的抽象来实现对数据中心的数据的管理。纵观数据管理系统的发展历史，我们可以看出，这一抽象最好的表现形式就是大数据操作系统，一个数据中心级别的操作系统。

　　这项工作最初是我在UC Irvine与Michael Carey工作时，受AsterixDB以及Spark Stack、Apache Beam等影响，设计并实现了原型系统biggy。后来回国后，继续发展这个项目到下一个阶段，即大数据管理系统的操作系统。毕业后由于工作原因，暂停了后续的开发，目前整个项目还停留在当时的原型系统阶段。感兴趣的读者可以参考本人的GitHub或者在arXiv上的论文[1]。

　　如今，我们已经进入了大数据的纪元。通过更好地分析大量可用的数据，我们可以在许多科学领域加速发展，并提高许多企业的盈利能力。但是，在实现这个目标之前，我们必须首先解决许多技术难题。更重要的是，解决这些难题需要的将是变革性的解决方案，因为这些难题不会因下一代工业产品的发展而自然解决。如果我们要享受大数据带来的福利，我们必须支持并鼓励基础研究的进行，以更快地解决这些架构和技术上的问题。

14.8　参考资料

[1] Yao Wu等人于 2018 年发表的论文 "biggy: An Implementation of Unified Framework for Big Data Management System"。

[2] Nexla于 2018 年发布的报告 "Introduction to Big Data Formats: Understanding Avro, Parquet and ORC"。

第5篇
大数据管理系统的精髓——无上心法

　　无论大数据管理系统如何变化，不变的是技术的演化和商业模式的发展。人们常说 CPU 是人造物的巅峰，其凝结了人类历史的所有知识和经验。大数据管理系统的精髓也在于技术，有些技术是从其他学科或领域借鉴并发展而来的，有些技术是针对特定的领域进行了革新而来的。那让我们重点看一下这些技术的核心是什么，解决了什么问题，未解决的难点又在哪里。

第15章
大数据管理系统的基础——
算法理论

基础理论的进步是一切学科突破的标志，作为大数据管理系统，算法理论是工程实践的基础。这些算法理论涉及计算机科学的方方面面，包括分布式理论、可靠性理论、一致性理论等。这些理论模型在实践工程中都发挥了积极的作用，推动着大数据管理系统的发展。

15.1　存储类算法

LSM-Tree是一种高性能的针对高吞吐量写入的数据结构。这种算法与传统的哈希索引和B+-Tree索引解决的问题场景不一样。提到关系数据库，广为人知的是B+-Tree和哈希索引以及各种变种，而在大数据管理系统领域，LSM-Tree占据了一席之地。

15.1.1　大数据LSM的优势

2000 年年初，Google发表了Bigtable的论文，论文中的创新点之一就是它所使用的文件组织方式，即LSM-Tree[1]。LSM-Tree是当前被用在许多产品中的文件组织结构，包括HBase、Cassandra、LevelDB、SQLite等，甚至在MongoDB 3.0 中也支持一种可选的、Wired Tiger实现的LSM引擎。简单地说，LSM-Tree被设计来提供比传统的B+-Tree或者ISAM更好的写操作吞吐量，通过消去随机的本地更新操作来达到这个目标。

如图 15-1 所示，LSM的思想是将数据的修改增量保存在内存中，达到指定的限制后将这些修改操作批量写入磁盘。相比于写入操作的高性能，读取需要合并内存中最近修改的操作和磁盘中的历史数据，即需要先看这些数据是否在内存中，若没有，则要访问磁盘文件。原理上，无论是 B+-Tree 还是 LSM-Tree 都是针对现代存储器的特点而设计的，前者力求减少查找（Seek）操作，而后者利用批量（Bulk）读写，可以说各有侧重。

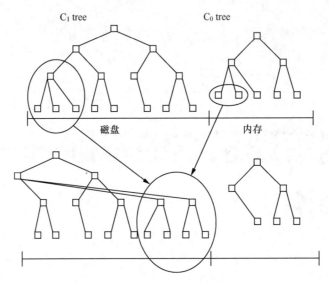

图 15-1 LSM-Tree 数据结构[2]

LSM-Tree 有更好的写性能，同时 LSM-Tree 还有其他优势。SSTable 文件是不可修改的，这使得对它们的锁操作非常简单。一般来说，读写操作唯一的竞争资源就是 MemTable，需要相对复杂的不同级别的锁机制来管理。此外，有很多的工作聚焦在 LSM-Tree 优化上，例如 Yahoo 开发了一个系统叫作 Pnuts，结合了 LSM-Tree 与 B+-Tree，提供了更好的性能，然而这个算法并没有开源的实现。IBM 和 Google 也实现了这个算法，通过相似的属性实现相关的策略，但是通过维护一个拱形的结构，如 Fractal Trees 或 Stratified Trees 等来实现的。

15.1.2 B+-Tree 与 LSM-Tree 对比

索引在数据库的读写性能中起着至关重要的作用。在数据之外，数据库系统还维护着满足特定查找算法的数据结构，这种数据结构以某种方式引用（指向）数据，这样就可以在这些数据结构上实现高级查找算法。这种数据结构就是索引。数据库系统的设计者巧妙利用了磁盘预读原理，将一个节点的大小设为等于一个"页"，这样每个节点只需要一次 I/O 就可以完全载入。为了达到这个目的，在实际实现 B+-Tree 时还需要使用如下技巧：每次新建节点时，直接申请一个页的空间，这样就可以保证一个节点物理上也存储在一个页里，加之计算机存储分配都是按页对齐的，就实现了一个节点只需一次 I/O 访问。

这就是 B+-Tree 产生的原因，因为在 B-Tree 中节点是存放数据的，而在 B+-Tree 中所有数据都存放到叶子节点中（见图 15-2），这样就使树的节点的度得到了大大的提高。在 B+-Tree 的每个叶子节点中增加一个指向相邻叶子节点的指针，就形成了带有顺序访问指针的 B+-Tree，这样就可以提高区间访问的性能。

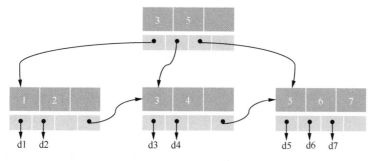

图 15-2 B+-Tree索引结构

B+-Tree和LSM-Tree的本质区别在于它们使用现代硬件的方式不同，尤其是对通用磁盘介质的使用。对于大规模数据应用场景，计算瓶颈往往在磁盘传输上。CPU频率、内存容量和磁盘空间每 18～24 个月就会翻番，但是磁盘寻道开销每年才提高 5%左右。有两种不同的数据库范式，一种是查找——Seek，另一种是传输——Transfer。关系数据库通常都是Seek型的，主要是由用于存储数据的B-Tree或者B+-Tree结构决定的，是基于在磁盘查找的速率级别上实现各种操作，通常每个访问需要log(N)个查找操作。而LSM-Tree属于Transfer型，在磁盘传输速率的级别上进行文件的排序和合并操作。LSM-Tree工作在磁盘传输速率的级别上，可以更好地扩展到更大的数据规模，同时能保证一个比较一致的插入速率，因为它会通过一个内存存储结构把随机写操作和日志文件转化为顺序写。读操作与写操作是独立的，这样这两种操作之间就不会产生竞争。

15.1.3 LSM的优化算法

以LevelDB和RocksDB为代表的LSM-Tree的键值存储引擎（见图 15-3）在生产环境中被广泛应用，所以当前针对其优化的研究也非常多，在最近几年的顶级会议上也是热门的话题。在SOSP 2017上有一篇名为“PebblesDB: Building Key-Value Stores using Fragmented Log-Structured Merge Trees”的论文[3]，通过借鉴Skip List的设计理念，将其应用到LSM-Tree的SStable管理的想法非常精妙。

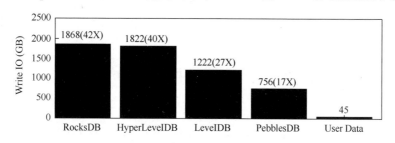

图 15-3 基于LSM-Tree实现的不同存储引擎的性能对比[3]

在介绍PebblesDB的FLSM-Tree之前，我们先简单介绍下LSM-Tree“写放大”（Write Amplification）的核心思路。简单来说就是，一些键值在某一层中反复地压缩，从而造成反复地重写。针对这一问题，FLSM-Tree借鉴Skip List的Guard思想，给LSM-Tree的每层加了一些Guard数据，通过Guard来组织数据。尽管设计很简单，但是思路很巧妙。

尽管PebblesDB的核心理念很有意思，但还是存在很多问题需要解决，具体工程的意义其实很难说。如果需要在工程实现上有更大借鉴意义的优化，可以参考FAST 2016 的WiscKey这个工作。其键值分离的策略可能更加简单、有效，目前也已经被一些公司实践过，例如，TiDB的新存储引擎Titan，在其公司内部其实很早就有采用类似的优化思路实现的产品，并且在线上环境大规模地使用过。

数据库是软件世界的基础，是现实世界的投射，反映了开发者对现实世界的思考以及对其的抽象；一旦决定了数据库选型，数据库便会对软件和应用造成深远影响，因为它决定了开发者对数据的处理方式。存储类的算法主要关心数据结构，底层的存储介质和上层的应用类型决定了数据类型。为了加快数据的存取，索引是一项关键的优化技术。既然有数据结构对数据进行组织，就有在此结构上的算法进行数据的存取，以及涉及的数据可靠性等问题，后面我们会一一详细介绍。

数据库自 20 世纪中期以来，诞生了网状数据库、层次数据库、关系数据库等很多种实用的数据库模型，有些数据库模型发挥了其作用后，逐渐消失在历史的尘埃中；有些数据库模型经受住了历史的考验，如今依然站立在时代的"潮头"。在计算机世界里，没有一种万能的"银弹"（Silver Bullet）能解决所有问题。开发者需要根据自己遇到的问题和面临的情况选择合适的数据库模型，例如使用存储配置信息时，关系数据库模型就不适合了，而要选择键值数据库模型；遇到多对多的关系时，关系数据库模型比文档数据库模型更合适。数据库的发展并不因为其历史悠久而停滞，相反，新的业务场景和新的挑战不断出现，促使着新的数据库模型不断地被提出，以更好地适应新的业务场景和应对新的挑战。

15.2　执行器算法

DAG是一种计算模型，是MapReduce模型的通用化模型。DAG模型在MapReduce的"后大数据时代"，在很多数据管理系统（如Spark、Storm、AsterixDB等）中都广泛应用，因为这种调度模型有更强的通用性。从概念上讲，MapReduce模型指出，大型数据集上的分布式计算可以简化为两个计算步骤——Map和Reduce。Map和Reduce对数据执行一个级别的聚合，复杂的计算通常需要多次这样的操作。当有多个此类步骤时，本质上就形成了DAG操作。因此，DAG模型本质上是MapReduce模型的泛化。

15.2.1　Spark RDD中DAG的应用

在图论中，如果一个有向图无法从某个顶点出发经过若干条边回到该点，则这个图是一个DAG抽象模型（见图 15-4）。因为有向图中一个点经过两条路线到达另一个点未必会形成环，所以DAG未必能转化成树，但任何有向树均为DAG。

Spark中使用DAG对RDD的关系进行建模，以描述RDD的依赖关系，这种关系也被称为血缘关系。RDD的依赖关系使用Dependency维护，DAG在Spark中的对应的实现为DAGScheduler。Spark通过分析各个RDD的依赖关系生成了DAG，通过分析各个RDD中的分区之间的依赖关系来决定如何

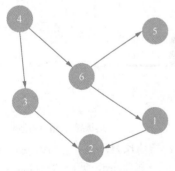

图 15-4　DAG抽象模型

划分Stage。具体划分方法如图 15-5 所示，在DAG中进行反向解析，遇到宽依赖就断开，遇到窄依赖就把当前的RDD加入Stage，将窄依赖尽量划分在同一个Stage中，这样就可以实现流水线计算。

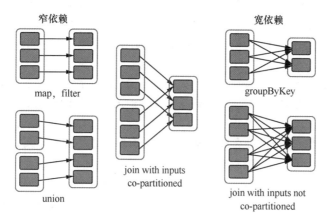

图 15-5　Spark系统RDD模型中的DAG计算[4]

15.2.2　分布式数据库的算子运算

DAG是随着大数据兴起的一项主流技术，那在没有DAG之前，关系数据库是如何进行数据集之间的计算和转换的呢？关系数据库基于关系代数，其基本操作我们常称为算子，算子之间的运算主要依赖关系代数模型的算法实现。一个算子对一组数据进行操作，并返回一个处理结果。相对于算子，数据就是运算对象。在数据库的实现里，算子以特殊的字符或者关键词表示，如"*"表示乘法运算，NULL表示判断是否为空。数据库中有两类主要的算子操作符：一元运算和二元运算。此外，各家数据库厂商支持其他类型的运算，Oracle Lite SQL支持集合操作算子等。一元运算就是输入一组运算对象，给出结果，基本逻辑是一元运算模式。二元运算一般包括两个操作对象，一般模式是"操作对象＋二元运算＋操作对象"。

有了算子和操作对象，我们就可以针对不同的问题实现不同的算法。基于集合，数据库提供关系代数操作，包括并、差、选择、投影、更名、笛卡儿积等基础操作，如SQL语句"SELECT student_name FROM student"，其关系代数表达为"Πstudent_name(student)"，这就是一个投影操作。这就是SQL语法的基础模型，一般的数据库原理与实现的课程都会有详细的实例介绍，本书不详细展开。

关系数据库的SQL最终会生成执行计划，SQL执行树的并发执行一般有两种类型：算子内部并行和算子间并行。这两种并发模型往往被组合使用。算子内部并行是指我们对数据进行分区，因此一个算子可以同时在不同的分区上执行，从而加快查询执行。算子间并行是指不同的算子（尤其是父子算子）同时在不同的节点上执行，算子间通过通信传递数据。在分布式或并行执行环境下常常需要执行Shuffle操作，其中一种情况是性能或者存储能力的原因，我们无法使用一个全局的哈希表，而必须使用分布式哈希表。分布式哈希表在每个节点上只处理哈希表的某一分区。如果在另一个计算机节点上有该分区的数据，则必须将数据发送到该分区进行处理。因此，在分布式数据库中，往往会通过Exchange算法来实现Shuffle的功能。

15.2.3 大数据DAG与数据库算子的异同

大数据管理系统常见的DAG计算调度执行引擎与传统数据的优化器有什么区别和联系？前面我们提到，DAG其实是MapReduce的一个通用抽象，MapReduce是DAG的一个特例。早期只有MapReduce的时候，Hive就是把一个计算任务分解成若干个级联的Map-Reduce子任务，后来大家发现这种模型比较低效，于是把级联任务中没有的分支去掉，最后又变成DAG。图模型显然可操作的空间更大，从设计和实现上都变大了，DAG就是最佳的选择，若需要其他更加复杂的表达形式可以通过组合DAG来实现。如果回头看数据库模型，最开始是图模型，但是逐渐被关系数据库取代了。关系数据库后来发展成分布式数据库，很多分布式算法也需要这种依赖关系的算子操作的统一执行计划。因此，现在的分布式数据库，也会有各种各样的分布式算子的实现。

执行器可以看作"程序=算法+数据结构"中的算法，不过这个算法十分复杂，实现起来工作量比较大。而且不管是大数据的DAG模型还是分布式关系算子模型，都是对数据进行操作。现在调度算法不仅限于DAG的调度，数据中心的不同粒度的调度算法也越来越被重视。同时，在关系数据库领域，抛开传统的代价优化模型和规则优化模型，越来越多的工作集中在AI优化器，以研究如何将AI的能力运用到执行器中。

15.3 一致性算法

2PC是一种可以在分布式环境下保证事务原子性的算法。此外，还有三阶段提交（Three Phase Commit，3PC）来解决2PC中存在的问题。Paxos是一种用于不可靠环境的共识算法。此外，不可靠环境下的共识算法以拜占庭容错（Byzantine Fault Tolerant，BFT）类最为著名，两者是在不同的环境下解决同样的问题。关于一致性算法，我们首先要区分面向操作原子性的一致性算法和面向数据副本同步的一致性算法。2PC协议用于保证在多个数据分片上的操作的原子性，这些数据分片可能分布在不同的服务器上。2PC协议可以保证多台服务器上的操作要么全部成功，要么全部失败。Paxos协议用于保证同一个数据分片的多个副本之间的数据一致性。当这些副本分布到不同的数据中心时，这个需求尤其强烈。

15.3.1 常见一致性算法简介

我们先简单介绍一些相关的算法解决的问题和基本的优缺点。

- ❑ 2PC协议解决阻塞、数据不一致问题和单点问题。优点：原理简单、实现方便。缺点：同步阻塞、单点问题、数据不一致、太过保守。
- ❑ 3PC协议解决2PC的阻塞，但还是可能造成数据不一致。优点：能够减小参与者阻塞范围，并能够在出现单点故障后继续达成一致。缺点：引入预提交阶段，在这个阶段如果出现网络分区，协调者将无法与参与者正常通信，参与者依然会进行事务提交，造成数据不一致。
- ❑ Paxos协议解决单点问题。Paxos基本是2PC的一个优化协议，其实，2PC和3PC都是分布式一致性算法的"残次"版本。Google Chubby的作者迈克·伯罗斯（Mike Burrows）说过，这个世界上只有一种一致性算法，那就是Paxos，其他算法都是残次品。

- Raft协议解决Paxos的实现难度。在Raft实现上，其将角色简化为Follower、Candidate、Leader这3种，角色本身代表状态，角色之间进行状态转移是一件非常自由的事情。Raft虽然有角色之分，但是采用的是全民参与选举的模式。在Paxos里，更像是议员参政模式。
- ISR（In-Sync Replicas）机制解决F容错的 2F+1 成本问题。Kafka并没有使用Zab或Paxos协议的多数投票机制来保证主备数据的一致性，而是通过ISR机制来保证数据一致性。
- 实用拜占庭容错（Practical BFT，PBFT）协议解决节点不可信问题。Lamport证明在存在消息丢失的不可靠信道上试图通过消息传递的方式达到一致性是不可能的。因此，在研究拜占庭将军问题的时候，要先假定信道是没有问题的，然后去做一致性和容错性的相关研究。

15.3.2 Paxos算法进阶深入

本节我们主要针对副本一致性介绍一致性算法。Paxos算法是图灵奖得主Leslie Lamport提出的一种基于消息传递的分布式一致性算法[5]，也是其获得 2013 年图灵奖的关键原因。Paxos由Lamport于 1998 年在"The Part-Time Parliament"论文中首次公开，最初的描述使用希腊的一个小岛Paxos作为比喻，描述了在Paxos小岛上通过决议的流程，并以此命名这个算法，但是这个描述理解起来比较有挑战性。2001 年，Lamport觉得"同行不能理解他的幽默感"，于是重新发表了朴实的算法描述版本的论文"Paxos Made Simple"。Paxos自问世以来就持续垄断了分布式一致性算法，Paxos这个名词几乎等同于分布式一致性。Google的很多大型分布式系统都采用了Paxos算法来解决分布式一致性问题，如Chubby、Megastore以及Spanner等。开源的ZooKeeper和MySQL 5.7 推出的用来取代传统的主从复制的MySQL Group Replication等纷纷采用Paxos算法解决分布式一致性问题。然而，Paxos最大的一个特点就是难，不仅难以理解，还难以实现。

Paxos算法解决的问题正是分布式一致性问题，即一个分布式系统中的各个进程如何就某个值进行决议并达成一致。Paxos算法运行在允许发生宕机故障的异步系统中，不要求可靠的消息传递，可容忍消息丢失、延迟、乱序以及重复。它利用大多数（Majority）机制保证了 2F+1 的容错能力，即拥有 2F+1 个节点的系统最多允许F个节点同时出现故障。一个或多个提议进程可以发起提案（Proposal），Paxos算法使所有提案中的某一个提案在所有进程中达成一致。系统中的多数派同时认可该提案，即达成一致，且最多只针对一个确定的提案达成一致。

Paxos将系统中的角色分为提案者（Proposer）、决策者（Acceptor）和最终决策学习者（Learner）（见图 15-6）：Proposer提出提案，提案信息包括提案编号（Proposal ID）和提案的值（Value）；Acceptor参与决策，回应Proposer的提案，其收到提案后可以接受该提案，若提案获得多数Acceptor的接受，则称该提案被批准；Learner不参与决策，而是从Proposer和Acceptor学习最新达成一致的提案的Value。

在多副本状态机中，每个副本同时具有Proposer、Acceptor、Learner这3种角色，Paxos算法通过一个决议分为两个阶段（Learn阶段之前决议已经形成）。

第一阶段：Prepare阶段，Proposer向Acceptor发出Prepare请求，Acceptors针对收到的Prepare请求进行承诺。

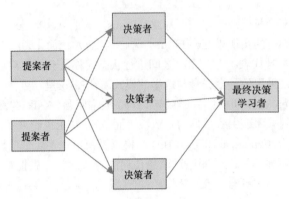

图 15-6 Paxos算法中各个角色的关系

第二阶段：Accept阶段，Proposer收到多数Acceptor承诺的Promise后，向Acceptor发出Propose请求，Acceptor对收到的Propose请求进行接受处理。

第三阶段：Learn阶段，Proposer在收到多数Acceptor的接受之后，标志着本次决议形成，将形成的决议发送给所有Learner。

原始的Paxos算法（Basic Paxos）只能对一个值形成决议，决议的形成至少需要两个来回，在高并发情况下可能需要更多的来回，极端情况下甚至可能形成活锁。如果想连续确定多个值，Basic Paxos无能为力。因此Basic Paxos几乎只用来做理论研究，并不直接应用在实际工程中。实际应用中几乎都需要连续确定多个值，而且希望能有更高的效率。Multi-Paxos正是为解决此问题而提出的。Chubby和Boxwood均使用了Multi-Paxos，ZooKeeper使用的Zab是Multi-Paxos的变种。

分布式一致性在过去 10 年已经被大家研究得比较透彻了，目前各种Paxos、Raft实现已经被广泛应用在各种生产环境中，各种细节的优化也层出不穷。如果你想系统性地学习分布式一致性这个方向的知识，那么推荐你阅读剑桥大学女博士海迪·霍华德（Heidi Howard）的毕业论文"Distributed Consensus Revised"。这篇论文可以说把过去几十年大家在分布式一致性上的工作做了一个全面的总结。她通过总结前人的工作，整理出了一个分布式一致性的模型，并且逐个调节模型中的约束条件，从而遍历了几乎所有可能的优化算法，可以说是深入浅出，非常适合作为入门的论文。

15.3.3 一致性的Consensus与Consistency

说到 Consensus，就离不开Consistency，这两个单词都常被翻译成一致性，但却是两个不同的概念。Distributed Consensus是实现Strong Consistency的非常经典的方法，但是，并不是唯一的方法。Distributed Consensus只是手段，Strong Consistency才是目的。实现Strong Consistency的方法还有很多，在过去一段时间里，最经典的要数Amazon的Aurora的实现。关于Amazon Aurora，目前共发表了两篇论文，一篇是 2017 年在SIGMOD上发表的"Amazon Aurora: Design Considerations for High Throughput Cloud-Native Relational Databases"[6]，另一篇是 2018 年在SIGMOD上发表的"Amazon Aurora: On Avoiding Distributed Consensus for I/Os, Commits, and Membership Changes"[7]。第二篇论文主要讲述了他们如何在不使用Distributed Consensus的情况下，达到Strong Consistency的效果。

为了介绍Amazon Aurora，我们先来简单了解通常Distributed Consensus是如何做到Strong Consistency的。我们假设当前计算节点的状态是S_0，此时我们收到了一个请求，要把状态变更为S_1。为了完成这个变更，存储节点会发起一次Distributed Consensus。如图 15-7 所示，如果成功，则计算节点把状态变更为S_1；如果失败，则状态维持在S_0不变。可以看到存储节点向计算节点返回的状态只有成功和失败，而实际上存储节点内部有更多的状态，如 5 个节点里面有 3 个状态为成功，1 个状态为失败，1 个状态为超时。而这些状态都被存储节点屏蔽了，计算节点感知不到。

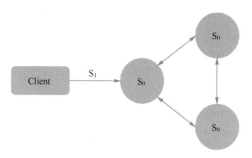

图 15-7　分布式一致性状态模型

这就导致计算节点必须等待存储节点完成Distributed Consensus以后，才能继续向前推进。在正常情况下不会有问题，但一旦存储节点发生异常，计算节点必须要等待存储节点完成Leader Election或Membership Change，这可能导致整个计算节点被阻塞。

Aurora则打破了这个"屏障"，Aurora的计算节点可以直接向存储节点发送写请求，并不要求存储节点之间达成任何的Consensus。典型的Aurora实例包含 6 个存储节点，分散在 3 个AZ活跃分区（Active Zone，AZ）中。每个存储节点都维护了Log的列表，以及SCL（Segment Complete LSN），也就是已经持久化的LSN。存储节点会将SCL汇报给计算节点。计算节点会在 6 个节点中找出 4 个值最大的SCL，并将其中最小的值作为PGCL（Protection Group Complete LSN）。而PGCL表示Aurora实例已经达成Consistency Point。

这个方法看上去和Multi-Paxos有些相似，但Aurora并不要求存储节点之间达成任何的Consensus。发生故障的时候，存储节点不需要参与Leader Election，也不需要等待所有的日志复制完成。这意味着计算节点基本上永远不会被阻塞。Aurora的精妙之处在于把Distributed Consensus从存储节点中抽离出来了，存储节点只单纯地负责存储工作，而Consensus由计算节点来完成。这样看上去，在整体思路上，Aurora和PacificA是非常相似的。Aurora这种将Consensus和存储节点解耦的方式，重新审视了Consensus在系统设计中的位置，必定会成为未来的一个趋势。

除了Aurora的工作以外，Remzi Arpaci-Dusseau团队在FAST 2020 上获得最佳论文的"Strong and Efficient Consistency with Consistency-Aware Durability"，也是非常有意思的一篇论文。通常来说，我们在考虑Consistency的时候会结合Durability。需要Strong Consistency，就会用Distributed Consensus或者其他的Replication方式完成一次Quorum Write，保证Strong Consistency的同时，也保证Durability，代价就是性能差。如果只需要Weak Consistency，那么不需要立刻完成Quorum Write，只需要写一个副本，然后异步完成数据同步，这样性能会很好。但是由于没有Quorum Write，也就丧失了Durability和Consistency。所以大家一直以来的一个共识就是Strong Consistency性能差，Weak Consistency性能好。

那有没有一种方法既能保证Strong Consistency，又能保证Performance呢？Remzi团队在这篇论文中提出了"Consistency-Aware Durability"的方法把Consistency和Durability解耦，放弃了部分Durability，来保证Strong Consisteny和Performance。可能做系统的工程师觉得牺牲Durability不可接受，但是在类似互联网应用的场景中，一些临时数据的Durability其实是不太重要的，而Consistency

才是影响体验的核心因素。我们以打车举例，如果你看到司机距离你的位置一开始是 1 千米，然后忽然变成了 3 千米，这很可能是后台的NoSQL数据库发生了一次故障切换，而从节点中保存的数据是过时数据，破坏了单调读操作（Monotonic Read）。而司机位置这种数据是完全没有必要保证Durability的，那么在这种情况下利用比较小的代价来保证单调读操作，将极大地改善用户的体验，你会看到司机和你的距离越来越近，而不是忽远忽近，当然这通常仅仅是在后台的数据库系统出现故障的时候才会有的问题。

实现的方法可以用一句话总结，就是"读时复制"（Replicate on Read）。在Strong Consistency中，有一个很重要的要求就是 单调读操作，读到一个新版本的数据后，再也不会读到旧版本的数据。但换一个角度思考，如果没有读发生，是不存在什么单调读操作的，也就不需要做任何保证Consistency的工作，这听起来有点儿像薛定谔的猫。系统在写时做Replication，完全是为了保证Durability，顺便保证了Consistency。如果我们可以牺牲Durability，那么在写入时，完全不需要做Replication，写单复本就可以了。系统只需要在需要Consistency的时候（也就是读的时候）完成Consistency的操作（也就是 Replication）就可以了，这也就是所谓的Replicate On Read。

如果你的应用程序属于写多读少的，那么采用这种方法就可以避免大量无用的Replication操作，仅在必要的时候（也就是读的时候）执行Replication。这样既保证了Strong Consistency，又保证了Performance。真是不得不佩服Remzi团队，把Consensus、Consistency和Durability研究得太透彻了。顺便提一下，Remzi就是和妻子一起写*Operating System: Theree Esay Pieces*的那个教授。

一致性问题一直是分布式系统里既经典又前沿的问题，经典是因为这个问题由来已久，前沿是因为不同的应用场景总是让我们重新审视原来的一致性算法。而这个问题在不同的领域也都被广泛研究。现在有了分布式数据库，这两个概念又被重新审视。即使在CPU领域，从L1 到L3 缓存，从缓存到内存，也存在数据一致性问题。所以，想要弄明白一致性问题，首先要确定场景和问题的定义，其次才是解决方案和实施细节。

15.4　持久化算法

WAL是ACID事务中一种数据可持久化的算法。在HDD、NVM等新硬件环境下，后写日志（Write-Behind Log，WBL）是一种截然不同的算法。这种变化的由来，一方面是新硬件的普及，另一方面是业务需求的进化。

15.4.1　经典的WAL

数据库为保证数据的一致性，需要有两个约束，分别是更新持久性和故障原子性。更新持久性：所有已提交事务的数据更改一定是持久化的。故障原子性：因事务冲突或失败而中止的事务，或者在数据库发生故障时未成功提交的事务，它们对数据的修改要保证对后续的事务不可见。这两个约束保证了数据库的数据完整性，在出现系统故障（如掉电、系统崩溃等）时，数据库依然能完整地恢复到出现故障前的状态。数据库中常见的故障分为以下 3 种。事务中止：当前事务和另一个事务发生冲突时中止事务，或者应用程序自己执行了事务中止。系统故障：数据库或操作系统中的错误，或者因计算机硬件故障发生的系统故障。存储设备故障：NVM、SSD、HDD等非易失性存储设备损坏造成数据丢失。针对这 3 种故障情况，数据库对那些未完成提交的事务，必须保证数据恢复到之前的一个特定版本，且这些事务对数据的修改也必须撤销，这些事务的日志也必须清除，以保证故障原子性。

在数据库因故障而发生重启恢复时，需要通过日志来保障其数据的原子性和一致性，故障恢复算法通过日志中的记录来恢复故障时刻的数据库状态。一般来说，主要是通过Redo和Undo操作来完成恢复。针对已完成提交的事务，需要确保其在日志中记录的数据更改操作全部生效，执行Redo操作来完成数据修改的回放。针对未完成提交的事务，需要对这些事务带来的数据更改进行撤销，执行Undo操作来完成数据更改的撤销。针对存储设备故障，数据库通过在多个存储设备上存储数据、日志和数据库的Checkpoint归档来实现数据完整性。

基于WAL（见图 15-8）设计的著名的恢复方法是IBM在 20 世纪 90 年代开发的ARIES协议。ARIES协议中提出了Redo和Undo操作，在数据库正常的工作状态中，需要记录Redo日志和Undo日志，并将其保存在持久化设备上。在出现故障恢复时再去读日志并执行相应的Redo和Undo操作来保证数据完整性。

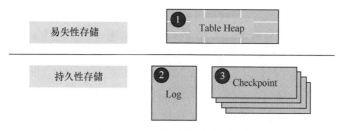

图 15-8　WAL提交协议流程图[8]

15.4.2　前沿的WBL

在传统数据库系统中，WAL所扮演的角色和发挥的作用，在NVM设备出现后，失去了最初的前提假设，原有基于DRAM和磁盘设计的架构并不能完全发挥出NVM设备所提供的特性。WAL作为数据库的事务记录以及故障恢复的重要机制，其读写效率大大影响了DBMS的写入性能和故障恢复速度。研究人员在WBL的工作中着重讨论了如何基于NVM设备所带来的新特性，来设计一个具有更好的性能和更快的故障恢复速度的、新的日志系统，如图 15-9 所示。

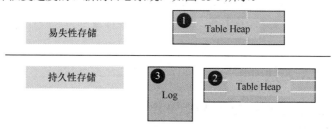

图 15-9　WBL提交协议流程图[8]

设计WBL的核心原则在于，记录数据库中的数据改变了什么，而不是记录其是如何改变的。WBL在数据库将数据的更改全部持久化后，才将日志写入NVM设备，并且通过原子写入日志的模式，保证了事务修改数据的持久性和原子性。WBL还减少了每条事务需要记录的日志的大小，因此大大减少了对NVM设备的写入次数，增加了NVM设备的使用寿命。

持久化主要指的是数据的持久化，这里的数据指的是狭义的数据库存储的业务数据。但是，为了保证容错性，也需要对日志进行持久化。因此，每一份数据的更改，既要有数据的持久化，也要有日志的持久化。而随着硬件设备的发展，不同的持久化算法和优化算法应运而生。

15.5　分布式算法

在大数据管理系统里，基本所有系统级别的算法都是分布式算法，因为大数据管理系统就是构建在分布式环境里的。在本节，我们主要列举常用的分布式算法。

15.5.1　分布式P2P协议

分布式P2P协议的一个常见的问题是如何高效地定位节点，也就是说，面对一个节点，怎样高效地知道网络中的哪个节点包含它所寻找的数据。对此，可用3种比较典型的方法来解决这个问题。

Napster： 使用一个中心服务器接收所有的查询，服务器告知去哪儿下载其所需要的数据。存在的问题是中心服务器单点失效将导致整个网络瘫痪。

Gnutella： 使用消息泛洪（Message Flooding）来定位数据。一个消息被发送到系统内每一个节点，直到找到其需要的数据为止。使用生存时间TTL来限制网络内转发消息的数量。存在的问题是消息数与节点数呈线性关系，导致网络负载较重。

SN机制： SN保存网络中节点的索引信息，这一点和中心服务器类型一样，但是网内有多个SN，其索引信息会在这些SN中传播，所以整个系统崩溃的概率会小很多。尽管如此，网络还是有崩溃的可能。

现在的研究中，Chord、Pastry、CAN和Tapestry等常用于构建结构化P2P的分布式哈希表系统（Distributed Hash Table，DHT）。DHT的主要思想：首先，每条文件索引被表示成一个(K, V)对，K称为关键字，可以是文件名（或文件的其他描述信息）的哈希值；V是实际存储文件的节点的IP地址（或节点的其他描述信息）。所有的文件索引条目（所有的(K,V)对）组成一个文件索引哈希表，只要输入目标文件的K，就可以从这张表中查出所有存储该文件的节点地址。然后，将上面的大文件哈希表分割成很多小块，按照特定的规则把这些小块的局部哈希表分布到系统中的所有参与节点上，使得每个节点负责维护其中的一块。这样，节点查询文件时，只要把查询报文路由到相应的节点即可。

15.5.2　一致性哈希算法

一致性哈希（Consistent Hash）算法最早应用在分布式缓存系统中。一致性哈希算法是1997年由麻省理工学院提出的一种分布式哈希表的实现算法[9]，设计目标是解决因特网中的热点问题，初衷和缓存数组路由协议（Cache Array Routing Protocol，CARP）十分类似。一致性哈希算法修正了CARP使用的简单哈希算法带来的问题，使得分布式哈希可以在P2P环境中真正得到应用。

在分布式集群中，实现对机器的添加和删除，或者机器故障后自动脱离集群，这些操作是分布式集群管理最基本的功能。如果采用常用的Hash(object)%N算法，那么在有机器添加或者删除后，很多原有的数据就无法找到了，这样严重违反了单调性原则。良好的分布式系统中的一致性哈希算法应该满足以下几个方面：平衡性、单调性、分散性、平滑性和负载均衡。

简单来说，一致性哈希算法将整个哈希值空间组织成一个虚拟的圆环（见图 15-10），如假设某哈希函数H的值空间为 $0 \sim 2^{32} - 1$（哈希值是一个 32 位无符号整型），整个空间按顺时针方向组织，0 和 $2^{32} - 1$ 在"零点钟方向"重合。然后将各个服务器使用哈希算法进行映射，具体可以选择服务器的IP地址或主机名作为关键字进行哈希，这样每台机器就能确定其在哈希环上的位置。一般地，在一致性哈希算法中，如果一台服务器不可用，则受影响的仅仅是此服务器与其环空间中前一台服务器（沿着逆时针方向"行走"遇到的第一台服务器）之间的数据，其他数据不会受到影响。同样，如果增加一台服务器，则受影响的仅仅是新服务器与其环空间中前一台服务器（沿着逆时针方向行走遇到的第一台服务器）之间的数据，其他数据也不会受到影响。一致性哈希算法对于节点的增减都只需重定位环空间中的一小部分数据，具有较好的容错性和可扩展性。

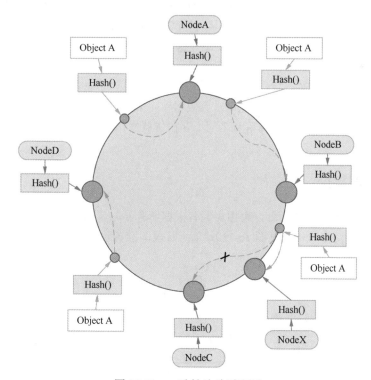

图 15-10　一致性哈希原理图

为了解决数据倾斜问题，一致性哈希算法引入了虚拟节点机制，即对每一个服务节点计算多个哈希，每个计算结果位置都映射到一个服务节点，称为虚拟节点。具体做法可以在服务器IP地址或主机名的后面增加编号来实现。

当然，分布式系统里，很多算法都是分布式的。本节主要介绍数据如何在不同节点间进行数据的分布式存储。这只是数据分布式存储的基础，涉及的其他问题如分布式数据的重分布、分布式数据的在线扩容、分布式数据的业务不间断DDL和DML等，都是非常关键的学术研究和商业产品中的核心技术。

15.6   事务类算法

事务提交协议主要研究的是分布式事务，如果了解过数据库事务就知道ACID特性。接下来我们介绍一些基础概念。

① 什么是事务：事务就是对数据进行一次完整操作的逻辑单元，在这个逻辑单元中可以包含多个操作，操作可以增加或减少。

② 什么是分布式：分布式是相对于集中式而言的，一个操作的完成需要多个实体间的通信，这个通信可以是进程间的通信，也可以是跨节点的网络通信。

③ 什么是分布式事务：我们通常理解的是数据库的事务，允许我们进行提交和回滚操作，在分布式系统中，为了保证系统的高可用性，我们通常会进行数据冗余处理，那么在进行一次操作时，我们就需要同时对多台机器进行数据同步，这就是分布式事务。

为了解决分布式一致性问题，在性能和数据一致性的反复权衡中总结了许多典型的协议和算法[10]。其中比较著名的有 2PC、3PC和Paxos算法。一阶段提交（One Phase Commit，1PC）非常"直白"，就是从应用程序向数据库发出提交请求到数据库完成提交或回滚之后将结果返回给应用程序的过程。1PC不需要协调者角色，各节点之间不存在协调操作，因此其事务执行时间比 2PC要短，我们不做过多介绍。

15.6.1   两阶段提交

参与者将操作成败通知协调者，再由协调者根据所有参与者的反馈决定各参与者要进行提交操作还是中止操作。两个阶段（见图 15-11）：第一阶段即准备阶段（投票阶段）；第二阶段即提交阶段（执行阶段）。

图 15-11   2PC流程

准备阶段：协调者节点向所有参与者节点询问是否可以执行提交操作，并开始等待各参与者节点的响应。参与者节点执行询问发起为止的所有事务操作，并将Undo信息和Redo信息写入日志。各参与者节点响应协调者节点发起的询问，如果参与者节点的事务操作执行成功，则返回一个同意消息；如果参与者节点的事务操作执行失败，则返回一个中止消息。

提交阶段：协调者节点向所有参与者节点发出正式提交的请求。参与者节点正式完成操作，并释放在整个事务期间占用的资源。参与者节点向协调者节点发送完成消息。协调者节点收到所有参与者节点反馈的完成消息后，完成事务。如果任一参与者节点在准备阶段返回的响应消息为中止，或者协调者节点在准备阶段的询问超时之前无法获取所有参与者节点的响应消息，协调者节点向所有参与者节点发出回滚操作的请求。参与者节点利用之前写入的Undo信息执行回滚，并释放在整个事务期间占用的资源。参与者节点向协调者节点发送回滚完成消息。协调者节点收到所有参与者节点反馈的回滚完成的消息后，取消事务。不管最后结果如何，提交阶段都会结束当前事务。

2PC作为分布式事务经典的算法，也存在一些问题。

- ❏ 同步阻塞问题。执行过程中，所有参与者节点都是事务阻塞型的。当参与者占有公共资源时，其他第三方节点访问公共资源时不得不处于阻塞状态。
- ❏ 单点故障。由于协调者的重要性，一旦协调者发生故障，参与者会一直阻塞下去。尤其在提交阶段，协调者发生故障，所有参与者都处于锁定事务资源的状态中，无法继续完成事务操作。如果协调者"挂掉"，可以重新选举一个协调者，但是无法解决因为协调者宕机导致的参与者处于阻塞状态的问题。
- ❏ 数据不一致。在 2PC的提交阶段中，如果协调者向参与者发送提交请求之后，发生了局部网络异常或者在发送提交请求过程中协调者发生了故障，会导致只有一部分参与者接收到提交请求。而这部分参与者接收到提交请求之后就会执行提交操作。但是其他未接收到提交请求的参与者则无法执行事务提交。于是整个分布式系统便出现了数据不一致的现象。

2PC无法解决的问题：协调者在发出提交请求之后宕机，而唯一接收到该请求的参与者也宕机了。那么即使通过选举协议产生了新的协调者，这个事务的状态也是不确定的，没人知道事务是否已经被提交。

15.6.2 三阶段提交

3PC主要解决单点故障问题，并减少阻塞，引入超时机制（在协调者和参与者中都引入超时机制）。在第一阶段和第二阶段中插入一个准备阶段，保证在进入提交阶段之前各参与者节点的状态是一致的。除了引入超时机制之外，3PC把 2PC的准备阶段再次一分为二，这样提交就有CanCommit、PreCommit、DoCommit这 3 个阶段。

① CanCommit阶段：该阶段和2PC的准备阶段类似，主要分为两步。

- ❏ 事务询问：协调者向参与者发送CanCommit请求，询问是否可以执行事务提交操作，然后开始等待参与者的响应。
- ❏ 响应反馈：参与者接收到CanCommit请求之后，正常情况下，如果其认为可以顺利执行事务，则返回Yes响应，并进入预备状态，否则返回No。

② PreCommit阶段：协调者根据参与者的响应来决定是否可以继续执行事务的PreCommit操作，可以分为两种情况。

❑ 假如协调者从所有的参与者获得的反馈都是Yes，就会执行事务的预执行。协调者向参与者发送PreCommit请求，并进入准备阶段。参与者接收到PreCommit请求后，会执行事务操作，并将Undo和Redo信息记录到事务日志中。如果参与者成功地执行了事务操作，则返回ACK响应，同时开始等待最终指令。

❑ 假如有任何一个参与者向协调者发送了No响应，或者等待超时之后，协调者都没有接收到参与者的响应，就执行事务的中断。协调者向所有参与者发送Abort请求，参与者收到来自协调者的Abort请求之后（或超时之后，仍未收到协调者的请求），执行事务的中断。

③ DoCommit阶段：该阶段进行真正的事务提交，也可以分为两种情况。

❑ 执行提交：协调者接收到参与者发送的ACK响应，从预提交状态进入提交状态，并向所有参与者发送DoCommit请求。参与者接收到DoCommit请求之后，执行正式的事务提交，并在完成事务提交之后释放所有事务资源。事务提交完之后，参与者向协调者发送ACK响应。协调者接收到所有参与者的ACK响应之后，完成事务。

❑ 中断事务：协调者没有接收到参与者发送的ACK响应（可能是发送的不是ACK响应，也可能响应超时），就会执行中断事务。协调者向所有参与者发送Abort请求，参与者接收到Abort请求之后，利用其在PreCommit阶段记录的Undo信息来执行事务的回滚操作，并在完成回滚之后释放所有的事务资源。参与者完成事务回滚之后，向协调者发送ACK消息。协调者接收到参与者反馈的ACK消息之后，执行事务的中断。

在DoCommit阶段，如果参与者无法及时接收来自协调者的DoCommit或者Abort请求，会在等待超时之后，继续进行事务的提交。其实这个应该是基于概率来决定的，当进入DoCommit阶段时，说明参与者在PreCommit阶段已经收到了PreCommit请求，那么协调者产生PreCommit请求的前提条件是它在PreCommit阶段开始之前，收到所有参与者的CanCommit响应都是Yes。所以，用一句话概括就是，当进入DoCommit阶段时，由于网络超时等原因，虽然参与者没有收到DoCommit或者Abort响应，但是它有理由相信，成功提交的概率很大。

可以发现，无论是 2PC还是3PC都无法彻底解决分布式的一致性问题。Google Chubby的作者Mike Burrows认为，世上只有一种一致性算法，那就是Paxos，所有其他一致性算法都是Paxos算法的不完整版。关于Paxos类算法的介绍，可以参考 15.3 节的内容。如果将N阶段提交和Paxos类算法看作一类算法，那么这都是站在数据一致性（无论是分布式事务执行的操作一致性还是分布式数据副本的一致性）的角度。这里的数据是广义的数据，主备数据、副本数据是数据，提交日志也是数据。

15.7　分布式容错机制

一位谦逊的计算机科学家曾经说过："所有东西都会故障，而且一直是这样的"。我们今天拥有更多的资源，比几十年前计算机开始在医疗保健、空中交通管制和金融市场等关键系统中发挥作用时更容易实现容错。在早期，我们的想法是通过硬件方法来实现容错。直到 20 世纪 90 年代中期，软件容错才变得更加可以接受。而自从Google的"三驾马车"发布之后，在廉价的机器上构建大规模数据管理系统，使得容错机制变得更加重要。

容错是机器容错还是人的容错？Gray早就写了关于容错的论文，但一直没有被重视。Gray是事务处理等概念之父，他也为Tandem工作，致力于软件容错。为了能够构建更好的系统，他深入解构Tandem客户所经历的故障类型，他在"Why Do Computers Stop and What Can Be Done About It?"中写下了自己的发现。此后很长一段时间，Gray的研究成果一直是计算机系统可靠性方面唯一可用的。

Tandem是构建这些容错、关键任务系统的先驱之一。每个CPU都有自己的内存和I/O总线，并且所有CPU都通过复制的共享总线连接，独立操作系统实例可以通过该总线进行通信和运行。在20 世纪 70 年代末和 20 世纪 80 年代初，这被认为是最先进的容错系统。

与其他研究一样，该研究报告不仅提出了问题，还介绍了"可以做些什么"，Gray首次介绍了流程和事务等概念，作为软件容错的基础。Gray对容错从环境、硬件、软件、操作等不同层面进行了详细的分类与说明（见图 15-12），这是最早研究容错原因和机制的工作。从错误产生的原因到错误评估的方式，再到容错的机制，可以说介绍得十分详细。

```
System Failure Mode    Probability    MTBF in years

    Administration         42%            31 years
        Maintenance:       25%
        Operations          9% (?)
        Configuration       8%

    Software               25%            50 years
        Application         4% (?)
        Vendor             21%

    Hardware               18%            73 years
        Central             1%
        Disc                7%
        Tape                2%
        Comm Controllers    6%
        Power supply        2%

    Environment            14%            87 years
        Power               9% (?)
        Communications      3%
        Facilities          2%

    Unknown                 3%

    Total                 103%            11 years

Table 1. Contributors to Tandem System outages reported to the
    vendor.  As explained in the text, infant failures (30%) are
    subtracted  from  this  sample set.  Items  marked by "?"  are
    probably  under-reported  because  the  customer  does  not
    generally complain to the vendor about them.  Power outages
    below 4 hours are tolerated by the NonStop system and hence
    are under-reported.  We estimate 50% total under-reporting.
```

图 15-12　系统故障模型分类统计[11]

15.7.1　分布式系统容错机制

由于分布式系统是由多个分布在不同网络节点的子系统或者子服务组成的，在处理客户端请求时，服务之间需要通过网络来相互调用，因此如果某个服务由于宕机或者其他原因导致不可用，则服务调用方需要采取一定的容错机制来避免该不可用服务影响当前服务的请求处理。

一个服务可能会通过RPC来调用多个其他服务，如果其中某个服务不可用，则需要保证另外的多个服务的处理结果，以及当前发起RPC的处理结果都可以正常返回给客户端，只是这个不可用服务的处理结果需要返回错误而已。

分布式系统可以根据自身业务特点来选定容错机制，对服务调用失败采取不同的处理方式并产生不同的处理结果。具体的容错机制可以分为如下 6 种。

1. FailOver：失败自动切换

失败自动切换机制是指当调用该服务集群的某个节点失败时，自动切换到该服务集群的另外一个节点并进行重试，其中切换机制类似于负载均衡机制，不过一般采用轮询方式。这种容错机制通常适用于读操作，所以可以请求从该服务集群的多个节点的任意一个节点获取数据。由于需要切换到服务集群的另外一个节点进行服务重试，因此整个请求处理流程的时间延迟会加大。

2. FailFast：快速失败

快速失败机制是指当服务调用失败时，直接返回错误，而不会进行重试或者切换到服务集群的另外一个节点进行调用，即要么成功，要么失败，只发起一次服务调用请求。

这种机制通常适用于非幂等的操作，因为服务调用失败的原因包括服务节点机器宕机导致服务不可用；服务可用，但是两个服务节点之间的网络出现延迟或者被调用的服务节点繁忙，处理请求缓慢，导致返回结果超时。所以当服务调用失败时，可能确实没有进行操作，也可能进行了操作，但是返回响应结果超时或者丢失，而该操作是非幂等的，故不能进行重复操作，否则会导致数据不一致。

3. FailSafe：失败安全

失败安全机制与快速失败机制类似，都是只发起一次服务调用，要么成功，要么失败，不会进行重试操作。不过与快速失败不同的是，失败安全机制在调用失败时会进行日志记录。所以可以通过对日志进行监控和分析来及时了解服务调用情况，及早发现和处理服务调用失败的情况，以及对于重要服务的调用可以通过日志的数据来进行补偿恢复。

4. FailBack：失败自动恢复

失败自动恢复机制与失败安全机制类似，在服务调用失败时也会进行服务调用的记录，不过在记录的基础上，增加了自动定时重发的逻辑，适用于异步、幂等性的请求调用或者消息系统中允许消息重复的场景。

5. Forking：并行

并行机制通常用于实时性要求较高的读操作的场景，其基本工作过程为并行调用服务集群的所有节点，由于是读操作，所有服务节点返回的数据都是相同的，因此只要有一个服务节点返回调用成功则返回响应给客户端。

这种机制相对于失败自动切换机制，由于是对所有服务节点发起并行调用，而不是在调用失败时才一个个轮询切换直到调用成功，因此延迟较小，实时性较高，但机器的系统资源开销较大，所以如果需要进行这种调用，则需要保证机器性能较高。

6. BroadCast：广播调用

广播调用机制与并行调用机制类似，也需要对服务集群的每个节点都发起一次调用，不过不同的是，广播调用通常用于服务集群的每个节点都维护了本地状态，然后需要对这种本地状态进行写操作的场景，即需要同步写操作给服务集群的每个节点，从而保证每个节点的数据一致性和可靠性。

前 4 种容错机制针对的是服务调用失败的场景，而后面 2 种容错机制更多的是对数据实时性和数据可靠性方面的考虑和容错的实现。

15.7.2　数据库系统容错机制

在工业界，数据库领域有很多概念，如"一主多备""两地三中心"等，其实这些指的都是数据库集群系统的高可用性的解决方案。

两地三中心中的两地是指本地和异地；三中心是指本地数据中心、本地备份数据中心和异地数据备份中心。一主多备是指：备数据中心一般有热备、冷备、双活 3 种备份方式。在热备的情况下，只有主数据中心承担用户的业务，此时备数据中心对主数据中心进行实时的备份，当主数据中心"挂掉"以后，备数据中心可以自动接管主数据中心的业务，用户的业务不会中断，所以感觉不到数据中心的切换。在冷备的情况下，也是只有主数据中心承担业务，但是备数据中心不会对主数据中心进行实时备份，可能周期性地进行备份或者干脆不进行备份，如果主数据中心挂掉了，用户的业务就会中断。而采用双活是考虑到备数据中心只用于备份太浪费资源了，所以让主备两个数据中心都同时承担用户的业务，此时，主备两个数据中心互为备份，并且进行实时备份。一般来说，主数据中心的负载可能会多一些，如分担 60%～70%的业务，备数据中心只分担30%～40%的业务。

15.7.3　工业实践与学术创新

在容错方面，数据管理系统有很多新的实践，这里我们首先介绍Amazon的一项研究[6-7]。这项研究开头讲的是通过多数派I/O（Quorum I/O）、本地可观测状态（Locally Observable State）和单调递增日志（Monotonically Increasing Log Ordering）3 个性质来实现Aurora的容错机制，而不需要通过一致性协议。

容错的核心思想是建立副本，需要两个以上的服务器。每一个副本都维持相同的状态，如果一个服务器失败，其他服务器可以继续进行。如果重新审视容错机制，需要思考以下几个问题：什么状态需要去复制？主服务器需要等待副本服务器复制完成吗？什么时候需要切换到副本服务器？切换到副本服务器时是否可能发生异常？切换到副本服务器时能否加速？在关于Aurora的这项工作中，回答了这几个问题。

实现容错的两个关键步骤：状态转移和状态复制。主服务器执行操作，并将状态转移到副本服务器，状态转移虽然简单，但是状态可能很大，转移可能很慢，论文中的虚拟机使用了复制状态机。复制状态机，即保证所有副本执行所有操作，相同的开始状态，相同的操作，相同的顺序，确定性的操作，则具有相同的最终状态，更有效率，但是更复杂。因此，该工作的主要目标是构建复制状态机。主服务器和副本服务器具有相同的初始状态（内存、磁盘文件），主服务器通过日志通道（Logging Channel）将状态传递给副本服务器，使主从服务器具有相同的指令、相同的输入、相同的执行。

这项工作是在Amazon Aurora发表的第二篇论文[7]中介绍的内容，题目很吸引人：避免在I/O、Commit、成员变更的过程使用一致性协议。现在大家都在使用一致性协议（如Raft、Multi-Paxos等），Aurora却提出了不使用一致性协议来实现高可用，其主要观点是现有协议太重，而且会带来额外的网络开销。毕竟Aurora有 6 个副本，主要的瓶颈是在网络上。

那么Aurora具体是怎么做的？因为Aurora中的很多细节没有揭露，所以很多内容是基于对公开的论文的理解。在Aurora中存储层没有权限决定是否接受写操作，而是必须去接受数据库传过来的写操作，然后由数据库层去决定SCL、PGCL、VCL是否可以往前推进。也就是说，存储层本身并不是一个强一致的系统，而仅仅是一个Quorum系统，需要数据库层来配合实现强一致，如图 15-13 所示。

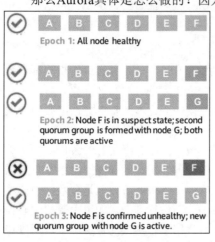

图 15-13　Aurora容错机制[7]

这也是与当前大部分的系统设计不一样的地方，当前大部分的系统都是基于稳定的强一致的稳定底层存储层，然后在上层计算节点做协议的解析和转换。例如，在Spanner中，Spanserver本身是多副本类型，多副本之间通过Multi-Paxos来保证数据的一致性，上层的F1层主要做的是协议转换，把SQL协议转换成键值请求发送给Spanserver。而Aurora提出底层的系统只需要是Quorum系统，通过存储层和数据库层来实现一个强一致的方案。这个想法非常实用且具有创新性，这也是由Aurora实际的云上系统的业务诉求决定的。值得一提的是Remzi的研究工作[12]，发表在OSDI 2018 上，论文名为 "Fault-Tolerance, Fast and Slow: Exploiting Failure Asynchrony in Distributed Systems"。

在分布式系统中，通常会将数据复制到 $2N+1$ 个节点中，从而可以容忍N个节点失效，以此来保证数据的高可靠和高可用。目前常见的数据复制协议包含Paxos、Raft、Zab等，而这些协议又根据持久性状态分为两类：一是Disk-durable，以Raft、Paxos、Perficia、Zab等为代表，将数据持久化到磁盘中，其优点是可用性好、可靠性好，但是由于数据持久化到磁盘中，数据复制的性能不好，图 15-14 展示了不同存储介质对应的持久化开销；二是Memory-durable，以Viewstamped Replication为代表，将数据持久化到内存中，其优点是性能好，但是可靠性和可用性比较差，存在较大的丢失数据的风险。那么是否存在一个强可靠（Strong Reliability）且高性能（High Performance）的解决方案呢？

	Mode	Avg. Latency (μs)	Throughput (ops/s)
HDD	`fsync-s disabled`	327.86	3050.1
cluster1	disk durability	16665.18 (50.8× ↑)	60.0 (50.8× ↓)
SSD	`fsync-s disabled`	461.2	2168.34
cluster2	disk durability	1027.3 (2.3× ↑)	973.4 (2.3× ↓)

图 15-14　磁盘持久化的开销对比[12]

Remzi的团队基于非同时性猜想（Non-Simultaneity Conjecture，NSC），也就是多个副本节点出现故障并不是严格同时发生，极大部分情况下节点的失效之间存在一定的时间差。当然，研究人员也给了一些过往的研究和数据说明了猜想的合理性，感兴趣的读者可以参考论文的相应内容。基于这个猜想，该论文作者提出了SAUCR（Situation-Aware Updates and Crash Recovery）机制，整体复制框架还是Leader-Follower，只是相较传统协议有一些差异。SAUCR是集群状态感知（Situation-Aware）的，所谓的状态感知就是SAUCR根据集群的状态分为两种模式：第一种是Fast模式，如果 $2N+1$ 个节点中，有大于 $N+1$ 个节点存活，就将数据在内存中更新，一旦发现只有小于等于 $N+1$ 个节点存活，就切换到Slow模式，在此模式下，所有节点需要将数据持久化到磁盘中。

这样一看，其实解决方案非常简单，又非常高效，SAUCR基于非同时性猜想，在容错和性能之间实现了不错的平衡。总体上看，可用性没有降低，但是可靠性如何？毕竟对于一些应用来说，数据丢失总是难以被接受的，如果有什么方法能间接地解决SAUCR在同时性错误发生的情况下数据丢失的问题，例如，通过备用电池加上一些工程手段保证在节点故障之前让数据"落盘"，那么SAUCR或许能够找到它的工业实践的用武之地。

容错一直是数据管理系统中一个非常关键的技术，因为如果不能保证数据的正确性，就丧失了最基本的保证。虽然现在关于容错有各种各样的学术研究和工业实践[13]，但本质上都是一个取舍的问题，就是性能和容错之间的取舍。即使回到早期的关系数据库，日志本身就是对数据的容错设计，而这一点一直延续到今天的数据管理系统。

15.8　高并发控制机制

数据库事务隔离主要有Read Uncommitted、Read Committed、Repeatable Read、Serializable等隔离级别[14]，本节主要介绍常见的实现事务隔离的机制，称为并发控制（Concurrency Control）[15]。所谓并发控制，就是保证并发执行的事务在某一隔离级别上正确执行的机制。需要指出的是并发控制由数据库的内核负责，事务本身并不感知。

15.8.1　并发控制类别

我们从横纵两个维度对常见的并发控制机制进行分类，如图 15-15 所示。

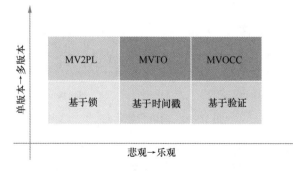

图 15-15　不同维度的并发控制机制

1．悲观vs乐观

不同的实现机制基于不同的对发生冲突概率的假设，悲观的方式认为只要两个事务访问相同的数据库对象，就一定会发生冲突，因而应该尽早阻止；而乐观的方式认为，冲突发生的概率不大，因此会延后处理冲突的时机。图 15-15 横坐标所示的乐观程度从左向右增高。

基于锁：这是最悲观的实现，需要在操作开始前，甚至是事务开始前，对要访问的数据库对象加锁，对冲突操作选择Delay。

基于时间戳：这是乐观的实现，每个事务在开始时获得全局递增的时间戳，期望按照开始时的时间戳依次执行，在操作数据库对象时检查冲突并选择Delay或者Abort。

基于验证：这是更乐观的实现，仅在Commit前进行验证，对冲突的事务选择Abort。

可以看出，对于不同乐观程度的机制，其本质的区别在于检查或预判冲突的时机——锁常用于事务开始时，时间戳常用于操作进行时，而验证则用在最终Commit前。相对于悲观的方式，乐观机制可以获得更高的并发度，而一旦冲突发生，选择Abort会比选择Delay带来更大的开销。

2．单版本vs多版本

图 15-15 纵坐标所示，在相同的乐观程度下，还存在多版本的实现。所谓多版本，就是在每次需要对数据库对象进行修改时，生成新的数据版本，每个对象的多个版本共存。读请求可以直接访问对应版本的数据，从而避免读写事务和只读事务的相互阻塞。当然多版本也会带来对不同版本的维护成本，如需要垃圾回收机制来释放不被任何事务可见的版本。

15.8.2   并发控制实现

需要指出的是这些并发控制机制并不与具体的隔离级别绑定，通过冲突判断的不同规则，可以实现不同强度的隔离级别，下面基于Serializable具体介绍每种机制的实现方式。

1．基于锁

基于锁实现的Scheduler需要在事务访问数据前加上必要的锁保护，为了提高并发，Scheduler会根据实际访问情况分配不同模式的锁，常见的有读写锁、更新锁等。最简单地，需要长期持有锁到事务结束，为了尽可能在保证正确性的基础上提高并行度，数据库中常用的加锁方式为 2PL（见图 15-16），Growing阶段可以申请加锁，Shrinking阶段只能释放，即在第一次释放锁之后不能再有任何加锁请求。需要注意的是，2PL并不能解决死锁的问题，因此还需要有死锁检测及处理的机制，通常选择死锁的事务进行Abort。

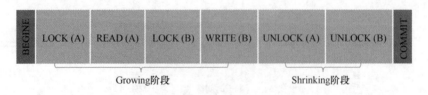

图 15-16   两阶段锁示意

Scheduler对冲突的判断还需要配合Lock Table，每一个被访问的数据库对象都会在Lock Table中有对应的表项，其中记录了当前最高的持有锁的模式、是否有事务在Delay以及持有或等待对应锁的事务链表；同时对链表中的每个事务记录其事务ID、请求锁的模式以及是否已经持有该锁。

Scheduler会在加锁请求到来时，通过查找Lock Table判断能否加锁或Delay。如果选择Delay，则需要插入链表，当事务Commit或Abort后需要对其持有的锁进行释放，并按照不同的策略唤醒等待队列中Delay的事务。

2. 基于时间戳

基于时间戳的Scheduler会在事务开始时分配一个全局自增的时间戳，这个时间戳通常由物理时间戳或系统维护的自增ID产生，用于区分事务开始的先后。同时，每个数据库对象需要增加一些额外的信息，包括RT(X)，是最大的读事务的时间戳；WT(X)，是最大的写事务的时间戳；C(X)，是最新修改的事务是否已经提交。这些信息会由对应的事务在访问后更新。

基于时间戳的实现是假设开始时时间戳的顺序就是事务执行的顺序，当事务访问数据库对象时，通过对比事务自己的时间戳和该对象的信息，可以发现这种与开始顺序不一致的情况，并准备应对。

Read Late：比自己的时间戳晚的事务在自己想要读之前对该数据进行了写入，并修改了WT(X)，此时会读到不一致的数据。

Write Late：比自己时间戳晚的事务在自己想要写之前读取了该数据，并修改了RT(X)，如果继续写入会导致对方读到不一致的数据。

这两种情况都是由实际访问数据的顺序与开始顺序不同导致的，Scheduler需要对冲突的事务进行Abort。

Read Dirty：通过对比C(X)，可以判断看到的是否是已经Commit的数据，如果需要保证Read Commit，则需要Delay事务到对方Commit之后进行提交。

3. 基于验证

基于验证（Validation）的方式，有时也称为乐观并发（Optimistic Concurrency Control，OCC），大概是因为它比基于时间戳的方式要更加乐观，将冲突检测推迟到Commit前进行。不同于时间戳方式记录每个对象的读写时间，验证的方式记录的是每个事务的读写操作集合，并将事务划分为3个阶段。

读阶段（Read）：从数据库中读取数据并在私有空间完成写操作，这个时候其实并没有实际写入数据库；维护当前事务的读写集合RS、WS。

验证阶段（Validate）：对比当前事务与其他有时间重叠的事务的读写集合，判断能否提交。

写阶段（Write）：若验证阶段成功，则进入写阶段，这时才真正写入数据库。

4. 基于多版本

对应上述每种乐观程度，都可以有多版本的实现方式。多版本的优势在于，可以让读写事务与只读事务互不干扰，从而获得更好的并行度，也正是由于这一点，其成为几乎所有主流数据库的选择。为了实现多版本的并发控制，需要在开始时给每个事务分配一个唯一标识TID，并为数据库对象增加以下信息（见图15-17）：TXN-ID创建该版本的事务TID；Begin-TS及End-TS分别记录该版本创建和过期时的事务TID；Pointer指向该对象其他版本的链表。

其基本的实现思路是，每次对数据库对象的写操作都生成一个新的版本，用自己的TID标记新版本Begin-TS及上一个版本的End-TS，并将自己加入链表。读操作对比自己的TID与数据版本的Begin-TS、End-TS，找到其可见最新的版本进行访问。根据乐观程度多版本的机制也分为3类。

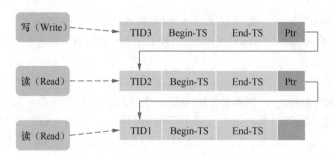

图 15-17　多版本事务链表

❑ 两阶段锁 2PL。与单版本的 2PL 方式类似，同样需要 Lock Table 跟踪当前的加锁及等待信息，另外给数据库对象增加了多版本需要的 Begin-TS 和 End-TS 信息。写操作需要对最新的版本加写锁，并生成新的数据版本。读操作对找到的、最新的可见版本加读锁访问。

❑ 时间戳序列。对比单版本的时间戳（Timestamp）方式对每个数据库对象记录 Read TimeStamp（RT）、Write TimeStamp（WT）、Commited Flag（CF）信息等，时间戳序列增加了标识版本的 Begin-TS 和 End-TS，同样在事务开始前获得唯一递增的 Start TimeStamp（TS），写事务需要对比自己的 TS 和可见最新版本的 RT 来验证顺序，写入时创建新版本，并用自己的 TS 标记新版本的 WT。不同于单版本，这个 WT 信息永不改变。读请求读取自己可见的最新版本，并在访问后修改对应版本的 RT，同样通过判断 CF 信息避免 Read Uncommitted。

❑ 乐观并发控制 OCC。对比单版本的 OCC 方式，多版本的 OCC 同样分为 3 个阶段。Read 阶段根据 Begin-TS、End-TS 找到可见的最新版本，不同的是多版本下读阶段的写操作不在私有空间完成，而是直接生成新的版本，并在其上进行操作。由于其 Commit 前 Begin-TS 为 INF，所以不被其他事务可见。验证阶段分配新的 Commit TID，并以之判断是否可以提交。通过验证的事务进入写阶段将 Begin-TS 修改为 Commit TID。

相对于悲观的锁实现，乐观的机制可以在冲突发生较少的情况下获得更好的并发效果，然而一旦冲突，需要事务回滚带来的开销要远大于悲观的锁实现的阻塞，因此它们各自适用于不同的场景。而多版本由于能避免读写事务与只读事务的互相阻塞，在大多数数据库场景下都可以取得很好的并发效果，因此被大多数主流数据库采用。可以看出无论是乐观或悲观的选择，还是多版本的实现、读写锁、2PL 等各种并发控制的机制，归根结底都是在确定的隔离级别上尽可能提高系统吞吐量，可以说隔离级别的选择决定上限，而并发控制的实现决定下限。

15.9　系统健壮性机制

数据管理系统作为基础软件，与底层硬件、操作系统等关系紧密，有时为了增强数据管理系统的健壮性，不得不弥补数据库与操作系统之间的差异或者解决操作系统本身的不可靠性问题。

InnoDB 的页大小默认是 16KB，而操作系统的块大小是 4KB，磁盘 I/O 块则更小。那么将 InnoDB 的页刷到磁盘上要 4 个操作系统的块，在极端情况下（如断电）不一定能保证 4 个块的写入原子性。假如只有一部分写是成功的，那么 InnoDB 的数据页就不是一个完整的页，这种现象称为

Partial Write。InnoDB怎么解决Partial Write呢？

InnoDB采用的是DoubleWrite机制，在写数据页时，会写两遍到磁盘上，第一遍是写到DoubleWrite Buffer（实际上是共享表空间的一块区域），第二遍是从DoubleWrite Buffer写到真正的数据文件中。如果发生了Partial Write，InnoDB再次启动后就可以从DoubleWrite Buffer中进行页面的恢复。由于第一遍页面落盘与第二遍页面落盘在不同的时间点，因此不会出现DoubleWrite页面和数据页面同时发生Partial Write的情况。

InnoDB为什么不用Redo日志来恢复故障页面呢？Redo日志的页大小一般被设计为 512Byte，因此Redo日志页面本身不会发生故障。用Redo日志来解决Partial Write理论上是可行的，不过InnoDB的Redo日志是逻辑物理日志，并不是物理日志，因此发生Partial Write后崩溃恢复过程中不能直接应用Redo日志。InnoDB发现故障页面后会报错。

那InnoDB能否通过其他方式解决Partial Write呢？答案是能。如果系统表空间文件（ibdata文件）位于支持原子写入的Fusion-I/O设备上，就能避免Partial Write，可以不用DoubleWrite机制。阿里云的PolarDB在底层分布式文件系统PolarFS提供页大小（如 16KB）级别的原子写入，则无须DoubleWrite机制来避免Partial Write。

总结数据库为了解决Partial Write问题，一般有 4 种手段。

事后恢复一：InnoDB DoubleWrite机制，事先存一份页面的副本，当Partial Write发生故障需要恢复时，先通过页面的副本来还原该页面，再进行重做。

事后恢复二：物理Redo日志恢复机制，物理Redo日志里面存有完整的数据页面，当Partial Write发生故障需要恢复时，先通过Redo日志页面的副本来还原该页面，再进行重做可以保证幂等性。

事先避免一：底层存储来实现原子写入避免Partial Write。

事先避免二：数据库的页大小设置为块设备扇区大小（512Byte），通过保证原子写避免Partial Write，如Innodb Redo日志的实现。

下面来看常见的存储引擎或者数据库系统是如何解决Partial Write的。

（1）PostgreSQL

PostgreSQL采用的是第二种方式。通过Full Page Write机制，在物理Redo日志中写脏页的Full Page解决数据页的Partial Write。然而PG的Redo日志页大小默认是 8KB的，不是 512Byte，无法对齐物理磁盘块，所以理论上PG的Redo日志本身也会存在Partial Write。不过Redo日志的Partial Write并不会带来数据一致性的问题，因为假如出现了Partial Write说明事务未提交成功，那么崩溃恢复的时候对PG来说也是不需要去恢复的。

（2）MongoDB WiredTiger

WiredTiger中刷脏页是对内存中的B-Tree修改过的页面做一次Checkpoint并写入持久化存储，每个B-Tree对应磁盘上一个物理文件，B-Tree的每个页面是以文件里的Extent形式组织的。很显然，Checkpoint是Append-only的追加方式，也就是说，WiredTiger会保存多个Checkpoint版本。由于原页面并没有被更新，因此即使发生Partial Write，不管从哪个版本的Checkpoint开始都可以通过重演Journal日志恢复来保证页面的完整性。值得一提的是，MongoDB 3.5.12 中WiredTiger在内存和Journal日志中实现了就地更新，但数据写磁盘的机制并未改变，因此依然可以解决Partial Write。

（3）RocksDB和InfluxDB

存储引擎采用LSM或者TSM（类LSM）的结构，数据页面采用Append-only追加的方式写入，而不是像InnoDB或PG一样采用就地更新的方式写入，所以即使出现了Partial Write，由于原页面没有变更，可以通过原页面重做WAL日志恢复来保证页面的完整性。这就是InfluxDB不需要DoubleWrite的原因，其实还蛮简单的。

可以看出，作为一个数据管理系统，系统本身不仅需要保证数据的可靠性，还需要解决底层操作系统或者硬件设备的不可靠问题。这也就是为什么数据管理系统领域的工作涉及的技术范围非常广，从上层应用到底层硬件，都需要扎实的功夫才行。

15.10　小结

数据管理系统的核心离不开数据结构和算法设计。尤其是数据结构，不同的数据模型，需要不同的数据结构来支撑，同时不同的数据结构也需要不同的算法来适应。但是从更深层次看，数据管理系统解决的主要是关于CAP和ACID的问题，持久化、一致性、分布式、虚拟化等都是值得研究的。虚拟化的本质是抽象化，云计算的本质是虚拟化，操作系统的本质也是虚拟化，只是虚拟化的方式、面向的业务、解决的问题不一样。

15.11　参考资料

[1] Chen Luo等人于 2019 年发表的论文“LSM-based Storage Techniques: A Survey”。

[2] Patrick O'Neil等人于 1996 年发表的论文“The Log-Structured Merge-Tree (LSM-Tree)”。

[3] Pandian Raju等人于 2017 年发表的论文“PebblesDB: Building Key-Value Stores Using Fragmented Log-Structured Merge Trees”。

[4] Matei Zaharia等人于 2012 年发表的论文“Resilient Distributed Datasets: A Fault-Tolerant Abstraction for In-Memory Cluster Computing”。

[5] Leslie Lamport于 2011 年发表的论文“Paxos Made Simple”。

[6] Alexandre Verbitski等人于 2017 年发表的论文“Amazon Aurora: Design Considerations for High Throughput Cloud-Native Relational Databases”。

[7] Alexandre Verbitski等人于 2018 年发表的论文“Amazon Aurora: On Avoiding Distributed Consensus for I/Os, Commits, and Membership Changes”。

[8] Joy Arulraj等人于 2016 年发表的论文“Write-Behind Logging”。

[9] David Karge等人于 1997 年发表的论文“Consistent Hashing and Random Trees: Distributed Caching Protocols for Relieving Hot Spots on the World Wide Web”。

[10] Rachid Guerraoui等人于 2017 年发表的论文“How Fast can a Distributed Transaction Commit”。

[11] Jim Gray于 1985 年发表的论文“Why Do Computers Stop and What Can Be Done About It”。

[12] Ramnatthan Alagappan等人于 2018 年发表的论文"Fault-Tolerance, Fast and Slow: Exploiting Failure Asynchrony in Distributed Systems"。

[13] Daniel J. Scales等人于 2010 年发表的论文"The Design of a Pactical System for Fault-Tolerant Virtual Machines"。

[14] Hal Berenson等人于 1995 年发表的论文"A Critique of ANSI SQL Isolation Levels"。

[15] Yingjun Wu等人于 2017 年发表的论文"An Empirical Evaluation of In-Memory Multi-Version Concurrency Control"。

第16章
大数据管理系统的前沿——
另辟蹊径

大数据管理系统围绕数据处理这个主要功能实现了各种系统，同时在许多小众但重要的方向上也做了很多有意思的工作。然而这些"非主流"的方向，随着时间的推移，也许会变成主流的技术路线或者商业产品的方向。

16.1 数据上下文管理系统Ground

数据管理系统十分复杂，因此也会产生许多和系统相关的上下文信息，管理好这些系统上下文信息对于系统的可靠性、稳定性和维护性都有重要意义。UCB RISELab的Ground系统[1]（见图16-1）提出一套完整的架构来管理数据管理系统的上下文信息。

Ground是一个开源数据上下文服务，用来管理通知数据使用的所有信息系统。在过去10年中，数据使用在哲学和实践上都发生了变化，为新的数据上下文服务创造了机会，促进了创新。在该工作中，研究人员构建了基于ABC方法管理数据上下文的系统，包括应用程序（Application）、行为（Behavior）和变更（Change）。

当代数据管理系统的分类性质的劣势是缺乏一个标准机制来集体理解它们管理的数据的来源、范围和使用方式。在没有更好的解决方案来解决这一迫切需求的情况下，有时使用 Hive Metastore，但它只提供简单的关系架构，这是表示各种数据的"死胡同"。因此，数据湖（Data Lake）项目通常缺少有关它们包含的数据或如何使用数据的最基本信息。对于新兴的大数据客户和供应商来说，这个严重的问题正在触及他们的危机点。

大数据管理系统堆栈中缺少元数据服务这样一类系统，这可被视为一个新的机会：重新思考如何跟踪和利用现代数据。存储经济性和使用模式敏捷性表明，数据湖移动在启用多样化、广泛使用的中央数据存储库（能够适应新的数据格式和快速变化的系统）方面可能比数据仓库走得更远。本着这一精神，Ground项目主张从更全面的意义上重新思考传统元数据的使用方式和价值。更一般地来说，Ground的目标是努力捕捉数据的完整上下文。因此，Ground提出数据管理上下文的"ABC"，即应用程序、行为和更改。

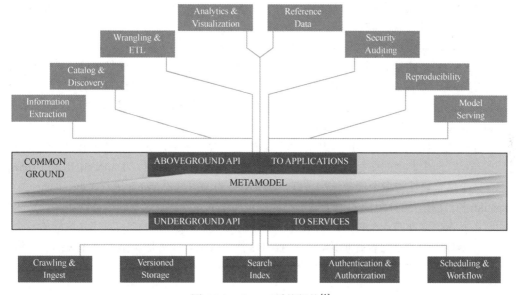

图 16-1 Ground系统架构[1]

- ❑ 应用程序：应用程序上下文描述解释原始二进制数据的核心信息。在现代敏捷场景中，应用程序上下文通常具有相对性（相同的数据，不同的模式）和复杂性（各种定制化数据解析方式）。应用程序上下文从基本数据描述（编码、架构、本体、标记等）到统计模型和参数，以及用户注释，涉及的所有数据（定制脚本、视图定义、模型参数、数据集等）都是应用程序上下文的关键方面。

- ❑ 行为：这是有关创建和使用数据的信息。在分离事务系统中，行为上下文跨越多个服务、应用程序和数据格式，通常源自海量数据（如计算机生成的使用日志）。我们不仅必须跟踪上游关系（导致创建数据对象的数据集和代码），还必须跟踪下游关系，包括从此数据对象派生的数据产品。除了数据关系外，行为上下文还包括使用日志，这个数据计算留下的"数字废品"。因此，行为上下文元数据通常可能大于数据本身。

- ❑ 更改：这是有关数据、代码和相关信息的版本历史记录的信息，包括随时间对结构和内容的更改。传统元数据侧重于当前，但历史上下文在敏捷组织中越来越有用。此上下文可以是一个线性版本序列，也可以包括分支和并发演变，以及共同进化版本之间的交互。通过跟踪跨越代码、数据和整个分析管道的所有对象的版本历史记录，可以简化调试并启用审核和反事实分析。

数据上下文服务是数据库技术创新的机会，也是该领域的迫切需求。RISELab正在构建一个开源数据上下文服务，称为Ground，作为一个中心模型、API和存储库，用于捕获数据使用的广泛上下文。这个项目的目标是在短期内解决大数据社区的实际问题，并为长期研究和创新提供机会。

Google Dapper作为大规模分布式系统的基础跟踪设施，在大规模系统中同样重要。当然，在Dapper设计之初，参考了一些其他分布式系统的理念，尤其是Magpie和X-Trace，但是要想成功应用在生产环境上，还需要一些画龙点睛之笔，如采样率的使用以及把代码植入限制在一小部分公共库的改造上。

Dapper最初是追踪在线服务系统的请求处理过程，如在搜索系统中，用户的一个请求在系统中会经过多个子系统的处理，而且这些处理是发生在不同机器甚至不同集群上的。当请求处理发生异常时，需要快速发现问题，并准确定位到出现问题的环节，这是非常重要的，Dapper就是为了解决这样的问题而设计的。

对系统行为进行跟踪必须是持续进行的，因为异常是无法预料的，而且可能是难以重现的。同时跟踪需要是遍布各处的，否则可能会遗漏某些重要的点。基于此，Dapper有如下 3 个重要的设计目标：低的额外开销、对应用的透明性、可扩展。同时产生的跟踪数据需要可以被快速分析，这样可以帮助用户实时获取在线服务状态。

如图 16-2 所示，Dapper是通过跟踪树和span构建跟踪系统的。span是用于记录一个服务调用的过程的结构，一个典型的跟踪系统中，一次RPC会对应到一个span上，Dapper中定义了span相关的信息。一个请求可能与多个服务调用关联，每次服务的调用与一个span进行关联，而span之间通过父spanid进行连接，这样组成的一个树形结构就是所谓的跟踪树。这个结构体现了某一请求的服务调用链的状况。这样的一个树形结构表现出来的调用顺序是A→B→C→D→E。这样的一个简洁的设计，就是Dapper的主要设计理论，可以看出这种结构是与业务逻辑基本不相关的一个通用的模型，而在Zipkin等的实现中，可以清晰地看到Dapper的整体设计思路。

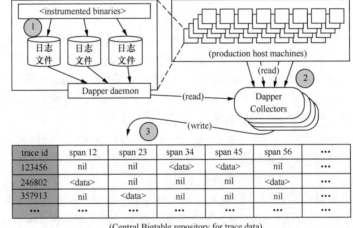

图 16-2 Dapper的整个数据收集过程[2]

Dapper的整个数据收集过程如图 16-2 所示。首先将span数据写入本地日志文件，然后收集数据并将其写入Bigtable，每个trace记录将会被作为表中的一行，Bigtable的稀疏表结构非常适合存储trace记录，因为每条记录可能有任意数量的span。整个收集过程与请求处理是完全不相干的两个独立过程，这样就不会影响到请求的处理。如果改成将trace数据与RPC响应报文一块发送回来，会影响到应用的网络状况，同时RPC也有可能不是完美嵌套的，某些RPC可能会在它本身依赖的那些返回前返回。

Dapper几乎可以部署在所有的Google系统上，并可以在不需要应用级修改的情况下进行跟踪，而且没有明显的性能影响。如果跟踪带来的额外开销太高，用户通常会选择关掉它，因此低开销非常重要。采样可以降低开销，但是简单的采样可能导致采样结果无代表性，Dapper通过采用自适应的采样机制来满足系统性能和采样代表性两方面的需求。

大数据的应用纷繁复杂，数据源也异构多样，如何维护这些数据，追踪这些数据的来源和去向，是工业实践中非常重要的工作。本节主要讲了RISELab的Ground和Google的Dapper，从不同的角度看这些不同的问题。

16.2　自治数据管理系统Peloton

传统数据库需要专业的DBA来管理，耗时、耗力、耗财，CMU的Peloton[3]系统（见图 16-3）旨在研发一套自治数据管理系统来取代DBA的工作。MIT的SageDB则从全新的角度看待数据管理系统，提出"数据库合成"的概念。

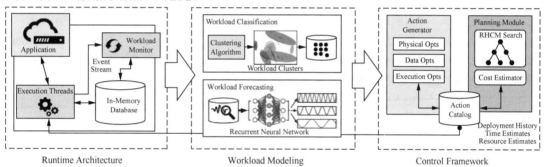

图 16-3　Peloton自治数据库系统架构[3]

为了实现完全的自动操作，这种自适应的DBMS需要一个新的结构。与之前的设计不同，这种系统的每一层都由一个整体的统一调度组件管理。Peloton除了可以自动优化当前的系统负载，还可以预测未来的负载并据此更好地调控系统的有关配置。Peloton不需要人工进行系统调优，也不需要人工对变化做出相应的配置，可以有效提高系统的性能。其系统优化的能力比人工强。Peloton是一个关系数据库管理系统，用于混合工作负载的完全自治优化。

Peloton指出，一个自治数据库应该能实现图 16-4 所示功能的多层级自动化。Peloton最大的贡献是提出一套完整的流程来实现自治数据库，而不是针对特定的问题进行算法的性能优化。按照Peloton的架构，整个自治的流程分为负载分类、负载预测、行为生成与执行 3 个步骤。在负载分类上，Peloton采用经典的具有噪声的基于密度的聚类（Density-Based Spatial Clustering of Applications with Noise，DBSCAN）算法；在负载预测上，Peloton采用流行的循环神经网络（Recurrent Neural Network，RNN）算法，在行为生成与执行上，Peloton采用控制论的RHCM（Receding-Horizon Control Model，滚动域控制模型）算法。这一套完整的流程，保证了数据库的自治特点。该工作指出，能够实现自治的基础是内存数据库的高效性和MVCC的多版本特性，而传统的数据库可能并不能做到这样的自治效果。同时，工作中将RNN等深度学习的方法应用到自治过程中，研究人员也指出强化学习等模型也是值得尝试的。

	Types	Actions
PHYSICAL	Indexes	AddIndex, DropIndex, Rebuild, Convert
	Materialized Views	AddMatView, DropMatView
	Storage Layout	Row→Columnar, Columnar→Row, Compress
DATA	Location	MoveUpTier, MoveDownTier, Migrate
	Partitioning	RepartitionTable, ReplicateTable
RUNTIME	Resources	AddNode, RemoveNode
	Configuration Tuning	IncrementKnob, DecrementKnob, SetKnob
	Query Optimizations	CostModelTune, Compilation, Prefetch

图 16-4   Peloton多层级自治[3]

Peloton的前序项目OtterTune用于实现数据库参数的自调优，受此启发，多家厂商也开始尝试自调优工作，如华为的QTune（发表在VLDB2019）、腾讯的CDBTune（发表在SIGMOD 2019）、TiDB的AutoTiKV等工作。Andy Palvo在博客文章"On Naming a Database Management System"中提到，Peloton的项目目前已经截止，不过后续项目已经开始研发，在没有正式的项目名称之前将其称为terrier，据说是他家小狗的名字。后来项目有了正式的名字，即NoisePage。

Peloton作为自治数据库，是实现AI for DB的一种方式。随着深度学习、强化学习、对抗生成网络等的快速发展，将AI应用到数据管理系统中得到越来越多的关注。从AI for DB的角度看，目前主要有 3 类工作：一是采用AI的模型来实现数据库的自治管理，减轻DBA的工作，如Peloton；二是采用AI的方式生成数据的关键模块，并组装成一套可用的数据库管理系统，如SageDB；三是对标准SQL进行扩展，支持In-DB AI SQL，即可以通过SQL来实现AI模型的使用，如Google BigQuery ML。此外，DB for AI也是一个前沿的工作，主要是用数据管理系统实现AI模型的管理，目标是AI模型的系统优化与算法优化，而不是数据管理系统，在此不赘述。

关于什么是自治数据库，不同的人有不同的见解。感兴趣的读者可以看看Andy Palvo的博客文章"What is a Self-Driving Database Management System?"。自治数据库从名字上看有Self-Adaptive Databases、Self-Tuning Databases、Self-Driving Databases等不同的命名，如果从更宏观的角度看，自治数据库是在数据库的整个生命周期，从生成、运行、维护各个阶段，都变得更加智能。而无论采用的是机器学习的算法还是深度学习的算法，都只是一种实现自治的技术手段。

16.3   分布式预测系统Clipper

随着深度学习的发展，可用的系统和模型越来越多，Clipper[4]旨在提出一个预测框架，来帮助选择更好的工具。

Clipper（见图 16-5）是一个通用的低延迟预测服务系统。Clipper引入了模块化架构，打通最终用户应用程序和各种机器学习框架，以简化跨框架的模型部署和应用程序。此外，通过引入缓存、批处理和自适应模型选择技术，Clipper减少了预测延迟并改进了预测吞吐量、准确性和健壮性，无须修改底层机器学习框架。研究人员在 4 个常见的机器学习基准上评估Clipper 数据集并证明其满足延迟的能力、在线服务应用程序的准确性和吞吐量需求。最后，研究人员对Clipper与TensorFlow服务系统进行比较，并证明Clipper能够实现可比的吞吐量和延迟，同时使模型组合和在线学习实现更高的准确性和具备更强大的预测能力。

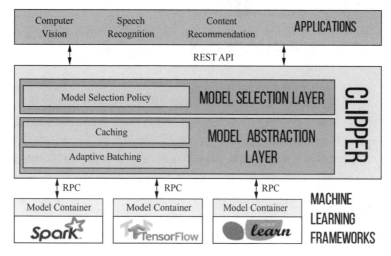

图 16-5 Clipper系统架构设计[4]

Clipper的出发点是分布式机器学习系统的学习预测，其实在数据管理系统中，学习预测变得越来越重要。例如，根据实际的作业负载进行资源的调度，生成不同的执行路径，选择多种硬件设备进行数据处理等。

16.4 数据管理中人的作用CrowdDB

传统数据库是一个封闭的世界，而现实中，很多问题是开放的。UCB AMPLab的CrowdDB系统将人的作用引入数据库，来解决机器不能解决的封闭世界的问题。

如图 16-6 所示，CrowdDB由几个关键模块组成：Turker关系管理、UI管理和HIT管理。本质上是实现CrowdSQL，即对原有的标准SQL进行扩展，支持Crowd语法，并通过Crowd算子操作实现。Crowd算法是通过 Amazon 的 众 包 平 台 AMT （Amazon Mechanical Turk）实现的，将众包算子任务发布到该平台，通过该平台上的人来实现算子的执行。此外，用户的关系管理和界面设计也是实现该系统的关键。

CrowdDB将人的智慧应用到数据管理系统中，这种考虑人的因素的系统不只在数据管理系统[6]，在知识图谱填充等工作中也经常用到。相反地，在机器学习系统领域，如何减少人为干预，提高机器学习流程的自动化程度，是在学术界和工业界都非常火热的话题，如AutoML。

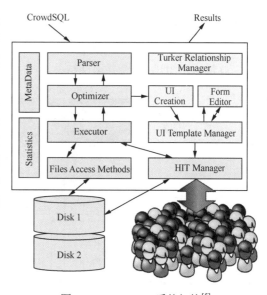

图 16-6 CrowdDB系统架构[5]

16.5   新硬件带来的变革doppioDB

按照摩尔定律，新硬件层出不穷，建立在新硬件上的数据管理系统也日新月异，以更好地发挥硬件的作用。目前，数据管理系统领域研究的硬件有NVM、FPGA、GPGPU等。

传统硬件的升级已经给数据库带来诸多挑战，甚至开始从系统架构上改变数据库，如H-Store。H-Store表面上看只不过是一个内存数据库，但是从设计理念上看，正是传统数据库基于磁盘（Disk-based）的设计模式已经不再适用，而基于内存（Memory-based）的设计开始变得主流，这里涉及的问题还有缓存一致性（Cache Coherence）等问题[7]。当数据库遇到千核（One Thousand Cores）系统时，TP高并发是否有好的解决方案[8]？此外，RDMA和NAM带来的通信技术的革新，加速了数据库数据的交换与接收[9]。

doppioDB[10]直接面向新硬件，提出硬件UDF，在多核FPGA架构上对算子操作进行加速。该工作通过调用UDF实现将硬件算子在MonetDB上融合，为实现此功能，研究人员对MonetDB的内存管理模块进行了适配修改，如图 16-7 所示。具体工作流程如下：

① 用户提交一个包含正则表达式的查询语句；

② MonetDB调用HUDF，执行查询；

③ HUDF将正则表达式转化为配置向量，然后调用HAL来创建FPGA作业；

④ HAL为作业创建内存分配和数据结构；

⑤ HAL将作业以队列（Job Queues）模式进行提交，底层是Inter AAL库实现；

⑥ 作业调度器（Job Distributor）对作业进行调度，并分配给正则引擎（Regex Engine）；

⑦ 正则引擎读取配置参数（Parameters）开始执行作业；

⑧ 作业执行结束后，对内存状态（Status）进行设置，并更新执行结果；

⑨ 最后，HUDF等待并取回结果，返回查询。

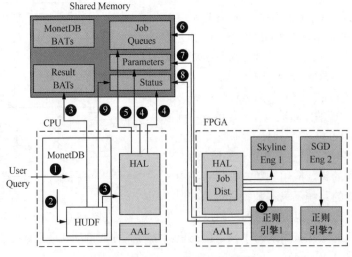

图 16-7   doppioDB系统架构[10]

随着新硬件的不断发展，数据管理系统在不同硬件上的优化工作也越来越多，而这些工作也给数据管理系统的性能提升带来明显的效果。BlazingSQL是基于NVIDIA RAPIDS生态系统构建的GPU加速SQL引擎，可以为各种ETL数据集提供SQL接口，并且完全运行在GPU之上。后来，其研发团队宣布，BlazingSQL基于Apache 2.0许可完全开源。

RAPIDS包含一组软件库（blazingSQL、cuDF、cuML、cuGraph等），用来在GPU上执行端到端的数据科学计算和分析管道。如图16-8所示，RAPIDS基于Apache Arrow列式存储格式，其中cuDF是一个GPU DataFrame库，用于加载、连接、聚合、过滤和操作数据。blazingSQL是面向cuDF的SQL接口，支持大规模数据科学工作流和企业数据集的各种功能。官方宣称，blazingSQL几乎可以处理任何用户想要处理的数据。它的前身是blazingDB，但因为它并不是一个数据库，所以研发团队将blazingDB改名为blazingSQL。

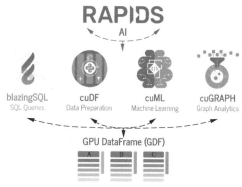

图 16-8　RAPIDS生态架构[11]

此外，还有一批基于NUMA架构的新硬件技术。很多我们熟悉的MPP系统调度方面相对比较简单，即通常所谓的静态调度。例如，当前有N个节点，每个节点有P个Worker，就把整个任务切成$N \times P$份。这种方法简单、粗暴，但现实世界的负载往往都是有倾斜性的，效果可能不尽人意。一批来自HANA的工程师基于NUMA架构来实现自适应的任务调度[12]。根据实际作业负载的资源使用情况，自动平衡各个NUMA架构中Socket上的负载，从而更有效地利用资源。

新硬件带来的一个变革是高速网络的变化[13]。大多数MPP系统（包括流行的大数据管理系统Spark、Hive、Flink等）基于相似的工作方式：一个调度器把任务切分成N个分片，然后分给N个Worker执行，而Worker一般对应机器上的CPU核心数，每个Worker负责利用一个CPU的计算能力。这种工作方式下，并行框架的设计比较简单，每个分区的算子都是单线程计算，大大简化了代码。对于不同节点上的任务，这么做是没问题的。但是单个机器上的Worker原本是共享内存的，而且Worker之间的通信带宽是CPU的带宽，比外面的网络（即便是InfiniBand这种RDMA网络）快得多。很多MPP框架没有很好地利用这一点，而是采用了非常简单、粗暴的设计：对于不同节点和相同节点，采用相同的并行方法。举个例子，MPP的Hash Join必然需要一次Shuffle将数据按Join Key分发到不同节点上。但如果是将数据分发到单个节点内部（以NUMA架构为例），完全可以用一张共享的哈希表来实现，节约Shuffle的高昂代价。

按照摩尔定律，新硬件的更迭日新月异，随之给数据管理系统带来很多新的技术优化，也带来了新的商业机会。如果数据管理系统的学术研究或者工业实践还停留在HDD磁盘和单机性能优化的阶段，那么不得不说，这种类型的数据管理系统将很快被抛在历史的洪流之中。

16.6　端云协同实时数据库Firebase

Firebase是一个移动平台，可以帮助用户快速开发高品质应用，扩大用户群，并获取更多收益。Firebase由多种互补功能组成，用户可以自行组合和匹配这些功能以满足自己的需求。

FireBase是一个具有构建移动应用、提供实时数据存储和同步、用户身份验证等功能的平台，如图 16-9 所示。

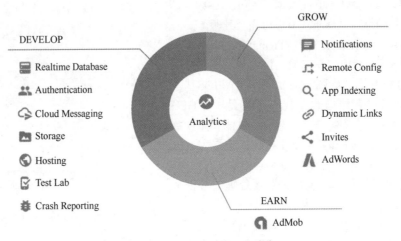

图 16-9　Firebase工作模式[14]

Firebase是一种云托管数据库，数据库将数据存储为JSON格式，并以实时方式与每个连接的客户端同步。当用户使用iOS、Android和JavaScript SDK构建跨平台应用时，所有客户端都会分享同一个实时数据库实例，并自动接收最新数据。Firebase存储数据，并与NoSQL云数据库同步。数据跨所有客户端实时同步，当应用处于离线状态时仍可使用该数据。Firebase不是使用通常的HTTP请求，而是使用数据同步。每当数据变化时，任何连接的设备都会以毫秒级的速度收到该更新数据。Firebase可以提供相互协作、身临其境的体验，不用考虑任何网络代码。

从移动后端即服务（Mobile-Back-end-as-a-Service，MBaaS）开始，Firebase已经被Google改造成了针对移动开发和Web开发的一个完整后端解决方案。Firebase提供了一个SDK和一个控制台，用于创建和管理Android、iOS和Web等多个平台的应用。

与Firebase类似，Parse（见图 16-10）是一个基于云端的后端管理平台。对于开发者而言，Parse提供后端的一站式和一揽子服务：服务器配置、数据库管理、API、影音文件存储、实时消息推送、客户数据分析统计等。这样，开发者只需要处理好前端、客户端或手机端的开发，将后端放心地交给Parse即可，目前Parse支持超过 50 万个App。

首先，Parse SDK的内部API传输数据都是异步且多线程处理的，API主要基于任务机制。Parse团队在服务器上保持了一个名为ParseObject的依赖链，以此来拼接各种异步操作。他们还为此专门设计了一个Bolts框架。其次，Parse采取了典型的解耦架构。解耦架构是组成架构的不同控件之间相互交流而又不相互依赖的一种架构。例如网站开发，UI前端部分和后端部分是一起构成网站整体的，但是它们之间可以互相独立开发，UI可以使用模拟数据开发，无须等待后端架设完成，这就是解耦架构。Parse将整个架构分成逻辑网络、控制器、对象实例 3 个部分。

Facebook于 2013 年以 8500 万美元（约 5.6 亿元）收购Parse，之后Parse的功能不断推陈出新。平台越来越强大的同时，越来越多的开发者将App的后台工作完全交给Parse。但是由于Facebook一直未将云战略作为其主要方向，且Parse难以整合进Facebook的其他产品，Facebook决定于 2017

年 1 月 28 日彻底关闭 Parse。

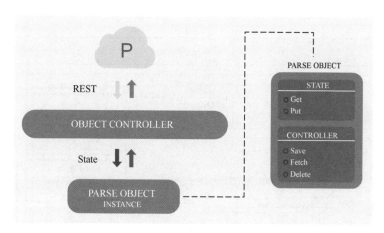

图 16-10　Parse 平台架构[15]

　　终端的嵌入式数据库其实并不新鲜，BoltDB是一个嵌入式键值数据库，即只需要将其链接到用户的应用程序代码中即可使用BoltDB提供的API来高效地存取数据。而且BoltDB支持完全可序列化的ACID事务，让应用程序可以更简单地处理复杂操作。但是随着云数据库[16]、边缘计算和IoT等领域的发展，如何将各种终端的数据以更高效的方式进行管理，将是数据管理系统另一个非常有商业价值的方向。

16.7　自组装数据库XuanYuan

　　XuanYuan数据库是华为新一代数据库内核，该数据库内核主打分布式AI-native数据库。通过全栈的AI技术方法，使底层支持各种异构硬件，上层支撑不同的业务负载，中间通过AI内核数据库，实现全面的AI优化，其架构如图 16-11 所示。

　　XuanYuan通过AI技术根据具体的应用场景生成不同的数据库系统。XuanYuan项目中将AI数据库划分为不同的层级，从不同的层级对数据库进行自动化。不过从工业界现在的产品状态看，AI数据库主要分为两大类（AI4DB和DB4AI），通过AI技术增强数据库的能力和提供给数据库AI执行的能力。AI4DB最典型的特点之一是参数调优，后面我们会详细谈到。比较流行的DB4AI产品是MADLib，其不仅将传统的机器学习算法融入数据库，还将TensorFlow等深度学习的算法融入数据库，再向前发展一步就是在数据库内实现全流程AI操作了，不过这个实现具有一定的挑战。此外，AI还有一些与优化器相关的索引推荐[17]，这里不详细介绍，可以参考阿里巴巴、腾讯、华为等已经推出的成熟产品。

　　数据库自组装的概念不管是在学术界还是在工业界，看起来貌似都是很前沿的。在本人读博期间上的一门课程中，周烜老师就提出了该设想，不知道后续是否有进展。从学术界看，近几年StagedDB是与之最类似的一个解决方案[18]。不过了解数据库的人应该知道，在二三十年前，威斯康星麦迪逊大学Shore-MT项目的研究人员就已经提出阶段化数据库（Staged Database）的概念，通过将数据库划分为不同的模块，然后通过不同的stage方法将各个模块组装在一起，来实现一个高性能的数据库系统。

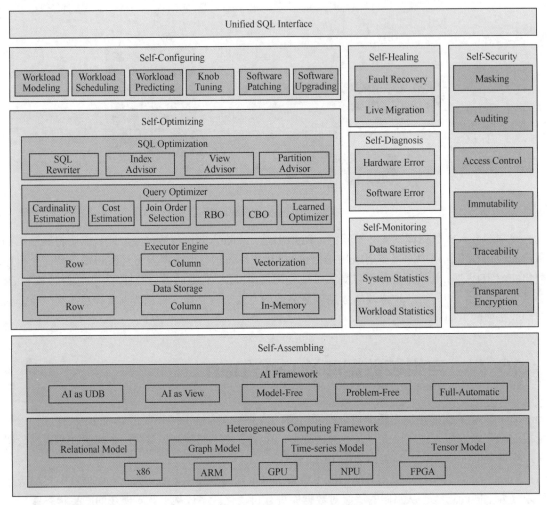

图 16-11 XuanYuan内核架构[19]

XuanYuan主要有两大特性，一是自组装，二是人工智能。那么人工智能在数据管理系统领域有哪些进展呢？开启这一研究的主要是MIT教授Tim Kraska和Google"大神"Jeff Dean的"脑洞"论文"The Case for Learned Index Structures"。这篇论文刚被公布出来的时候，因为带着Jeff Dean的署名曾一度被热传。Learned Index基于机器学习的方法，对传统数据库索引做了改造。该工作介绍了Learned Index的RM-Index模型（见图 16-12）以及与B-Tree索引的对比，将传统的数据库索引视为一种模型。B-Tree索引模型将Key映射到一个排序数组中的某位置所对应的记录；Hash索引模型将Key映射到一个无序数组中的某位置所对应的记录；Bitmap索引模型用来判断一条记录是否存在。

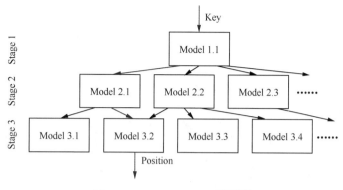

图 16-12 Learned Index模型[20]

关于索引的相关理论或优秀实践，早在"RDBMS时代"，就几乎已被发掘殆尽，在大数据时代，也只是在反复借鉴过去的这些经验，在理论方面却鲜有创新。但这些传统索引存在一个很显著的问题：它们没有考虑数据的分布特点，往往预先假设了最差的数据分布，从而期望索引具备更高的通用性。因此，这些索引往往会导致大量存储空间被浪费，而且性能无法达到极致。Learned Index正是借助机器学习的方法，通过对存量数据进行学习来掌握这些数据的分布特点的，从而可以对现有的索引模型进行改进。基于真实数据集的测试效果来看，Learned Index较传统的B-Tree索引，有60%～70%的性能提升，甚至可以节省99%的存储空间。

在这篇探索性研究论文中，研究人员从这个前提开始，并假定所有现有的指标结构都可以用其他类型的模型取代，包括我们称为学习指标的深度学习模型。其中的关键想法是通过模型可以学习数据的排序顺序或结构，并使用这个信息来有效地预测记录的位置或存在。研究人员从理论上分析了在哪些条件下学习指标优于传统指标，并描述了设计学习指标结构的主要挑战。实验的初步结果表明，通过使用神经网络，该系统能够在高速缓存优化的B-Tree上实现高达70%的性能提升，同时通过几个真实世界的数据集测试，在内存中可以节省一个数量级的存储空间。更重要的是，研究人员相信通过学习模型取代数据管理系统的核心组件对于未来的系统设计有着深远的影响，而且这项工作只是提供了一些可能。

然而研究人员的目标并不单是索引的AI化，还包括数据库各个模块的AI化。图 16-13 是Tim Kraska在一次报告中分享的关于AI在数据库领域的应用，其中锁管理、查询解析和认证是还没有开始或者被认为难度比较大的工作，其余的是已经完成或者正在做的工作。

关于AI数据库，早期我是一个AI的悲观主义者，认为AI从早期基于可解释的理论模型的技术，到现在难以解释的需要大量数据集的各种深度学习模型，是历史的倒退。早期我们还能从实践经验中抽象出可用的较完美的理论模型，现在只能用大量的数据训练固定的复杂模型，通过无限增大样本空间来"case-by-case"地得出结果，而这个case-by-case的过程就是神经网络模型训练的过程。

后来，我对Gray提出的 4 个范式有了更多的认识，我又变成了AI的乐观主义者，确切地说，是对AI+大数据的乐观。AI+大数据其实就是Gray提出的第四范式。利用AI+大数据我们可以解决现实的一些复杂问题。

华为高斯实验室做AI+DB不是要解决场景问题，而是要通过AI优化DB这个工具，又向前走了一步，这就是信息技术的自动化给系统软件带来的好处。就像之前我们想如何把坑挖大挖深，现在我们在想怎么优化我们挖坑的工具。我觉得其重要意义在于用AI去优化我们的基础软件，除了数据库，编译器、操作系统不都已经开始拥抱AI了吗，所以，这是大势所趋。

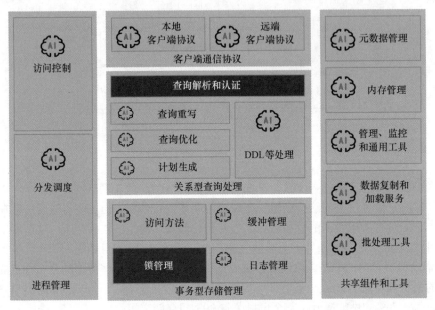

图 16-13　SageDB全景

　　华为高斯实验室做AI+DB，方向是没问题的。然而令大家不解的是，一家以盈利为目的的企业，竟然在这些学术圈都刚开始搞的前沿性研究上进行投资创新，也算是在基础软件领域具有远见并且耐得住寂寞。但话又说回来，坑挖得这么大，能不能填上，还需要时间的验证。就像华为在硬件领域的投入与突破一样，基础软件的发展也有很长的路要走。

　　再说说AI数据库对业界的影响。其实学术界在这个方向的研究已经有段时间[21]，以上提到的CMU的Peloton，还有MIT的SageDB，以及Google用ML做索引的工作，都是前沿性的研究。即使再往前十年，也有在这个领域的探索，只不过那时叫数据挖掘的方法，还不叫AI-Native数据库。对于工业界，老牌的数据库屈指可数，说自己用AI的如Oracle和IBM。对于新兴的创业公司，应该把精力放在如何把数据库做好，而不是上来就考虑用AI驱动。在业界，做数据库毕竟得有自己的招牌和口号，有的说做NewSQL，有的说上云，AI也许只是个口号吧。总的来说，挺值得期待的。

16.8　数据治理新思路Tamr

　　Tamr是一家整合不同数据源并帮助企业理解和分析数据的大数据初创企业，总部位于美国马萨诸塞州剑桥市，于2013年成立。包括Andy Palmer、Stonebraker以及Ihab Ilyas几位联合创始人在内的创业团队，原是MIT计算机科学与人工智能实验室（MIT CSAIL）的成员，在实验室时他们就开始了大规模离散数据整合的研究。其中Stonebraker更是现代数据库的权威，因对现代数据库系统底层的概念与实践所做出的基础性贡献获得了2014年的图灵奖。而Tamr致力于开发商业级大规模分散数据治理的解决方案[22]。

　　类似Google利用算法从浩瀚的网页中搜索信息，Tamr则利用算法在不同来源的数据库中搜索想要的数据。因为上规模的公司往往会有几十个Oracle数据库实例、上百个数据库，而表更有成千上万个。跨这么多数据库去搜索信息在以前无有效手段。而Tamr的做法是对企业所有的数据源建立一个集中目录，然后进行统一的数据展示和管理。这种做法可以令企业对自己的数据有一个全面的掌握，并能有效防止数据泄露。Stonebraker对公司的技术相当有信心，认为规模数据一体化技术会像2004年的列式存储数据库一样成为数据库领域新的热点。

　　数据清理一直是一个让人头疼的问题。因为这本身需要很多人的经验和知识实现，单独靠技术手段完全自动化清理数据难度大，所以我认为，结合Crowdsourcing和数据清理应该是一个可以实践的方案。

16.9　系统性能调优AITuning

　　数据管理系统作为一个系统级软件，与操作系统、硬件设施等关联密切，因此，性能优化也十分重要。从CPU、I/O、网络、内存等角度考虑，数据库的系统调优简单来说可以分为3个层面：一是数据库参数调优，二是操作系统参数调优，三是硬件参数调优。

　　随着AI的发展与落地，参数调优是否可以通过人工智能的方式实现呢？各大数据库厂商也开始了自己的尝试，除了前面提到的Peloton项目，国内的"数据库大亨"也开始将此方向的研究落地，如腾讯的CDBTune、华为GaussDB的QTune、阿里巴巴的IBTune、PingCAP的AutoTiKV等。

　　腾讯与华中科技大学合作发布了最新研究论文"An End-to-End Automatic Cloud Database Tuning System Using Deep Reinforcement Learning"，该论文首次提出了一种基于深度强化学习的端到端的云数据库自动性能优化系统CDBTune，该系统可以在缺少相关经验数据训练的情况下建立优化模型，为云数据库用户提供在线自动优化数据库性能的服务，性能调优结果首次全面超越数据库专家的调优效果，可以大幅提高数据库运维效率。

　　CDBTune是腾讯云自主研发的数据库智能性能调优工具。相比于现有的业界通用方法，CDBTune无须细分负载类型和积累大量样本，通过智能学习参与参数调优，以获得较好的参数调优效果。数据库系统复杂，且负载多变，调优对DBA非常困难：一是参数多，达到几百个；二是不同数据库没有统一标准，产品名字、功能作用和相互影响等差别较大；三是依靠人的经验调优，人力成本高，效率低下；四是工具调优，不具有普适性。总结起来就是三大问题：复杂，效率低，成本高。腾讯云的智能性能调优工具通过不断实践和比较，选取使用强化学习的模型，开发数据库参数调优工具CDBTune。它强调调参的动作，摆脱以数据为中心的做法。

　　如图16-14所示，CDBTune的工作过程主要分为离线训练和在线调优两个步骤。离线训练就是用一些标准的负载生成器对数据库进行压测，边收集训练数据边训练一个初步的配置推荐模型。当用户或者系统管理员有数据库性能优化需求时，可以通过相应的交互接口提出在线调参优化请求，此时云端的控制器通过给智能优化系统发出在线调参请求，并根据用户真实负载对之前建立好的初步模型进行微调，然后按照模型微调后推荐的相应的参数配置对数据库进行设置。反复执行上述过程，待调参的数据库性能满足用户或系统管理员的需求即停止调参。

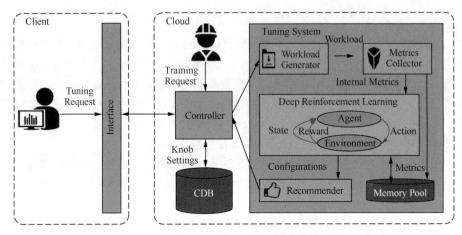

图 16-14 CDBTune系统架构[23]

对于为什么要在系统中采用强化学习，CDBTune库团队表示，强化学习既可以在成功中学习，也可以在失败中学习，因此它对前期训练样本的质量要求不会非常高，降低了学习建模的门槛。在CDBTune系统中，强化学习主要通过激励信号（数据库性能的变化）优化配置推荐网络，使得推荐出来的配置参数更为合理。

与此同时，华为发布了自己的调优工具Qtune（见图 16-15），我作为该项目的参与者，对其了解比较深入。相比于腾讯的CDBTune，华为的QTune做了很多新的开发，并在openGauss中开源供大家使用。

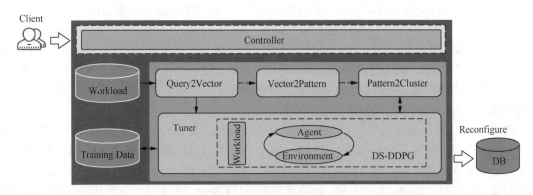

图 16-15 QTune模型架构[24]

针对 3 种不同的工作负载，QTune进行了向量化编码处理，并通过深度强化学习DS-DDPG（Double State-Deep Deterministic Policy Gradient，双状态深度确定策略梯度）算法进行学习，找到最优调参结果。因此，这是一种查询敏感（Query-aware）的调优，同时使用双状态的深度确定性策略梯度（Deep Deterministic Policy Gradient，DDPG）即数据库状态和负载的状态，使调优结果有大幅提升。该调优工具在华为的openGauss里也开源了，不过这个开源版本和实际的商业版本肯定不是完全一样的实现。

相比于以上两家的AI调优工作，阿里巴巴的iBTune（见图 16-16）比较单一，主要是调整缓冲池（Buffer Pool）的值，因为这个参数是影响TP数据的关键因素。大概几年前，阿里巴巴数据库团队开始尝试如何将DBA的经验转换成产品，为业务开发提供更高效、更智能的数据库服务。

2014 年，CloudDBA开始为用户提供自助式智能诊断优化服务，经过 4 年的持续探索和努力，2018 年CloudDBA发布下一代产品：自治数据库平台（Self-Driving Database Platform，SDDP）。SDDP是一个赋予多种数据库"无人驾驶"能力的智能数据库平台，让运行于该平台的数据库具备自感知、自决策、自恢复、自优化的能力，为用户提供无感知的不间断服务。SDDP涵盖了非常多的能力，包括物理资源管理、实例生命周期管理、自动异常诊断与恢复、自动优化、安全、弹性伸缩等，其中自动异常诊断与恢复和自动优化是SDDP最核心的能力之一。

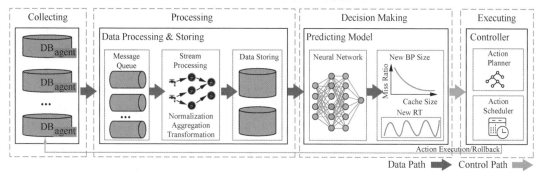

图 16-16　iBTune模型架构[25]

2018 年左右，阿里巴巴集团多个数据库实例共享主机的部署方式导致经常出现主机内存严重不足，但CPU和存储资源还有较多剩余的情况，造成了机器资源浪费，因此内存资源紧张成为影响数据库实例部署密度的关键瓶颈。缓冲池是最消耗内存资源的部分，如何实现缓冲池最优配置是影响全网机器成本的关键，也是影响数据库实例性能的关键，因此iBTune团队将智能参数优化重点放在了缓冲池参数优化。对于大规模数据库场景，挑战在于在不影响实例性能的前提下，如何为每个数据库实例配置合理大小的缓冲池。

传统大规模数据库场景为了方便统一管控，通常采用静态配置模板配置数据库实例参数。以阿里巴巴集团数据库场景为例，集团内提供了 10 种缓冲池规格的数据库实例供业务方选择。开发人员在申请实例时，由于不清楚自己的业务对缓冲池的需求是什么，通常会选用默认配置规格或者较高配置规格。这种资源分配方式，造成了严重的资源浪费。另外，业务多样性和持续可变性使得传统依赖DBA的人工调优方式在大规模场景下完全不可行，因此基于数据驱动和机器学习算法，根据数据库负载和性能变化动态调整数据库缓冲池成为一个重要的研究问题。

2018 年年初，阿里巴巴开始数据库智能参数优化的探索，从问题定义、关键算法设计、算法评估及改进，到最终端到端自动化流程落地，多个团队通力合作完成了技术突破且实现了大规模落地。其研究工作的论文"iBTune: Individualized Buffer Tuning for Largescale Cloud Databases"被VLDB2019 Research Track接受，这是阿里巴巴在数据库智能化方向的里程碑事件。这项工作不仅在数据库智能参数优化理论方面提出了创新想法，而且目前已经在阿里巴巴 1 万多个实例上实现了规模化落地，累计节省 12%左右的内存资源，是目前业界为数不多的真正实现数据库智能参数优化大规模落地的公司。

最后，我们介绍PingCAP的AutoTiKV的工作，这项工作虽然采用的是传统的机器学习的方法，但效果还是不错的。

如图 16-17 所示，AutoTiKV使用了和OtterTune一样的高斯过程回归（Gaussian Process Regression）

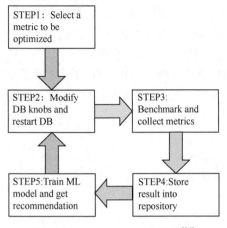

图 16-17 AutoTiKV工作流程[26]

来推荐新的参数，它是基于高斯分布的一种非参数模型。整个过程会循环迭代 200 次，也可以定义成迭代到结果收敛为止。AutoTiKV支持在修改参数之后重启TiKV（如果不需要也可以选择不重启）。需要调节的参数和需要查看的配置可以在配置文件里声明。一开始的 10 轮（具体大小可以调节）迭代训练是用随机生成的参数去模拟，以便收集初始数据集。之后的都是用机器学习模型推荐的参数去训练。

综上，我们只是从AI角度谈系统性能调优的重要性。此外，系统如何做调试、编码、性能调优，都是值得研究和实践的内容，SIGMTRICS就是专门做性能分析的国际会议。Euler操作系统作为华为的主要基础软件，也有A-Tune的应用（在openEuler项目中作为操作系统的调优方式）。

数据库参数调优的方式并不是最近才开始有的，早期Microsoft就有一些基于规则和数据挖掘的方式[27]，业界一直在探讨如何将DBA从烦琐的调优工作中解脱出来，AI的发展给这一领域带来了新的机会。Microsoft现在的产品中也开始提出A-Tune（Auto Tuning）的功能，涉及不同的层面以及不同的应用技术。

最近A-Tune可以说是数据库领域非常火热的一个话题。在没有AI Tuning之前，人工数据库也有很多系统调优工具（见图 16-18）。作为系统性能优化的大神Brandan Gregg，其官网上有很多系统性能调优的工具介绍。资源监控是系统调优的基础，Ganglia是加利福尼亚大学伯克利分校开发的一个集群监控软件[28]，可以监视和显示集群中的节点的各种状态信息，如CPU、内存、硬盘利用率、I/O负载、网络流量情况等，同时可以将历史数据以曲线方式通过页面呈现。

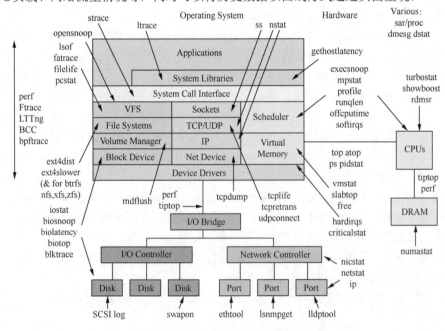

图 16-18 Linux系统调优工具

在数据库性能调优方面有不少优秀的书籍，这里主要推荐一本日本作家写的、图文并茂的书——《图解性能优化》。之所以推荐这本书，是因为这本书以数据库为中心，扩展到性能调优的方方面面，从操作系统一直讲到应用层面，而不是简单地从DBA的角度看问题。

AI调优和人工调优孰强孰弱，就像AlphaGO参与的围棋大战一样，AI在进步，人也在进步。如果真能设计并实现和人类智慧相当的人工智能，那么我们就不需要编程写代码了，我也不需要辛辛苦苦在这里写这本书了，交给AI就好了。期望还是有的，即使达不到最终目标，但是阶段性的成果也会让我们受益良多。

系统调优本身就是一门科学，即系统性能工程（System Performance Engineering），我们关注的主要是数据库系统调优。数据库系统调优从实践的角度来看，主要是观察CPU、内存、I/O、网络、磁盘等，而在Haran Boral和David Dewitt的论文[29]中，他们提出观察CPU和磁盘两个指标。而Oracle的官方文档"Database Performance Tuning Guide"介绍了从硬件、操作系统、数据库参数、SQL调优等不同的层面去调整数据库性能。因此，从本质上看，系统调优主要是观察数据从一个地方移动到另一个地方的速度，移动的位置可以是从磁盘到磁盘，也可以是从磁盘到内存，还可以是跨设备的网络移动，同时这种移动的驱动就是CPU。从信息论上看，系统调优还要关注信息移动的速度，本着这一点去研究数据库性能会清晰很多。

16.10　小结

数据管理系统涉及的范围非常广泛，深入研究任何一个领域都会做出有影响力的工作，很难全面介绍。2017年，数据库的多个顶级会议上发布了很多开创性的成果，如Ground和Peloton等论文，而40多年前，System R和INGRES发表在1977年。即使是在2007年，Microsoft也发表了一篇"Self-Tuning Database Systems: A Decade of Progress"的论文[27]，历史总是惊人的相似，循环往复，等待一个最好的时机。

16.11　参考资料

[1] Joseph M. Hellerstein等人于2017年发表的论文"Ground: A Data Context Service"。

[2] Benjamin H. Sigelman等人于2010年发表的论文"Dapper, a Large-Scale Distributed Systems Tracing Infrastructure"。

[3] Andrew Pavlo等人于2017年发表的论文"Peloton: The Self-Driving Database Management System"。

[4] Daniel Crankshaw等人于2017年发表的论文"Clipper: A Low-Latency Online Prediction Serving System"。

[5] Michael J. Franklin等人于2011年发表的论文"CrowdDB: Answering Queries with Crowdsourcing"。

[6] Guoliang Li等人于2017年发表的论文"Crowdsourced Data Management: Overview and

Challenges*"。*

[7] Justin DeBrabant等人于 2013 年发表的论文 "Anti-Caching: A New Approach to Database Management System Architecture*"。*

[8] Xiangyao Yu等人于 2014 年发表的论文 "Staring into the Abyss: An Evaluation of Concurrency Control with One Thousand Cores*"。*

[9] Carsten Binnig等人于 2016 年发表的论文 "The End of Slow Networks: It's Time for A Redesign*"。*

[10] David Sidler等人于 2017 年发表的论文 "doppioDB: A Hardware Accelerated Database*"。*

[11] Open GPU Data Science | RAPIDS官方网站。

[12] Iraklis Psaroudakis等人于 2016 年发表的论文 "Adaptive NUMA-aware Data Placement and Task Scheduling for Analytical Workloads in Main-memory Column-stores*"。*

[13] Wolf Rödiger等人于 2015 年发表的论文 "High-Speed Query Processing over High-Speed Networks*"。*

[14] Firebase官方网站。

[15] Parse Platform官方网站。

[16] Junjay Tan等人于 2019 年发表的论文 "Choosing A Cloud DBMS: Architectures and Tradeoffs*"。*

[17] Ryan Marcus等人于 2019 年发表的论文 "Neo: A Learned Query Optimizer*"。*

[18] Stavros Harizopoulos等人于 2005 年发表的论文 "StagedDB: Designing Database Servers for Modern Hardware*"。*

[19] Guoliang Li等人于 2019 年发表的论文 "XuanYuan: An AI-native Database*"。*

[20] Tim Kraska等人于 2018 年发表的论文 "The Case for Learned Index Structures*"。*

[21] Stratos Idreos等人于 2019 年发表的论文 "From Auto-tuning One Size Fits All to Self-designed and Learned Data-intensive Systems*"。*

[22] Michael Stonebraker等人于 2013 年发表的论文 "Data Curation at Scale: The Data Tamer System*"。*

[23] Ji Zhang等人于 2019 年发表的论文 "An End-to-End Automatic Cloud Database Tuning System Using Deep Reinforcement Learning*"。*

[24] Guoliang Li等人于 2019 年发表的论文 "QTune: A Query-Aware Database Tuning System with Deep Reinforcement Learning*"。*

[25] Jian Tan等人于 2019 年发表的论文 "iBTune: Individualized Buffer Tuning for Largescale Cloud Databases*"。*

[26] GitHub网站中的auto-tikv仓库。

[27] Surajit Chaudhuri等人于 2007 年发表的论文 "Self-Tuning Database Systems: A Decade of Progress*"。*

[28] Matthew L. Massie等人于 2004 年发表的论文 "The Ganglia Distributed Monitoring System: Design, Implementation, and Experience*"。*

[29] Haran Boral等人于 1984 年发表的论文 "A Methodology for Database System Performance Evaluation*"。*

第17章

大数据管理系统的谜团——
拨云见日

宏观上的大数据管理系统有很多概念和技术都来自经典技术方案和工业实践，而这些技术特性在不同的领域有着令人迷惑的技术名词，我们将在本章拨云见日，阐释这些概念之间的区别与联系。

17.1　分布式机器学习与分布式数据库

数据库从单机的PostgreSQL到后来的分布式PGXC和PGXL等，以及后来的分布式大数据管理系统，经历了从单机到分布式的变革。同样，在最近很火的机器学习领域，机器学习框架也是非常复杂的，从Parameter Server到后来的TensorFlow[1]和Allreduce等，机器学习也逐渐走向分布式框架。很多人会有疑问，数据库有Hash Join等算子，TensorFlow等有张量算子，这些系统能不能互相借鉴，将机器学习框架的能力嫁接到数据库系统内，以提高数据库的性能，如矩阵运算或者硬件加速等。

数据库是数据密集型系统（Data-intensive System），而机器学习框架是计算密集型系统（Computation-intensive System），两者的区别在于，数据密集型系统需要数据的移动，瓶颈在于数据I/O，而计算密集型系统需要的算力比较高，瓶颈在于CPU。不过随着数据越来越多，算力越来越强，数据库也开始处理复杂的计算，机器学习系统的数据集也越来越大，两者开始出现交叉和融合。

现在企业内的典型解决方案是数据的存储采用数据库系统，数据的计算单独用机器学习框架。从理想状态看，我们确实需要一个统一的系统，既有数据库的数据管理能力又有机器学习框架的计算能力，那么两者的区别和联系在哪里呢？

在图 17-1 中，我们对比了数据库的系统结构和机器学习框架的系统结构，从中可以看出主要联系和区别。从解析引擎上，数据库 SQL 引擎将 SQL 查询处理为执行树，而深度学习框架生成数据流的 DAG；从执行引擎上，数据库采用各种数据库算子对应关系代数的基本操作、SPJ 等，当然分布式执行框架也增加了类似 Stream 和 Broadcast 的算子，而机器学习框架主要采用线性代数算子，底层实现主要基于 Eigen 等线性代数库；从数据存储上看，数据库的核心是存储引擎，包括缓存、存储、日志和事务管理等多个模块，而机器学习框架是没有数据存储功能的，但是包括类似 Protobuf 的数据类型转换模块以及模型存储和加载模块。

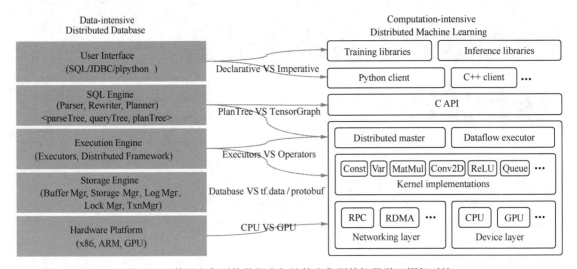

图 17-1   数据密集型的数据库与计算密集型的机器学习框架对比

我们可以通过从不同的方面对比 MPP 数据库和以 DAG 为主的分布式计算系统来认识两者的区别和联系。

（1）数据存储

分布式数据库的每个数据分片高度对称，狭义上分布式数据库存储层各个分片需自己管理和备份，涉及某数据的相关查询必定会落到某个数据分片上，因此如果多个事务访问同一数据分片就会出现并发问题。分布式数据库天然有很优秀的编译器和优化器，从解析、优化到执行一气呵成，数据分片内有良好的细粒度资源管理且对查询敏感。而分布式机器学习系统天然存储共享，控制节点一般能感知全局元数据信息，所以才能单点调度好各个任务集合，并协调执行器之间的上下游数据交换，进行任务启停调度等。机器学习系统每个任务从设计上有简单幂等的性质，可做任务调度的工作，甚至动态替换某个节点，更新其并发度。机器学习系统容易对不同存储介质的数据做 I/O，针对各个输入和输出节点，理论上只要元信息共享，各个计算节点可挂载不同的存储执行引擎。DAG 运算的前提就是数据信息是共享的，因此任务之间的数据复用也很自然。

（2）任务执行

分布式数据库将数据竖切，因此每个数据分片收到的是较为完整的子查询；而机器学习系统将任务横切。节点合并（如Spark的窄依赖）是常用的优化手段，理论上不同节点的任务要分散到不同的计算进程上。最优的条件下，如Spark 2.0 Whole Stage Codegen，机器学习系统理论上把任务调度像分布式数据库那样将SQL优化到极致。分布式数据库全局的SQL解析和执行是到本地节点执行数据库操作，理论上是DAG速度的上限。DAG执行节点一般是合并好或者编译好的函数调用，执行任务的时候加载用户库。

（3）核心功能

分布式数据库MPP的核心是优化器和本地执行模块，需要依靠数据库几十年的技术积累。分布式机器学习系统DAG不像MPP的核心那样细腻，其优势是灵活和易用。从这个角度看，MPP能不能用DAG实现是可以讨论的，因为DAG本身API易用（一般是数据流风格），层次上可以很清晰地接上不同的领域特定语言（Domain Specified Language，DSL）以及编程模型（如SQL）。对于数据库来说，本地执行理论上也可以挂载不同的执行引擎，数据可以来自不同的存储引擎，子查询之间可以存在数据复用。

（4）工业实践

当然，我们现在看到的系统都已经不再是狭义的DAG和MPP了。HAWQ系统中DFS的做法、Spark SQL做的优化工作都已经是DAG和MPP之间的一种混合实现。抛开上面说的几点，从主从架构、元数据如何管理、任务如何调度和下发、查询资源如何监控和隔离、数据重组是流水线还是阻塞型，或者Push还是Pull等都是不影响系统本身设计的地方。大部分是分布式系统都要面临的问题，只是解决手段上有各种侧重和常见的实现。

因此，如果站在分布式系统的角度看，数据库、机器学习系统或者大数据管理系统，都是分布式系统的不同应用。网络上有一篇袁进辉博士的名为《深度学习框架的灵魂》的文章[2]，介绍了现在主流的分布式计算系统，深入浅出，值得一读。

17.2 分布式一致性与数据库一致性

分布式数据管理系统的一致性到底是什么？到底能不能实现一致性？各种一致性的概念（如FLP、CAP、ACID、BFT、HAT[3]等）之间有什么联系和区别？这些问题很难回答，也不容易理解，要想弄明白这些问题，我们要了解概念，清楚历史，积极思考联系与区别。首先，我们要知道一些相关术语的概念。

- ❑ FLP不可能原理：在网络可靠、但允许节点失效（即便只有一个）的最小化异步模型系统中，不存在可以解决一致性问题的确定性共识算法[4]。FLP不可能原理实际上告诉人们，不要浪费时间去为异步分布式系统设计在任意场景下都能实现共识的算法。

- ❑ CAP原理：分布式计算系统不可能同时确保一致性（Consistency）、可用性（Availability）和分区容忍性（Partition）。设计中往往需要弱化对某个特性的保证。一致性：任何操作应该都是原子的，发生在后面的事件能看到前面事件发生导致的结果，注意这里指的是强一致性。可用性：在有限时间内，任何非失败节点都能应答请求。分区容忍性：网络可能发生分区，即节点之间的通信不可保障。

- ❑ ACID原则：也是一种比较出名的描述一致性的原则，通常出现在分布式数据库领域。具体来说，ACID原则描述了分布式数据库需要满足的一致性需求，同时允许付出可用性的代价。原子性（Atomicity）：每次操作是原子的，要么成功，要么不执行。一致性（Consistency）：数据库的状态是一致的，无中间状态。隔离性（Isolation）：各种操作之间互不影响。持久性（Durability）：状态的改变是持久的，不会失效。

❑ BASE原则：主要包括基本可用性（Basic Availability）、软状态（Soft-state）、最终一致性（Eventual Consistency），牺牲对一致性的约束，来换取一定的可用性，但实现最终一致性。

拜占庭容错问题是由Leslie Lamport提出的点对点通信中的基本问题，是指在存在消息丢失的不可靠信道上试图通过消息传递的方式达到一致性是不可能的。因此对一致性的研究一般假设信道是可靠的，或不存在本问题。关于为什么叫拜占庭将军问题，Lamport本人给出了解释"There is a problem in distributed computing that is sometimes called the Chinese Generals Problem, in which two generals have to come to a common agreement on whether to attack or retreat, but can communicate only by sending messengers who might never arrive. I stole the idea of the generals and posed the problem in terms of a group of generals, some of whom may be traitors, who have to reach a common decision. I wanted to assign the generals a nationality that would not offend any readers. At the time, Albania was a completely closed society, and I felt it unlikely that there would be any Albanians around to object, so the original title of this paper was The Albanian Generals Problem. Jack Goldberg was smart enough to realize that there were Albanians in the world outside Albania, and Albania might not always be a black hole, so he suggested that I find another name. The obviously more appropriate Byzantine generals then occurred to me."在这里，我就不做完整的翻译了。简单来说，在分布式领域一直有一个问题，例如，两个将军对于一场战争是进攻还是撤退，仅能通过消息传递来通信，但消息通信过程中会出现消息丢失的情况，那么这两个将军怎样才能达成一致决议呢？这个问题本来称为"中国将军问题"，但是Lamport为了不牵涉到任何国家问题，将其称之为"阿尔巴尼亚将军问题"，因为他觉得阿尔巴尼亚是一个相对封闭的社会，不太会有阿尔巴尼亚人知道这个称呼。但是他的朋友Jack Goldberg告诉他，在阿尔巴尼亚以外还是有阿尔巴尼亚人的，建议他改一个名字，于是Lamport将其改成了"拜占庭将军问题"。

接下来，我们以一篇论文来介绍这些概念之间的关系，即由美国得克萨斯州奥斯汀大学（University of Texas at Austin）研究团队完成的"Salt: Combining ACID and BASE in a Distributed Database"[5]。这篇论文分析了这些概念之间的关系，介绍了分布式数据库中把ACID与BASE结合使用，从中可以看出各种概念之间不是割裂的，而是相互有交集，甚至可以转化的。

CAP理论是针对具有多个副本的单一数据对象（Single Data Object）论述的，其模型类似于分布式共享内存。其中P表示网络分区容忍（Network Partition Tolerance），由于目前一般的网络条件不能被认为是可靠的，因此构建在这样的网络上的系统必须认为分区是可能发生的，进而在CAP理论中不能放弃P而选择C和A，详细的论述可以参考CAP的论文。CAP理论中的C指线性一致性（Linearizability Consistency），可以理解为是一种非常强的一致性保证。CAP理论中的A指的是100%的读写可用性（Read & Write Availability），而非形式化的理解，在任意时刻对任意节点发起的（读或写）请求，无须等待与系统中其他节点通信的结果，即可进行"正确"响应。由于分区不是经常发生的，在这样的情况下，C和A是可以同时达到的。

有趣的是，Google对于网络基础设施的持续改善，使得在他们的网络环境中，由于网络通信导致出错的概率比由于故障导致出错的概率还低，此时甚至可以认为网络是可靠的。但是在数据分区发生时，我们必须在线性一致性和100%可用性之间进行取舍。这样一来，就有一个关键的问题：如何判断是否正在发生网络分区。

实践中我们通常采用消息超时的机制进行判断，即如果两个节点之间的通信（即便经过一些重试）超时，则认为此时正在发生网络分区。使用这种方法进行判断，我们会发现网络的延迟（Latency）和可用性（Availability）是一回事。延迟低的时候，节点之间可以正常通信，从而提供线性一致性。延迟高的时候，我们认为发生了网络分区，或者等待延迟降到足以在阈值内进行通信（网络分区解除），即放弃100%可用性但是保证线性一致性，或者放弃节点间通信直接进行响应，即放弃保证线性一致性但是提供100%可用性。目前，越来越多的系统即使在网络分区没有发生时，也不提供线性一致性，其这样做是为了提供更高的性能保证。也就是说，在网络分区发生时，我们在一致性和可用性之间进行取舍；在网络分区没有发生时，我们在一致性和延迟之间进行取舍。这样，CAP理论被扩展为PACELC理论。

进一步考虑，我们之所以需要在一致性和可用性之间进行取舍，或者是在一致性和延迟之间进行取舍，根本原因在于节点之间需要进行同步通信才能够保证一致性。极端情况下，我们可以使得整个系统无须进行同步通信来达到极致的可用性和延迟。此时考虑一个写请求，写入一个节点并收到成功确认消息后，如果该节点在和其他节点进行异步通信之前就发生了永久性故障，则这一写请求写入的内容将永久性丢失。这说明一致性和持久性在某种程度上是类似的。从一个更大的角度来看，在一个不可靠的分布式系统中，我们需要在安全性（Safety）和存活性（Liveness）之间进行取舍。例如，一致性是一种Safety性质，而可用性是一种Liveness性质。又例如，FLP不可能原理告诉我们在共识问题中如果有任意节点不可靠，则无法在保证Safety性质的同时保证Liveness性质。

Paxos算法可以容忍系统中少数集合中的节点失效。直觉上，我们认为Paxos算法可以在系统级别提供高可用服务，同时提供了线性一致性。这似乎与CAP理论相违背。考虑CAP理论对于可用性的定义，要求对任意节点的请求都能立刻得到回应。假设由于网络分区将系统分为了一个多数集和一个少数集，对于Paxos算法，尽管多数集中的节点仍然可以正确且立即回复请求，但是少数集中的节点不能。CAP理论这样定义有一定道理，因为在网络分区发生时，有可能客户端并不能访问多数集中的节点。有研究提出了对CAP理论的一些批评和改进。考虑这样一个事实，可用性是服务的一个观测结果（Metric）而非系统的一个属性，而一致性和分区容错性是系统模型，这两者并不能统一起来。CAP理论中对于可用性的定义是不严格的。

布鲁尔（Brewer）在其论文中（非形式化地）提出，可用性和一致性在CAP理论中并不是一个"非0即1"的离散变量，而是从0%至100%连续变化的变量。这与形式化描述CAP理论的工作是相违背的。这意味着我们有必要重新思考CAP理论的精确定义（形式化描述）。研究中将CAP中的A定义为算法对延迟的敏感程度，将C定义为算法所使用的并发一致性模型，将P定义为延迟的突发增长。这样一来，A不再是对服务的一个观测结果，而是算法的一个本质属性；P的定义也能和A相结合。在这样的框架下，最终一致性模型也能很好地进行建模和推理，因此可以得出结论，最终一致性的Replica算法在网络分区永久性地发生时仍然能够停机。这与我们的直觉——使用最终一致性协议可以提高可用性一致。

分布式系统的基础理论纷繁复杂，系统实现上难度也很高[6]，这也就是为什么大规模的分布式系统只有大型的科技公司才能实现。这既需要理论和人才的积累，又需要工程实践的经验。

17.3   可变的数据与不可变的数据

数据是可变的还是不可变的？传统数据库认为数据是可变的，因此有CRUD操作，而大数据管理系统多数认为数据是不可变的，因此有追加模式（Append-only）。那么数据的本质是什么？如果我们深入分析，就会发现从数据库不同的功能来看，数据都是不可变的，只是从逻辑设计上支持数据可变。在马丁·开普曼（Martin Keppmann）的 "Turning the database inside-out with Apache Samza" 报告上，详细讲述了这一理念，如图 17-2 所示。

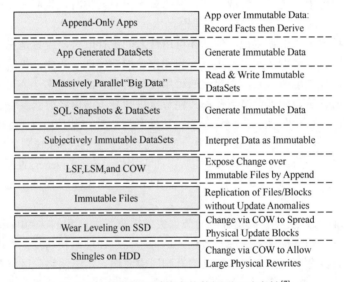

Append-Only Apps	App over Immutable Data: Record Facts then Derive
App Generated DataSets	Generate Immutable Data
Massively Parallel"Big Data"	Read & Write Immutable DataSets
SQL Snapshots & DataSets	Generate Immutable Data
Subjectively Immutable DataSets	Interpret Data as Immutable
LSF,LSM,and COW	Expose Change over Immutable Files by Append
Immutable Files	Replication of Files/Blocks without Update Anomalies
Wear Leveling on SSD	Change via COW to Spread Physical Update Blocks
Shingles on HDD	Change via COW to Allow Large Physical Rewrites

图 17-2   数据管理系统中的数据不可改变性[7]

数据库是全局、共享、可变的，这是自 20 世纪 60 年代以来，没有NoSQL系统之前的状态。然而，大多数开发人员早已摆脱了代码中可变的全局变量。一个更有前途的模型适用于某些应用系统，即将数据库看作一个不断增长的不可变事实的集合。用户可以在某个时候进行查询，但这仍然是旧的、命令式的风格思维。更有成效的方法是在实时数据进来时，能够以功能方式实时处理它们。

Keppman的报告介绍了Apache Samza，一个在LinkedIn开发的分布式流处理框架。起初，它看起来像是计算实时分析的一个工具，但远不止这些。实际上，这是一个尝试，采用了我们知道的数据库体系结构，并将其从内而外重新设计实现。其核心是一个分布式、持久的提交日志，由 Apache Kafka实现。从内部打开数据库有什么好处？Keppman指出，更简单的代码、更好的可扩展性、更好的健壮性、更低的延迟以及更灵活地使用数据执行有趣的任务。

因此，从数据管理系统的角度看，改变传统数据库里可变的数据状态这一设计理念，从本质上认为数据是不可变的，这就是流数据处理系统Smaza的设计哲学。还有一种关于数据管理系统的观点，即"数据库的核心就是日志"，因为数据库每次都要在存储数据的同时进行日志存储。大数据管理系统给传统关系数据库带来的好处（或者说坏处）就是，让我们重新审视一些习以为常的基本系统知识。

17.4　区块链与数据库的异同

在区块链备受关注的时候，被大家广泛讨论的话题是区块链与数据库有什么关系，数据库能不能区块链化，区块链能不能存储数据[8]。从表面上看，分布式和数据存储是二者的共同之处，但从深层次看，二者解决的问题和关键技术却没有什么关系。区块链的关键在于弱可信环境下的分布式数据一致性和可验证性，而数据库的关键在于可信环境下的高效数据存取技术。那么区块链与数据库可不可以结合呢？答案当然是可以，如ChainSQL、BlockchainDB等工作。

Carsten Binnig等人提出BlockchainDB（见图17-3），在他们的工作中，BlockchainDB利用区块链作为存储层，并引入数据库层，通过经典数据管理技术（如分片）以及标准化的查询接口，以方便采用区块链数据共享用例。研究表明，通过引入额外的数据库层，BlockchainDB能够提高性能和可扩展性。当使用区块链的数据共享时，可以大幅降低使用区块链进行数据共享的组织的复杂性。当然，该研究工作和BlockChainDB网站可不是一回事。

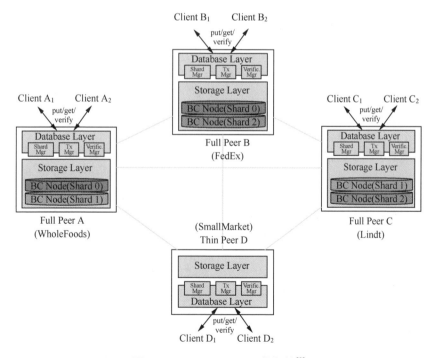

图 17-3　BlockchainDB网络架构[9]

关于分布式数据库与区块链的关系，在黄铭钧等人的研究工作"Blockchains and Distributed Databases: a Twin Study"中对比了两者的异同（见图17-4），区块链首先是在账本层面达到一致性，然后将这些交易记录在存储层，而分布式数据库在存储层面进行复制。研究人员从更细粒度的角度分析两者的异同，包括存储、复制、并发和分区4个方面。通过分析，研究人员得出结论，区块链主要考虑的是安全，分布式数据库主要考虑的是性能，虽然两者都是事务型分布式处理系统。

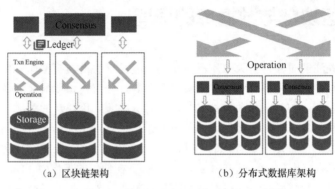

（a）区块链架构　　　　　　　　　　（b）分布式数据库架构

图 17-4　区块链与分布式数据库架构对比[10]

2008 年，中本聪（Satoshi Nakamoto）发表了一篇论文"Bitcoin: A Peer-to-Peer Electronic Cash System"，即去中心化的"数字货币"，并在 2009 年公布了其开源代码和软件系统，然而中本聪的身份一直是个谜，也许是一个人，也许是一个组织。后来，比特币背后的区块链技术被抽象出来创造了更多的"数字货币"，如以太坊（Ethereum，ETH）、莱特币（Litecoin，LTC）等。

首先要清楚比特币和区块链是两个不同的概念，当初中本聪提出的是比特币，并没有提区块链，区块链技术是在比特币实现技术的基础上抽象并发展出来的一项技术。首先，我们来了解比特币的起因和技术。其实理解比特币的本质和技术只要看中本聪 2008 年发表的论文就够了。虽然中本聪的研究背景是计算机相关的密码学等研究领域，但是这篇论文并不难理解，大部分文字是通俗易懂的。后来有些人根据自己的理解去解释比特币，但或多或少都不是原作者的本意，要想真正理解比特币是什么还是要深入研究。

从论文的摘要中，我们就清楚了中本聪要做什么，以及遇到的问题和采取的解决方案。他要做一个在线的电子现金交易平台，同时该平台不能依赖第三方金融机构。数字签名基本可以解决这个问题，但是没有了可信第三方，解决双重支付（Double Spending）的问题比较难。也就是说，分布式的、没有第三方中心化的可信机构的双重支付问题比较难。为什么这个问题比较难？其实这是分布式系统中的共识问题，或者一致性问题，有兴趣的读者可以自行搜索理解。中本聪的贡献在于，找到了一个解决这个问题的方案，即"The network timestamps transactions by hashing them into an ongoing chain of hash-based proof-of-work, forming a record that cannot be changed without redoing the proof-of-work"。这里有很多专业术语，意思是说通过哈希方式记录交易的时间戳，并形成一个proof-of-work的链，来解决这个问题。这里有几个关键的词：工作量证明（Proof of Work，PoW）、时间戳哈希和链。

首先，PoW最早在"Pricing via Proccessing, Or Combating Junk Mail"这篇论文中提出，中本聪为什么要做工作量的证明呢？他指出其实他在做资源的访问权限的控制。但资源的访问权限控制和PoW有什么关系呢？举几个资源访问权限控制的例子：有北京大学学生卡才能进北京大学图书馆，有京东会员才能享受优惠，这都是对资源访问权限的控制，这种控制可以是学生卡、会员资格等。同样的道理，工作量的多少也可以用于对资源访问权限进行控制，只有证明了工作量的多少，才能决定访问资源的多少。值得强调的是，中本聪说的工作量的证明其实是计算的工作量，因为中本聪研究的是计算机领域，也就是CPU等计算工作量。后面我们会提到，中本聪的比特币也是CPU能力的表现形式。关于时间戳哈希，这个是密码学中相对专业的问题，可以理解成一种验证手段，例如，你说你有 5 块钱，那么怎么证明？你可以拿出来给我看。但计算机有自己的方式证明一件事是否为真，即验证问题。有了PoW和时间戳哈希，就可以证明且验证工作量了。最后说说最长链（也是专业术语），其实这里就隐约有区块链（见图17-5）的意思了。有两点值得注意，最长链解决了分布式的共识问题，此外，中本聪指出，拥有最长链的主体是计算机资源CPU最大的主体。

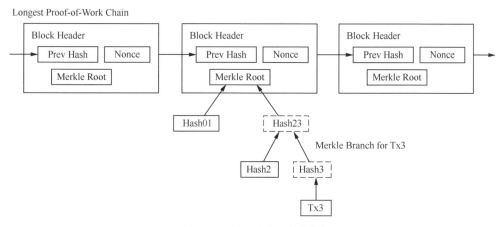

图 17-5　区块链存储结构[11]

因此，中本聪的比特币并没有提出区块链的观点，区块链是后来人们抽象出的技术方案，而这种技术方案貌似很有应用价值。但实际上这种技术方案不是什么新的技术，核心的PoW、时间戳哈希在计算机领域早就有了，但中本聪能够将其结合创造出如此有影响力的比特币，其原因也值得思考。想要理解区块链和比特币可以阅读论文"Bitcoin and Beyond: A Technical Survey on Decentralized Digital Currencies"，这篇论文专业性较强，却是厘清比特币和区块链的不二之选。因此，区块链从技术的角度解决了"弱可信环境下的、容错的、安全的、分布式的、弱一致性的机制"，从通俗的社会意义角度，提出了一种在去中心化条件下对计算资源占有多少的证明和验证的方法，其表现形式就是比特币，即去中心化的在线现金支付系统。

17.5　NewSQL与OldSQL

说到传统数据库的架构，不得不提Joseph M. Hellerstein、Stonebraker和James Hamilton合著的 *Architecture of a Database System*，书中提供了有关实现关系数据库的说明。它从数据库系统主要部分的体系结构概述开始，通过SQL查询的生命周期展开，包括如何接收、分析和优化查询，以及如何作为事务的一部分从存储返回结果数据。在概述之后，该书专门进一步介绍传统关系数据库中的主要组件，如图 17-6 所示。

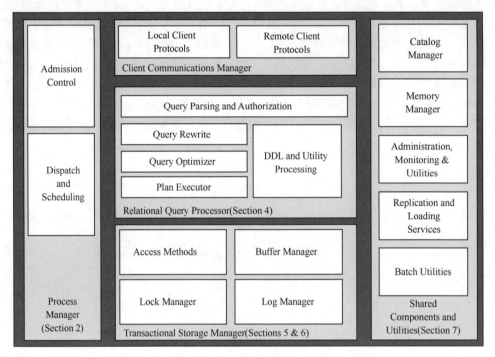

图 17-6 传统关系数据库架构[12]

　　数据库系统的实际实施揭示了学术文献中可能未涵盖的问题的解决方案，该书旨在记录在实际环境中实施数据库的艺术，并记录学术研究与实际实施之间的差距。对于任何试图实现数据库系统的人来说，该书都是必读的。通过花时间去理解关系架构并认识到它在该领域的主导地位，你也许能够构建一些可以改进它的东西。NoSQL系统的兴起带来了许多可替代的系统结构，但这些较新的系统仍然可以受益于使用这本书中描述的一般体系结构。例如，并发控制和事务管理是现代数据库中被持续关注的问题。

　　传统数据库主要采用SQL查询，后来大数据管理系统创造了NoSQL的概念，后来又提出NewSQL，那么NewSQL到底"New"在哪？NewSQL是一类现代关系数据库系统的统称，既追求NoSQL系统的可扩展性，又不放弃传统数据库的ACID特性。作为一种新式的关系数据库管理系统的NewSQL，具有以下两个特性：

❑　针对OLTP工作负载，追求提供和NoSQL系统相同的扩展性能；

❑　保持ACID和SQL查询等关系数据库特性。

　　2016 年，Andrew Pavlo与Matthew Aslett发布了一篇论文 "NewSQL，What's Really New with NewSQL？"专门讲述什么是NewSQL。目前业界最流行的分布式数据库有 3 类（见图 17-7）：新架构（New Architecture）、透明化分片中间件（Transparent Sharding Middleware）和云数据库（Databaseas-a-Service）。新架构以Google Spanner为代表（无共享），透明化中间件以Sharding-Proxy（无共享）为代表，云数据库以AWS Auraro为代表（Shard-Disk）。

- ❑ 新架构主要产品代表为Spanner、TiDB、CockroachDB、OceanBase、TafDB、X-DB等，主要特点包括弹性扩展、分布式事务、基于Raft和Paxos的多副本复制技术保证一致性、故障容灾、高可用等，一般还包括主备节点管理集群元信息、调度数据、负载均衡、分配全局事务ID等。其中SQL节点负责接受用户的SQL并解析，以及其他计算工作；计算节点访问元信息寻找存储数据的节点；键值节点负责存储一致性多副本数据。
- ❑ 透明化分片中间件实际是增加一层代理层，隐藏分库分表的细节，包括MyCat等中间件系统。其后端还是单机节点，如一个MySQL实例内核同时负责存储和计算，也就是无共享架构。
- ❑ 云数据库主要产品代表为Aurora、PolarDB，主要特点为计算和存储分离，计算节点基于MySQL内核，并提供主计算节点和多个只读节点来进行容错，计算节点通过RDMA与存储节点连通解决I/O性能问题，存储节点基于Raft或者Quorum来实现多副本存储。存储其实是共享的，即多个数据库实例共享一个分布式存储层。

		Year Released	Main Memory Storage	Partitioning	Concurrency Control	Replication	Summary
NEW ARCHITECTURES	Clustrix [6]	2006	No	Yes	MVCC+2PL	Strong+Passive	MySQL-compatible DBMS that supports shared-nothing, distributed execution.
	CockroachDB [7]	2014	No	Yes	MVCC	Strong+Passive	Built on top of distributed key/value store. Uses software hybrid clocks for WAN replication.
	Google Spanner [24]	2012	No	Yes	MVCC+2PL	Strong+Passive	WAN-replicated, shared-nothing DBMS that uses special hardware for timestamp generation.
	H-Store [8]	2007	Yes	Yes	TO	Strong+Active	Single-threaded execution engines per partition. Optimized for stored procedures.
	HyPer [9]	2010	Yes	Yes	MVCC	Strong+Passive	HTAP DBMS that uses query compilation and memory efficient indexes.
	MemSQL [11]	2012	Yes	Yes	MVCC	Strong+Passive	Distributed, shared-nothing DBMS using compiled queries. Supports MySQL wire protocol.
	NuoDB [14]	2013	Yes	Yes	MVCC	Strong+Passive	Split architecture with multiple in-memory executor nodes and a single shared storage node.
	SAP HANA [55]	2010	Yes	Yes	MVCC	Strong+Passive	Hybrid storage (rows + cols). Amalgamation of previous TREX, P*TIME, and MaxDB systems.
	VoltDB [17]	2008	Yes	Yes	TO	Strong+Active	Single-threaded execution engines per partition. Supports streaming operators.
MIDDLEWARE	AgilData [1]	2007	No	Yes	MVCC+2PL	Strong+Passive	Shared-nothing database sharding over single-node MySQL instances.
	MariaDB MaxScale [10]	2015	No	Yes	MVCC+2PL	Strong+Passive	Query router that supports custom SQL rewriting. Relies on MySQL Cluster for coordination.
	ScaleArc [15]	2009	No	Yes	Mixed	Strong+Passive	Rule-based query router for MySQL, SQL Server, and Oracle.
DBAAS	Amazon Aurora [3]	2014	No	No	MVCC	Strong+Passive	Custom log-structured MySQL engine for RDS.
	ClearDB [5]	2010	No	No	MVCC+2PL	Strong+Active	Centralized router that mirrors a single-node MySQL instance in multiple data centers.

图 17-7　NewSQL系统分类[13]

从SQL到NewSQL，中间经历了NoSQL。简单来说，NewSQL要满足OldSQL+NoSQL的特性，但是具体的体系结构和实现细节，也是各家有不同的见解和技术方案。不管数据管理系统的名字或者分类是什么，能解决实际问题的系统就是好系统。

17.6　云计算、边缘计算与物联网

物联网似乎不温不火了很多年，但一直没有十分清晰的落地场景。如今边缘计算日益火热，云计算也如日中天，那么物联网的春天在哪里呢？

边缘计算是在靠近物体或数据源头的网络边缘侧，融合网络、计算、存储、应用核心能力的开放平台，就近提供边缘智能服务。边缘计算与集中式的传统云计算框架最大的区别在于，边缘计算采用分布式计算架构，将计算分散在靠近数据源的近端设备处理，以分担云平台的工作量，而不再需要远距离把数据回传云端处理，因此实时性更好、效率更高、延迟最低，甚至在没有网络、无法接入云端的情况下，也不会妨碍边缘设备进行计算。对物联网而言，边缘计算技术取得突破，意味着许多控制将通过本地设备实现而无须交由云端，处理过程将在本地边缘计算层完成。这无疑将大大提升处理效率，减轻云端的负荷。边缘计算更加靠近用户，还可为用户提供更快的响应，将需求在边缘端解决。

谈到边缘计算与物联网和云计算之间的关系，行业内一直有不小的争论。其中有人认为边缘计算将会"蚕食"云计算，云计算将走向终结。而更加贴近现实的观点是，边缘计算与云计算将会共生、互补，既不冲突，也不对立。边缘计算并不会最终取代云端，而是通过分布式架构，让传统的云计算框架进一步去中心化，完成运算能力的进一步分工，让原本汇聚在云端的计算向外围延伸，使其更加"接地气"。毋庸置疑，边缘计算的市场前景非常广阔物联网数据通过边缘计算在近端处理已经很常见。

云计算和物联网的"相爱相杀"将继续进行，边缘计算将成为"主阵地"，云计算的"触角"将不断向下延伸。Amazon正式推出了Greengrass进军边缘计算阵地。换种角度思考，聚焦在传统边缘计算领域的企业也纷纷进军云计算平台，将物联网的数据采集通过边缘计算，向上直达云计算平台。

（1）Top Down之Amazon

Amazon发布了边缘计算服务Greengrass，这是一种允许用户以安全的方式为互联设备执行本地计算、消息收发和数据缓存的方案。Greengrass将AWS无缝扩展至设备端，以便用户更加轻量地在本地操作其产生的数据。同时，制造商仍然可以使用云端进行管理、分析以及展开其他应用服务。借助AWS Greengrass，互联设备可以运行AWS Lambda函数、同步设备数据以及与其他设备安全通信，甚至无须连接互联网，最大限度地降低将物联网数据传输到云端的成本。即使在无法连接到云平台的状态下，Greengrass设备仍然可以通过本地网络进行数据的通信与处理，与云平台的连接恢复之后，再把数据上传并同步到云端。用户不用再纠结于本地执行的实时性和云平台方案的灵活性，实现"鱼与熊掌兼得"。

（2）Top Down之Google

Google也发布了全新的边缘计算服务Cloud IoT Core，协助企业连接和管理物联网装置，以及快速处理物联网装置所采集的数据。Cloud IoT Core的设计目的是通过简化数据传输来帮助用户使用Google云提供的数据分析和机器学习能力，并实时地将原先不可访问的操作数据可视化。Google Cloud IoT Core的关键特性包括以下几个方面。端到端安全：使用基于证书和传输层安全（Transport Layer Security，TLS）协议加密的认证方式提供端到端安全；搭载Linux、Android Things或其他操

作系统的设备，只要符合Cloud IoT Core的安全需求即可获得全面的安全保障。便捷的数据洞察：集成丰富的下游分析系统，如Google大数据分析和机器学习服务。Serverless基础架构：在Google Serverless平台上不受时间与资源限制地通过水平拓展来扩大规模。角色权限数据管理：为不同设备部署相应的身份识别与访问管理（Identity and Access Management，IAM）角色来分配对设备和数据的访问权限。自动部署设备：使用REST API自动管理大规模设备注册、部署和操作。Cloud IoT Core搭配Google其他云服务，如Pub/Sub、Dataflow、Bigtable、BigQuery、Data Studio等，可以提供一整套解决方案来实时地收集、处理、分析、可视化物联网数据以提高用户开发效率。

（3）Top Down之Microsoft

2018年5月，Microsoft首席执行官萨蒂亚·纳德拉（Satya Nadella）宣布推出Azure IoT Edge服务，一个为物联网准备的云服务。它可以利用各种传感器和小型计算设备追踪工业场景中的数据，然后由Microsoft的云和AI工具分析，通过这项功能将计算能力由云推向边缘。Microsoft的Azure IoT Edge不仅能采集和分析数据，还能将Azure机器学习及AI认知服务带进设备端，让设备就近结合机器学习变得更容易。Azure IoT Edge使得物联网设备能够实时运行云服务、处理数据，并与传感器和其他与之相连的设备进行通信。随着这些边缘设备的运算分析能力越来越强，开始有更多厂商将机器学习，甚至是深度学习的能力带进设备内，使得现在的边缘设备也能做到云端能做的事，应用也越来越广，能够帮助用户更快、更智能地做出决策，同时将关键信息发送到云，进一步降低带宽成本。

看完了Top Down的角度，我们再来说说Bottom Up。边缘计算并不是一个全新的概念，不少企业已经深耕多年，尤其以工业领域的部分企业为代表，都是擅长边缘计算的行家里手，凭借以往设备端的数据采集与控制经验，加上物联网和云平台的能力，也可以得心应手。Top Down和Bottom Up两条阵线谁更具有优势，还得持续观望。

从现有情况分析，与Top Down相比，Bottom Up的优势在于有大量的已有设备安装基础，劣势在于边缘设备端的开放性明显不足，分析算法与机器学习能力也存在一定的缺失。为了弥补这些短板，Bottom Up阵线的物联网云平台要么与分析算法强大的云平台对接，要么培育生态合作伙伴，将实践经验转化成应用软件，嵌入平台的分析功能。

（1）Bottom Up之西门子

仅有边缘计算还不够，工业物联网需要利用云平台来应对各种情境。西门子Simatic IOT2000就是专为西门子云平台MindSphere和SAP HANA而设计的智能网关。用户可以在工厂内部对网关进行改造，以便协调不同数据源之间的通信、分析并传递数据。通过Simatic IOT2000接入的云平台可以是MindSphere或用户首选的其他任何云。Simatic IOT2000通常用于预防性机械维护，可最大限度降低生产停工风险，避免高价损失。另外，它还能对相关指标进行评估，并尽早查明即将发生的磨损。

由于在工业领域多年的经验积累，Simatic IOT2000保证了在工业现场恶劣环境下的可靠性，这一点能够弥补Arduino等物联网开源硬件在工业强度等级上的不足，相当于给性能强大的物联网硬件穿上一身安全服。至于MindSphere，则是西门子推出的一个开放物联网云平台，工业企业可将其用于数字化服务，譬如预防性维护、能源数据管理以及工厂资源优化等。

（2）Bottom Up之博世

博世在本轮边缘计算和物联网云平台的赛局中的能量不可小觑，这是一家具备传感器、云平台和服务三大核心物联网竞争力的公司。2016年3月，博世集团董事会主席邓纳尔（Denner）博士在Bosch Connected World峰会上，宣布博世为其物联网服务正式推出自己的云平台。博世将通过这一平台，运行各类有助于实现未来互联愿景的应用程序，包括智能家居、工业 4.0 以及互联交通。

按照博世的逻辑，给公司制造的各种家电、工业产品、车载设备等"物"加上感知设备，能够使其收集到数据。之后数据将会被传到 Bosch IoT Cloud，通过软件的运算和优化，最终形成相应的服务，具体包含 4 个关键的技术方向。边缘计算和雾计算：随着设备的增多，只让云端负担全部设备的数据传输及计算是不现实的，因此网络边缘的设备也需具备数据处理及计算能力，这样云端的压力将得到缓解。物联网络：指的是互联基础设施的建设，以及连接速度的优化。区块链：建立一个去中心化和去监管化的合约信用体系。博世与 NVIDIA 联合发布 AI 车载终端已经足够证明其对 AI 的重视。

（3）Bottom Up 之研华科技

我国台湾地区的一个嵌入式系统厂商研华科技发表了一系列边缘智能服务器软硬整合解决方案，可以应用在工厂、零售、车队物流、医疗，以及环境与能源等行业。新一代物联网边缘智能服务器（Edge Intelligence Server，EIS）可以把不同工业协议收集起来的数据转换成 MQTT 协议传输到云端，然后做数据分析或应用的处理。同时，为了帮助物联网系统集成商快速开发出所需的应用系统，研华开发了一个名叫 WISE-PaaS 的中间件，这个中间件提供传感器信息传输和远程管理控制，集成了大数据分析、物联网应用开发等工具，是云平台与物联网设备之间的桥梁。

除了"巨头们"对边缘计算的青睐之外，技术的成熟度也在推进边缘计算的落地。以往我们认为人工智能的相关算法必须通过云端的运算能力来实现，不过现在机器学习大有从云端降落，

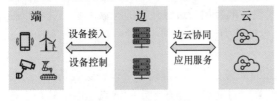

图 17-8　端边云架构

通过边缘计算完成的趋势（见图 17-8）。最近 Apple 发布了 Core ML 平台，坚持不在云端实现机器学习，核心是加速在 iPhone、iPad、Apple Watch 上的人工智能任务，支持深度神经网络、循环神经网络、卷积神经网络、支持向量机、树集成、线性模型等。Core ML 对设备性能进行了优化，从而减少了内存占用和功耗。严格在设备上运行能够确保用户隐私的数据，并且能保证各种应用在没有网络连接时也能够工作和响应。由于 Core ML 减少了很多不必要的内容，就算不在云端运行性能也不会变差。Core ML 的推出意味着机器学习正在从云端降落到边缘设备，"走入寻常百姓家"。

此外，在云计算、物联网、边缘计算方面，出现了很多新鲜的词汇，如雾计算。雾计算是 Cisco 创造的一个概念，由 OpenFog Consortium 支持，该联盟由 Arm、Cisco、Dell、Intel、Microsoft 和普林斯顿大学边缘实验室于 2015 年成立。其使命是定义分布式计算、网络、存储、控制和资源的架构，以支持物联网边缘的智能，包括自我感知的机器、物体、设备和智能对象，最终将有助于实现和推动下一代物联网。边缘计算由 EdgeX Foundry 推动，这是一个由 Linux 基金会托管的开源项目。EdgeX Foundry 的目标包括：构建和推广 EdgeX 作为统一物联网边缘计算的通用平台；认证 EdgeX 组件以确保互操作性和兼容性；提供快速创建基于 EdgeX 的物联网边缘解决方案的工具，并与相关的开源项目、标准组织和行业联盟合作。根据 EdgeX Foundry 的说法，该项目的最佳点是边缘节点，如嵌入式 PC、集线器、网关、路由器和本地服务器等，以应对分布式物联网中"东西南北"各个数据和控制点相互作用的关键互操作性挑战。EdgeX Foundry 的技术指导委员会包括来自 IOTech、ADI、Mainflux、Dell、Linux 基金会、VMware 和 Canonical 等的代表。

边缘计算和云计算互相协同，它们是彼此优化、互补的存在，共同使能行业数字化转型。云计算是一个统筹者，它负责长周期数据的分析，能够在周期性维护、业务决策等领域运行。边缘计算着眼于实时、短周期数据的分析，更好地支撑本地业务的及时处理和执行。边缘计算靠近设备端，也为云端数据采集做出贡献，支撑云端应用的大数据分析；云计算也通过大数据分析输出业务规则并下发到边缘处，以便执行和优化处理。

说到物联网，我很有兴趣介绍一下刘云浩教授，也是我读博士时的学术榜样。我读博士时早期做的是无线感知网络，后来做物联网搜索相关的工作，因此对刘云浩教授的工作比较熟悉。刘云浩老师有一本书——《物联网导论》，从感知、网络、管理到应用，写得非常全面和深入，这是10多年前关于物联网的书。

先正式介绍刘云浩教授（见图17-9）：1990—1995年在清华大学自动化系学习，获得工学学士学位；1995—1997年在北京外国语大学高级翻译学院获得文学硕士学位；2001—2004年在美国密歇根州立大学计算机系获得工学硕士和博士学位；2004—2011年在香港科技大学计算机科学与工程系先后任助理教授、副教授、系研究生部主任；2011年7月任清华信息科学与技术国家实验室特别研究员，教育部信息系统安全重点实验室主任，清华大学可信网络与系统研究所所长；2013—2017年任清华大学软件学院院长。2018—2020年任美国密歇根州立大学计算机系主任；2020年8月起担任清华大学全球创新学院院长。然而除了这些，他在其他方面也很优秀。先看一下我和榜样的合照，相较之下似乎我个子很矮。

图 17-9 作者与刘云浩（图中左一）教授合影

刘云浩教授属于多个领域处处拔尖的类型，他身高约193厘米，20世纪90年代在清华自动化系就读的本科。本科期间除了读书他还做了以下4件事：成为国家级排球运动员、北京代表队队员，代表北京获得全国比赛亚军；开了一家创业公司，1994年一年的资金流水过千万元；出版了一部历史学专著《无头案：雍正暴亡之谜》；出版了一些翻译作品，如《穿蓝色长袍的国度》等。本科毕业后他放弃本系保研，因为"觉得外交官酷"而选择报考北京外国语大学高级翻译学院学习同声传译，并获文学硕士学位。于北京外国语大学毕业后选择从政，在邮电公文考试中获得第一名，不到30岁就成为当时邮电部（1998年裁撤）最年轻的处长，担任了全国邮政电子汇兑系统技术总负责人。而立之年选择出国去美国密歇根州立大学留学，仅3年多就拿下计算机硕士和博士学位，成为该系历史上毕业第二快的博士。他在美国代表密歇根州立大学参加了美国大学生排球联赛并获得第九名，成为该校建校以后唯一的中国籍博士男排队员。如果有人做传感器网络或者群智感知的工作，我就会首推我的榜样——刘云浩教授。

言归正传，从云计算到边缘计算再到物联网，现在很火热的是AIo，即TAI和IoT的结合。AIoT融合人工智能技术和物联网技术，通过物联网产生、收集海量的数据并将其存储于云端、边缘端，再通过大数据分析，以及更高形式的人工智能，实现万物数据化、万物智联化，物联网技术与人工智能追求的是智能化生态体系，除了技术上需要不断革新，技术的落地与应用更是现阶段物联网与人工智能领域亟待突破的核心问题。目前比较成熟的应用落地场景和工业产品依托的大型集团和公司有百度、腾讯、阿里巴巴、小米、海尔、格兰仕、美的等。

　　根据观察，每家布局的方式也是各有所长，重点不一样。小米从产业链上构建小米智能家电的IoT生态链，也结合了小米手机。Amazon则是以自己的云计算为强大的基础，向下扩展物联网。华为基于自己擅长的各种硬件，以及正在崛起的全栈AI技术，着力发展边缘计算。这确实是一个广阔天地大有所为的产业，但想真正站稳脚跟，一是要站稳先机，二是要产品落地，三是要将技术生态产业做深做广。

17.7　大数据Java还是C/C++

　　作为数据库系统，大部分人潜意识里会采用C/C++开发，因为其实现的系统性能更好。然而在大数据领域，Java却被广泛采用。"A High-Performance Big-Data-Friendly Garbage Collector"这篇论文[14]是 2016 年OSDI的一篇论文，提出了一个针对处理大数据场景的友好的GC系统Yak，因为很多大数据管理系统用Java、C#、Scala等带GC的语言编写。研究人员根据对大数据相关程序内存占用及GC情况的观察，发现了一个规律——大数据处理的内存占用具有周期性。同时GC通常在大数据处理场景中占了总执行时间的很大比例，如迭代还没结束的GC耗时又回收不了多少内存，每次分配到Young区再复制到Old区的开销等。

　　Yingyi Bu在AsterixDB的整个工作中指出，过去 10 年，人们对数据驱动型商业智能的需求不断增加，导致数据密集型应用程序激增。托管面向对象的编程语言（如Java）通常是开发人员实现此类应用程序的选择，因为它具有快速的开发周期、丰富的库和框架套件。虽然使用这种语言使编程更容易，但它们的自动内存管理是有代价的。当托管运行时接收大量输入数据时，内存膨胀会显著放大，并成为禁止可伸缩的瓶颈[15]。

　　他们的工作首先从分析和实证上研究膨胀对大规模、真实数据密集型系统的性能和可扩展性的影响。为了消除膨胀，他们设计了一个新的编译器框架，称为Facade，通过自动转换现有数据密集型应用程序的数据路径来生成高效的数据操作代码。关键处理是，在生成的代码中，为每个线程中的数据类创建的运行时堆对象的数量几乎是静态边界的，从而大大降低内存管理成本并提高可伸缩性。Yingyi Bu团队实现了Facade，并用它来改造 3 个已经经过良好优化的数据处理框架（GraphChi、Hyracks和GPS）的 7 个常见的应用程序，并取得了良好的结果。

　　作为系统的实现，编程语言不应该有墨守成规的标准。重要的是了解所选用的编程语言的优劣势，根据实际需要，在开发效率和系统性能之间做好平衡，这样即使采用多种编程语言的混合方式，也不是问题。

17.8　流数据与批处理的界线

　　流处理与批处理有什么不同？时序数据就是流数据吗？这些问题从Storm的创始人开始做Storm讲起最好不过。

分布式流式系统一般指能够实时接收海量信息并进行增量计算的集群系统，计算节点通过数据流连接，不断根据输入流生成输出流，或者把计算结果流存储到数据库或者文件系统里，供其他服务使用。流式系统不用像沉重的MapReduce那样，必须积累足够的数据，才能进行一次大批量数据计算，来产生结果。

虽然MapReduce已经盛行，但是大家开始不再满足于积累足够的数据批处理一次数据，在越来越需要快速反应的增量计算的情况下，Nathan Marz的Storm提供了第一个流行的、开源的、高可用的分布式流处理框架。但是Storm对系统设计提出了新的问题：由于分布式环境的不稳定性，Storm在当时无法保证生成确定的新的结果，无法保证计算的一致性，从而无法为应用层提供足够的正确性支持。

为了应对这个大数据处理的共有问题，Marz的论文"How to Beat the Cap-theorem"和著名的Lambda架构"横空出世"，该架构开始广为人知和流行。Lambda架构向世界提供了一个结合流式框架和批处理框架的解决方案，来应对大数据的系统设计思路。然而Lambda架构也有其自身的问题，一般需要维护批处理和流处理两套系统对同一业务的实现，系统模型无法得到统一，处理流数据的增量计算和批数据的计算结果的融合也是很棘手的问题。更重要的是，由于流处理系统无法保证准确的计算，系统使用者开始不信任流系统提供的信息，转而等待比较慢的批处理计算的结果。

大数据处理这个领域本身正在发生着一些革命性的变化。首先，当数据库开始变得像消息队列系统，很多数据库（如DynamoDB）开始提供变化数据捕获（Change Data Capture），把对表的更改变成Data Stream供别的系统使用。同时，消息队列系统开始变得像一个可以持久化数据的数据库，可以从任意点重放数据以长期存储Kafka系统。这使得数据库和消息队列系统的概念开始变得模糊。Kafka的出现直接解决了可重放的数据框架的问题。但它的意义不仅仅如此。其次，多数据存储之间的一致性的问题，本质上与分布式数据库的复制问题相同，而分布式数据库的复制可以通过全序广播来广播主节点的预写日志，或者更改日志到复制节点。由于全序广播保证了所有复制节点收到的消息顺序是绝对相同的，因此只要复制节点按照收到消息的顺序对数据做出相同的更改，就可以实现分布式数据库对数据的复制，而预写日志或更改日志本质就是数据流；如果把数据库的全序广播这项技术应用到分布式业务系统的设计中去，那么我们可以解决分布式系统中的一个难点问题：消息时序。Kafka为分布式数据提供了一个逻辑时钟和全序操作，任何数据生产者只需要把数据输入Kafka，Kafka的消费者就能保证以相同的顺序接收同一个数据分片上的消息，同时利用Kafka的可重放特性，数据可以写一次，重新以任意形式应用在其他存储形式上。这样，我们就解决了多存储的一致性问题。

顺着这个思路，任意一个公司的数据处理系统都可以看成一个超大的流处理网络。这个思路把分布式数据库维护一致性的各种手段，包括预写日志、更改日志、日志迁移、状态复制、物化视图等，分解开来应用到分布式业务系统的设计里，这就是名为"从内到外设计数据库"（Turn Database Inside Out）、"无限数据库"（Unbundled Database）的设计和构架大型分布式企业级应用体系的新思路。

从数据库中来到数据库中去，从数据流中来到数据库中去，从对数据库的更改中来到流或数据库中去。当数据源、计算和聚合全都在云上，我们的业务逻辑本质上就是数据库产生任何变化之后处理触发器的逻辑，而这就是"Streaming Processor as a Database"的思路[16]。*Streaming System*

这本书，则可以说是对这一发展的总结和详述。该书的最大贡献之一，即书的前半部分给出了一套构思，建造和分析分布式数据处理系统的思维体系。研究人员还论证了Streaming处理系统其实是批处理系统的超集，即批处理只是固定处理事件时间下，利用WaterMark触发器的数据处理模型而已。所以基本上读者可以用这套理论体系来分析目前几乎任何分布式数据处理系统。

这套思维体系源自Google内部十几年的大数据、高可用、高扩展的分布式应用系统，总结为"Dataflow Model"这篇论文，并且实现和开源了一套数据处理框架，即Apache Beam。且Flink作为目前数据处理的行业标杆，它的成功之一也和吸取了这套思想体系并提供了"恰到好处"的表达力有关。而我在UC Irvine研究了一年多的Big Active Data的项目，无论是从立项目标和系统实现上，它们都有异曲同工之妙，将数据库、大数据和流数据巧妙地结合在了一起。

17.9   分布式事务与递增式时间

在应用数据量开始快速增长的时候，单机数据库已经无法满足需求，分布式NoSQL因为其扩展能力获得了广泛的应用。应用在解决了基本的存储问题之后，提出了更高的要求，即事务。事务是业务的基本属性，这是一个正当的诉求。Google也提到了没有事务，应用会很"痛苦"，所以他们做了Percolator，解放了业务开发，Omid系列可能背景类似。Omid系列是Yahoo公司研发的在大规模分布式存储之上提供事务功能的组件，从其持续的演进思路看，应该是在生产中获得了不错的使用。

综合这些工业实践看，在分布式存储上做事务是在以下几个方面做出选择。

❑ 事务模型：悲观还是乐观。悲观指的是先锁后用，拿到资源向前继续，拿不到资源等待或者中断。乐观指的是"先干着再说"，把中间状态保存好，最后提交的时候看看是否有冲突，有就中断，没有就正常提交。

❑ 事务状态：集中保存还是分布式保存。对于单机来说，只能集中保存。对于分布式来说，集中保存和分布式保存都可以，各有优劣。当然，单机和分布式各自保存一部分也是一个思路。

❑ 冲突检测：悲观的检测很简单，主要是中断策略的选择。乐观的检测较复杂，单机检测和分布式检测都可以，各有优劣。

在以上3个方面做出选择之后，大的架构就差不多了，后面是大量的工程优化。

全球时钟对于全球分布式数据库来说至关重要。在程序中，我们经常需要知道事件序列。在单体应用中，知道事件序列是较为简单的，最简单的办法就是用时间戳，但在分布式系统中，知道事件序列是很困难的，Leslie Lamport在论文"Time, Clocks, and the Ordering of Events in a Distributed System"讨论了在分布式系统中时间、时钟和事件序列的问题。

❑ 物理时钟：分布式系统中物理时钟存在的问题逻辑时钟是相对物理时钟这个概念的。为什么要提出逻辑时钟？因为物理时钟在分布式系统中存在一系列问题。一台机器上的多个进程可以从一个物理时钟中获取时间戳，不管这个物理时钟是否准确，只要是从一个物理时钟获取时间戳，我们就能获得多个事件的相对时间顺序。但是在分布式系统中，我们无法从一个物理时钟获取时间戳，只能从各自机器上的物理时钟获取时间戳，而各台机器的物理时钟是很难完全同步的，即使有网络时间协议（Network Time Protocol，

NTP），精度也是有限的。所以在分布式系统中，是不能通过物理时钟决定事件序列的。

❑ 偏序事件序列：偏序指的是只能为系统中的部分事件定义先后顺序。这里的部分事件其实是指有因果关系的事件。在论文"Time, Clocks, and the Ordering of Events in a Distributed System"中，偏序是由"happened before"引出的。在分布式系统中，只有两个发生关联的事件（有因果关系），我们才会去关心两者的先来后到的关系。对于并发事件，它们两个谁先发生，谁后发生，我们并不关心。偏序用来定义两个因果事件的发生次序，即"happened before"。而对于并发事件（没有因果关系），并不能决定其先后，所以说这种"happened before"的关系，是一种偏序关系。

❑ 逻辑时钟：论文原文中有这样一句："We begin with an abstract point of view in which a clock is just a way of assigning a number to an event, where the number is thought of as the time at which the event occurred."这句话的意思是，可以对时间进行抽象，把时间值看成事件发生顺序的一个序列号，这个值可以是<200515,200516,200517>，也可以是<1,2,3>。后面就有了逻辑时钟的概念。尝试用逻辑时钟解决分布式锁的问题，单机多进程程序可由锁进行同步，那是因为这些进程都运行在操作系统上，有中心程序为它们的请求排序，这个中心程序知道所有需要进行同步的进程的所有信息。但是在分布式系统中，各个进程运行在各自的主机上，没有一个中心程序的概念，那么多进程该怎么进行同步呢？或者说分布式锁该怎么实现呢？逻辑时钟就是其中一个解决方案。

全球时钟可以解决分布式事务问题，Google采用GPS和原子时钟的True Time API，CockroachDB采用混合逻辑时钟（Hybrid Logic Clock，HLC），Precolator作为Google之前的数据管理系统采用TSO，TiDB则采用类似TSO的时间戳来解决分布式事务问题。作为分布式事务的关键，全球时钟是一种解决方案，也有其他可以具备很好的性能的方案。例如，Microsoft的FaRMv2中的Opacity[17]，号称可以实现 3.2 亿tpmC的水平；即使是最朴素的TSO的方案，OceanBase也能将其做到 7.07 亿tpmC的水平，而这对于绝大多数应用是足够的。分布式事务的核心就是时间，而要想突破这一关键技术，既要有物理学上的深刻认知，又要有强有力的工程实践能力。分布式数据库要实现全局一致性快照，需要解决不同节点之间时钟一致性的问题，工业界目前有 3 种解决方案。

❑ 全局集中式授时服务：对网络要求比较高，不能跨地域，理论上可以做到外部一致性。

❑ 混合逻辑时钟：可以保证同一个进程内部事件的时钟顺序，但是解决不了系统外事件发生的逻辑前后顺序与物理时间前后顺序的一致性，因此做不到线性一致性，也就做不到外部一致性。

❑ 全球时钟：Google的物理时钟True Time API，可以做到外部一致性，同时能做到全球化部署。

17.10　小结

大数据管理系统设计的关键技术和系统架构很多，因此很多概念、架构、技术上会有很多让人迷惑的地方，本章旨在拨云见日给大家梳理这些内容。限于本人知识和经验有限，部分理解不一定是客观、正确的。希望至少本章能给读者带来更多思考，重新审视一些原有的技术问题，以更开放的心态迎接新技术的发展。

17.11　参考资料

[1] Martín Abadi等人于 2016 年发表的论文"TensorFlow: Large-Scale Machine Learning on Heterogeneous Distributed Systems"。

[2] 袁进辉于 2020 年发布的知乎文章《深度学习框架的灵魂》。

[3] Peter Bailis等人于 2014 年发表的论文"Highly Available Transactions: Virtues and Limitations"。

[4] Michael J. Fischer等人于 1985 年发表的论文"Impossibility of Distributed Consensus with One Faulty Process"。

[5] Chao Xie等人于 2014 年发表的论文"Salt: Combining ACID and BASE in a Distributed Database"。

[6] Jim Gray于 1985 年发表的论文"Why Do Computers Stop and What Can Be Done About It?"。

[7] Pat Helland于 2016 年在ACM Queue发表的文章"Immutability Changes Everything"。

[8] Florian Tschorsch等人于 2016 年发表的论文"Bitcoin and Beyond: A Technical Survey on Decentralized Digital Currencies"。

[9] Muhammad El-Hindi等人于 2019 年发表的论文"BlockchainDB—A Shared Database on Blockchains"。

[10] Pingcheng Ruan等人于 2019 年发表的论文"Blockchains and Distributed Databases: A Twin Study"。

[11] Satoshi Nakamoto于 2008 年发表的论文"Bitcoin: A Peer-to-Peer Electronic Cash System"。

[12] Joseph M. Hellerstein 等人于 2007 年出版的图书 *Architecture of A Database System, Foundations and Trends in Databases*。

[13] Andrew Pavlo等人于 2016 年发表的论文"What's Really New with NewSQL?"。

[14] Khanh Nguyen等人于 2016 年发表的论文"Yak: A High-Performance Big-Data-Friendly Garbage Collector"。

[15] Khanh Nguyen等人于 2018 年发表的论文"Understanding and Combating Memory Bloat in Managed Data-Intensive Systems"。

[16] Tyler Akidau于 2018 年出版的图书 *Streaming Systems: The Where, When, and How of Large Scale Data Processing*。

[17] Alex Shamis等人于 2019 年发表的论文"Fast General Distributed Transactions with Opacity"。

第18章

大数据的标准——游戏规则

数据库在发展过程中也出现了各种标准和规范，某种程度上，这种标准和规范的制定既有利于传播又阻碍了发展。除了标准与规范，数据库领域也有很多其他的游戏规则，只有了解了这些规则，才算半只脚踏进了数据管理系统这个门槛。

18.1 TPC标准测试

数据库有各种标准，其中包括事务处理性能委员会（Transaction Processing Performance Council，TPC）制定的各种性能指标，从传统关系数据库到大数据、云计算的评价模型。TPC是由数十家会员公司创建的非营利组织，总部设在美国。该组织对全世界开放，但迄今为止，绝大多数会员都是美、日、西欧的大公司。TPC的成员主要是计算机软硬件厂家，而非计算机用户，它的主要任务是制定商务应用基准程序（Benchmark）的标准规范、性能和价格度量，并管理测试结果的发布。

TPC不给出基准程序的代码，只给出基准程序的标准规范（Standard Specification）。任何厂家或测试者都可以根据规范，最优地构造出自己的系统（测试平台和测试程序）。为保证测试结果的客观性，被测试者（通常是厂家）必须提交给TPC一套完整的报告（Full Disclosure Report），包括被测系统的详细配置、分类价格和包含 5 年维护费用在内的总价格。该报告必须由TPC授权的审核员核实（TPC本身并不做审核），现在全球只有几个审核员，全部在美国。

如图 18-1 所示，TPC早期推出了 4 套基准程序，被称为TPC-A、TPC-B、TPC-C和TPC-D。其中TPC-A和TPC-B已经过时，不再使用了。TPC-C是OLTP的基准程序，TPC-D是决策支持的基准程序。TPC后续还推出了TPC-E，作为大型企业信息服务的基准程序。随着数据管理系统的不断发展，越来越多的基准测试被规范化。

❑ TPC-H：是面向商品零售业的决策支持系统的测试基准，它定义了 8 张表，22 个查询，遵循SQL92、TPC-H基准的数据库模式，遵循第三范式。新兴的数据仓库开始采用新的模型，如星形模型、雪花模型，TPC-H已经不能精准反映当今数据库系统的真实性能。为此，TPC组织推出了新一代面向决策应用的TPC-DS基准。

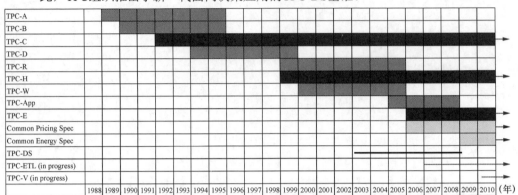

| | 1988 | 1989 | 1990 | 1991 | 1992 | 1993 | 1994 | 1995 | 1996 | 1997 | 1998 | 1999 | 2000 | 2001 | 2002 | 2003 | 2004 | 2005 | 2006 | 2007 | 2008 | 2009 | 2010 | (年) |

图 18-1　TPC Bechmark Life Span (1988—2010 年)[1]

❑ TPC-DS：是决策支持的基准测试，提供了决策支持系统的通用建模方式，包括数据查询和数据维护。TPC-DS基准测试提供了通用决策支持系统的性能评估。基准测试的结果衡量了单用户模式下的响应时间，多用户模式下的查询吞吐量，以及在特定操作系统、硬件配置和复杂受限的环境下支持多用户决策的数据处理系统。TPC-DS基准测试为用户提供相关的客观性能数据。TPC-DS v2 则支持对新兴技术（如大数据）进行性能测试。

❑ TPCx-BB：是衡量基于Hadoop的大数据管理系统性能的快速基准。它通过在具有实体和在线商店的零售环境中执行 30 个频繁执行的分析查询来测量硬件和软件组件的性能。查询采用SQL表示结构化数据，用机器学习算法表示半结构化和非结构化数据。SQL查询可以使用Hive或Spark，而机器学习算法使用机器学习库、用户定义的函数和程序。

❑ TPCx-HS：Hadoop等大数据技术已成为企业IT生态系统的重要组成部分。TPCx-HS旨在提供硬件、操作系统和商业Apache Hadoop文件系统API兼容软件分发的客观度量，并为行业提供可验证的性能、性价比和可用性指标。基准模型连续系统可用性为每周 7 天、每天 24 小时。建模的应用程序很简单，结果与处理大数据管理系统的硬件和软件高度相关。TPCx-HS强调硬件和软件，包括Hadoop运行时、Hadoop文件系统API兼容系统和MapReduce层。此工作负载可用于分析Hadoop集群的广泛系统拓扑和实现。TPCx-HS可以技术严谨且直接可比、与供应商无关的方式评估各种系统拓扑和实施方法。

❑ TPC-VMS：这是TPC虚拟测量单系统规范，采用了TPC-C、TPC-E、TPC-H和TPC-DS基准并添加了虚拟化数据库运行和报告性能指标的方法和要求。TPC-VMS的目的是表示一个虚拟化环境，将其中 3 个数据库工作负载合并到一台服务器上。测试发起人选择 4 个基准工作负载之一（TPC-C、TPC-E、TPC-H或TPC-DS），并在受测试的 3 个虚拟机的每个实例中运行该基准工作负载的一个实例。3 个虚拟化数据库必须具有相同的属性，如相同数量的TPC-C仓库、相同数量的TPC-E负载单元或相同的TPC-DS或TPC-H比例因子。TPC-VMS的主要性能指标是虚拟化环境中运行的 3 个TPC基准主要指标的最小值。

❑ TPCx-V：它旨在测量在虚拟机中运行数据库工作负载的服务器的性能。它具有公开提供的端到端基准测试套件，可模拟云数据中心中弹性伸缩、容量规划和负载变化的多租户现象。此工具包是基于Java从头开始开发的，以PostgreSQL为目标数据库。

TPC专门制定数据管理系统各种基准程序[2]，其会议与VLDB一起举办，每年举办一次。每年的会议会总结当前的现状并展开一些关于新的基准程序的讨论（见图18-2），如大数据、云数据库等[3-4]。感兴趣的读者可以去官网了解数据管理基准测试方面每年的最新进展。

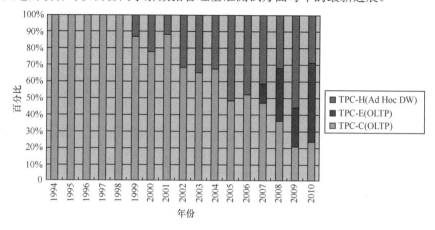

图 18-2　TPC每年发布的测试基准结果统计[1]

18.2　SQL通用语言

SQL基本是关系数据库的标准查询语言，即使在大数据领域，也有兼容支持SQL的趋势。SQL是使用关系模型的数据库应用语言，由IBM在20世纪70年代开发，作为IBM关系数据库原型System R的原型关系语言，实现了关系数据库中的信息检索。SQL之所以能够为用户和业界所接受，并成为国际标准，是因为它是一种综合的、功能极强同时简捷、易学的语言。SQL集数据查询（Data Query）、数据操纵（Data Manipulation）、数据定义（Data Definition）和数据控制（Data Control）功能于一体。

ANSI与ISO已经制定了SQL标准。ANSI是一个美国工业和商业集团组织，负责开发美国的商务和通信标准。ANSI也是ISO和IEC的成员之一，负责发布与国际标准组织发布的标准相应的美国标准。1992年，ISO和国际电工委员会（International Electrotechnical Commission，IEC）发布了SQL国际标准，称为SQL-92。ANSI随之发布的相应标准是ANSI SQL-92，ANSI SQL-92有时被称为ANSI SQL。尽管不同的关系数据库使用的SQL版本有一些差异，但大多数都遵循ANSI SQL标准。例如，SQL Server使用ANSI SQL-92的扩展集，称为T-SQL，其遵循ANSI制定的SQL-92标准。

18.3　顶级学术会议

数据管理系统是一门既注重理论创新又依赖工业实践的学科，其涉及的领域不仅仅是关系数据库，大数据管理系统、分布式系统、机器学习、操作系统、信息检索等都与数据管理系统有交叉。从学术角度看，高质量的研究成果往往会发表在顶级学术会议上，但是"学术品味"又因人而异，不可避免地带有主观因素。

顶级学术会议：数据库三大顶级学术会议为SIGMOD、VLDB、ICDE，数据库的理论会议PODS，实际相关的还有KDD、国际机器学习大会（International Conference on Machine Learning，ICML）和信息检索SIGIR等。主流学术会议：包括EDBT、ICDT、CIKM、SDM、ICDM、PKDD等，还有欧洲的机器学习会议ECML。下面我主要介绍顶级学术会议的一些情况，纯属个人见解。

- ❑ SIGMOD：数据库的最高会议，涉及范围广泛，和其他数据库顶级会议相比偏理论，但是如果和PODS相比的话，就偏应用。该会议不仅有双盲审（Double-blind Review），而且有反驳程序（Rebuttal Procedure），可谓独树一帜，与众不同。

- ❑ VLDB：非常好的数据库会议，与SIGMOD类似，涉及范围广泛，稍偏应用。从论文的质量来说，SIGMOD和VLDB难分伯仲，它们涉及的范围也几乎一样。一般来说，大家还是认为SIGMOD要好那么一点点。我读过一些论文后，也有这样的感觉，可能是因为SIGMOD上的论文算法和理论比VLDB要多一些。

- ❑ ICDE：很好的数据库会议，覆盖面广，包容性强，但也有人质疑论文水平参差不齐。ICDE是电气电子工程师学会（Institute of Electrical and Electronics Engineers，IEEE）的数据库会议，IEEE的会议一般比ACM对应会议差一些，ICDE也不例外。一般被认为明显比SIGMOD和VLDB差一个档次，但又明显比其他的数据库会议高一个档次。

- ❑ PODS：数据库理论的最好会议，每年总是与SIGMOD一起召开。它的影响力远不及SIGMOD，然而其中论文的质量都比较高。有一位"牛人"曾说："PODS never had a really bad paper"，这是它值得骄傲的地方。

- ❑ KDD：数据挖掘的最高会议，由于历史积累不足以及领域圈子较小，KDD目前和SIGMOD相比尚有所不如。这几年来KDD的质量都很高，其长文的质量高于SIGMOD和VLDB中数据挖掘方面的论文质量。原因是SIGMOD和VLDB审稿人中数据挖掘专业的人很少，审稿标准不一定能掌握得很好。

- ❑ ICML：由国际机器学习协会（International Machine Learning Society，IMLS）支持，始于 1980 年，此后每年夏季举行，2014 年举办地在北京。ICML会接收到各路机器学习大牛的投稿，录用率只有 20%左右。

- ❑ SIGIR：信息检索方面最好的会议，ACM主办，每年一次。这个会议的信息检索应该不算数据库分类，但是很多数据库交叉领域的论文又可以看作信息检索的论文。例如我自己，当时读研究生时，所在学院信息检索和数据管理都是强势学科，上了很多这两方面的课程，给人感觉这是两个圈子的人，做的东西又有很多类似之处。

作为分布式数据库，一些优秀的论文除了会发表在数据库的相关会议上，也会发表在分布式、网络、操作系统等会议上，如SOSP、OSDI、FAST、NSDI等。系统的内容十分广泛，包括操作系统、体系结构、网络协议等。在Citeseer排名中，最好的会议是OSDI，这是一个收录范围相当广的会议。提到OSDI，就不得不提到另一个会议SOSP。这两个是操作系统最好的会议，每两年开一次，轮流开，如果今年开的是OSDI，那么明年开的就是SOSP。由于这两个会议方向很广，因此影响很大。OSDI全称叫作USENIX Conference on Operating Systems Design and Implementation，但实际上所覆盖的领域已经远远超过操作系统。OSDI是系统领域和SOSP并驾齐驱的顶级会议之一，大家熟悉的MapReduce、Bigtable、Chubby、Spanner、DryadLINQ、KLEE、Ceph、TensorFlow等，都发表在OSDI。所以对于想深入系统领域的同学，OSDI的论文是必读的。除此之外，在操作系统方向还有一些方向比较专一，但是水平很高的会议，如FAST就是文件与存储系统领域（File and Storage System）最好的会议。NSDI偏重网络系统设计与实现（Networked System Design and Implementation），虽然2004年才第一次举办会议，但是作为资方，USENIX号称要把NSDI办成网络协议最好的系统类会议。

随着数据管理系统研究的范围越来越广泛，除了数据库和分布式领域，在系统结构方面的顶级会议上，也涌现出一批关于数据管理系统的相关论文，如ISCA、HPCA、MICRO、ASPLOS等顶级学术会议上。如在ISCA 2016 上Dynamo论文研究了数据中心范围内的供电管理系统[5]，这是作为数据管理系统的基石的数据中心的研究，也是非常基础、非常关键的研究。ASPLOS则是操作系统、体系结构、编程语言3个领域交叉的最好会议，而近年来貌似被体系结构霸占。

近几年，越来越多工业界的公司在系统领域的会议中发表论文，包括Google、Facebook、Amazon等，它们将学术界提出的想法落实到生产环境中，进行验证并改良，同时提出新的问题。Google的"三驾马车"以及后续的论文，不但引领了整个大数据行业的发展，也引起了学术界的兴趣，纷纷进行后续的研究。学术界与工业界正在发生很好的化学反应。

与国外相比，国内系统领域的实力无论是在学术界还是工业界上，还是有一定差距的。这主要是由于系统领域更需要经验积累，工作周期也更长。一个系统从构思到实现，通常需要3年以上的时间，中间也需要大量的工作。但我们也看到，国内的高校，包括清华大学、上海交通大学、国防科技大学等，也包括像阿里巴巴、华为这样的公司，都在努力追赶，也已经取得了不错的成果。

18.4　设计范式

在设计、操作和维护数据库时，最关键的问题就是要确保数据能够正确地分布到数据库的表中。使用正确的数据结构，不仅有助于对数据库进行相应的存取操作，还有助于极大地简化应用程序中的其他内容（查询、报表、代码等），按照数据库规范化对表进行设计，其目的就是减少数据库中的数据冗余，以增加数据的一致性。

范式是在识别数据库中的数据元素、关系以及定义所需的表和各表中的项目这些初始工作之后的一个细化的过程。如图18-3所示，常见的范式有第一范式（First Normal Form，1NF）、第二范式（Second Normal Form，2NF）、第三范式（Third Normal Form，3NF）、BC范式（BC Normal Form，BCNF）以及第四范式（Fourth Normal Form，4NF）。下面对这几种常见的范式进行简要分析。

过程	影响
1NF → 2NF	消除非主属性对码的部分函数依赖
2NF → 3NF	消除非主属性对码的传递函数依赖
3NF → BCNF	消除主属性对码的部分函数依赖和传递函数依赖
BCNF → 4NF	消除非平凡且非函数的多值依赖
4NF → 5NF	消除连接依赖

图18-3　范式关系

1. 第一范式

第一范式是指数据库表中的每一列都是不可分割的基本数据项，同一列中不能有多个值，即实体中的某个属性不能有多个值或者不能有重复的属性。如果出现重复的属性，就可能需要定义一个新的实体，新的实体由重复的属性构成，新实体与原实体之间为一对多的关系。第一范式的模式要求属性值不可再分裂成更小的部分，即属性项不能是属性组合或由一组属性构成。

简而言之，第一范式就是无重复的列。例如，由"职工号""姓名""电话号码"组成的表（一个人可能有一部办公电话和一部移动电话），这时将其规范化为第一范式可以将电话号码分为"办公电话"和"移动电话"两个属性，即职工(职工号,姓名,办公电话,移动电话)。

2．第二范式

第二范式是在第一范式的基础上建立起来的，即满足第二范式必须先满足第一范式。第二范式要求数据库表中的每个实例或行必须可以被唯一地区分。为实现区分通常需要为表加上一个列，以存储各个实例的唯一标识。如果关系模型R为第一范式，并且R中的每一个非主属性完全函数依赖于R的某个候选键，则称R为第二范式（如果A是关系模式R的候选键的一个属性，则称A是R的主属性，否则称A是R的非主属性）。

例如，在选课关系表(学号,课程号,成绩,学分)中，关键字为组合关键字(学号,课程号)，但由于非主属性学分仅依赖于课程号，对关键字(学号,课程号)只是部分依赖，而不是完全依赖，因此这种方式会导致数据冗余以及更新异常等问题，解决办法是将其分为两个关系模式：学生表(学号,课程号,分数)和课程表(课程号,学分)。新关系通过学生表中的外关键字课程号联系，在需要时进行连接。

3．第三范式

如果关系模型R是第二范式，且每个非主属性都不传递依赖于R的候选键，则称R是第三范式的模式。

以学生表(学号,姓名,课程号,成绩)为例，其中学生姓名不重复，该表有两个候选码，学号和姓名，故存在函数依赖：学号→姓名，(学号,课程号)→成绩。唯一的非主属性成绩对候选码不存在部分依赖，也不存在传递依赖，所以属性属于第三范式。

4．BC范式

它构建在第三范式的基础上，如果关系模型R是第一范式，且每个属性都不传递依赖于R的候选键，那么称R为BC范式。

假设仓库管理关系表(仓库号,存储物品号,管理员号,数量)，满足一个管理员只在一个仓库工作，一个仓库可以存储多种物品，则存在如下关系：

(仓库号,存储物品号)→(管理员号,数量)；

(管理员号,存储物品号)→(仓库号,数量)。

所以，(仓库号,存储物品号)和(管理员号,存储物品号)都是仓库管理关系表的候选码，表中唯一非关键字段为数量，它是符合第三范式的。但是，由于存在如下决定关系：

(仓库号)→(管理员号)；

(管理员号)→(仓库号)。

即其存在关键字段决定关键字段的情况，因此其不符合BC范式。把仓库管理关系表分解为两个关系表——仓库管理表(仓库号,管理员号)和仓库表(仓库号,存储物品号,数量)，这样这个数据库表是符合BC范式的，并消除了删除异常、插入异常和更新异常。

5．第四范式

设R是一个关系模型，D是R上的多值依赖集合。如果D中存在多值依赖X→Y，X必是R的超键，那么称R是第四范式。

例如，在职工表(职工编号,职工孩子姓名,职工选修课程)中，同一个职工可能会有多个职工孩子姓名，同样，同一个职工也可能会有多个职工选修课程，即这里存在着多值事实，不符合第四范式。如果要符合第四范式，只需要将上表分为两个表，使它们只有一个多值事实，如职工表一(职工编号,职工孩子姓名)，职工表二(职工编号,职工选修课程)，两个表都只有一个多值事实，所以符合第四范式。

范式是人们根据已有的经验和理论总结出来的规范，有助于开发者实现更好的SQL编程。这是关系数据库黄金时代的产物，需要经验丰富的DBA根据上层业务对数据库进行设计。但是现在各种数据管理系统遍地开花，大家对范式也不再重视，范式也渐渐淡出应用。

18.5　流行趋势

如何判断一个数据库的流行程度呢？国际上比较有名的是DB-Engines排行榜[6]，它从如下几个参考维度出发对当前数据库的流行程度进行排名。一是数据库系统在网络上被提及的次数，主要是指数据库名在Google、Bing和Yandex等搜索引擎上搜索到的数目。二是对该数据库的感兴趣程度，在此维度上，主要指在Google Trends中被查询的频次。三是专业技术讨论中提到该数据库的次数，数据源于在知名开发者社区Stack Overflow和DBA Stack Exchange中被提问以及使用的次数。四是各类招聘描述中提及该数据库的次数，数据主要源于主流招聘网站Indeed和Simply Hired。五是专业网站中使用的频率，主要数据源于全球职场社交平台LinkedIn及Upwork。六是社交平台的相关度，主要统计该数据库在Twitter中提到的次数。

DB-Engines将以上数据标准化、平均化后统计各数据库的价值。一般来讲某数据库A综合受欢迎程度是另外一个数据库B的两倍则意味着某个单一指标平均后A数据库指标也是B数据库的两倍。DB-Engines排名并不代表数据库的安装数量，或者使用量。但某数据库越来越受欢迎则代表其在一定时间范围内被更加广泛地使用，因此DB-Engines排名可以作为早期指标来使用。同样，参考这个机制，国内有"墨天轮"，作为国产数据库的风向标。

如图18-4所示，通过墨天轮数据库排名来了解国产数据库的流行程度，2020年3月国产数据库热度在TOP5的产品依次是TiDB、DM、OceanBase、GaussDB和PolarDB。从热度曲线来看，2020年至今始终排列第一的产品是TiDB，而OceanBase登顶TPC-C（2019年10月）后的2个月热度剧增，目前处于国产第三的位置。

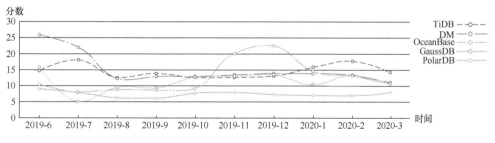

图18-4　国产数据库热度

对于国产数据库，除了大家耳熟能详的OceanBase、TiDB、GaussDB等产品（见图18-5），很多针对特定数据管理功能的商业产品，在实践中也被广泛应用。此外，CMU的Andy Palvo教授团队维护了Database of Databases的网站[7]，对世界范围内的数据库有详细的介绍。

	产品名称	产品类别	厂商
1	AISWare AntDB	开源分布式数据库	亚信科技控股有限公司
2	AliSQL	开源云数据库RDS	阿里云计算有限公司
3	ArkDB	分布式关系数据库	北京极数云舟科技有限公司
4	BC-RDB Hybrid	数据仓库	中移（苏州）软件技术有限公司
5	Cedar	开源分布式数据库	华东师范大学数据科学与工程学院
6	Claims	开源分布式内存数据库	华东师范大学数据科学与工程学院
7	CloudTable	时序数据库	华为技术有限公司
8	CTSDB	时序数据库	腾讯云计算（北京）有限责任公司
9	CynosDB	分布式云数据库	腾讯云计算（北京）有限责任公司
10	DM	分布式数据库	武汉达梦数据库有限公司
11	DolphinDB	分布式时序数据库	浙江智臾科技有限公司
12	DragonBase	分布式云原生数据库	北京金山云网络技术有限公司
13	DThink ADB	分析型数据库	杭州数梦工场科技有限公司
14	EsgynDB	分布式关系数据库	贵州易鲸捷信息技术有限公司
15	GaussDB	AI-Native分布式数据库	华为技术有限公司
16	GBase	分布式数据库	天津南大通用数据技术股份有限公司
17	GeminiDB	分布式多模NoSQL 数据库	华为技术有限公司
18	GoldenDB	分布式数据库	中兴通讯股份有限公司
19	Goldilocks	分布式内存数据库	北京科蓝软件系统股份有限公司
20	GreatDB	开源分布式关系数据库	创意信息技术股份有限公司
21	Gridsum ZETA PDW	并行数据仓库系统	北京国双科技有限公司
22	Haisql_memcache	Key-Value内存数据库	乌鲁木齐云山云海信息技术有限责任公司
23	HashData	数据仓库	北京酷克数据科技有限公司
24	HighGo DB	关系数据库	瀚高基础软件股份有限公司
25	HotDB Server	分布式关系数据库	上海热璞网络科技有限公司
26	HUABASE	列存储关系数据库系统	清华大学信息技术研究院
27	Huayisoft DB Server	对象化关系数据库管理系统	九江易龙技术有限公司
28	iBASE	非结构化数据库	北京国信贝斯软件有限公司
29	K-DB	关系数据库管理系统	浪潮集团有限公司
30	KingbaseES	关系数据库管理系统	北京人大金仓信息技术有限公司
31	KingDB	分布式云原生数据库	北京金山云网络技术有限公司
32	Kingwow	分布式关系数据库	上海丛云信息科技有限公司
33	KunDB	分布式交易数据库	星环信息科技（上海）有限公司
34	MegaWise	分析型数据库	上海颐睿信息科技有限公司
35	OceanBase	分布式关系数据库	蚂蚁金服、阿里巴巴集团
36	OpenBASE	关系数据库	东软集团有限公司
37	OSCAR	关系数据库	天津神舟通用数据技术有限公司
38	Oushu	数据仓库	北京偶数科技有限公司
39	Palo	开源数据仓库	北京百度网讯科技有限公司
40	POLARDB	关系型分布式云原生数据库	阿里云计算有限公司
41	RadonDB	分布式关系数据库	北京青云科技股份有限公司
42	SequoiaDB	关系型分布式数据库	广州巨杉软件开发有限公司
43	SinoDB	关系数据库	福建星瑞格软件有限公司
44	SkyTSDB	时序数据库	南京天数智芯科技有限公司
45	TafDB	分布式事务数据库	北京百度网讯科技有限公司
46	TBase	开源分布式数据库	腾讯云计算（北京）有限责任公司
47	Tdengine	时序数据库	北京涛思数据科技有限公司
48	TDSQL	分布式数据库	腾讯云计算（北京）有限责任公司
49	TeleDB	分布式数据库	中国电信
50	TiDB	开源分布式关系数据库	北京平凯星辰科技发展有限公司
51	Transwarp ArgoDB	分布式闪存数据库	星环信息科技（上海）有限公司
52	TrendDB	时序数据库	朗坤智慧科技股份有限公司
53	UXDB	分布式关系数据库	北京优炫软件股份有限公司
54	X-DB	分布式关系数据库	阿里巴巴集团
55	阿里云TSDB	时序数据库	阿里云计算有限公司
56	百度云TSDB	时序数据库	北京百度网讯科技有限公司
57	天河大数据并行数据库T1	大数据并行数据库	南威软件股份有限公司
58	云树	分布式数据库	上海爱可生信息技术股份有限公司

图 18-5　国产数据库清单

18.6 研究机构

国内做数据库的高校，首推中国人民大学，毕竟该校的萨师煊、王珊等教授是国内最开始研究这个方向的学者。虽然中国人民大学目前在数据库领域不一定是最强的，但基础很扎实。此外，清华大学和北京大学也不弱，北京大学的唐杰教授、清华大学的李国良教授等年轻学者在国际上也非常有声望。哈尔滨工业大学的李建中教授，华东师范大学的周傲英教授等在数据库领域背景很好。不过，仔细观察会发现，国内做的数据库很多和数据挖掘有联系，而且偏重系统的不多，更多的是重理论和技术。以下为国内高校大数据领域的代表性人物。

- 清华大学：李国良、周立柱、王建勇。
- 北京大学：崔斌、杨冬青。
- 复旦大学：王晓阳、周水庚、张彦春。
- 浙江大学：陈刚、寿黎但、孙建伶、高云君。
- 中国科技大学：谢希科、金培权。
- 哈尔滨工业大学：李建中。
- 中国人民大学：杜小勇、孟小峰、王珊、文继荣。
- 北京航空航天大学：童咏昕。
- 北京理工大学：王国仁。
- 华东师范大学：周傲英、周煊。
- 四川大学：唐常杰。
- 电子科技大学：张东祥、郑凯、申恒涛。
- 东北大学：于戈、申德荣、杨晓春。
- 西安电子科技大学：黄健斌、李辉。
- 苏州大学：李直旭、许佳捷、刘冠峰、赵朋朋。

在国外的大学里，威斯康星大学麦迪逊分校属于老牌强校，但是近些年在顶尖高校里排名并不风光。美国的四大工科系统强校——CMU、MIT、UCB、Standford，UCB有大数据的Spark，MIT有图灵奖获得者Stonebraker（当然之前是在UCB），CMU个人比较推崇年轻的Andy Palvo，Stanford有Hector和Widom，不过感觉Standford更有名的是搜索引擎，可以从实验室的名字InfoLab略知一二，而且出了Google这个伟大的企业。感兴趣的读者可以阅读Andy的博客文章 "An Updated Guide on Where to Apply for a PhD in Databases in the US (2018)"，其中详细介绍了美国做数据库的高校机构。此外，CMU在YouTube上免费公开了其数据库的课程，质量非常高。以下列举一些在数据管理系统各个领域做得不错的美国高校，供大家参考。

- 数据清理：哥伦比亚大学、伊利诺伊大学厄巴纳-香槟分校、麻省理工学院、威斯康星大学麦迪逊分校。
- 并发控制：芝加哥大学、卡内基梅隆大学、马里兰大学、威斯康星大学麦迪逊分校。
- 分布式数据库：马里兰大学、加利福尼亚大学伯克利分校、加利福尼亚大学圣克鲁斯分校。
- 硬件加速：哥伦比亚大学、俄亥俄大学、加利福尼亚大学圣地亚哥分校。

- 机器学习：卡内基梅隆大学、麻省理工学院、加利福尼亚大学伯克利分校、加利福尼亚大学圣地亚哥分校、华盛顿大学、威斯康星大学麦迪逊分校。
- 查询优化：芝加哥大学、卡内基梅隆大学、华盛顿大学。
- 安全：美国西北大学。
- 系统内核：加利福尼亚大学伯克利分校、卡内基梅隆大学、哈佛大学、马里兰大学、俄亥俄大学、普林斯顿大学、华盛顿大学、威斯康星大学麦迪逊分校。
- 可视化与交互：哥伦比亚大学、俄亥俄大学、伊利诺伊大学厄巴纳-香槟分校。

当然剑桥大学CamSaS实验室做系统非常好，苏黎世联邦理工学院（ETH Zurish）也有很好的数据库组，德国的达姆施塔特工业大学（Technical University of Darmstadt）的Carsten Binnig教授这几年做得也不错，澳大利亚和新加坡也有一些，加拿大主要是滑铁卢（University of Waterloo）和多伦多大学（University of Toronto）两所高校。本人的工作方向和这些比较相关，而且有些有工作和学术上的交流，所以比较了解。其他没介绍到的高校、实验室或研究人员，主要是个人涉猎有限，并不是他们在数据库领域不够权威。

18.7　小结

在数据管理系统发展的几十年间，逐渐形成了一些标准和规范。这些标准和规范，就像一把双刃剑，促进了数据管理系统的发展，也限制了数据管理系统的进步。

18.8　参考资料

[1] TPC-Homepage官方网站。
[2] Raghunath Nambiar等人于 2012 年发表的论文 "Transaction Processing Performance Council: State of the Council 2012"。
[3] Michael J. Carey于 2012 年发表的论文 "BDMS Performance Evaluation: Practices, Pitfalls, and Possibilities"。
[4] Raghunath Nambiar等人于 2016 年发表的论文 "Reinventing the TPC: From Traditional to Big Data to Internet of Things"。
[5] Qiang Wu等人于 2016 年发表的论文 "Dynamo: Facebook's Data Center-Wide Power Management System"。
[6] DB-Engines官方网站。
[7] Database of Databases官方网站。

附录

A. 工业与学术

数据管理系统最早用于解决工业界产生的问题，因此有了Charles Bechman这样没有博士学位的工程人员的数据库领域的图灵奖得主。然而后续的图灵奖得主EF Codd恰恰相反，从数据角度提出了可证明的关系模型数据库。由此可见，数据库不仅是工程技术问题，也是科学研究问题。最为典型的就是Stonebraker，他游走在工业界和学术界。围绕着"One Size Fits All or Not"这个主题，学术界和工业界在关键系统和技术上不断发展，两者相辅相成，共同促进。

学术到工业比较经典的例子就是Spark。我们先看下Spark的发展历程。以时间为角度，看下早期几个重要的事件。

2009 年，Spark在UCB的AMPLab诞生。

2010 年，Spark开源。

2013 年，Spark捐献给Apache基金会。

2014 年 2 月，Spark孵化成功，成为Apache顶级项目，开始得到大量使用。

2014 年 11 月，Spark的创始人成立商业公司Databricks，提供以Spark为核心的商业服务。同年，Spark打破了由Hadoop MapReduce保持的Daytona GraySort 100TB数据排序记录。

Spark从学校诞生，后来通过开源应用到各产业公司，同时自己也成立了Databricks公司。类似的例子还有Flink，其发展历程与Spark如出一辙。以下是Flink的发展历程。

2010 年，Stratosphere项目启动，这个项目受德国研究基金（German Research Foundation）资助，由柏林工业大学（Technical University of Berlin）、柏林洪堡大学（Humboldt University of Berlin）和哈索·普拉特纳研究所（Hasso Plattner Institute）联合推进。

2014 年 3 月，Stratosphere进入Apache Incubator孵化器孵化并改名为Flink，同年孵化成功，成

为Apache顶级项目，开始得到广泛关注和应用。

2014年，Flink的创始人成立了公司Data Artisans，提供基于Flink的商业服务。

2015年，阿里巴巴开始调研Flink，逐渐开始将其应用在业务中，并做了大量的改进，形成了自己的内部分支，甚至取了个名字叫Blink。

2019年1月，阿里巴巴收购Data Artisans（已更名为Ververica），并开始推进Blink向Flink主分支的合并。

Spark和Flink走的都是从学术到工业，从开源到商业之路。学术界向来是偏向理论研究的，尤其各大高校的博士和各种实验室研究人员，经常是解决前沿难题的主力。解决一个难题带来的成就感是很难替代的。这种成就感，他们是不缺的。但如果自己的成果能在工业界产生巨大的经济价值和社会价值，那种成就感会被无限放大。这也就促使学术界越来越关注工业界，和工业界一起站在了解决实际技术难题的前线。

那为什么总是大公司、大机构或者世界名校在引领这些项目呢？Hadoop从Google公开的论文演化而来，在Yahoo大放异彩；Yahoo默默退去，Facebook又扛起了大旗，Hive就是Facebook研发出来的。AMPLab除了推出了Spark，还围绕Spark孵化了Alluxio、Mesos等"明星"项目，每一个都可以说是"光芒万丈"。最后项目开源出来，也很自然地进入了Apache基金会这样的非营利机构，来组织和协调社区资源，推动项目发展。而工业界其他的公司和学术界的其他学校、机构，更多是跟进和受益的角色。这很正常，就像我们常说的，历史的进程是不以个人意志为转移的，但英雄人物在其中的作用也是至关重要的。

大公司和名校，首先有足够的机会率先面对问题，也就有了足够的动力。同时他们的财力和名气又保证了他们有足够的能力去解决这些问题。对个人而言，如果你致力于去解决这些通用型的难题，而不是具体的应用问题，那就应该努力进入这些大公司或名校。对公司而言，如果你遇到了技术难题，又没有足够的财力和技术实力去解决，那到底是拥抱开源，还是选择商业付费，更大层面上就变成了成本上的考量了。

工业界和学术界的交流使得理论和实践有了很好的结合，对双方都起到了很好的促进作用。工业界现在也养成了发论文的学术习惯，而以往是以产品文档为主，或者是现有研发经验的总结。直接而强烈的成就感，以及可能的经济收益，也让学术界现在能吸引更多人才去做面向实际问题的研究。当然，基础理论的研究也依然重要。

B.　国产与国际

简单来说，国产数据库与国际数据库的发展就是"比学赶帮超"。10多年前，数据库的发展一直是欧美国家领先的，国内虽然很早开始做数据库的国产化自研工作，但是实际商用产品的占有率和学术研究领域的威望并不理想。从CMU整理的Database of Databases的统计信息（见图B-1）可以看出，美国的数据库数量和质量都具有一定优势。数据库的开发语言以Java和C/C++为主，Java的流行也得益于大数据管理系统的兴起（不少大数据管理系统都是基于Java开发的），C/C++虽然是高性能系统的首选，但是从大规模分布式数据管理系统来看，在整体的性能上，C/C++与Java优劣并无定论。

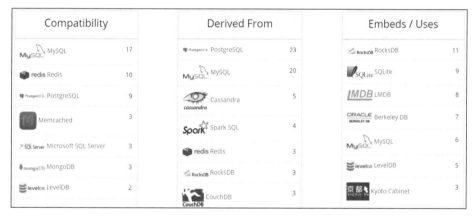

Leaderboards

Category Statistics

Country of Origin		License		Programming Lang.	
United States of America	369	Proprietary	186	Java	114
Germany	44	Apache v2	142	C++	101
United Kingdom	34	MIT	56	C	69
China	28	BSD	34	Go	40
Russia	21	GPL v2	33	C#	21
Canada	19	AGPL v3	23	Python	16
France	19	GPL v3	16	JavaScript	16

Compatibility		Derived From		Embeds / Uses	
MySQL	17	PostgreSQL	23	RocksDB	11
Redis	10	MySQL	20	SQLite	9
PostgreSQL	9	Cassandra	5	LMDB	8
Memcached	3	Spark SQL	4	Berkeley DB	7
Microsoft SQL Server	3	Redis	3	MySQL	6
MongoDB	3	RocksDB	3	LevelDB	5
LevelDB	2	CouchDB	3	Kyoto Cabinet	3

图B-1 数据库不同维度分类统计

　　云时代的到来使两股新势力迅速崛起，它们核心商业的成功，倒逼了技术能力的"井喷"，这两家公司分别是Google和Amazon。以Google Spanner为代表的各类NewSQL数据库迅速崛起。Amazon也推出了号称云数据库的AWS Aurora，吸引了一众爱好者。国内的很多厂商也不甘示弱，第一时间抓住了新时代的机遇。同时，反观这十几年，从自研数据库到去IOE，国产数据库也逐渐走向国际化，如PingCAP开源的非常流行的TiDB、华为主导的AI-native GaussDB、打破Oracle TPC-C垄断的OceanBase等。TiDB的国际化、GaussDB进入Gartner数据库魔力象限、OceanBase在国际登顶等事件，都是国产数据库走向国际化的路标。

　　同时，每年在数据库三大会议（SIGMOD、ICDE、VLDB）上发表论文的华人比例也越来越高，一些优秀的专业人士回到中国，发展国内数据库事业。抛开数据库领域，字节跳动的TikTok的国际化、小米手机的国际化、大疆无人机的国际化，我们国家正处于从追赶到引领的发展阶段。

　　一直以来，在我国科技产业的发展过程中，核心基础软件领域一直是一大短板。特别是在数据库市场，由于起步较晚，加上技术上也没有重大突破，因此国内核心基础软件很难获得市场和客户的信任，导致这个市场长期以来被国外厂商所垄断。不过，近年国产数据库的进步也是有目共睹的，尤其是国内移动互联网的迅猛发展，给很多国产新型数据库的应用创造了全球独一无二的场景，也因此被称为我国最容易实现弯道超车的一项技术。目前，在这个领域国内选手众多，不但有大厂加持的产品，也有开源"新贵"的亮眼之作。对于数据库成长阶段的发展来说，显然国内目前的环境不错，大数据存储、海量并发、高要求的金融体量等具备了让基础软件成长的沃土。自主可控从之前的"需要"提升到了"必要"的高度。数据时代，需要更好的基础软件能力，才能发挥更大的价值和作用。这种对基础软件和核心科技自主可控的需求，与日俱增，国产数据库的春天也随之到来了，当前比较知名的国产数据库如图B-2所示。

图B-2　知名国产数据库

C.　开放与封闭

　　Oracle在数据库市场一直独当一面，而近年来受到不小的打击。Amazon声称将完全抛弃Oralce数据库，采用AWS支撑自己所有的数据服务业务。开源与闭源一直是计算机软件领域的一个热门话题，也有各种不同的协议。同样，在数据库领域，传统的关系数据库厂商（如Oracle等）的数据库软件大都是闭源的，而自大数据之后，不仅大数据管理系统开源，很多新兴的数据库系统也逐渐开源。

　　从利弊的角度看这个问题的话，闭源技术保密程度更高，更能保持自己技术领先的地位；开源的话，更容易形成生态，从而对以往的厂商造成市场份额的侵占。同时，各种开源许可也纷繁复杂，选择合适的开源策略（见图C-1），也是产品形成长久生态和商业发展的关键考量。

　　通用公共许可证（General Public License，GPL）：GPL是最受欢迎的开源许可证之一。它有好几个版本，但对于新项目，可以考虑使用最新版GPL。GPL支持强大的版权保护，可能是最具保护性的免费软件许可证。其背后的核心理念就是任何衍生作品都必须在GPL下发布。GPL具有以下特点：版权约束很强；项目作品适合商业用途；被许可方可以修改项目；被许可方必须将源代码与衍生作品一起发布；衍生作品必须以相同的条款发布。GPL是自由软件基金会项目的指定许可证，包括Linux系统核心的各种GNU工具在内的很多项目都采用了GPL开源协议。大型项目，尤其是商业项目往往将GPL与其他许可证（一个或多个）结合使用。

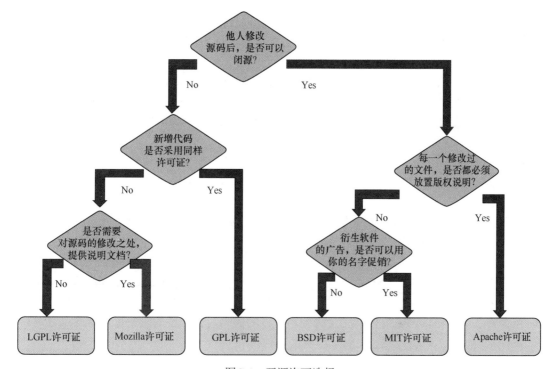

图C-1　开源许可选择

　　宽通用公共许可证（Lesser General Public License，LGPL）：GPL从某种意义上讲是非常严格的，它强制任何衍生作品在相同条款下以开源方式发布。库是大型软件的构建模块，程序库应当尤为关注GPL的要求：在GPL协议下发布库，将强制使用该库的任何应用程序也在GPL协议下发布。LGPL则可以解决这个问题。对于程序库，自由软件基金会（Free Software Foundation，FSF）区分了3种情况。一是你的库执行了非自由标准竞争的标准。在这种情况下，广泛采用你的库将有助于自由软件的发展。对于这种情况，FSF建议使用非常宽松的Apache许可证。二是你的库执行了其他库已执行的标准。在这种情况下，完全放弃版权对于自由软件的发展没有任何好处，所以FSF推荐使用LGPL。三是如果你的库不与其他库或其他标准竞争，FSF建议使用GPL。当然，FSF的建议大多是从道德角度做出的考虑，而在实际情况中，开发者还会有其他方面的顾虑，特别是很多时候想根据许可项目开展商业业务，此时将商业许可证考虑在内是可行的选择。总的来看，LGPL具有以下特点：版权约束较弱；受限于动态关联的程序库；项目作品适合商业用途；被许可方可以修改项目；被许可方必须将源代码与衍生作品一起开源发布。如果你修改了项目，则必须以相同的条款发布修改后的作品。如果你使用项目作品，无须以相同的条款发布衍生作品。

Apache License 2.0（ASL）：ASL出现后，我们逐步进入宽松的"免费许可证时代"。在某些情况下，甚至FSF都建议使用Apache许可证。Apache许可证相当宽松，因为它不需要在相同的条款下发布任何衍生作品。换句话说，这是一个非版权许可证。ASL是Apache软件基金会项目使用的唯一许可证。普遍认为ASL对商业友好，ASL已在该组织之外得到大量应用，在ASL下发布企业级项目并不稀奇。Apache许可证具有以下特点：非版权项目作品适合商业用途；被许可方可以修改项目；被许可方必须提供引用说明；被许可方可以根据不同条款重新分配衍生作品；被许可方不必将其衍生作品和源代码一起发布。

MIT许可证：MIT是和BSD一样宽泛的许可协议，源自MIT，又称X11协议。作者只想保留版权，而无任何其他限制。MIT与BSD类似，但是比BSD协议更加宽松，是目前限制最少的协议。这个协议唯一的条件就是在修改后的代码或者发行包中包含原作者的许可信息，适用于商业软件。使用MIT的软件项目有jQuery、Node.js等。

BSD许可证：BSD是一个给了使用者很大自由的协议。使用者可以自由地使用、修改源代码，也可以将修改后的代码作为开源或者专有软件再发布。当你发布使用了BSD协议的代码，或者以BSD协议代码为基础二次开发自己的产品时，需要满足3个条件：一是如果在发布的产品中包含源代码，则源代码中必须带有原来代码中的BSD协议；二是如果再发布的只是二进制类库或软件，则需要在类库或软件的文档和版权声明中包含原来代码中的BSD协议；三是不可以用开源代码的作者或机构名字和原来产品的名字做市场推广。BSD协议鼓励代码共享，但需要尊重代码作者的著作权。BSD由于允许使用者修改和重新发布代码，也允许使用或在BSD代码上开发商业软件并发布和销售，因此是对商业集成很友好的协议。很多企业在选用开源产品的时候都首选BSD协议，因为可以完全控制第三方的代码，在必要的时候可以修改或者进行二次开发。

图C-2展示了各个开源许可之间的对比结果。

许可证	版本	包含许可证	包含源代码	链接	状态变化	商业使用	散布	修改	专利授权	私人使用	授权转售	无担保责任	没有商标
Apache许可证	2.0	是			是	是	是	是	是	是	是	是	是
3句版BSD许可证		是				是	是	是		是	是	是	
2句版BSD许可证		是				是	是	是		是	是	是	
GNU通用公共许可证	2.0	是	是		是	是	是	是	是	是	否	是	
GNU通用公共许可证	3.0	是	是		是	是	是	是	是	是	是	是	
GNU宽通用公共许可证	2.1	是	是	是		是	是	是		是	是	是	
GNU宽通用公共许可证	3.0	是	是	是		是	是	是		是	是	是	
MIT许可证		是				是	是	是		是	是	是	
Mozilla公共许可证	2.0	是	是			是	是	是	是	是	是	是	是
Eclipse公共许可证	1.0	是	是			是	是	是	是	是	是	是	
Affero通用公共许可证		是	是		是	是	是	是	是	是	是	是	
一般的著作权 [note 1]		是				是	否	否		是	否		

图C-2　各个开源许可对比

在国内的科技公司中，阿里巴巴集团是开源文化做得比较好的[1]。2010年夏天，阿里巴巴工程师在杭州开源了第一个项目。10年之后，阿里巴巴的开源项目数已超过1000，覆盖大数据、云原生、AI、数据库、中间件、硬件等多个领域，全世界有 70 多万工程师为阿里巴巴"点亮" GitHub Star，成千上万的人参与到项目中。

社区是开源协作精神与创新的摇篮，阿里巴巴一直坚持与社区共建开源。2019 年"双十一"，核心系统 100%上云，Apache Flink 突破了实时计算消息处理峰值每秒 25 亿条的记录，技术架构愈加成熟，越来越多的企业使用 Apache Flink 建设新一代的大数据流处理平台。

过去的 10 年里，阿里巴巴也是与社区合作最为紧密的中国公司之一，受邀成为 10 多个国内外开源基金会成员，积极贡献开源：不仅是 Java 全球管理组织 JCP 最高执行委员会的中国代表，也是 Linux、RISC-V、Hyperledger、MariaDB、OCI 等多个基金会的重要成员。

除阿里巴巴之外，腾讯的 TBase 和华为的 openGauss 也都开源了自己的数据库系统，TiDB 更是原生开源，打造开源生态，同时也不得不考虑知识产权方面的问题。GitHub 2019 年度报告显示，在全球 4000 万用户中，中国贡献者数目已升至第二。开源已成为中国技术一张亮眼的国际名片，在这些成就的背后，离不开每一个开发者的耕耘和创造。他们通过代码这一最直接的语言，通过开源这一最简单的方式，寻找着技术路上的下一个突破点，寻找着技术能为社会创造的更多价值。

作为开源与闭源的典型，让我们看下 Hadoop 的发展历程。我们以时间为主线，梳理下重要事件。

2003 年 10 月，Google 发表论文"The Google File System"。

2004 年年初，Doug Cutting 领导的 Apache Nutch 项目为了满足自身需求，开始参考 Google 的 GFS 论文开发 NDFS。

2004 年 10 月，Google 发表论文"MapReduce: Simplified Data Processing on Large Clusters"。

2004 年年底，Apache Nutch 项目开始基于 Google 的 MapReduce 论文实现自己的 MapReduce 框架。

2006 年 1 月，身在 Yahoo 的 Doug Cutting 把 NDFS 和 MapReduce 从 Apache Nutch 中剥离出来成为独立的项目，并命名为 Hadoop。

2007 年，Yahoo 在生产环境中部署了超过 1000 个节点的 Hadoop 集群。

2008 年，Hadoop 成为 Apache 顶级项目，开始得到广泛应用。Cloudera 成立，致力于提供基于 Hadoop 的商业服务，推出了自己的 Hadoop 发行版 CDH。

2009 年，MapR 成立，致力于提供基于 Hadoop 的商业服务。

2011 年，Hortonworks 成立，致力于提供基于 Hadoop 的商业服务，推出了自己的 Hadoop 发行版 HDP。

2018 年 10 月，Cloudera 收购 Hortonworks。

2019 年，MapR 宣布如果无法获得投资，将被迫停止营业。

可以看到，Hadoop 早期脱胎于 Google 公开的两篇论文，然后被一个技术"大牛"抽象出来，接着在另一家大公司 Yahoo 得到广泛应用，经过大量生产检验后，开始传播开来。Hadoop 走的是"工业界回馈开源界，开源界再反哺工业界"的路线。

既然已经把自己的作品开源了，为什么又要成立商业公司呢？而且代码都已经开源，商业化又如何运作？既然其他公司都能用自己的作品盈利，为什么 Hadoop 不能呢？因为其他商业公司有自己可盈利的业务，开源软件只是解决了阻碍它们继续盈利的技术问题而已。而以开源软件本身为核心的商业化又该怎么实现，盈利的业务模式是什么呢？

我们可以从两个角度看这个问题，一个是技术，另一个是服务。从技术的角度看，这类商业公司要么是由开源软件的创始人创立的，要么就招揽了很多项目的Commiter和PMC，保证了对核心技术的足够掌控力。这样一来，一个很好的发展思路就是推出自己的发行版，好的功能优先在自己的版本实现，发现问题也优先在自己的版本解决，例如Cloudera、Hortonworks都是这个思路。这样，就从技术的角度实现了差异化。从服务的角度看，这类商业公司往往会提供全套解决方案类的服务，如提供云平台支持、提供完整的机器学习套件等。Databricks走的就是这条路线，Cloudera也在往这个方向发展。另一方面，7×24小时响应的技术支持服务，也让企业客户能够放心地把自己的业务交给这些公司。这样就从服务的角度满足了客户的需求。然而，道理是没错，路却不好走。

Hortonworks被合并，MapR经营不济，也说明了这条路不好走。可能像Data Artisans被阿里巴巴收购已经算是好结果了。基于传统开源软件的商业公司（如Oracle、Red Hat等），早已经摸索出了成熟的商业模式。而在大数据背景下的开源软件，到底要怎样才能稳定地活下去，被商业公司收购后，又是否会对开源软件产生一些负面影响，让我们拭目以待吧。

开源版和商业化的选择成了相辅相成的关系。开源使广大群众都能够参与进来，促进了项目发展，大大扩展了项目的应用规模。只有这样，才可能有人愿意使用商业版。而商业化需要赚钱，就必须要和开源版本做差异化竞争，这就导致无论是功能、性能、稳定性等技术指标，还是定制性、响应性等服务指标，都把项目提升到了一个开源很难快速达到的水平。随后，无论是商业功能的主动开源，还是开源版本的自觉跟进，都反过来促进了开源版本的发展。

D. 资本与技术

技术人员往往比较看重技术的重要性，而在实践过程中，资本的力量也十分重要，尤其是在数据管理系统行业。图D-1展示了三代数据管理系统的发展过程。

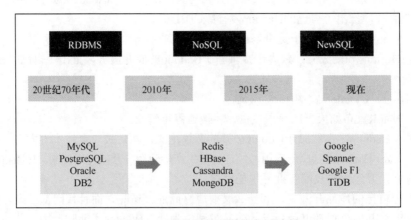

图D-1　三代数据管理系统发展过程

1961 年，美国通用电气公司研发的第一个数据库系统诞生。1976 年，Honeywell开发了第一个商用关系数据库系统——Multics Relational Data Store。1978 年，Larry Ellison开发了Oracle 1.0。后来整个传统数据库市场经过不断地并购重组和市场竞争，逐渐形成了Oracle、IBM和Microsoft三足鼎立的局面，其中又以Oracle的实力最为强大。

2000 年，随着互联网的发展，开源数据库软件开始兴起。MySQL、PostgreSQL等开源数据库满足了互联网企业对于海量数据、高并发处理的需求，也终结了关系数据库只能用传统商业数据库软件的神话。同时，以Hadoop和Spark为主的大数据生态系统逐渐走向成熟，各大互联网公司也开始拥抱NoSQL生态，构建自己的大数据处理系统框架。

2010 年，云计算的兴起为数据库市场带来了更大的变化。爆炸性增长的数据量、丰富的数据类型带来了各种不同的数据处理需求，NewSQL、NoSQL以及云数据库纷纷涌现，尤其是云数据库，以AWS Aurora和阿里云PolarDB为代表，向传统数据库发起了强力冲击，数据库市场格局正在悄然发生改变。

经过 50 多年的沉淀，国际数据库行业形成了 3 个不同的流派。第一，传统数据库。代表厂商是Oracle、IBM、Microsoft。大量企业级应用仍然运行在传统数据库上的势能，他们仍然在很多的大行业具有优势，比如金融、保险、能源等诸多企业级用户。第二，开源数据库。代表者是MySQL、PostgreSQL、MongoDB、MariaDB、基于Hadoop的HBase等。开源数据库作为传统数据库的有效替代，很多新科技公司和互联网公司在开源软件的基础上，多了新的选择。第三，云原生数据库。代表产品是AWS Aurora、阿里云的PolarDB等。云时代已经是业界的共识，那么云原生数据库，正是云时代的选择。

从国产数据库厂商的发展来看，从最初的源于高校，到现在基于大数据需求、互联网的发展、科技企业的广泛参与。除了"四大家族"——南大通用、武汉达梦、人大金仓、神舟通用以外，已经产生了几十个国产数据库品牌。国产数据库发展有两条路径：一条是完全自主研发，以达梦数据库、人大金仓为代表；另一条是引进数据库源代码，以神舟通用、南大通用、华胜天成、星瑞格等为代表。

据中研普华产业研究院数据显示（见图D-2），2015 年，中国数据库软件市场规模约为 83.44亿元，2020 年达到 200 亿元。在数据库管理系统市场，国外品牌市场地位稳固，国产品牌加速成长。我国的数据库管理系统市场仍以国外品牌为主导。Oracle在业内处于领先地位，其市场占有率远高于第二、第三位的IBM和Microsoft。在国产数据库方面，南大通用、武汉达梦、神舟通用、人大金仓是国内的典型企业。国际IT调研与咨询服务机构Gartner发布了"数据管理解决方案魔力象限"，阿里巴巴、华为、南大通用、神舟通用、达梦、人大金仓等公司进入魔力象限。

企业风险投资（Corporate Venture Capital，CVC）作为现代资本市场的重要一员，经过 20 多年的发展，其投资已颇具规模，为我国实体经济尤其是科技创新的发展注入了血液，也俨然成为我国私募股权市场中不可或缺的中坚力量。CVC是一种创新的投资组织形式，指的是企业通过设立专业的投资机构或战略投资部门对外进行直接投资。与传统私募股权/风险投资相比，CVC由于资金多源于母公司且投资主要围绕母公司战略发展目标而非单一追求财务回报，因此具备资金期限更长、风险容忍度更高以及可向被投资企业提供更多增值服务等优势。

图D-2   国产数据库市场规模

　　Google旗下有 3 个负责投资的版块，一是Google内部的战略投资部，二是Google资本（Google Capital），三是Google风投（Google Ventures）。在 2015 年Google架构调整中，Google资本与Google风投独立于Google之外，可独立融资，预示着一种新的风向。Google战略投资部执行战略投资的职能，而Google资本与Google风投执行风险投资的职能。三者不同程度上都可以获得Google资源的支持，Google也是Google资本和Google风投最大的有限合伙人。但同国内不同的是，Google资本与Google风投并不一定需要经过战略投资部核定等流程，自由度很高。

　　与欧美国家相比，我国CVC起步较晚，且处于发展的初期，纵观其发展轨迹可称之为"起步缓、后劲足"。1998 年，实达集团投资了成立仅半年的北京铭泰科技发展公司 1200 万元，普遍被业内视为我国第一个初具规模的CVC案例，这一年也被视为中国"CVC元年"。随后的很长一段时间里，受本土投资机构普遍活跃度较低等内外因素的影响，我国CVC一直处于不温不火的状态，直到 2010 年才迎来了发展的窗口期。

　　2010 年前后，我国互联网"头部"企业先后设立战略投资部门或投资子公司，以助力集团发展；与此同时，以联想集团、复兴集团、海尔集团等为代表的传统企业也加快了在行业内外投资的步伐。由于站在了中国互联网"金字塔"的顶峰，无数公司垂涎于BAT（百度、腾讯、阿里巴巴的简称）的各项资源，而BAT也乐于通过战略投资来强化他们新旧业务的布局。

- ❑ 腾讯在经历"3Q大战"后幡然悔悟，一改"所有产品自己做"的套路，推出规模达百亿的产业共赢基金，投资了一大波中小互联网企业。
- ❑ 阿里巴巴在成为电商及支付"巨头"之后，为了适应业务延展的需要，相继布局云计算、泛娱乐、传媒等一系列项目。
- ❑ 百度在经历PC时代投资都要占大股或者全资收购的阶段后，在移动互联网的大趋势中，也渐渐偏重占小股。
- ❑ 华为在 2006 年至 2016 年的 10 年间，以收购欧洲通信企业为主，从 2019 年开始，华为投资频率明显加快，2019 年 4 月，华为成立哈勃投资。

　　可以说，得到BAT等"头部"公司的战略投资，就相当于找到了一个稳定的靠山。在靠山的支持下，一些企业渐渐成为某一领域中的"巨头"。

作为数据管理系统的新星，PingCAP专注于新型分布式数据库的研发，是开源数据库TiDB背后的团队研发的，目标是打造新一代开源分布式NewSQL数据库，隶属于北京平凯星辰科技发展有限公司。PingCAP此前曾在 2015 年获得经纬中国的天使轮融资，2016 年获得云启资本领投的A轮融资，2017 年获得华创资本领投的B轮融资，2018 年获得复星、晨兴资本领投的C轮融资，2020年获得纪源、晨曦资本等领投的 2.7 亿美元（约 17.7 亿元）的D轮融资，成为目前为止新型分布式关系数据库领域的最高融资，创造全球数据库历史新的里程碑。

E.　个人与企业

数据领域的重要人物

数据库领域的"家谱"

图E-1 是数据库五代人的合影，从左到右依次是Michael Stonebraker、Michael J. Carey、Michael J. Franklin、Samuel Madden和Daniel Abadi，其中左边的人是右边的人的博士导师。这五代人接力影响着数据管理系统的发展，从Stonebraker的INGRES、Postgres、C-Store、H-Store、Tamr，Carey的AsterixDB，Franklin的Spark，Samuel的TinyDB、BlinkDB，到Daniel的HadoopDB，每一代人都有影响学术界的作品。

图E-1　五代数据库从业者合影

我第一次见Stonebraker是 2014 年在杭州举办的VLDB2014上，那是他刚刚拿到图灵奖，在会上报告他的数据库人生经历。后来我有幸在 2016 年加入Carey的项目组，参与AsterixDB以及BAD项目一年之久，收获颇多。后来在 2017 年的中国数据库技术大会DTCC上又有幸与Franklin合影。

五代数据库研究者，最厉害的还是Stonebraker，在数据库实践领域做出了很多影响力很大的研究项目。有一本书*Making Databases Work: The Pragmatic Wisdom of Michael Stonebraker*记录了

Stonebraker的"徒子徒孙"（见图E-2）以及业界合作者对于他的工作的回忆和评论，介绍了数据库发展过程中关键项目和关键技术的取舍和权衡，也探讨了商业界和学术界的相互促进[2]，值得一读。当然，后面的"徒子徒孙"也都有自己拿得出手的项目，不论是从"One Size Fits A Bounch"的AsterixDB还是如日中天的Spark生态，都是名师出高徒的代表。

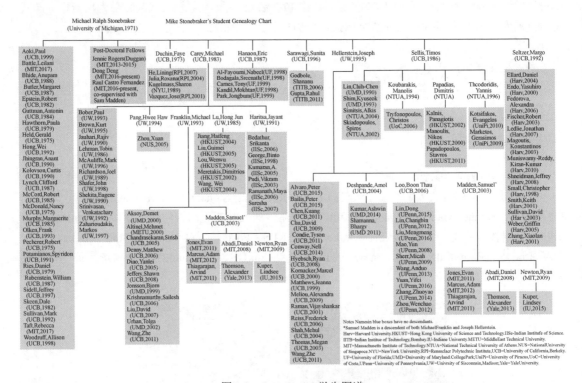

图E-2　Stonebraker学生图谱

这个庞大的关系网，也涉及数据库领域各个著名的研究机构和研究者。说到数据库，不得不提威斯康星大学麦迪逊分校，说到威斯康星大学麦迪逊分校不得不提David Dewitt。他的Gamma项目后来成了Teradata的雏形，基于Shore-MT系统也衍生出很多新的系统。

学术界新星

数据库领域也有不少年轻有为的学者，这里介绍 3 位我比较熟悉的学者，Andy Pavlo、Tim Kraska、Carsten Bining。

Andy Palvo

Andy博士毕业于美国布朗大学，这是一所常青藤大学。毕业后他就一直在CMU任教。他在布朗大学求学期间和MIT的Stonebraker有不少学术工作上的交流，感兴趣的读者可以看看他在*Make Databases Work*里写的内容。早期他主要做H-Store和S-Store的一些工作，和专家们一起学习，近几年开始研究Self-Driving数据库，也算是这个领域的开创者。大家都知道的Peloton项目就是Andy主导的，在自治数据库领域很有名气，后来这个项目发展成为NoisePage，继续在这个领域深挖。Andy是一个很有个性的人，他的报告都很有意思，演讲文稿设计和制作的水平非常高。在他的个人官网主页有非常多关于数据库的实用论文，大家可以去学习一下。Andy人长得比较精干，一看就是个聪明人，思维敏捷，幽默风趣。

Tim Kraska

Tim Kraska博士毕业于欧洲的ETH Zurish，是世界顶尖的研究型大学，爱因斯坦和冯·诺依曼等人都在此学习和工作过。博士毕业后Tim在AMPLab（就是Mike Franklin的实验室）做了一段时间的博士后，后来到布朗大学做物理教授。再后来到了MIT的CSAIL，成立了DSAIL（Data System and AI Lab），从名字上可以看出，这是一个聚焦数据管理系统和AI系统的实验室。Tim比较出名的学术成就是SageDB，一个利用机器学习和深度学习来生产和组装数据库的系统。这个项目前面也介绍过，最开始做的是Learned Index，当初因为和Jeff Dean的合作，使得这个工作名声大噪。而Tim的目标不仅如此，他想利用机器学习模型的方法，来替换传统数据库所有的核心功能。这个项目和Andy的Peloton项目都是AI+DB，但是一个从外向内，一个从内向外，采用的是两种思路，但都有很高的学术和应用价值。当我有机会去清华大学听Tim的报告时，仿佛又回到了大学，感觉真好。

Carsten Binnig

Carsten早期做过一些数据库测试方面的研究工作，也发了不少好论文，但是真正让他在业内有名气的，应该是关于RDMA的工作，即数据库在现代硬件上的一些研究。Carsten博士毕业于德国的海德堡大学，这是德国最古老的大学，建于1836年，诞生过超过50位诺贝尔奖得主。毕业后在ETH Zurish做过一段博士后，然后去了布朗大学，近几年回到德国的达姆施塔特工业大学。回到德国之后，Carsten的研究方向慢慢变成了AI for System和System for AI，当然主要还是数据库和AI的结合。最近一项比较有意思的工作是DB4ML，即在数据库内原生支持机器学习算法，这个项目是我和Carsten共同负责的，感兴趣的读者可以去看看SIGMOD 2020上的论文。

我这里说的学术新星指的不是30岁不到的人，毕竟博士毕业一般都30岁左右了，再工作一些年在学术界做出成绩，也得将近40岁，但是和那些在数据库摸爬滚打几十年的"老江湖"相比，他们就算是学术新星了。还有很多学术新星，如哈佛的Stratos Idreos，这里不一一介绍。

分布式领域的泰斗

数据管理系统发展到21世纪，分布式已经成为一种主流。而分布式系统本身就是一个很广阔的学术领域，我们这里简单列举一二。

Leslie Lamport

Lamport在分布式系统理论方面有非常多的成就，如Lamport时钟、拜占庭将军问题、Paxos算法等。除了计算机领域之外，其他领域的无数科研工作者也要经常和Lamport开发的一套软件打交道——LaTeX。这是目前科研行业应用最广泛的论文排版系统，名字中的"La"指的就是Lamport。研究分布式数据管理系统的理论和架构是绕不开Lamport的研究工作的。

Edsger Dijkstra

埃德斯加·迪杰斯特拉（Edsger Dijkstra）是影响力最大的计算科学的奠基人之一，也是少数同时从工程和理论的角度塑造这个新学科的人。他的根本性贡献覆盖了很多领域，包括编译器、操作系统、分布式系统、程序设计、编程语言、程序验证、软件工程、图论等。他的很多论文为后人开拓了新的研究领域。我们现在熟悉的一些标准概念，如互斥、死锁、信号量等，都是Dijkstra

发明和定义的。

在分布式计算方面，他还开创了自稳定系统这个子领域，并且是最早对容错系统进行研究的人。分布式计算最权威的会议是PODC，而Leslie Lamport曾经评价，PODC之所以存在是因为Dijkstra。PODC影响力论文奖是分布式计算领域最高的荣誉，它认可的是经过时间考验的重要成就。2002年，Dijkstra去世，这一年的PODC奖颁给了他，获奖的是他于1974年发布的关于自稳定系统的论文。为了纪念他，PODC决定从2003年起把这个奖项改名为Dijkstra奖。所以Dijkstra是少数获得过以自己的名字命名奖项的人。

数据领域的公司

"巨头"企业

一般来说，只有"头部"科技公司才有实力去研发数据管理系统，从FLAG（Facebook、LinkedIn、Amazon、Google）等公司来看，Google的大数据管理系统走在了前列，其基础架构详见图E-3。

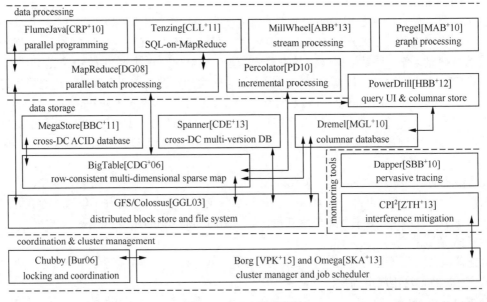

图E-3　Google基础架构

Facebook在大数据领域也建树颇丰，不论是使用开源的MySQL还是自研的Scuba系统，Facebook形成了完整的大数据生态，其基础架构详见图E-4，这里我们不一一展开介绍。

百年企业IBM主推AI数据库，Microsoft推出Azure数据库服务。Oracle主推自治数据库，作为数据库的"老大"，受到传统业务的打击，Oracle也开始研发云上数据库，而Amazon无疑是云数据库的"老大"。TeraData的Vantage统一数据分析平台，将描述性分析、预测性分析、规范性分析、自主决策、机器学习功能和可视化工具合并为一个统一、综合的平台。阿里巴巴的数据库发展就有Amazon的风格，品类齐全。

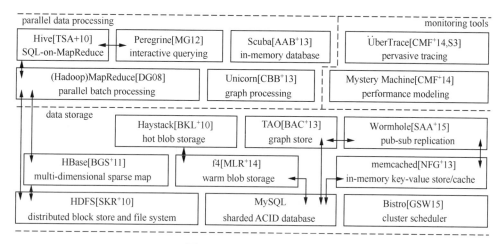

图E-4　Facebook基础架构

创业公司

大数据领域的创业公司很多，提供商务数据分析、可视化报表、大数据平台、数据存储、挖掘应用等各类应用服务，它们大多在硅谷。例如Palantir曾融资 9.5 亿美元（约 62 亿元），估值达到 150 亿美元（约 981 亿元），该公司就是Peter Thiel创办的大数据公司。

伴随着数据管理系统日新月异的发展，数据库、大数据、机器学习、商业智能等领域涌现出很多创业公司。号称最快的内存数据库MemSQL、人机交互数据分析平台Trifacta、分布式搜索引擎Elasticsearch、社交数据分析公司DataSift、大数据安全公司Dataguise、数据治理平台公司Tamr、大数据可视化展示Zoomdata、云数据仓库Snowflake等，它们都有可能成为未来的科技"巨无霸"。

F.　过去与未来

介绍数据管理系统的方式有很多种，如北京大学崔斌老师的论文《新型数据管理系统研究进展与趋势》以系统的功能分类，按照图、流、时空等数据管理系统的分类来介绍。而本书则以时间为主线将数据管理系统的技术发展串联起来，这样可以帮助读者用一种发展的眼光来看数据管理系统。

本书主要介绍数据管理系统的技术历史。从历史的角度看，本书介绍了以数据库为中心的"图灵奖时代"，也是数据管理系统的鼎盛时期，进而介绍了以大数据为中心的"后数据管理时代"，最后展望未来，探讨数据管理系统的未来方向。从技术的角度看，本书一方面介绍主要的数据管理系统的系统架构、设计原理、实践经验；另一方面介绍各种关键而琐碎的核心算法、技术、模型等。而这一切都围着数据管理系统，不只是关系数据库或者大数据管理系统，而是宏观的数据管理系统涉及的方方面面。读者可以从图F-1了解数据管理系统发展过程中的里程碑事件。

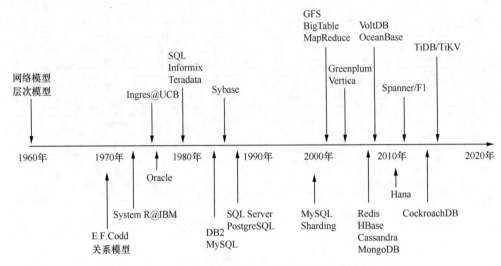

图F-1 数据管理系统发展过程的里程碑事件

G. 参考资料

[1] 网络文章《阿里开源 10 年，致敬千万开源人》。

[2] Michael L. Brodie 于 2018 年出版的图书 *Making Databases Work: The Pragmatic Wisdom of Michael Stonebraker*。